职业教育“互联网+”新形态教材

SolidWorks 机械设计项目化教程

主　编　包　慧　冯　斌
副主编　杨志豪　阮荣荟
参　编　王立波　孙元乾　马　楷

机械工业出版社

本书是在全面深入推进制造业智能化改造和数字化转型的背景下，为满足职业院校相关专业的教学需求和制造业工程技术人员提高数字化设计应用能力的需求，在总结编者多年教学改革与实践经验的基础上编写而成的。

本书利用 SolidWorks 2020 软件，以机械零件设计为例，介绍数字化设计主要内容与应用方法，并以机械零件案例分析与工程实践流程为主线，实施引导性学习。本书主要内容有基本零件模型设计、曲面零件模型设计、装配模型及表达视图创建和工程图创建。书中共有 13 个案例，每个案例都有完整的操作步骤、设计技巧、实际操作视频和三维模型源文件。

本书可作为职业院校相关专业、培训机构的教材，也可供从事机械设计、机械制造工作的工程技术人员参考。凡选用本书作为授课教材的教师，均可登录 www.cmpedu.com，以教师身份注册下载本书配套资源。

图书在版编目（CIP）数据

SolidWorks 机械设计项目化教程/包慧，冯斌主编．—北京：机械工业出版社，2024.6

职业教育“互联网+”新形态教材

ISBN 978-7-111-75704-7

Ⅰ.①S… Ⅱ.①包… ②冯… Ⅲ.①机械设计-计算机辅助设计-应用软件-高等职业教育-教材 Ⅳ.①TH122

中国国家版本馆 CIP 数据核字（2024）第 086139 号

机械工业出版社（北京市百万庄大街 22 号 邮政编码 100037）

策划编辑：汪光灿　　责任编辑：汪光灿　赵晓峰

责任校对：张勤思　李　婷　　封面设计：陈　沛

责任印制：李　昂

河北京平诚乾印刷有限公司印刷

2024 年 7 月第 1 版第 1 次印刷

184mm×260mm · 15.25 印张 · 376 千字

标准书号：ISBN 978-7-111-75704-7

定价：49.00 元

电话服务　　网络服务

客服电话：010-88361066　　机 工 官 网：www.cmpbook.com

010-88379833　　机 工 官 博：weibo.com/cmp1952

010-68326294　　金 书 网：www.golden-book.com

封底无防伪标均为盗版　　机工教育服务网：www.cmpedu.com

前言

随着全球制造业数字化、网络化、智能化的步伐不断加快，CAD/CAM 应用已成为制造业提升生产力、竞争力和创新力的关键因素之一。本书是在深入贯彻党的二十大精神，推进制造业智能化改造和数字化转型的背景下，为满足职业院校相关专业的教学和制造业工程技术人员提高数字化设计应用能力的需求而编写的。

1. 本书以 SolidWorks 认证工程师（CSWP）考核要求为依据，通过项目案例形式，介绍了 SolidWorks 2020 软件在机械设计中的应用。

2. 本书以学习思维引导模式为构架，通过工程案例引导读者分析问题，得出解决问题的流程与方法，并在此基础上通过知识链接的方式系统梳理各知识点，使读者快速和深入掌握所学内容。

3. 本书易读性强，适用面较广，主要针对职业院校相关专业的学生。本书在工程制图、机械设计及机械制造或相关通识类课程中可作为辅助教材使用，也可作为高等职业院校机械类专业的教材，还可供从事机械设计、机械制造工作的工程技术人员参考。

本书由江苏省靖江中等专业学校包慧、冯斌任主编，并负责全书的统稿与修改，由常州市高级职业技术学校杨志豪，泰州市机电高等职业学校阮荣荟任副主编，参与编写的还有常州市高级职业技术学校王立波，江苏省靖江中等专业学校孙元乾、马楷。

由于编者水平有限，书中疏漏之处在所难免，恳请广大读者批评指正。

编　者

二维码索引

序号与名称	二维码	页码	序号与名称	二维码	页码
1-1 软件简介(步骤 1)		2	1-9 创建拨叉爪特征(步骤 3)		37
1-2 草图绘制(步骤 2)		5	1-10 创建拨叉爪前端实体特征(步骤 4)		37
1-3 创建两圆孔特征(步骤 5)		8	1-11 创建拨叉手柄座实体拉伸特征(步骤 5)		42
1-4 创建键槽特征(步骤 6)		9	1-12 创建加强筋(步骤 6)		42
1-5 创建螺纹特征(步骤 8)		12	1-13 创建主轴孔、螺纹孔、圆角(步骤 7~步骤 9)		43
1-6 创建轴承盖主体特征(步骤 2)		20	1-14 创建减速箱箱体特征(步骤 2)		51
1-7 创建凸台圆角特征(步骤 3)		23	1-15 创建安装轴承凸台、镜向特征(步骤 6、步骤 7)		57
1-8 创建沉孔、筋、圆周阵列、倒角特征(步骤 7、步骤 8)		25	1-16 创建箱体内腔、轴承安装孔、端盖密封槽特征(步骤 8~步骤 10)		60

（续）

序号与名称	二维码	页码	序号与名称	二维码	页码
1-17 创建油位观察窗凸台、螺纹孔、内腔圆角特征（步骤11～步骤13）		63	2-8 创建洗发液瓶内腔特征（步骤9）		90
1-18 创建底座安装孔特征（步骤15）		64	2-9 创建文字包覆、瓶口螺纹、材质、外观（步骤10～步骤12）		93
1-19 创建圆角特征（步骤17）		66	2-10 创建电动机壳外壁、叶片特征（步骤2、步骤3）		99
2-1 创建基本壶体（步骤2）		72	2-11 创建电动机壳填充、缝合、加厚、材质、外观（步骤4～步骤8）		102
2-2 创建壶体圆角、抽壳、扫描特征（步骤3～步骤5）		74	2-12 创建异面管体（步骤2）		107
2-3 切除水壶把手多余部分、创建壶口圆角（步骤6、步骤7）		75	2-13 创建菱形法兰（步骤4、步骤5）		108
2-4 添加材质、外观（步骤8、步骤9）		77	3-1 装配钳座（步骤5）		119
2-5 创建基本瓶体（步骤2）		82	3-2 创建活动钳口装配体（步骤1～步骤5）		124
2-6 创建瓶颈、瓶口（步骤4、步骤5）		86	3-3 调整零部件位置、隐藏零部件（步骤2～步骤4）		127
2-7 创建瓶身筋体、瓶底凹面、圆角（步骤6～步骤8）		89	3-4 装配方块螺母、大垫圈（步骤5）		130

（续）

序号与名称	二维码	页码	序号与名称	二维码	页码
3-5 装配丝杠（步骤 5）		131	4-2 工程图模板制作（图 4-19）		192
3-6 标准件、活动钳口、圆螺钉装配（步骤 5）		134	4-3 各种视图创建（步骤 2）		200
3-7 创建轴承外圈（步骤 1、步骤 2）		145	4-4 插入中心线（图 4-35）		201
3-8 创建轴承内圈（步骤 1、步骤 2）		148	4-5 创建尺寸标注（图 4-36）		201
3-9 创建保持架（步骤 1、步骤 2）		152	4-6 孔标注、尺寸公差、形位公差（图 4-41~图 4-43）		205
3-10 创建钢球、阵列、镜向（步骤 1~步骤 4）		157	4-7 表面粗糙度标注（图 4-45）		206
3-11 创建铆钉、装配铆钉零件		161	4-8 装配体属性创建（图 4-51）		211
3-12 爆炸视图创建、编辑（步骤 2）		166	4-9 选择图纸、创建视图（图 4-53~图 4-62）		218
3-13 爆炸视图设定、爆炸动画（步骤 5）		176	4-10 材料明细表与零件序号（图 4-66~图 4-68）		221
3-14 爆炸直线、等距爆炸（图 3-152）		180	4-11 尺寸标注与技术要求（图 4-69、图 4-70）		223
4-1 文件属性、材料选定（步骤 1、步骤 2）		187			

目 录

前言
二维码索引
项目 1 基本零件模型设计 …………………… 1
任务 1.1 轴类零件模型设计 …………………… 1
任务 1.2 盘类零件模型设计 ………………… 19
任务 1.3 叉架类零件模型设计 …………… 29
任务 1.4 箱体类零件模型设计 …………… 49
项目 2 曲面零件模型设计 ………………… 69
任务 2.1 简单水壶模型设计 ………………… 69
任务 2.2 洗发液瓶模型设计 ………………… 80
任务 2.3 散热风扇模型设计 ………………… 95
任务 2.4 异面管模型设计 ………………… 105
项目 3 装配模型及表达视图创建……… 110
任务 3.1 平口钳装配模型创建 …………… 110
任务 3.2 深沟球轴承装配模型创建 ……… 140
任务 3.3 平口钳的爆炸视图创建 ………… 163
项目 4 工程图创建 ……………………… 183
任务 4.1 钳座零件工程图创建 …………… 183
任务 4.2 平口钳装配工程图创建 ………… 209
附录 课后练习 ……………………………… 227
参考文献 …………………………………………… 236

项目1

基本零件模型设计

项目描述

零件模型设计就是按照一定方法为工业产品零件建立三维实体模型的过程，它为后续的装配图、工程图、表达视图及工程分析提供了重要的数据。应用 SolidWorks 2020 软件进行模型设计主要包括草图绘制和创建特征两个部分，其一般设计思路是：

1）形体分析。将零件的整体形状分解成若干个单元体，或简化成若干个单元体。

2）绘制草图。根据单元体的形状，画出其截面轮廓或路径等二维图形。

3）添加草图特征。通过拉伸、旋转等造型工具生成单元体。

4）添加放置特征。通过打孔、倒角等工具创建零件细微结构。

5）重复 2）、3）、4）步骤，逐个完成零件其他单元体细微结构。

本项目选择了 4 个简单的典型零件，运用最常见的零件模型设计工具，由易到难，逐个完成零件的模型设计。

任务 1.1　轴类零件模型设计

任务描述

轴类零件是机械设备中最典型的零件之一，它主要用来支承传动零部件，传递扭矩和承受载荷。轴类零件是旋转体零件，其长度大于直径，一般由同心轴的外圆柱面、圆锥面、内孔和螺纹及相应的端面所组成。泵轴结构如图 1-1 所示，通过对泵轴模型的设计达到以下目标：

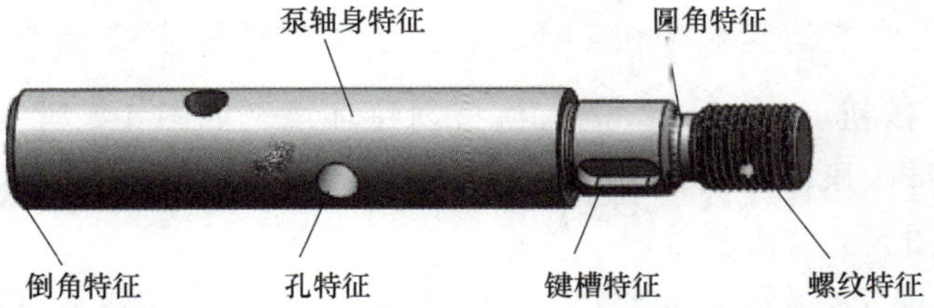

图 1-1　泵轴结构

1）掌握草图创建基本知识，能正确使用二维草图工具，进行草图绘制。

2）能够正确使用旋转、拉伸切除、螺纹相关命令完成相关操作。

3）熟悉基准平面和工作平面的使用。

4）能正确使用倒角和圆角放置特征。

5）能正确进行形体分析，熟悉并体验模型设计一般思路。

任务分析

从结构上看，泵轴由泵轴身、键槽、螺纹、倒角、圆角、孔等特征组成。设计时一般按加工工艺顺序进行，先创建泵轴身特征，然后创建倒角、圆角特征，再进行键槽、孔特征的创建，最后创建螺纹特征。泵轴设计流程如图 1-2 所示。

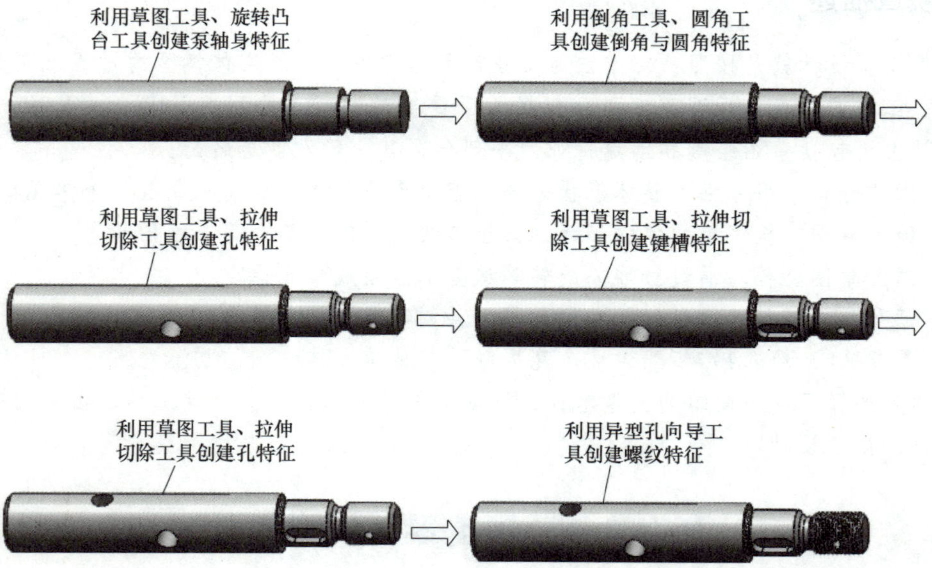

图 1-2　泵轴设计流程

任务实施

步骤 1： 新建、保存文件

新建文件：运行 SolidWorks 2020，在欢迎界面中单击“零件”按钮（图 1-3），或者单击快速访问栏按钮，在弹出的对话框中选择“零件”，单击“确定”按钮（图 1-4），进入模型创建环境，如图 1-5 所示。模型创建环境是 Windows 风格界面，包括菜单栏、快速访问栏、工具栏、设计树、任务窗格、绘图区、状态栏等。

保存文件：单击“保存”按钮，在弹出的对话框中，选择合适的位置，输入文件名“泵轴”，单击“保存”。

图 1-3　欢迎界面

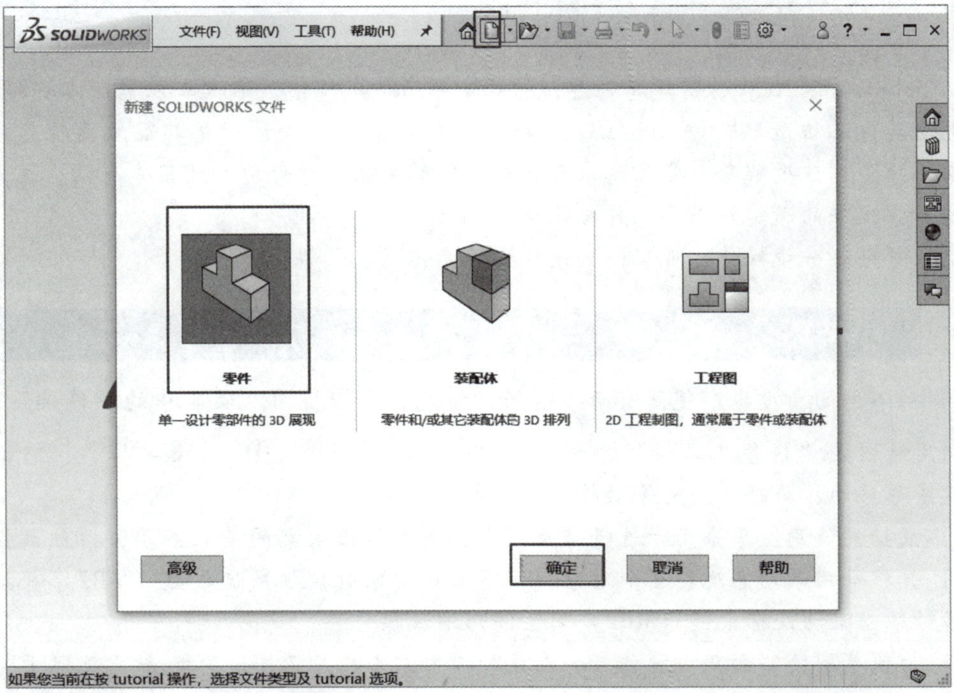

图 1-4　新建文件界面

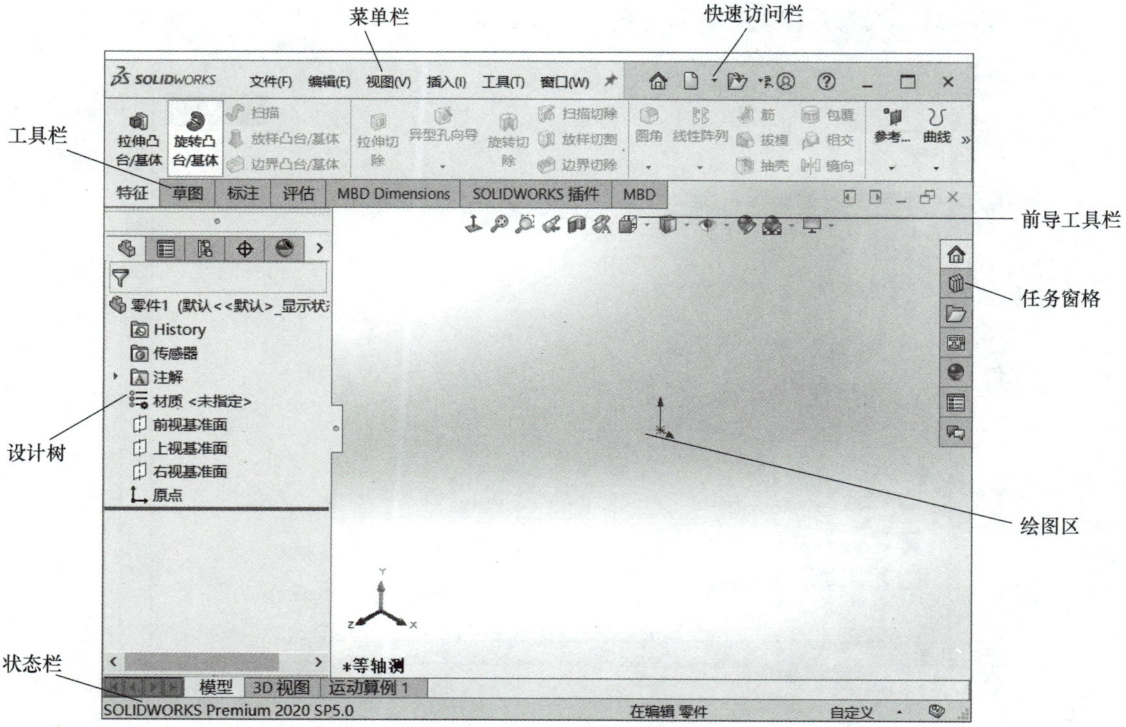

图 1-5　模型创建环境

特别提示：

从 SolidWorks 2020 的创建环境看，它就是 Windows 风格，不仅与以前版本环境类似，而且也与其他三维造型软件（如 UG，Pro/E）环境类似。设计树是其最主要特色，它记录了零件模型创建过程每一步信息以及特征之间的关系，极大地方便用户查询、编辑修改相关操作。文件的新建与保存操作与 Word 类似。

建议每进行一步操作，观察一次设计树的变化。

小技巧：

1）从不同的角度观察视图有两个途径，一是利用“视图”菜单中的“修改”按钮；二是利用绘图区“前导工具栏”按钮，它们均可以实现图形移动、旋转、放大等操作。

2）鼠标的使用：单击用于选择对象；右击用于弹出对象的关联菜单；按住鼠标中键（MB2）并移动用来动态观察图形对象；按下 Ctrl 键同时按住鼠标中键（MB2）并拖动可以平移对象；滚动鼠标中键（MB2）用于图形缩放操作。

3）为使草图绘制面正对操作者，在设计树中右击相应草图，再单击“正视于”按钮即可。

步骤 2： 创建泵轴身特征（利用“旋转凸台/基体”工具）

1. 草图绘制

在工具栏中选择“草图”选项卡，单击“草图绘制”按钮（图 1-6），在绘图区选择“前视基准面”，如图 1-7 所示，进入草图绘制状态。在工具栏中单击“直线”按钮。先过原点画出一水平线，然后右击此线，在弹出的快捷菜单中单击“构造几何线”按钮。将该线变成中心线（点画线），再画出泵轴上半部分的轮廓线（不用很精确），如图 1-8 所示。然后对草图进行几何约束，保证各轮廓线的位置正确（水平或竖直），单击“智能尺寸”按钮，根据泵轴零件图（图 1-9）进行各轴段尺寸标注，单击“确定”按钮，此时，草图颜色为黑色，如图 1-10 所示。单击草图右上角的“退出草图”按钮退出草图状态，完成草图 1 的绘制。

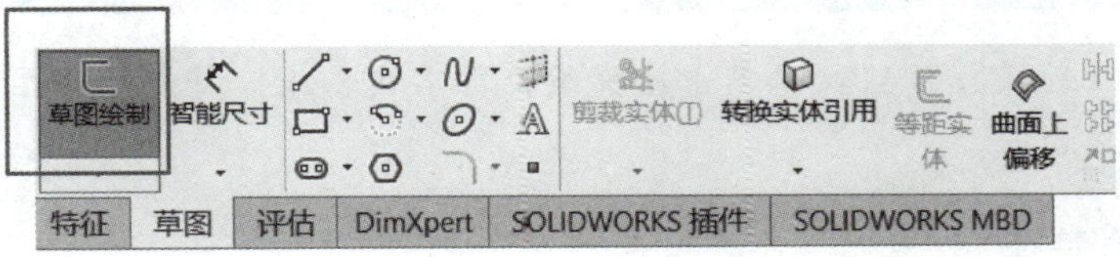

图 1-6　“草图”选项卡

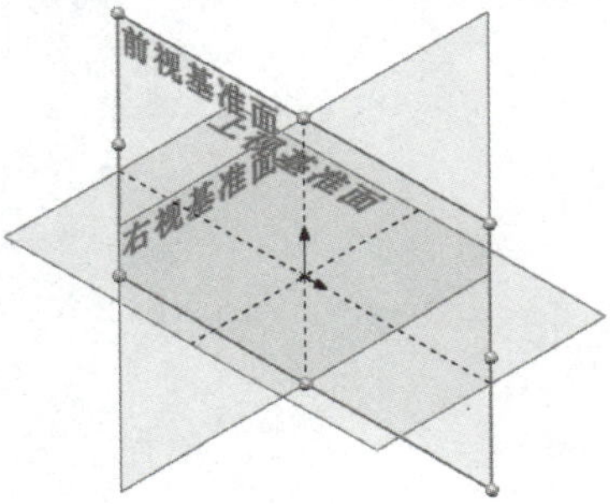

图 1-7　基准面

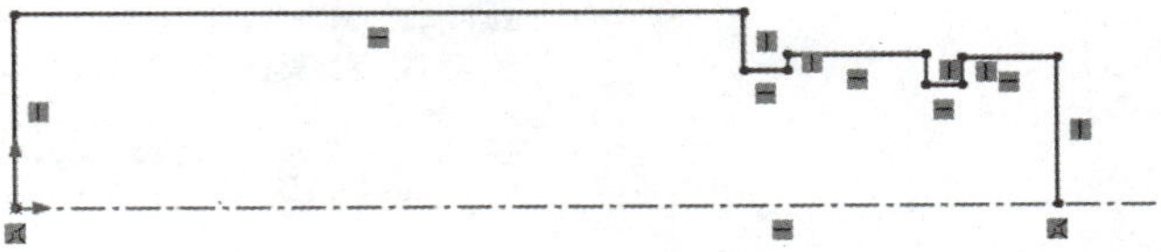

图 1-8　绘制草图轮廓

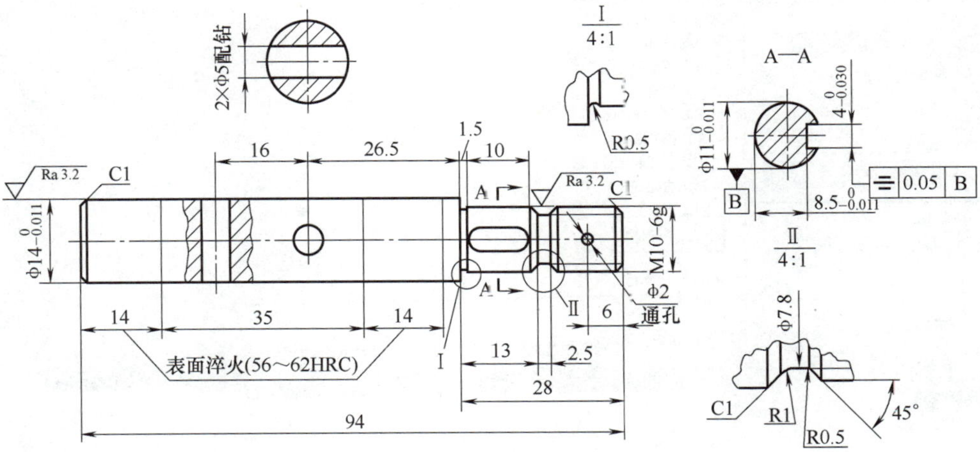

图 1-9　泵轴零件图

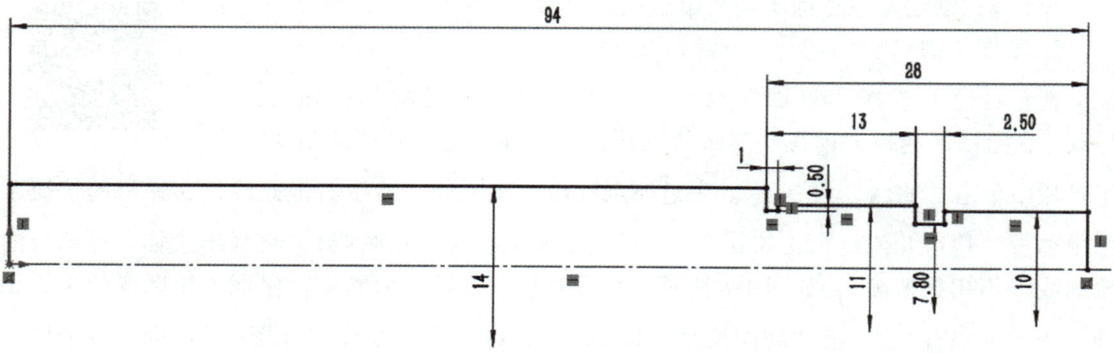

图 1-10　完全定义轴身草图

小技巧：

直径尺寸标注的操作步骤：先单击轮廓线，再单击轴线，将光标移至轴线下方，软件会自动推理出直径标注。

2. 创建泵轴身特征

选择工具栏中的“特征”选项卡，单击“旋转凸台/基体”按钮，如图 1-11 所示。再展开设计树，单击“草图 1”，系统推理出草图 1 绕轴线旋转生成轴身特征，单击“确定”按钮，完成泵轴身特征创建，如图 1-12 所示。

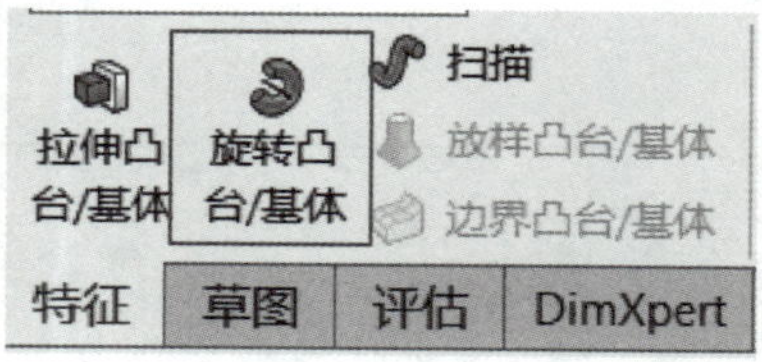

图 1-11　“特征”选项卡

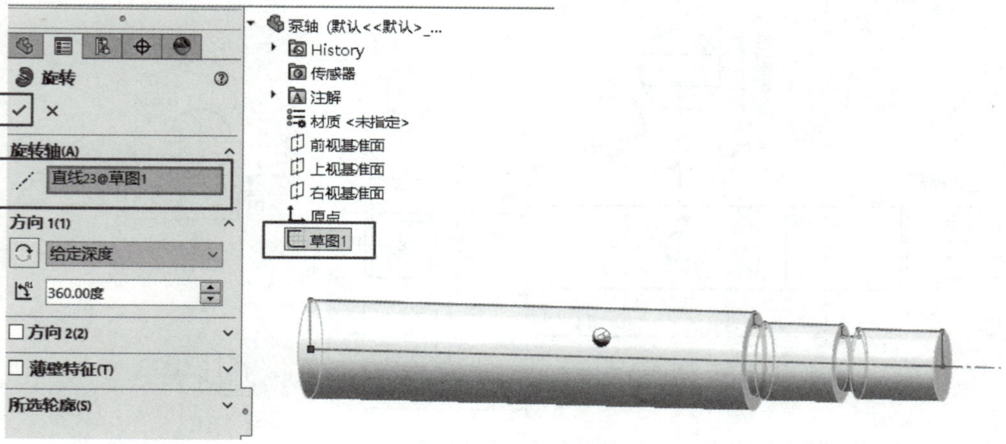

图 1-12　创建泵轴身特征

特别提示：

1）轴类零件的设计方法。

① 利用上述步骤，绘制轴的半个轴截面，并利用对称标注的方法标注尺寸，通过“旋转凸台/基体”工具可完成轴身设计。

② 利用“拉伸凸台/基体”工具，选择不同的工作面，依次绘制各轴段的横截面草图进行拉伸，叠加起来可完成轴身设计。

2）所有三维设计都是从草图开始，草图是进行三维设计的基础。在通常情况下，基础特征和其他特征都是由包含在草图中的二维几何图元创建的。

3）草图绘制时，草图有完全定义、欠定义或过定义三种状态。完全定义时草图颜色为黑色，欠定义草图显示为蓝色，过定义草图显示黄色。生成特征时一般要求草图完全定义。具体内容见“知识链接”中的“知识点一”。

4）草图绘制的基本步骤是先利用草图工具精确或粗略地绘制出草图几何图元，然后利用草图几何约束和尺寸约束工具约束几何图元，最后作必要的修剪整理等。具体创建技巧，见“知识链接”中的“知识点二”；约束工具见本节“知识链接”中的“知识点三”。

5）尺寸有“驱动尺寸”和“从动尺寸”之分，具体见“知识链接”中的“知识点四”。

6）“旋转凸台/基体”具体内容见本节“知识链接”中的“知识点五”。

步骤 3：创建倒角特征（利用“倒角”工具）

为方便操作，可先按住鼠标中键（MB2）再上下移动鼠标，以调整视角。选择工具栏中的“特征”选项卡，单击“圆角”按钮下的“倒角”按钮，在“倒角”对话框中选择“倒角类型”为“距离距离”，单击要倒角的 4 处外圆边线使得“要倒角化的项目”为“边线<1>”“边线<2>”“边线<3>”“边线<4>”，在“倒角参数”的“距离”文本框中输入“1”，单击“确定”按钮，完成倒角特征的创建，如图 1-13 所示。

特别提示：

“倒角”特征类型除了“距离距离”选项外，还有“角度距离”“顶点”“等距面”“面-面”，应视模型要求选择不同类型。

“圆角”特征类型除了“恒定大小圆角”外，还有“变量大小圆角”“面圆角”“完整圆角”，也应视模型要求选择不同类型。

步骤 4：创建圆角特征

选择工具栏中“特征”选项卡，单击“圆角”按钮，在弹出的“圆角”对话框中，选择“圆角类型”为“完整圆角”，单击要圆角的 3 处面使得“要圆角化的项目”为“边侧面组 1”“中央面组”“边侧面组 2”，单击“确定”按钮；再单击“圆角”按钮，在“圆角”对话框中选择“恒定大小圆角”，在“圆角参数”文本框内输入“1”，选择边线，创建半径为 1mm 的圆角，再重复上述操作，创建半径为 0.5mm 的圆角，如图 1-14 所示。

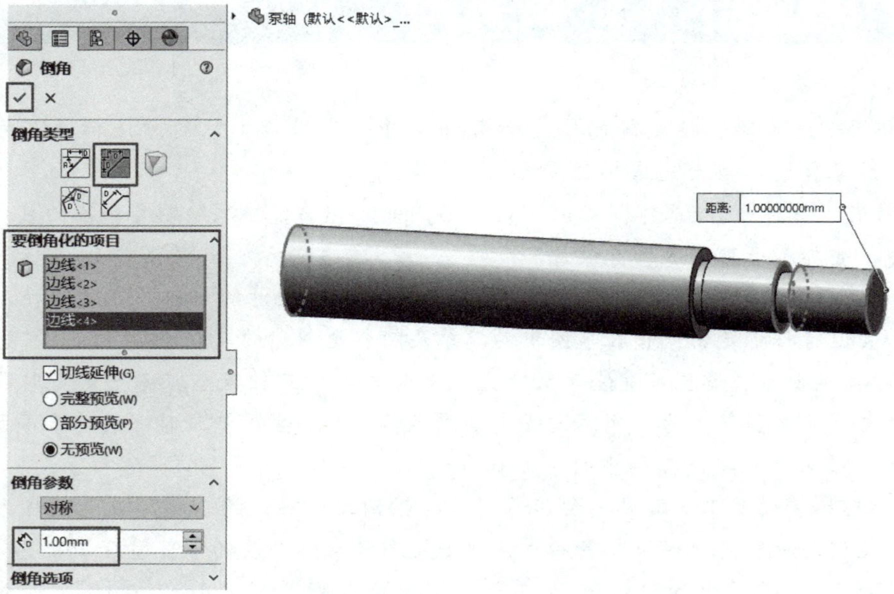

图 1-13　创建倒角特征

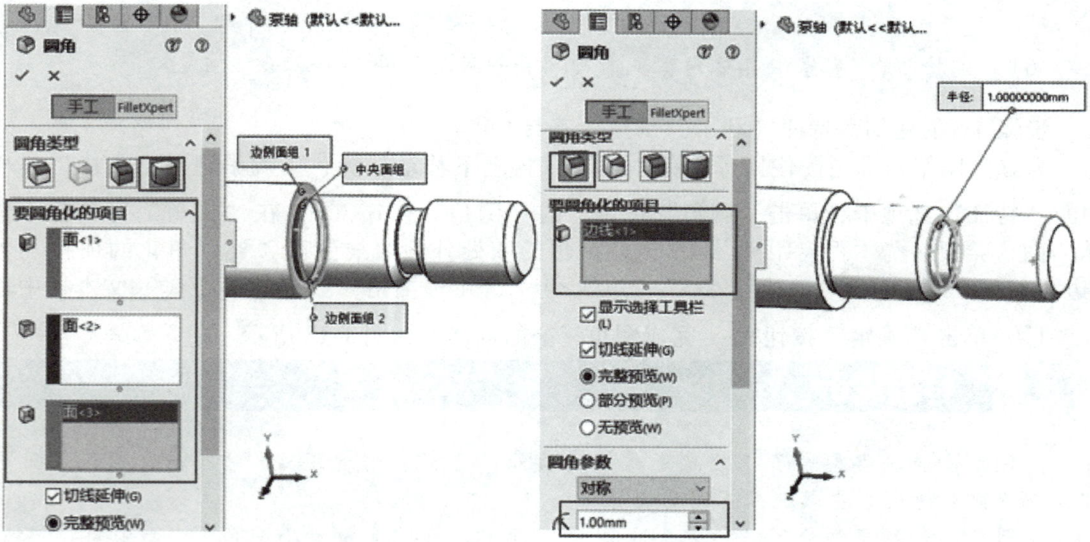

图 1-14　创建圆角特征

步骤 5：创建两圆孔特征（利用“拉伸切除”工具）

1. 草图绘制

在工具栏中选择“草图”选项卡，单击“草图绘制”按钮，在绘图区选择“前视基准面”，进入草图绘制状态。单击“圆”按钮，在相应位置画两个圆，对两圆进行几何约束：单击“显示/删除几何关系”下的“添加几何关系”按钮，再分别单击原点与两个圆圆心，选择“添加几何关系”对话框中的“水平”按钮，如图 1-15 所示。再进行尺寸约束：单击“智能尺寸”按钮，分别标注两圆外形尺寸“5”和“2”以及定位尺寸“6”和“26.5”，如图 1-16 所示。单击草图右上角的“退出草图”按钮退出草图状态，完成草图 2 绘制。

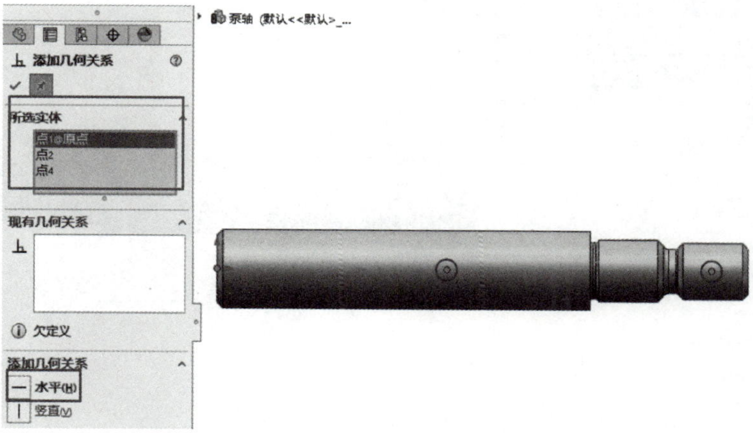

图 1-15　添加圆孔草图几何约束

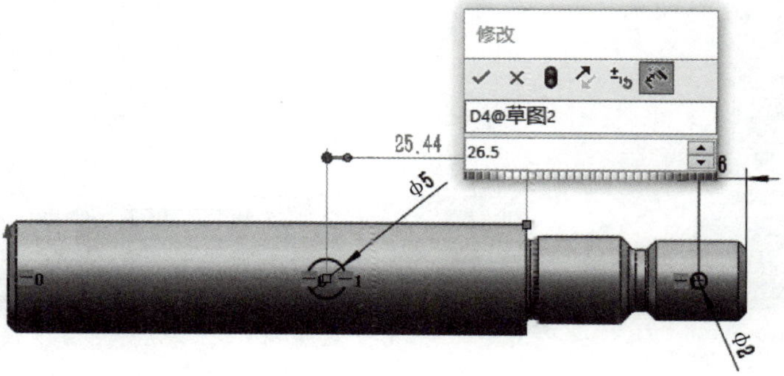

图 1-16　添加圆孔草图尺寸约束

2. 创建两圆孔特征

选择工具栏中的“特征”选项卡，单击“拉伸切除”按钮，选择设计树中的“草图 2”，在“切除-拉伸”对话框中，“方向 1”选择“完全贯穿-两者”，单击“确定”按钮，完成两圆孔的特征创建，如图 1-17 所示。

步骤 6：创建键槽特征（利用“拉伸切除”工具）

1. 草图绘制

在工具栏中选择“草图”选项卡，单击“草图绘制”按钮，在绘图区选择“前视基准面”，进入草图绘制状态。单击“槽口”按钮，单击“槽口”对话框中的“直槽口”按钮，在相应位置画出一个槽口，如图 1-18 所示，画完单击“确定”按钮。对槽口进行几何约束：单击槽口中心线，再按住<Ctrl>键，同时单击原点，在弹出的“属性”对话框中，“添加几何关系”选择“重合”按

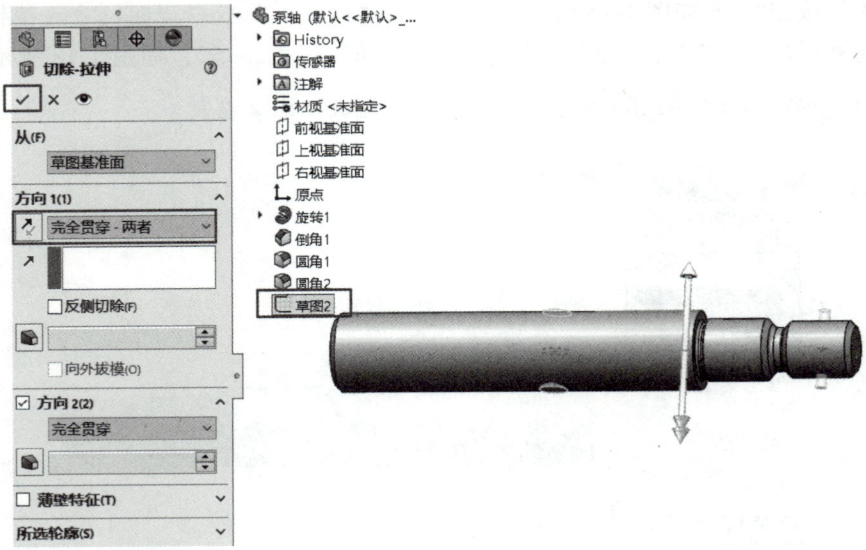

图 1-17　创建两圆孔特征

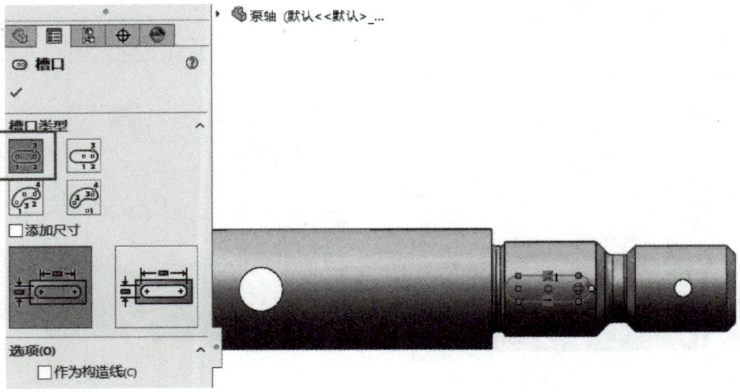

图 1-18　创建槽口草图

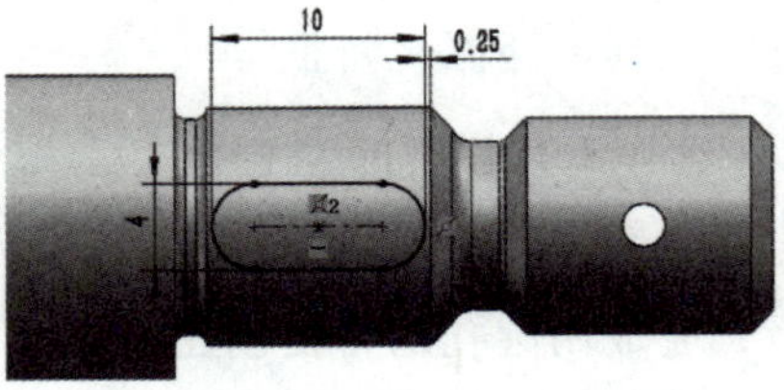

图 1-19　完全定义槽口草图

钮。再进行尺寸约束：单击“智能尺寸”按钮，分别标注槽口外形尺寸“10”和“4”以及定位尺寸“0.25”，如图 1-19 所示，单击“确定”按钮。单击草图右上角的“退出草图”按钮退出草图状态，完成草图 3 绘制。

特别提示：

“拉伸切除”是以一个或两个方向拉伸所绘制的轮廓来切除一实体模型。具体内容见本节“知识链接”中的“知识点六”。

2. 创建键槽特征

选择工具栏中的“特征”选项卡，单击“拉伸切除”按钮，选择设计树中的“草

图 3”，在“切除-拉伸”对话框中，“从”选择“等距”，在下面的文本框中输入等距值“8.5-11/2”，在“方向 1”中，选择“完全贯穿”，单击“确定”按钮，完成键槽特征创建，如图 1-20 所示。

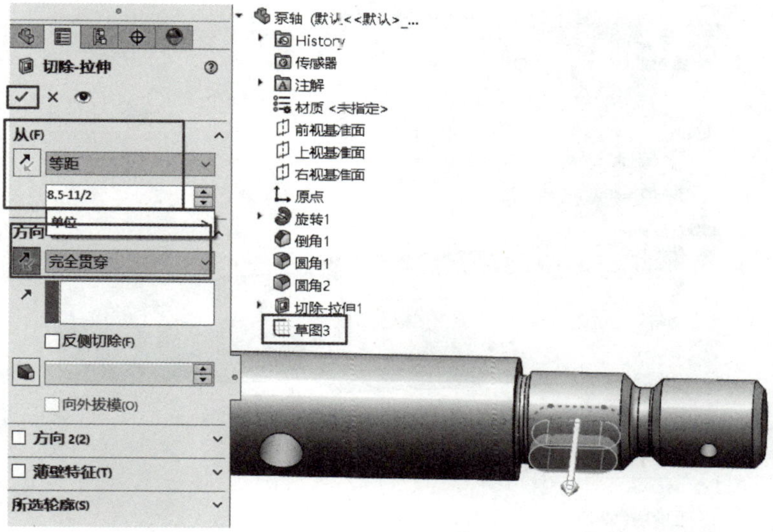

图 1-20　创建键槽特征

步骤 7：创建交错孔特征（利用“拉伸切除”工具）

1. 草图绘制

在工具栏中选择“草图”选项卡，单击“草图绘制”按钮，在绘图区选择“上视基准面”，进入草图绘制状态。选择“圆”按钮，在相应位置画一个圆，对该圆进行几何约束：单击“显示/删除几何关系”下的“添加几何关系”按钮，再分别单击原点与圆心，单击“添加几何关系”对话框中的“水平”按钮。再进行尺寸约束：单击“智能尺寸”按钮，分别标注圆外形尺寸“5”和定位尺寸“16”和“26.5”。单击草图右上角的“退出草图”按钮退出草图状态，完成草图 4 绘制。

2. 创建交错孔特征

选择工具栏中的“特征”选项卡，单击“拉伸切除”按钮，选择设计树中“草图 4”，在“切除-拉伸”对话框中，“方向 1”选择“完全贯穿-两者”，单击“确定”按钮，完成交错孔特征创建，如图 1-21 所示。

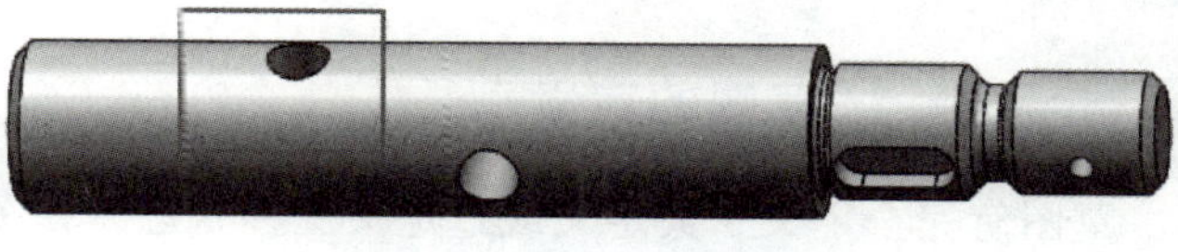

图 1-21　创建交错孔特征

步骤 8：创建螺纹特征（利用“异型孔向导”工具）

为方便操作，先按住鼠标中键（MB2）再上下移动，调整视角。选择工具栏中“特征”选项卡，单击“异型孔向导”下的“螺纹线”按钮，在弹出的“螺纹线”对话框中，“螺纹线位置”选择轴小端倒角线，勾选“偏移”复选按钮，文本框内输入“2”，通过单击文本框左边的按钮查看偏移位置，在“结束条件”中输入“15”；“规格类型”选择“Metric Die”，“规格尺寸”选择“M10×1.0”，如图 1-22 所示。单击“确定”按钮，螺纹特征创建完毕。

图 1-22　创建螺纹特征

步骤 9：完成创建

单击“保存”按钮，完成泵轴创建。创建好的泵轴如图 1-23 所示。

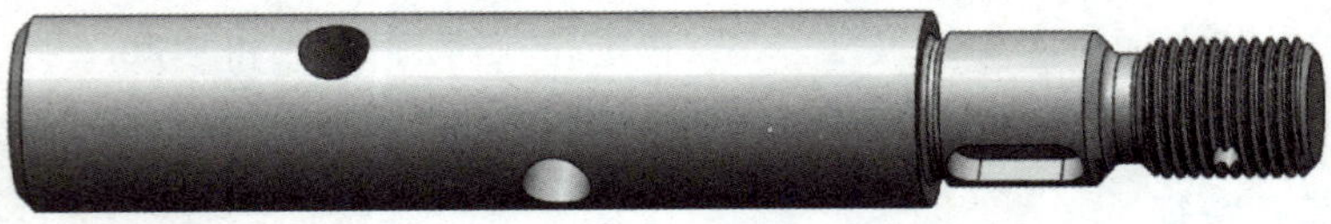

图 1-23　创建好的泵轴

知识链接

知识点一　草图的定义

草图有完全定义、欠定义或过定义三种状态，如图 1-24 所示。

1）在完全定义的草图中，所有直线和曲线及其位置均由尺寸或几何关系或两者确定。完全定义的草图显示为黑色。创建特征的草图应该完全定义。

2）在欠定义的草图中，草图是不固定的，可以拖动它们，因此还需要添加尺寸或几何关系，以便让它们完全定义。欠定义的草图显示为蓝色。

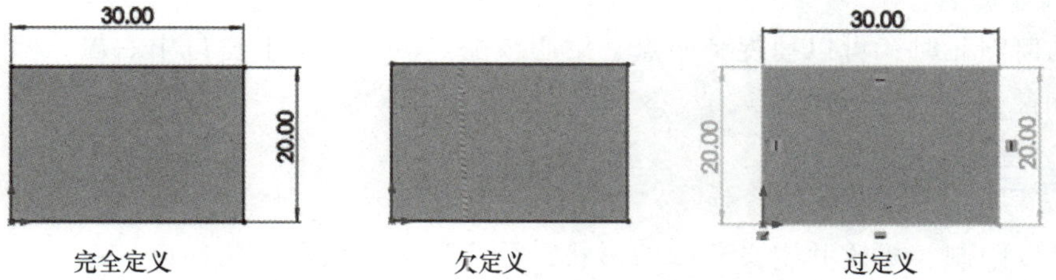

图 1-24 草图定义的三种状态

3）在过定义的草图中，包含多余且相互冲突的尺寸或几何关系。您可以通过删除过定义的尺寸或几何关系，来使它们完成定义（比如过定义图中需要删除一个 20.00 的尺寸）。过定义的草图显示为黄色。

知识点二 草图绘制方法与技巧

1. 合理选择草图基准面

SolidWorks 提供了前视基准面、上视基准面和右视基准面 3 个默认的参考基准面，但需要认真考虑草图设计应从一个基准面开始，虽然第一参考基准面的选择不会影响零件建模的成败，但会影响零件的观察视角，也会降低建模方法的高效性。

2. 草图的形状和大小

先确定草图的形状，再确定草图大小，添加约束，然后添加或编辑尺寸。

3. 用尺寸稳定草图

若要避免在改变尺寸时草图发生扭曲变形，请先改变较小值，然后再改变较大值。

4. 标注尺寸时大元素优先于小元素

在调整大小时为了避免扭曲，请标注草图的总长度和宽度，但要保持较小的元素为欠约束。

5. 添加第一个尺寸，以设置草图比例

在第一个零件草图中，放置第一个尺寸时将设定草图比例。放置第二个尺寸后，对第一个尺寸的编辑不会再改变草图的比例。

小技巧：

绘制草图，然后添加线性标注以指定草图比例。调整所有草图几何图元的大小，以匹配尺寸。

6. 使用较少约束绘制草图

应使用尽可能少的顶点和线段绘制草图截面轮廓。

7. 在截面轮廓中使用闭合回路

要使草图中的截面轮廓形成闭合回路，可以通过修剪（延伸）曲线来形成或者使用重合约束连接端点。

8. 尽可能使用构造几何图元

对于未在截面轮廓或路径中使用但可以帮助创建复杂草图的曲线，可以使用构造几何图元来约束。

9. 查找捕捉点

创建几何图元时，可以捕捉到中点、中心或交点。可在图形窗口中右击，然后从菜单中选择捕捉位置。

知识点三　约束工具

约束可以限制、更改并定义草图的形状，分为尺寸约束和几何约束。这里主要说明常见的几何约束。

1. 重合约束

重合约束：将点约束到与二维或三维草图其他几何图元上。

其方法是：①在工具栏的“草图”选项卡中，单击“显示/删除几何关系”按钮，再单击“添加几何关系”按钮，弹出“添加几何关系”对话框；②选择图 1-25 所示草图圆心，再选择曲线，单击“重合”按钮，再单击“确定”按钮，则完成圆心与曲线的重合约束。

2. 水平约束

水平约束：使直线、椭圆轴或成对的点平行于草图坐标系的 X 轴。

其方法是：①在工具栏中的“草图”选项卡中，单击“显示/删除几何关系”按钮，再单击“添加几何关系”按钮，弹出“添加几何关系”对话框；②单击图 1-26 中所示的一条直线、一条椭圆轴或两个点，再单击“水平”按钮，最后单击“确定”按钮，则完成水平约束。

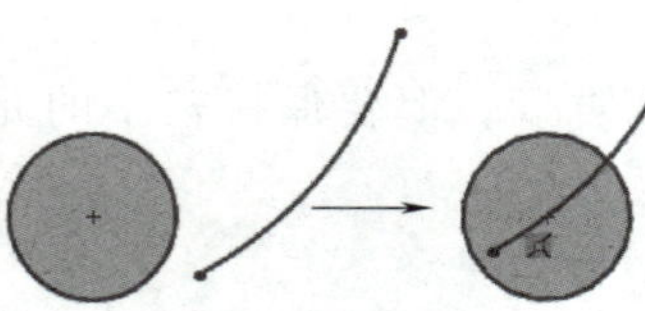

图 1-25　重合约束

图 1-26　水平约束

特别提示：

确保选择了直线而不是直线中点。

3. 竖直约束

竖直约束：使直线、椭圆轴或成对的点平行于坐标系的 Y 轴。

其方法是：①在工具栏中的“草图”选项卡中，单击“显示/删除几何关系”按钮，再单击“添加几何关系”按钮，弹出“添加几何关系”对话框；②单击图 1-27 中所示的一条直线、一条椭圆轴或两个点，再单击“竖直”按钮，最后单击“确定”按钮，则完成竖直约束。

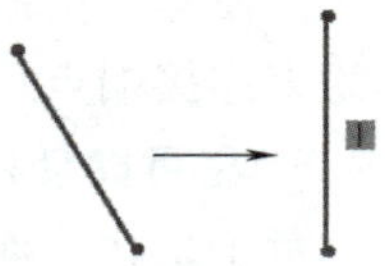

图 1-27　竖直约束

4. 平行约束

平行约束：使选定的直线相互平行。

其方法是：①在工具栏中的“草图”选项卡中，单击“显示/删除几何关系”按钮，再单击“添加几何关系”按钮，弹出“添加几何关系”对话框；②单击图 1-28 中所示的两条直线，单击“平行”按钮，再单击“确定”按钮，则完成平行约束。

5. 共线约束

共线约束：可使选定的两条直线位于同一条直线上。

其方法是：①在工具栏中的“草图”选项卡中，单击“显示/删除几何关系”按钮，再单击“添加几何关系”按钮，弹出“添加几何关系”对话框；②单击图 1-29 中所示的两条直线，单击“共线”按钮，再单击“确定”按钮，则完成共线约束。

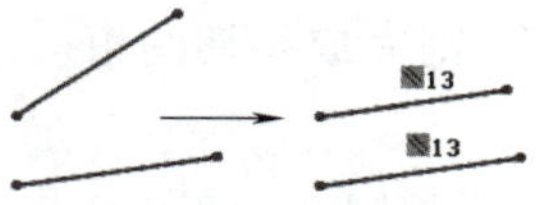

图 1-28　平行约束

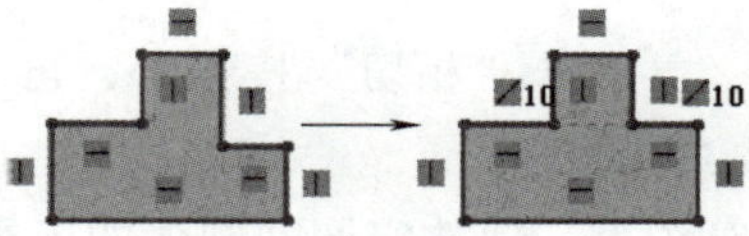

图 1-29　共线约束

6. 同心约束

同心约束：使两个圆弧、圆或椭圆具有同一圆心。

其方法是：①在工具栏中的“草图”选项卡中，单击“显示/删除几何关系”按钮，再单击“添加几何关系”按钮，弹出“添加几何关系”对话框；②分别单击图 1-30 所示的两个圆，单击“同心”按钮，再单击“确定”按钮，则完成同心约束。

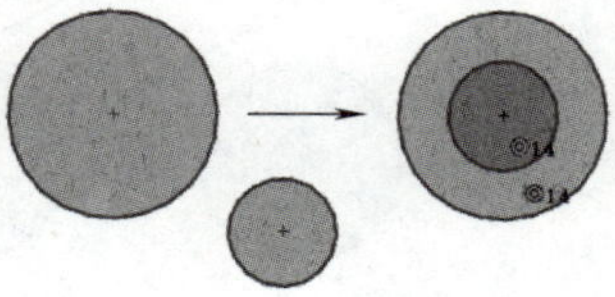
图 1-30　同心约束

7. 固定约束

固定约束：可将点和曲线固定在相对于草图坐标系的某个位置。如果移动或旋转草图坐标系，固定的曲线或点会随之移动。

其方法是：①在工具栏中的“草图”选项卡中，单击“显示/删除几何关系”按钮，再单击“添加几何关系”按钮，弹出“添加几何关系”对话框；②单击图 1-31 中所示的外圆，再单击“固定”按钮，最后单击“确定”按钮，则完成固定约束。

8. 垂直约束

垂直约束：使所选线、曲线或椭圆轴互成 90°角。

其方法是：①在工具栏中的“草图”选项卡中，单击“显示/删除几何关系”按钮，再单击“添加几何关系”按钮，弹出“添加几何关系”对话框；②分别单击图 1-32 中两根线，再单击“垂直”按钮，最后单击“确定”按钮，则完成垂直约束。

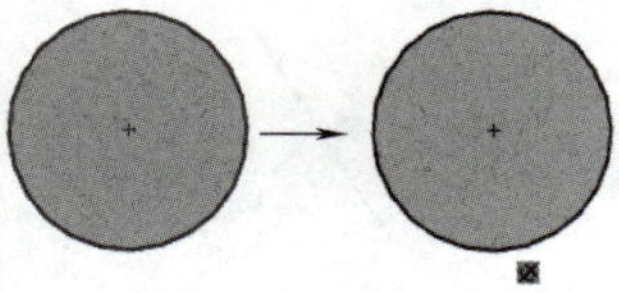
图 1-31　固定约束

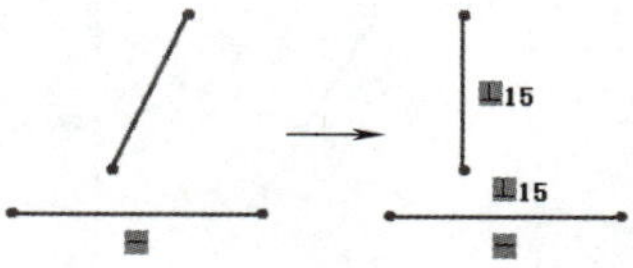

图 1-32　垂直约束

特别提示：

如果以后的设计更改要求旋转草图，则通常情况下，使直线互相垂直比使用水平或竖直约束（这将阻止旋转）更为合适。

9. 相切约束

相切约束：使曲线（包括样条曲线的端点）与其他曲线相切。即使两条曲线实际上没有共享点，它们也可以相切。

其方法是：①在工具栏中的“草图”选项卡中，单击“显示/删除几何关系”按钮，再单击“添加几何关系”按钮，弹出“添加几何关系”对话框；②分别单击图 1-33 中直线与圆，再单击“相切”按钮，再单击“确定”按钮，则完成相切约束。

10. 相等约束

相等约束：使选定圆和圆弧的半径相同，选定直线的长度相同。

其方法是：①在工具栏中的“草图”选项卡中，单击“显示/删除几何关系”按钮，再单击“添加几何关系”按钮，弹出“添加几何关系”对话框；②分别单击图 1-34 中两个圆，再单击“相等”按钮 =，再单击“确定”按钮，则完成相等约束。

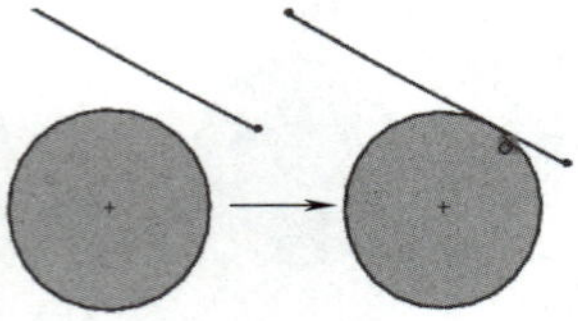

图 1-33　相切约束

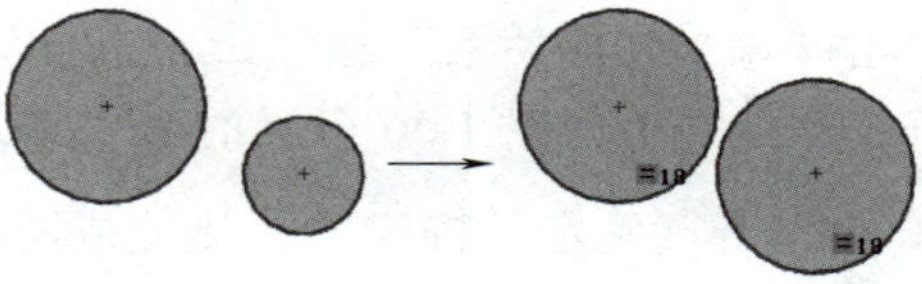

图 1-34　相等约束

特别提示：

如果第一次选择的是直线，则第二次只能选择直线。如果第一次选择的是圆弧或圆，则第二次只能选择圆弧或圆。

11. 对称约束

对称约束：使选定的直线或曲线相对于选定线对称约束。应用这种约束后，约束到选定几何图元的线段也会重定位。

其方法是：①在工具栏中的“草图”选项卡中，单击“显示/删除几何关系”按钮，再单击“添加几何关系”按钮，弹出“添加几何关系”对话框；②分别单击图 1-35 中三

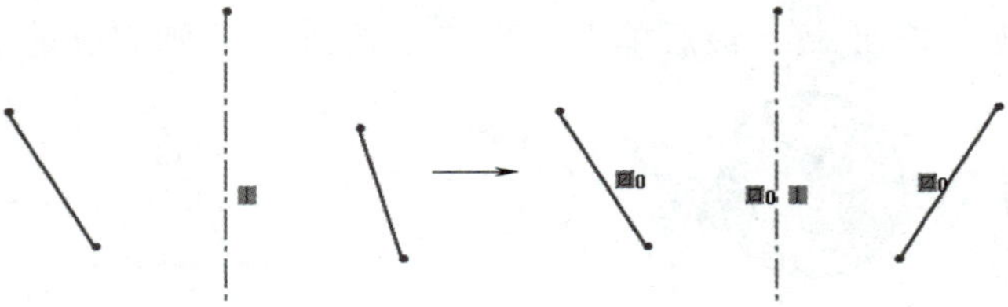

图 1-35　对称约束

根线，再单击“对称”按钮，再单击“确定”按钮，则完成对称约束。

知识点四　尺寸标注

草图中可以在实体之间定义尺寸，如长度和半径。当您更改尺寸时，零件的大小和形状也会随之更改。尺寸分驱动尺寸和从动尺寸两类。

1. 驱动尺寸

使用尺寸标注工具可以生成驱动尺寸。当更改驱动尺寸的数值时，模型大小随之更改。

2. 从动尺寸

当草图中已有驱动尺寸，再标与之类似的尺寸时，系统会弹出提示，要确定标注的是驱动尺寸还是从动尺寸，从动尺寸是供参考的尺寸。当修改模型中的驱动尺寸或几何关系时，从动尺寸的数值也随之更改。除非将从动尺寸转换为驱动尺寸，否则无法直接修改从动尺寸的数值。

知识点五　旋转凸台/基体

选择工具栏中的“特征”选项卡，单击“旋转凸台/基体”按钮，弹出“旋转”对话框，如图 1-36 所示。

1. “旋转参数”选项组

(1) 旋转轴　选择旋转所围绕的轴根据所生成的旋转特征的类型，此轴可以为中心线、直线或边线。

(2) 旋转类型　从草图基准面中定义旋转方向，其选项包括如下内容。

1) 给定深度：从草图以单一方向生成旋转。

2) 成形到一顶点：从草图基准面生成旋转到指定顶点。

3) 成形到一面：从草图基准面生成旋转到指定曲面。

4) 到离指定面指定的距离：从草图基准面生成旋转到指定曲面的指定等距。

5) 两侧对称：从草图基准面以顺时针和逆时针方向生成旋转相同角度。

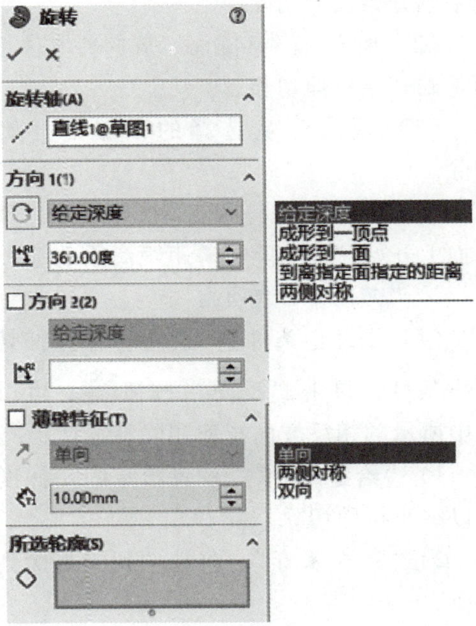

图 1-36　“旋转”对话框

(3) 反向　单击该按钮，反转旋转方向。

(4) 角度　设置旋转角度，默认的角度为 360°，角度以顺时针方向从所选草图开始测量。

2. “薄壁特征”选项组

(1) 单向　以同一“方向 1 厚度”数值，从草图沿单一方向添加薄壁特征的体积。

(2) 两侧对称　以同一“方向 1 厚度”数值，并以草图为中心，在草图两侧使用均等厚度的体积添加薄壁特征。

（3）双向　在草图两侧添加不同厚度的薄壁特征的体积。

3. “所选轮廓”选项组

单击“所选轮廓”选择框，拖动光标，在图形区域中选择适当轮廓，此时显示出旋转特征的预览，可以选择任何轮廓生成单一或多实体零件，单击“确定”按钮，生成旋转特征。

知识点六　拉伸切除

选择工具栏中的“特征”选项卡，单击“拉伸切除”按钮，弹出“切除-拉伸”对话框，如图1-37所示。

1. “从”选项组

该选项组用来设定拉伸切除的“开始条件”，其选项包括“草图基准面”“曲面/面/基准面”“顶点”“等距”。

（1）草图基准面　从草图所在的基准面作为基础开始拉伸切除。

（2）曲面/面/基准面　从这些实体之一作为基础开始拉伸切除。

（3）顶点　从选择的顶点处开始拉伸切除。

（4）等距　从与当前草图基准面等距的基准面上开始拉伸切除，等距距离手动键入。

2. “方向1”选项组

（1）“终止条件”　设置特征拉伸切除的终止条件，单击“反向”按钮，可以沿预览中所示的相反方向拉伸切除特征。

1）“给定深度”。设置给定的“深度”数值以终止拉伸切除。

2）“完全贯穿”。将拉伸切除贯穿到选择的要素上。

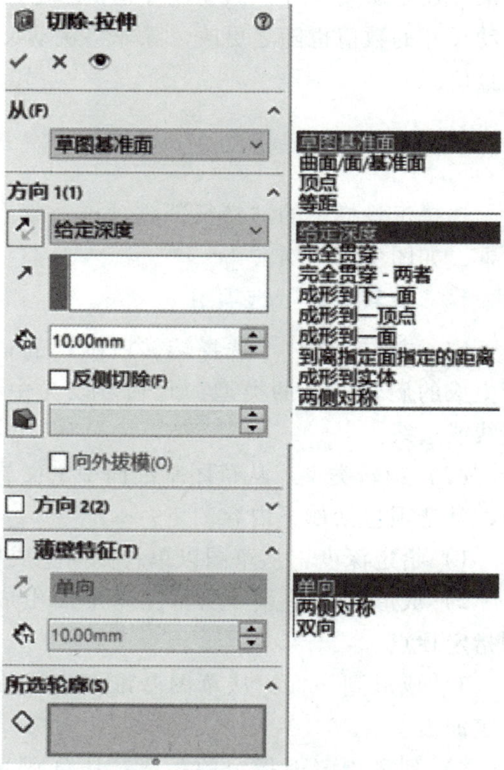

图1-37　“切除-拉伸”对话框

3）“完全贯穿-两者”。从草图的基准面拉伸特征直到贯穿方向1和方向2的所有现有几何体。

4）“成形到下一面”。从草图的基准面拉伸特征到相邻的下一面。

5）“成形到一顶点”。拉伸切除到在图形区域中选择的顶点处。

6）“成形到一面”。拉伸切除到在图形区域中选择的1个面或者基准面处。

7）“到离指定面指定的距离”。拉伸切除到在图形区域中选择的1个面或者基准面处，然后设定“等距距离”数值。

8）“成形到实体”。拉伸切除到在图形区域中所选择的实体或者曲面实体处。

9）“两侧对称”。设置“深度”数值，按照所在平面的两侧对称距离生成拉伸切除特征。

（2）“拉伸方向” 在图形区域中选择方向，并以垂直于草图轮廓的方向拉伸切除。

（3）“拔模开/关” 可以设定“拔模角度”数值，按需选择“向外拔模”选项。

（4）“反侧切除”（仅限于拉伸的切除） 移除轮廓外的所有部分。

3. “方向 2” 选项组

该选项组中的参数用法与“方向 1”选项组基本相同。

4. “薄壁特征” 选项组

该选项组中的参数可以控制拉伸的“厚度”（不是“深度”）数值。薄壁特征基体是做钣金零件的基础。定义“薄壁特征”拉伸切除的类型包括如下选项。

（1）单向 以同一“厚度”数值，沿相同方向拉伸草图。

（2）两侧对称 以同一“厚度”数值，沿相反方向拉伸草图。

（3）双向 以不同厚度（“方向 1 厚度”、“方向 2 厚度”）数值，沿相反方向拉伸草图。

5. “所选轮廓” 选项组

“所选轮廓”：允许使用部分草图生成拉伸切除特征，在图形区域中可以选择草图轮廓和模型边线。

任务 1.2 盘类零件模型设计

任务描述

盘类零件是机械设备中最典型的零件之一，它主要起轴向定位、防尘、密封、传递扭矩等作用。盘类零件是旋转体零件，其轴向长度小于直径，一般由凸台、凹坑、均匀分布的安装孔、轮辐、加强筋、键槽等组成。轴承盖的结构如图 1-38 所示，通过对轴承盖模型的设计达到以下目标：

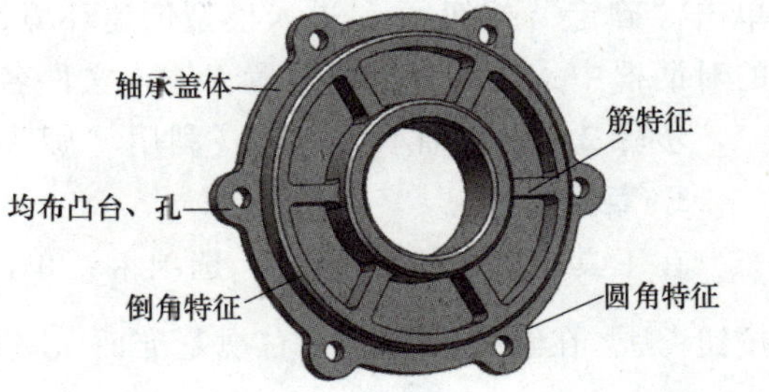

图 1-38 轴承盖的结构

1）掌握草图创建的基本知识，能正确使用二维草图工具，进行草图绘制。

2）能够正确使用旋转、拉伸、异型孔向导、阵列、筋相关命令完成相关操作。

3）熟悉基准平面和工作平面的使用。

4）能正确使用倒角和圆角放置特征。

5）能正确进行形体分析，熟悉并体验模型设计一般思路。

任务分析

从结构上看，轴承盖由轴承盖主体、均布安装孔、筋、倒角、圆角、孔等特征组成。设计时先通过草图旋转生成轴承盖主体，再创建凸台、孔与筋特征，再创建倒角、圆角特征，之后进行圆周阵列，最后进行圆角特征。轴承盖设计流程如图 1-39 所示。

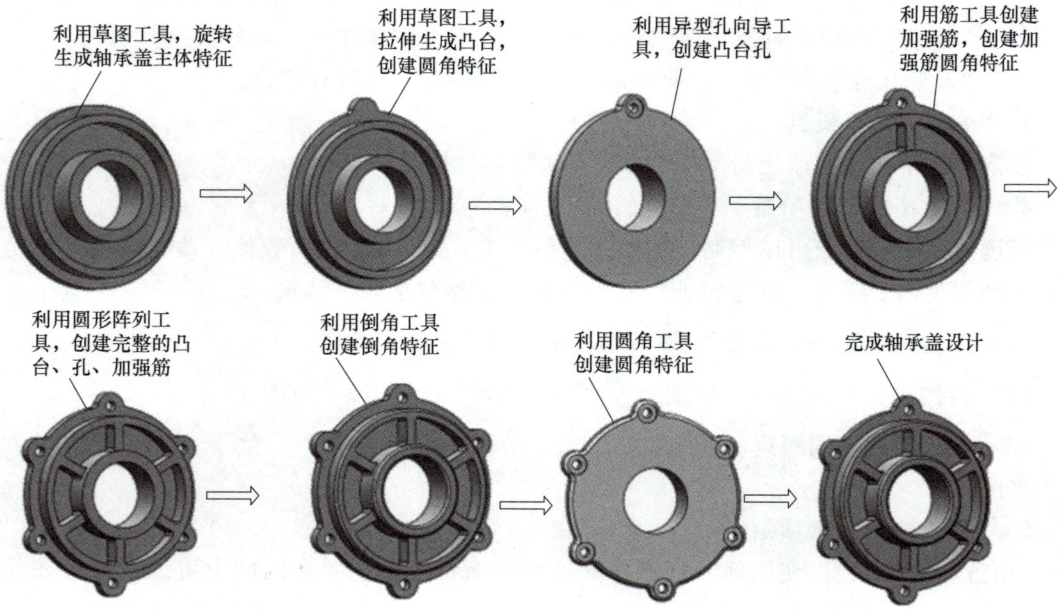

图 1-39　轴承盖设计流程

任务实施

步骤 1：新建、保存文件

运行 SolidWorks 2020，单击快速访问栏按钮，在弹出的对话框中选择“零件”，单击“确定”按钮，进入模型创建环境，如图 1-5 所示。单击“保存”按钮，在弹出的对话框中，选择合适的位置，输入文件名“轴承盖”，单击“保存”。

步骤 2：创建轴承盖主体（利用“旋转凸台/基体”工具）

1. 草图绘制

在工具栏中选择“草图”选项卡，单击“草图绘制”按钮，在绘图区选择“右视基准面”，进入草图绘制状态。在工具栏中单击“直线”按钮，先过原点画出一水平中心线，再画出轴承盖上半部分的轮廓线（不用很精确），如图 1-40 所示。依据图 1-41 所示尺寸对草图进行几何约束，并单击“智能尺寸”按钮，标注相关尺寸，完全约束轴承盖主体草图如图 1-42 所示。单击草图右上角的“退出草图”按钮退出草图状态，完成草图 1 绘制。其中，直径尺寸标注的操作步骤是，先单击轮廓线，再单击轴线，并将光标移至轴线另一侧，软件会自动推理出直径标注。

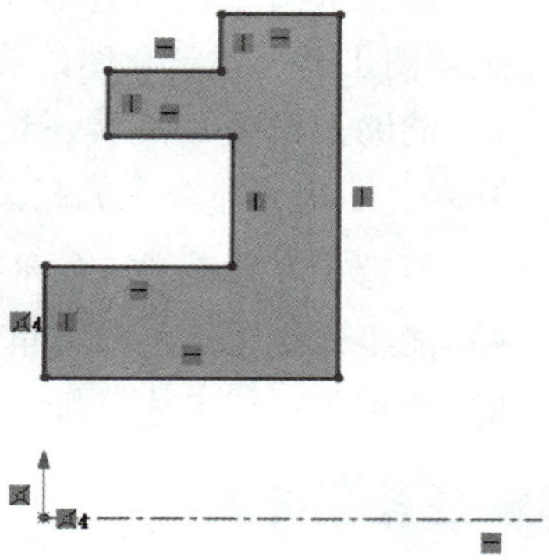

图 1-40　绘制轴承盖主体截面草图

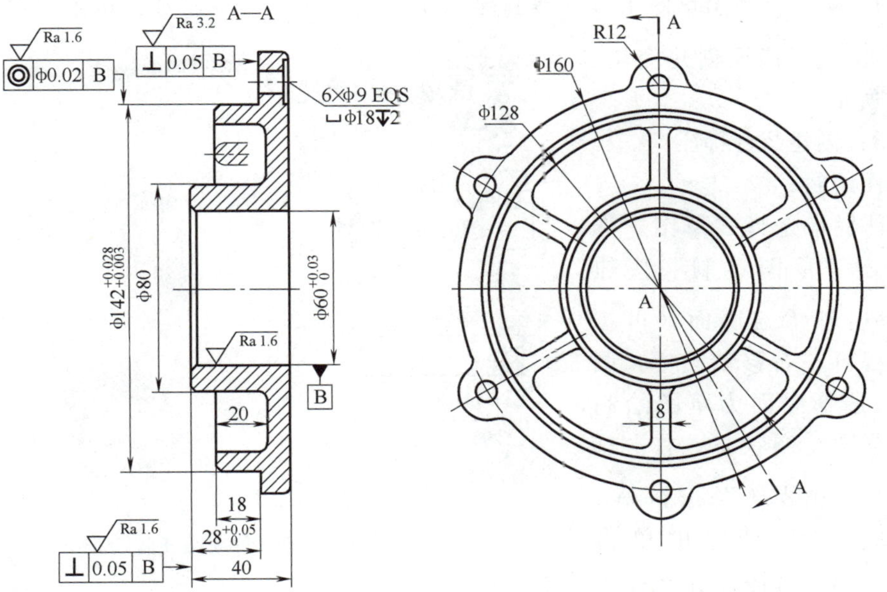

图 1-41 轴承盖零件图

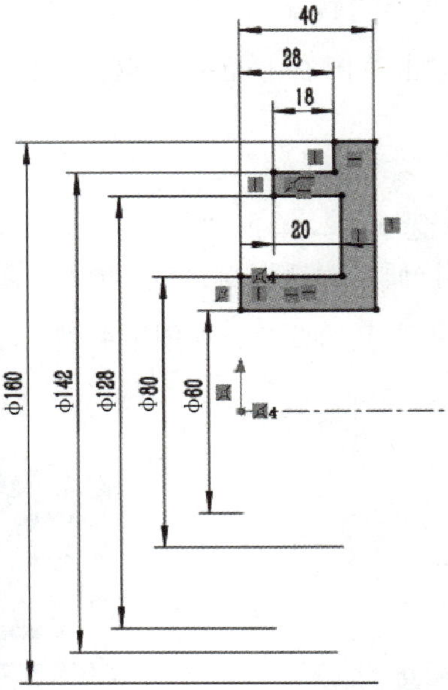

图 1-42 完全约束轴承盖主体草图

特别提示：

“设计树”中的“草图 1、草图 2”等名字和“旋转”特征等名字都是可以更改的，更改方法同 Windows 中一致，在要更改的名称上，双击的间隔稍长即可进入改名状态。

2. 创建轴承盖主体特征

选择工具栏中的“特征”选项卡，单击“旋转凸台/基体”按钮，再展开设计树，选择草图 1，系统推理出草图 1 绕轴线旋转 360°生成轴承盖主体特征，单击“确定”按钮✓，轴承盖主体特征创建完毕，如图 1-43 所示。

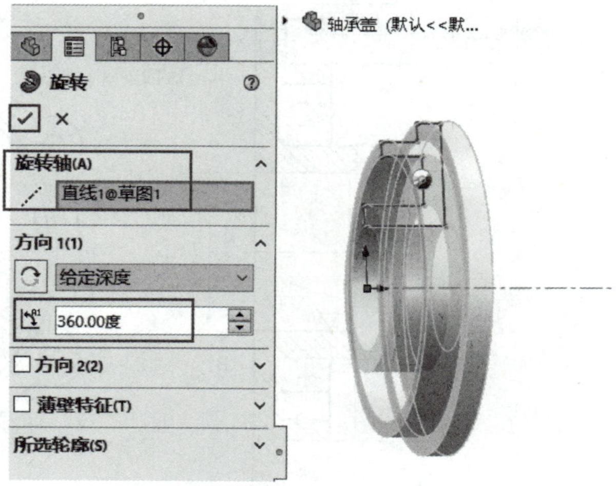

图 1-43　创建轴承盖主体特征

步骤 3：创建凸台特征

1. 草图绘制

在工具栏中选择“草图”选项卡，单击“草图绘制”按钮，再单击轴承盖底面（可按住鼠标中键再左右移动鼠标，调整视角），选择底面为草图绘制面，进入草图绘制状态。右击草图 2，单击“正视于”按钮，方便画图。在工具栏中单击“圆”按钮，过底面外轮廓线画个圆，对草图进行几何约束（选择圆心与原点，进行竖直约束，进行圆心与底面外轮廓线，进行重合约束），然后单击“智能尺寸”按钮，标注“12 * 2”，如图 1-44 所示，单击“确定”按钮✓。单击草图右上角的“退出草图”按钮退出草图状态，完成草图 2 绘制。

2. 创建凸台特征

选择工具栏中的“特征”选项卡，单击“拉伸凸台/基体”按钮，再展开设计树，选择草图 2，在弹出的“凸台-拉伸”对话框内，“方向 1”选择“成形到一面”，再单击绘图区的台阶面，勾选“合并结果”复选按钮，如图 1-45 所示，单击“确定”按钮✓，完成凸台特征创建。

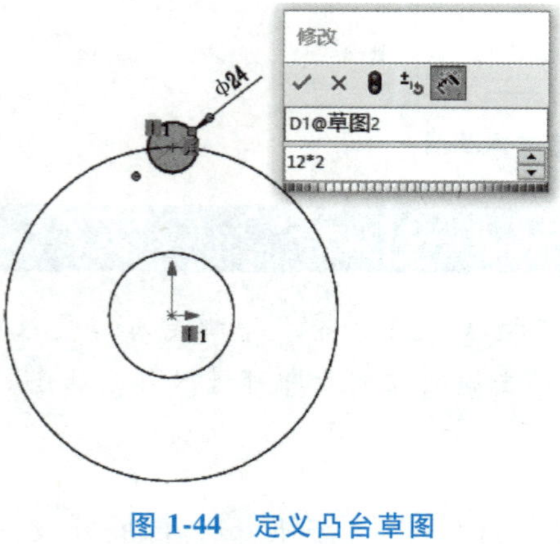

图 1-44　定义凸台草图

图 1-45　创建凸台特征

特别提示：

软件建模环境提供了一个原始坐标系，包括三个工作平面，即前视、上视、右视，一个坐标原点，即（0，0，0）。在建模过程中应尽量直接使用原始坐标系，当原始坐标系提供的工作平面、工作轴线不能满足建模要求时，应灵活利用原始坐标系或已建模型上平面或边线等要素作为基准创建新的工作平面和工作轴线。

“拉伸凸台/基体”是以一个或两个方向拉伸一草图或绘制的草图轮廓来生成实体。具体内容见本节“知识链接”中的“知识点一”。

步骤 4：创建凸台圆角特征

选择工具栏中的“特征”选项卡，单击“圆角”按钮，在弹出的对话框中，“特征类型”选择“恒定大小圆角”，单击要圆角化的凸台两侧交线，使得“要圆角化的项目”为“边线<1>”“边线<2>”，在“圆角参数”的“半径”文本框内输入“5”，如图 1-46 所示。单击“确定”按钮，完成凸台圆角特征创建。

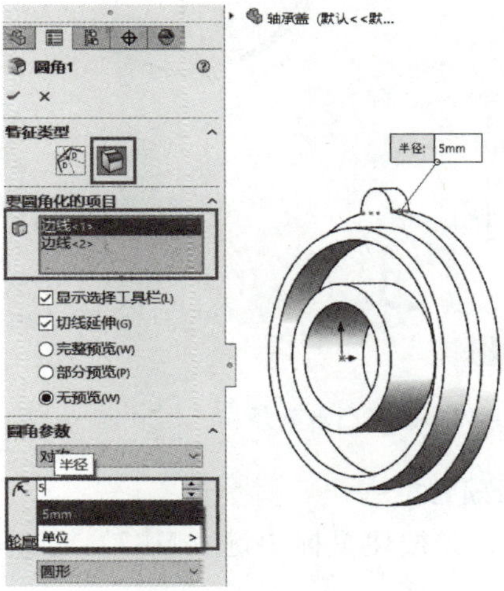

图 1-46　创建凸台圆角特征

步骤 5：创建凸台孔（利用“异型孔向导”工具）

选择工具栏中的“特征”选项卡，单击“异型孔向导”按钮，在弹出的“孔规格”对话框中，“孔类型”选择“旧制孔”，“类型”选择“柱形沉头孔”，输入图 1-47 所示截面尺寸，“终止条件”选择“给定深度”，如图 1-47 所示。再选择“位置”选项卡，单击轴承盖大端面，然后单击凸台边线捕捉圆心，如图 1-48 所示，单击“确定”按钮，完成凸台孔特征的创建。

特别提示：

“异型孔向导”工具使用的关键是确定孔中心的放置位置。从方便快速角度看，首先考虑的是“同心”放置，即模型上是否存在与该孔有同心关系的圆弧中心；其次考虑的是“线性”放置，即模型上是否存在确定孔中心位置的边线；再次是“草图”放置，利用草图工具可以确定任何一种情况孔中心位置。具体内容见本节“知识链接”中的“知识点二”。

步骤 6：创建加强筋特征（利用“筋”工具）

1. 草图绘制

右击 $\phi142$ 的台阶端面，单击“草图绘制”按钮，进入草图绘制状态，绘制图 1-49 所示直线，几何约束后，单击草图右上角的“退出草图”按钮，完成草图绘制。

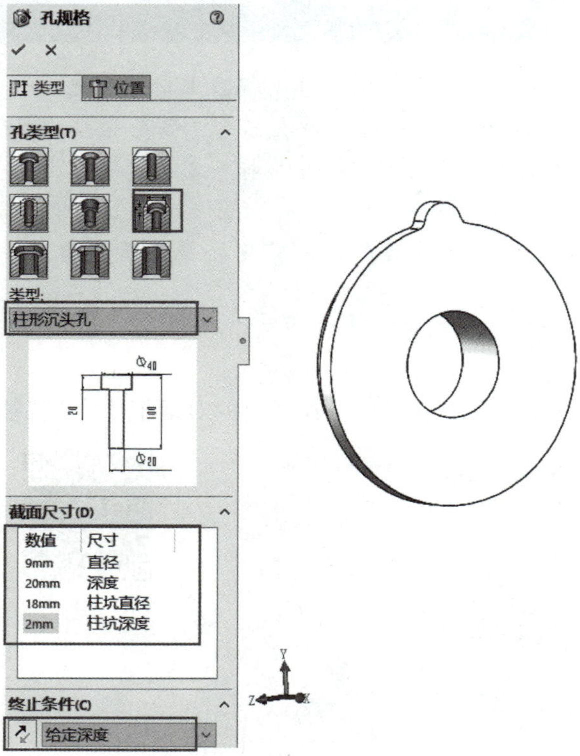

图 1-47　选择凸台孔规格

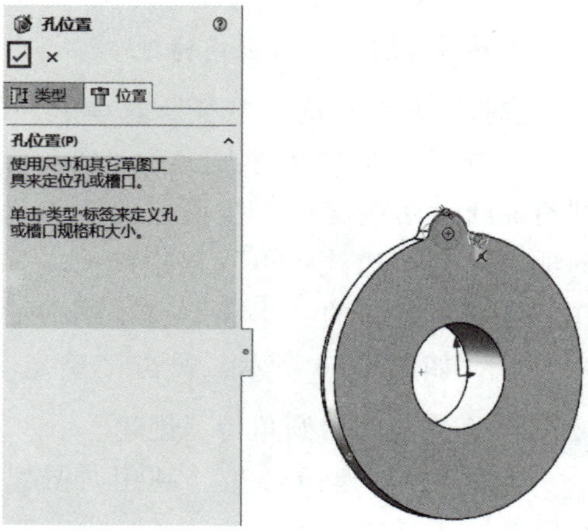

图 1-48　选择凸台孔位置

2. 创建加强筋特征

为方便操作，先按住鼠标中键（MB2）再左右移动鼠标，调整视角。选择工具栏中的“特征”选项卡，单击“筋”按钮。选中刚完成的草图，在弹出的“筋 1”对话框中，“厚度”选择“两侧”，在“厚度”文本框中输入“8”，“拉伸方向”选择“垂直于草图”，勾选“反转材料方向”复选按钮，生成正确的方向，“拔模斜度”为默认值（图 1-50），单击“确定”按钮，完成加强筋的创建。

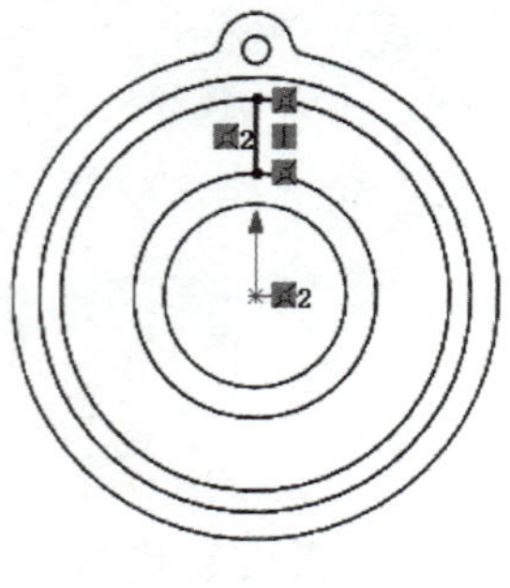

图 1-49　定义加强筋草图

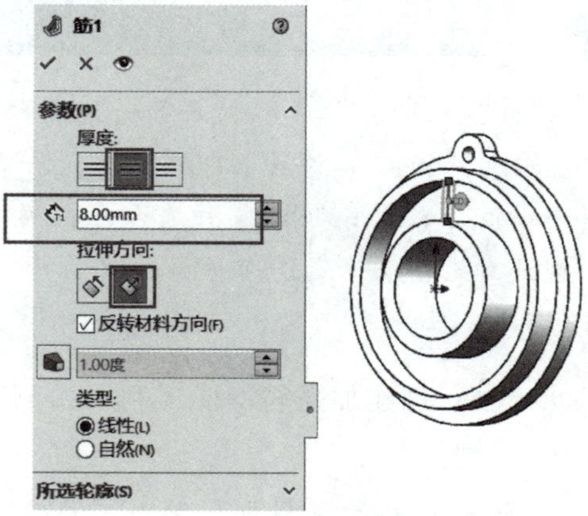

图 1-50　创建加强筋特征

特别提示：

加强筋是一种特殊的结构，是铸件、塑胶件等不可或缺的设计结构，旨在增加结合面的强度。在加强筋特征对话框中，“草图”必须是开环的轮廓线；加强筋厚度可以垂直于或平行于草图平面；可直接设置拔模斜度。

具体内容见本节“知识链接”中的“知识点三”。

步骤7：创建加强筋圆角特征

选择工具栏中“特征”选项卡，单击“圆角”按钮，在弹出的对话框中，“特征类型”选择“恒定大小圆角”，单击加强筋两端四条交线，使得“要圆角化的项目”为“边线<1>”“边线<2>”“边线<3>”“边线<4>”，在“圆角参数”的“半径”文本框内输入5，单击“确定”按钮，完成加强筋圆角特征创建，创建好的加强筋圆角特征如图1-51所示。

步骤8：阵列凸台、孔、筋特征（利用“圆周阵列”工具）

选择工具栏中“特征”选项卡，单击“线性阵列”下的“圆周阵列”按钮，在弹出的“阵列（圆周）1”对话框中，“方向1”选择ϕ80的圆柱面，“角度”输入“360”，“实例数”输入“6”，勾选“特征和面”复选按钮，表示阵列对象为“特征和面”，然后单击设计树中的各项，单击“确定”按钮，如图1-52所示，完成凸台、孔、筋、圆角的阵列。

图1-51　创建好的加强筋圆角特征

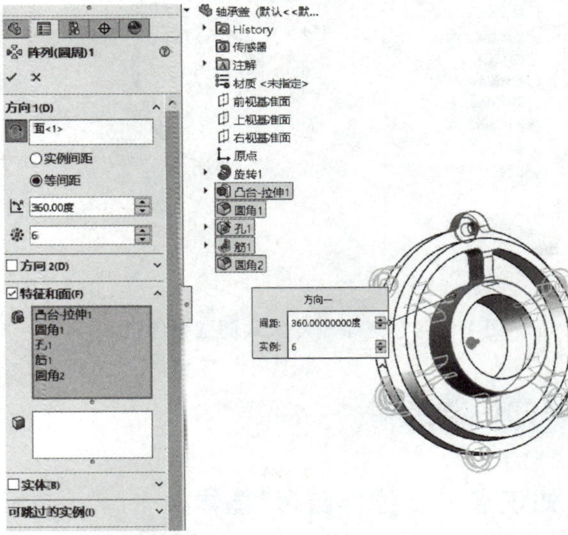

图1-52　凸台、孔、筋、圆角的阵列特征

步骤9：创建轴承盖倒角特征

选择工具栏中“特征”选项卡，单击“圆角”按钮下的“倒角”按钮，在“倒角”对话框中选择“倒角类型”为“距离距离”，分别单击ϕ142台阶的外侧边线，ϕ80台阶内、外侧边线，使得“要倒角化的项目”为“边线<1>”“边线<2>”“边线<3>”，在“倒角参

数”的“距离”文本框中输入“2”，如图 1-53 所示，单击“确定”按钮，完成凸台倒角特征创建。

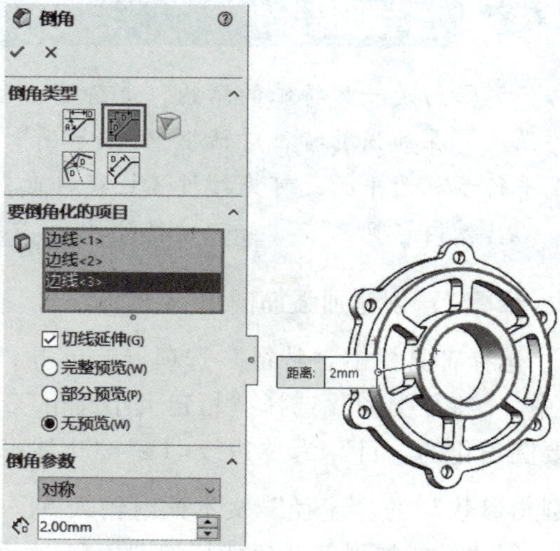

图 1-53　创建轴承盖倒角特征

步骤 10：创建轴承盖大端面圆角特征

选择工具栏中“特征”选项卡，单击“圆角”按钮，在“圆角”对话框中，选择“圆角类型”为“恒定大小圆角”，单击大端轮廓线，使得“要圆角化的项目”为“边线<1>”，在“圆角参数”的“半径”文本框内输入“5”，如图 1-54 所示，单击“确定”按钮，完成凸台圆角特征创建。

步骤 11：完成创建单击“保存”按钮，完成轴承盖创建。创建好的轴承盖如图 1-55 所示。

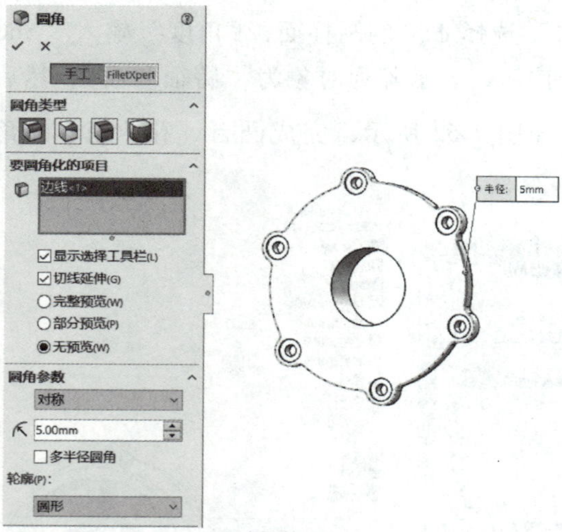

图 1-54　创建轴承盖大端面圆角特征

图 1-55　创建好的轴承盖

知识链接

知识点一　拉伸凸台/基体

选择工具栏中的“特征”选项卡，单击“拉伸凸台/基体”按钮，弹出“凸台-拉伸”对话框，如图 1-56 所示。

1. “从”选项组

该选项组用来设定拉伸的“开始条件”，其选项包括“草图基准面”“曲面/面/基准面”“顶点”“等距”。

（1）草图基准面　从草图所在的基准面作为基础开始拉伸。

(2) 曲面/面/基准面　从这些实体之一作为基础开始拉伸。

(3) 顶点　从选择的顶点处开始拉伸。

(4) 等距　从与当前草图基准面等距的基准面上开始拉伸，等距距离可以手动键入。

2. “方向 1”选项组

(1) “终止条件”　设置特征拉伸的终止条件，单击“反向”按钮，可以沿预览中所示的相反方向拉伸特征。

1) “给定深度”。设置给定的“深度”数值以终止拉伸。

2) “成形到一顶点”。拉伸到在图形区域中选择的顶点处。

3) “成形到一面”。拉伸到在图形区域中选择的 1 个面或者基准面处。

4) “到离指定面指定的距离”。拉伸到在图形区域中选择的 1 个面或者基准面处，然后设定“等距距离”数值。

5) “成形到实体”。拉伸到在图形区域中所选择的实体或者曲面实体处。

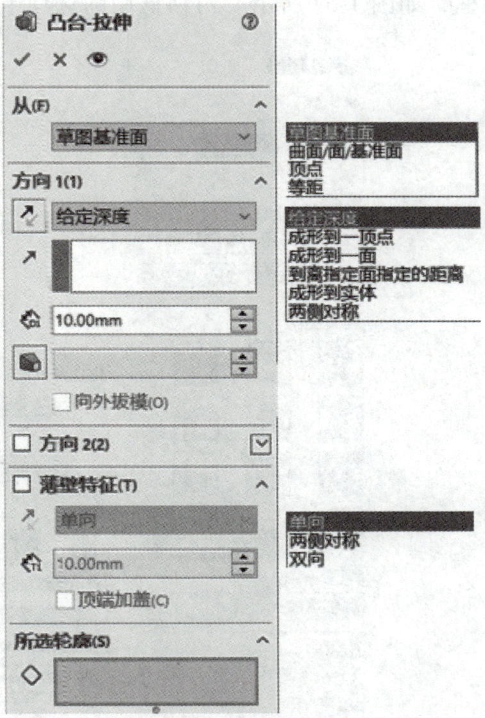

图 1-56　“凸台-拉伸”对话框

6) “两侧对称”。设置“深度”数值，按照所在平面的两侧对称距离生成拉伸特征。

(2) “拉伸方向”　在图形区域中选择方向，并以垂直于草图轮廓的方向拉伸。

(3) “拔模开/关”　可以设“拔模角度”数值，按需选择“向外拔模”选项。

3. “方向 2”选项组

该选项组中的参数用法与“方向 1”选项组基本相同。

4. “薄壁特征”选项组

该选项组中的参数可以控制拉伸的“厚度”（不是“深度”）数值。薄壁特征基体是做钣金零件的基础。定义“薄壁特征”拉伸的类型包括如下选项。

(1) 单向　以同一“厚度”数值，沿相同方向拉伸草图。

(2) 两侧对称　以同一“厚度”数值，沿相反方向拉伸草图。

(3) 双向　以不同厚度（“方向 1 厚度”、“方向 2 厚度”）数值，沿相反方向拉伸草图。

5. “所选轮廓”选项组

“所选轮廓”：允许使用部分草图生成拉伸特征，在图形区域中可以选择草图轮廓和模型边线。

知识点二　异型孔向导

选择工具栏中的“特征”选项卡，单击“异型孔向导”按钮，弹出“孔规格”对话框，如图 1-57 所示。对话框中的选项卡及选项组介绍如下。

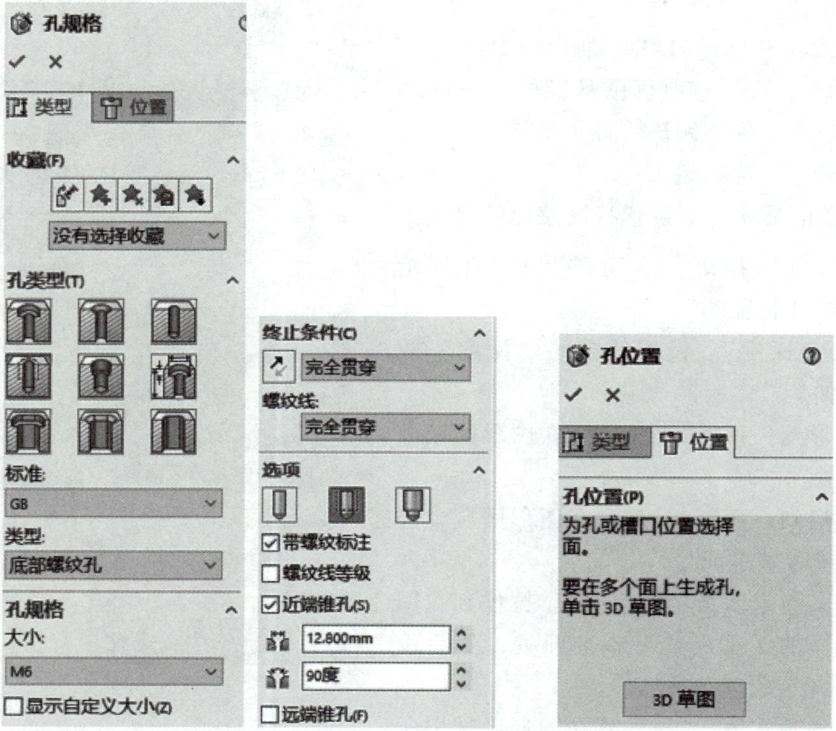

图 1-57 “孔规格”对话框

1. “孔规格”对话框的选项卡

（1）“类型” 设置孔类型参数。

（2）“位置” 在平面或者非平面上找出异型孔向导孔，使用尺寸和其他草图绘制工具定位孔中心。

2. “孔类型”选项组

该选项组中有“柱形沉头孔”“锥形沉头孔”“孔”“直螺纹孔”“锥形螺纹孔”“旧制孔”“柱形槽口”“锥形槽口”“槽口”共九个选项。

（1）“标准”下拉列表框 选择孔的标准，如“GB”或“JIS”等。

（2）“类型”下拉列表框 选择孔的类型。

3. “孔规格”选项组

该选项组中有“大小”下拉列表框，可选择螺纹件尺寸大小。

4. “终止条件”选项组

“终止条件”选项组中的参数根据孔类型的变化而有所不同。如“盲孔深度”（在设置“终止条件”为“给定深度”时可用）用于设定孔的深度。

5. “选项”选项组

“选项”选项组有“带螺纹标注”“螺纹线等级”“近端锥孔”等复选按钮，“近端锥孔直径”文本框和“近端锥孔角度”文本框，可以根据孔类型的不同而发生变化。

6. “收藏”选项组

该选项组用于管理可以在模型中重新使用的常用异型孔清单，包括如下选项。

（1）“应用默认/无常用类型” 重设到“没有选择最常用的”及默认设置。

（2）“添加或更新常用类型” 将所选异型孔添加到常用类型清单中。

（3）“删除常用类型” 删除所选的常用类型。

（4）“保存常用类型” 保存所选的常用类型。

（5）“装入常用类型” 载入常用类型。

知识点三 筋特征

选择工具栏中的“特征”选项卡，单击“筋”按钮，弹出“筋1”对话框，如图1-58所示。

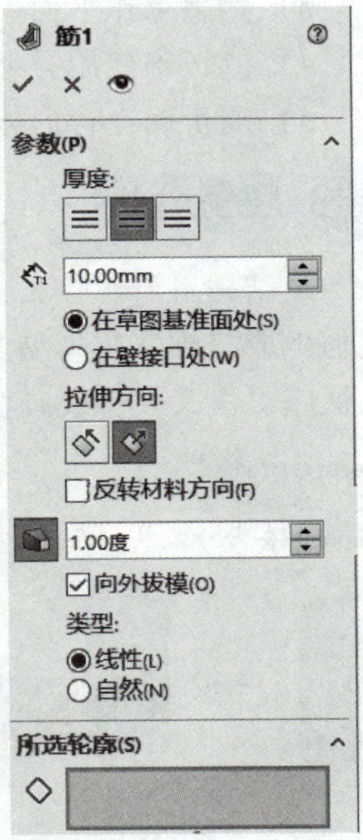

图1-58 “筋1”对话框

1. “参数”选项组

（1）“厚度” 在草图边缘添加筋的厚度。

1）“第一边”。只延伸草图轮廓到草图的一边。

2）“两侧”。均匀延伸草图轮廓到草图的两边。

3）“第二边”。只延伸草图轮廓到草图的另一边。

（2）“筋厚度” 设定筋的厚度。

（3）“拉伸方向” 设定筋的拉伸方向。

1）“平行于草图”。平行于草图生成筋拉伸。

2）“垂直于草图”。垂直于草图生成筋拉伸。

（4）“反转材料方向” 更改拉伸的方向。

（5）“拔模开/关” 添加拔模特征到筋，可以设置“拔模角度”，勾选“向外拔模”即可生成向外拔模角度。

（6）“类型” 在“拉伸方向”为“垂直于草图”时使用。

1）“线性”。生成与草图方向相垂直的筋。

2）“自然”。生成沿草图轮廓延伸方向的筋。例如，如果草图为圆的回弧，则自然使用圆形延伸筋，直到与边界汇合。

2. “所选轮廓”选项组

“所选轮廓”参数用来列举生成筋特征的草图轮廓。

任务1.3 叉架类零件模型设计

任务描述

拨叉（图1-59）主要是通过拨动滑移齿轮，改变它在齿轮轴上的位置。拨叉也可用于机械产品中离合器的控制，如端面结合齿、内外齿，都需要用拨叉控制其一部分来实现结合与分离。通过对拨叉模型的设计达到以下目标：

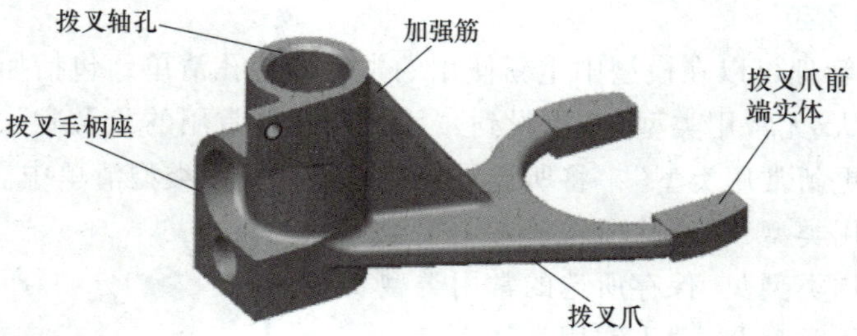

图 1-59　拨叉

1）掌握草图创建的基本知识，能正确使用二维草图工具，进行草图绘制。

2）能够正确使用拉伸、筋命令完成相关操作。

3）熟悉工作平面、基准平面等定位特征，能按造型需求建立合适的工作平面。

4）能正确使用异型孔向导、倒角和圆角放置特征。

5）能正确进行形体分析，熟悉并体验模型设计一般思路。

任务分析

从结构上看，拨叉由拨叉爪、拨叉轴孔、加强筋和拨叉手柄座等部分组成。按由单元体叠加生成三维实体模型的方法，先创建圆柱体（拨叉轴），然后创建拨叉爪，最后创建拨叉手柄座。拨叉模型设计流程如图 1-60 所示。

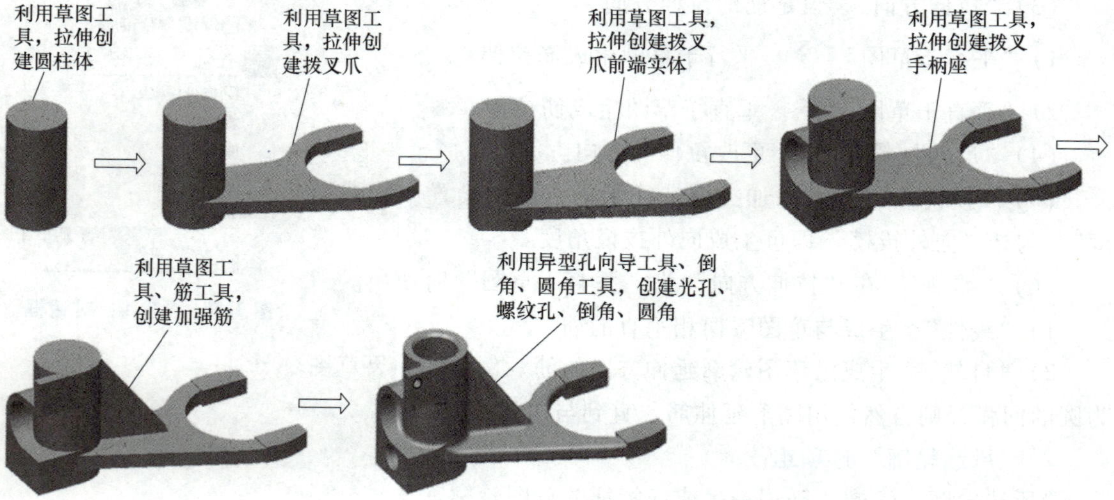

图 1-60　拨叉模型设计流程

任务实施

步骤 1：新建、保存文件

运行 SolidWorks 2020，在欢迎界面单击“零件”按钮（图 1-3）或者单击快速访问栏按钮，在弹出的对话框中选择“零件”，单击“确定”按钮，进入模型创建环境。单击“保存”按钮，在弹出的对话框中选择合适的位置，输入文件名“拨叉”，单击“保存”。

步骤 2： 创建拨叉轴（利用“拉伸凸台/基体”工具）

1. 草图绘制

在工具栏中选择“草图”选项卡，单击“草图绘制”按钮，选择“上视基准面”，进入草图绘制状态。在工具栏中单击“圆”按钮，单击原点移动鼠标画出任意大小的圆。单击“智能尺寸”按钮，单击圆，在“修改”文本框内输入“26”（图 1-61），单击“确定”按钮。

2. 创建拨叉轴特征

选择“特征”选项卡，单击“拉伸凸台/基体”按钮（图 1-62），在弹出的“凸台-拉伸”对话框中，“方向 1”选择“给定深度”，在“深度”文本框内输入“50”（图 1-63），单击“确定”按钮，完成拨叉轴特征的创建。

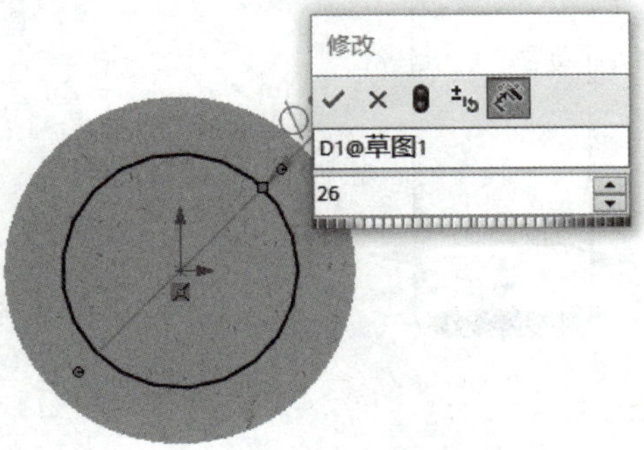

图 1-61　拨叉轴草图

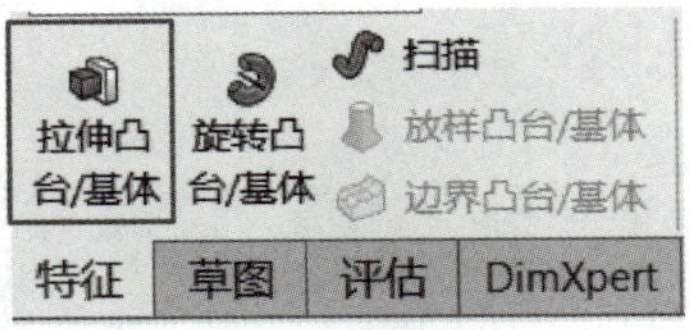

图 1-62　特征工具栏

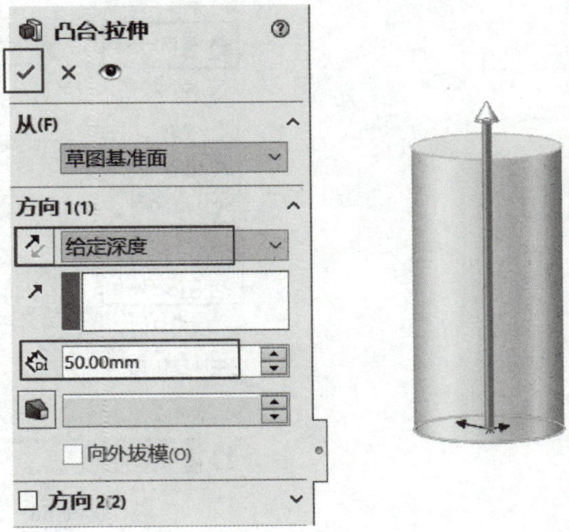

图 1-63　创建拨叉轴特征

特别提示：

三维造型同机械制图中视图分析类似，通常分为两种情况，一种是组合体造型，另一种是切割体造型，组合体造型又称叠加造型或增材造型，切割体造型也称减材造型。图 1-64 所示的台阶可以按增材方式造型，即“长方体 1+长方体 2”；也可以按减材方式造型，即“长方体 4-长方体 3”。

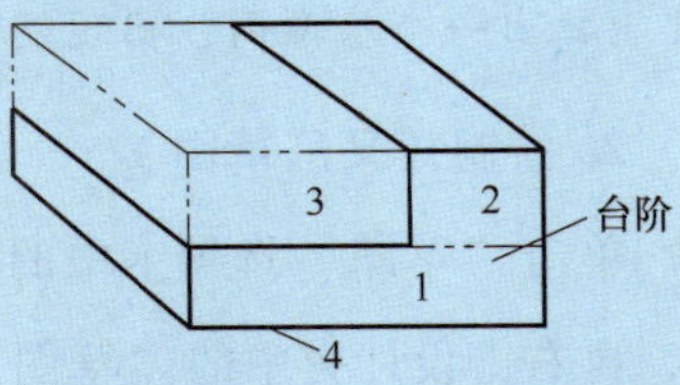

图 1-64　三维造型的方式

步骤 3： 创建拨叉爪（利用“拉伸凸台/基体”工具）

1. 创建基准面 1

单击工具栏“特征”选项卡中的“参考”按钮，在弹出菜单中选择“基准面”选项（图 1-65），单击圆柱底面，使得弹出的“基准面”对话框中的“第一参考”显示

“面<1>”，在“偏移距离”文本框中输入“7”，其余选项默认，勾选“反转等距”复选按钮（图 1-66），单击“确定”按钮，完成基准面 1 的创建。

图 1-65 “特征”选项卡

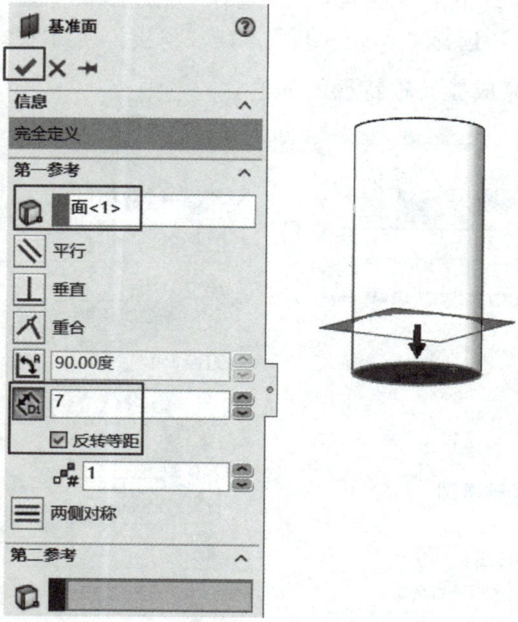

图 1-66 创建基准面 1

小技巧：

如果要新建的基准面是以设计树中的前视、上视和右视这几个基准面为基准建立的话，可以先选中基准面，移动光标到基准面上，当光标变为十字光标时，按下<Ctrl>键拖动鼠标就能拉出一个基准面，出现图 1-66 所示的对话框，然后输入距离即可建立新的基准面。

2. 绘制拔叉爪草图 1

单击“草图”选项卡中的“草图绘制”按钮，选择“基准面 1”，进入草图绘制环境，再右击设计树中的“草图 2”，单击“正视于”按钮，使得“基准面 1”平行于屏幕，如图 1-67 所示。

小技巧：

设计树中每一步已完成的操作都可以显示或隐藏，具体操作是：右击对象，在快捷菜单中选择“隐藏”或“显示”，这样就可以实现对象的隐藏或显示了。

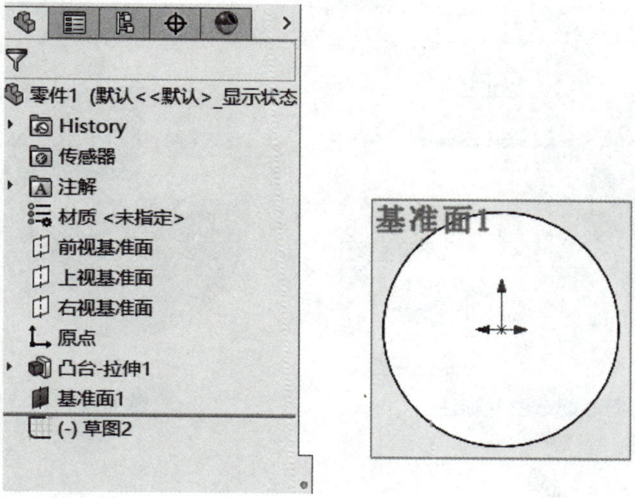

图 1-67 选择拨叉爪基准面

按图 1-68 所示的拨叉爪尺寸图绘制草图。

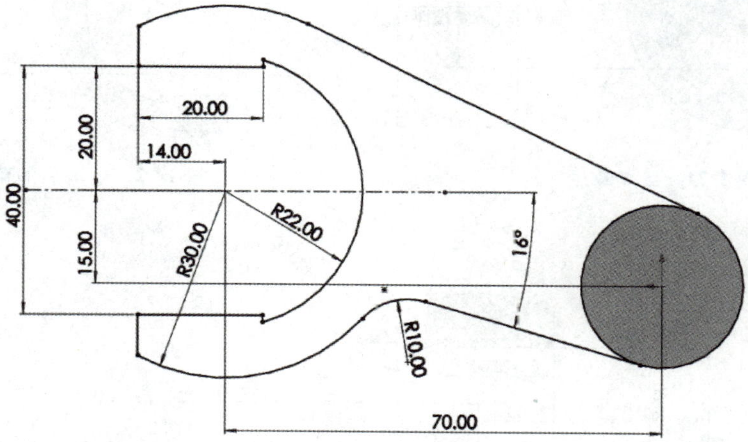

图 1-68 拨叉爪尺寸图

单击“圆”按钮，在相应位置绘制两同心圆，再单击“智能尺寸”按钮，单击大圆，移动光标到合适位置并单击，在弹出的“修改”文本框中输入“30＊2”，单击“确定”按钮。同样的方法标注内圆的尺寸“22＊2”（图 1-69）。再单击大圆和原点竖直向上移动光标在合适位置单击，在弹出的“修改”文本框中输入“70”，单击“确定”按钮。同样的方法水平方向移动光标在合适位置单击，在弹出的“修改”对话框中输入“15”，单击“确定”按钮（图 1-70）。

单击“直线”按钮在两同心圆左半部分画一竖线和四根短线，如图 1-71 所示。再选择“剪裁实体”按钮，对多余线条进行修剪，修剪后的草图如图 1-72 所示。

再单击“智能尺寸”按钮，分别标注出 40、20、14、20 的尺寸（图 1-73）。按住

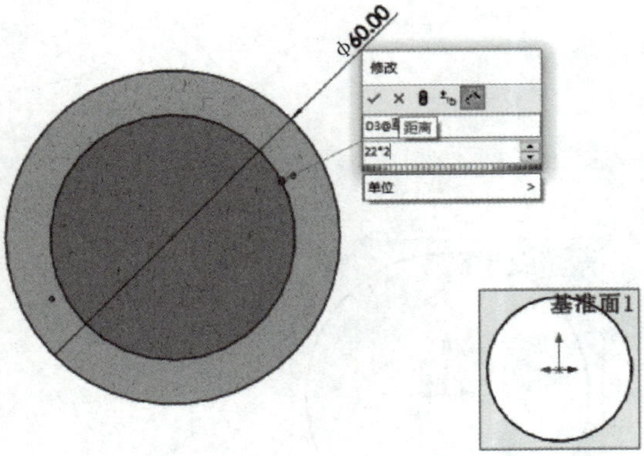

图 1-69　绘制同心圆草图并标注

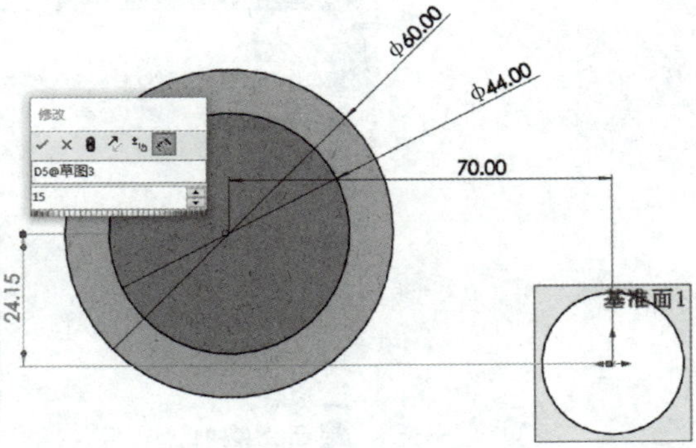

图 1-70　尺寸约束草图

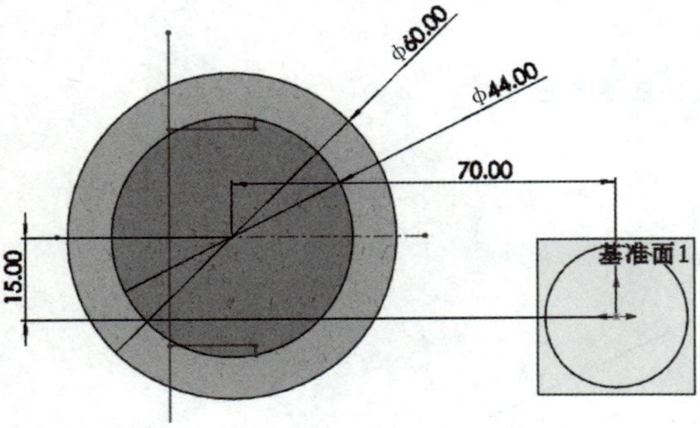

图 1-71　绘制草图

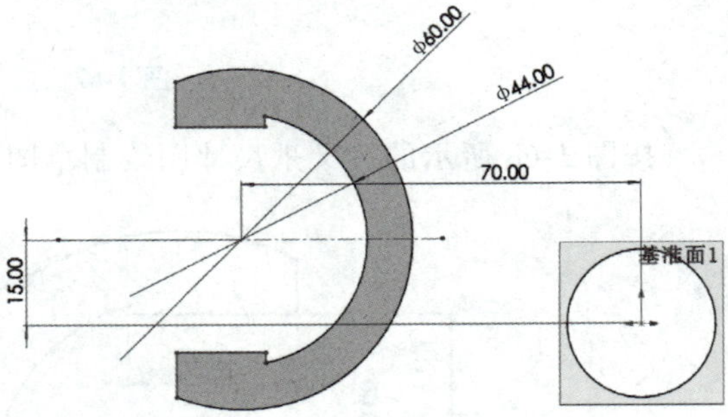

图 1-72　修剪后的草图

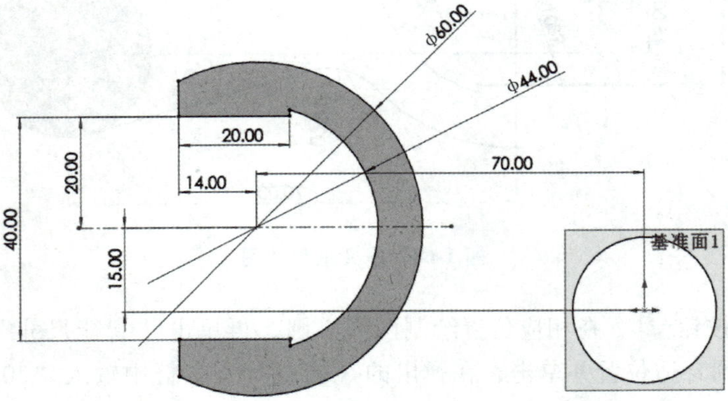

图 1-73　尺寸约束草图

<Ctrl>键的同时单击“直线 22”和“直线 25”，在弹出的“属性“对话框中单击“相等”按钮 ，单击“确定”按钮 （图 1-74），以约束两线长度相等，确保草图完全约束。

将光标移动到标注上，按住鼠标左键不松并移动鼠标，调整草图标注以便画图，单击“直线”按钮 ，画出上下两根线，如图 1-75 所示。

单击“转换实体引用”按钮 ，再单击 ϕ26 圆柱的端面，投影出圆②。单击“智能尺寸”按钮 ，在“修改”文本框中输入“16”（图 1-76）。

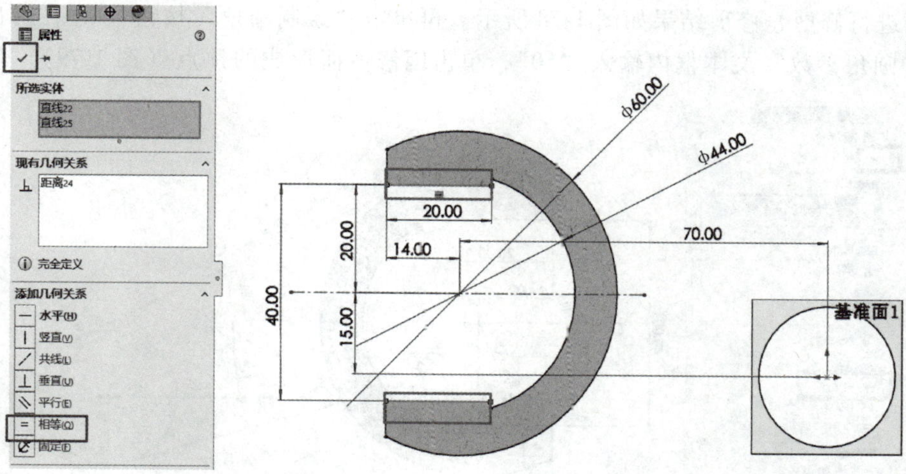

图 1-74 几何约束草图

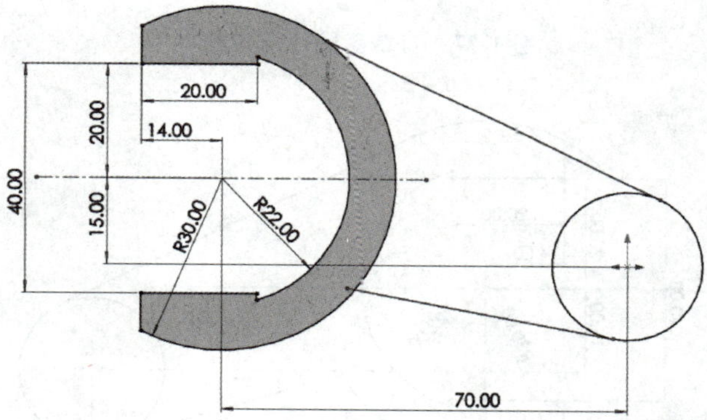

图 1-75 绘制直线

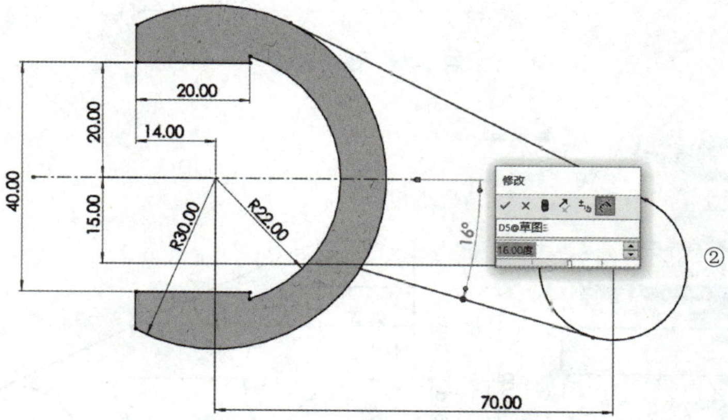

图 1-76 对草图进行尺寸约束

按住<Ctrl>键的同时用鼠标单击直线①和圆②，在弹出的“属性”对话框中单击“相切”按钮，单击“确定”按钮（图 1-77），对直线①和圆②进行相切约束。同样的操作依次对直线①和圆弧③、直线④和圆②进行相切约束。再单击“剪裁实体”按钮，对多余线条进行修剪，修剪结果如图 1-78 所示。再单击“绘制圆角”按钮，在弹出的对话框中的“圆角参数”文本框内输入“10”，单击因修剪而形成的顶点（图 1-79），单击“确

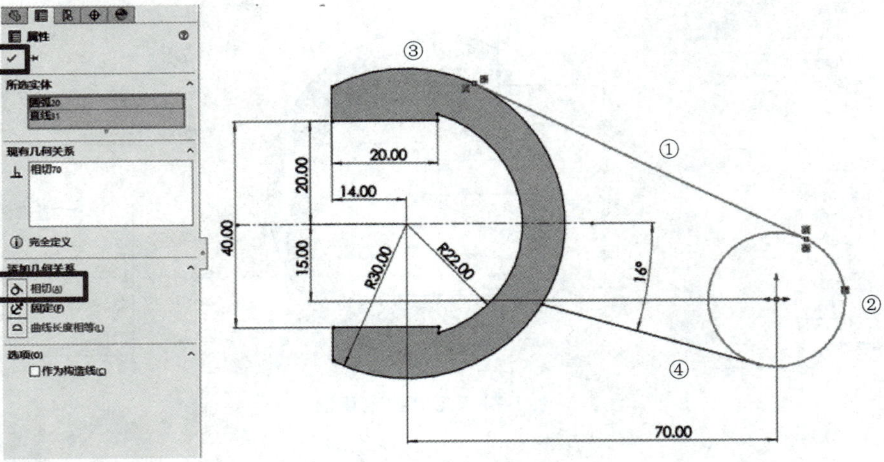

图 1-77　对草图进行几何约束

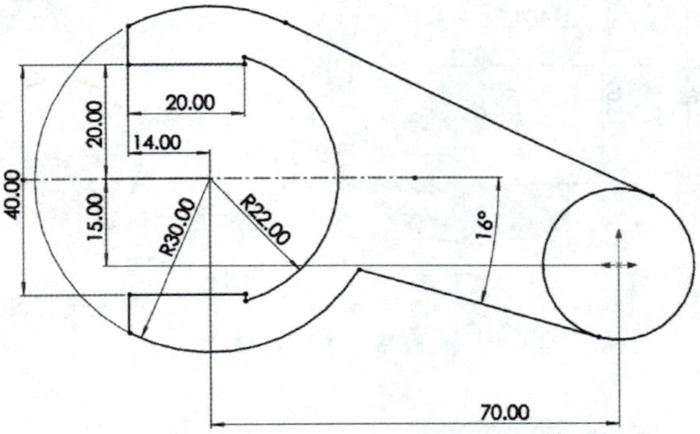

图 1-78　修剪结果

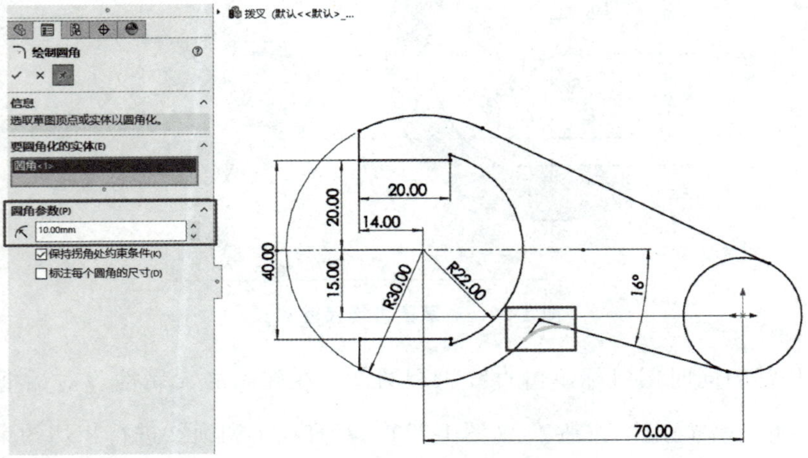

图 1-79　草图圆角

定”按钮，单击草图右上角的“退出草图”按钮，退出草图绘制。拨叉爪草图如图 1-80 所示。

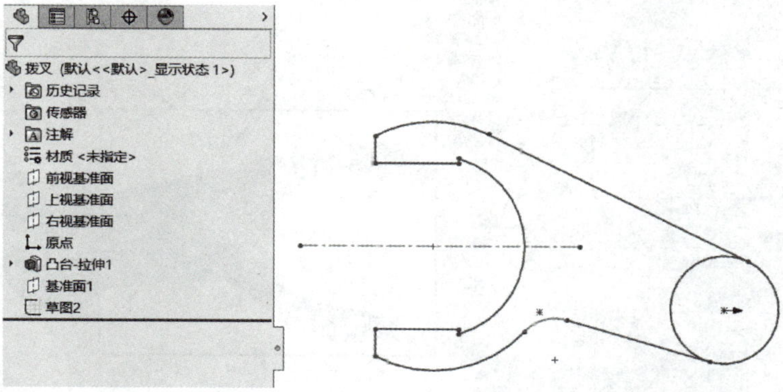

图 1-80　拨叉爪草图

3. 创建拨叉爪特征

为方便操作，可先按住鼠标中键再上下移动鼠标，以调整视角。选择工具栏中的“特征”选项卡，单击“拉伸凸台/基体”按钮，再单击设计树中的“草图 2”（图 1-81），在弹出的对话框中单击“给定深度”按钮，改变拉伸方向，保证拉伸方向的正确性，输入拉伸数值“6”，再选中拉伸区域（图 1-82），单击“确定”按钮，完成拨叉爪拉伸特征的创建。拨叉爪完成图如图 1-83 所示。

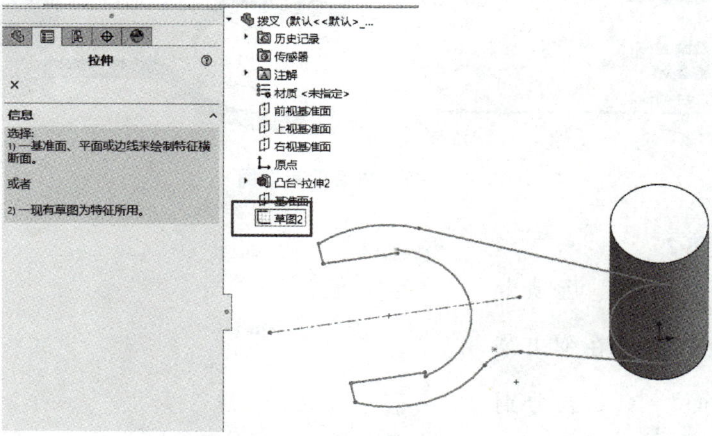

图 1-81　选择拨叉爪草图

小技巧：

在创建草图时，有时会利用已建实体的边缘作为草图几何图元，借助“草图”选项卡中的“转换实体引用”，将已建实体的边缘投影到草图平面中来。这样可以极大地提高草图创建速度和精度。

步骤 4：创建拨叉爪前端实体（利用“拉伸凸台/基体”工具）

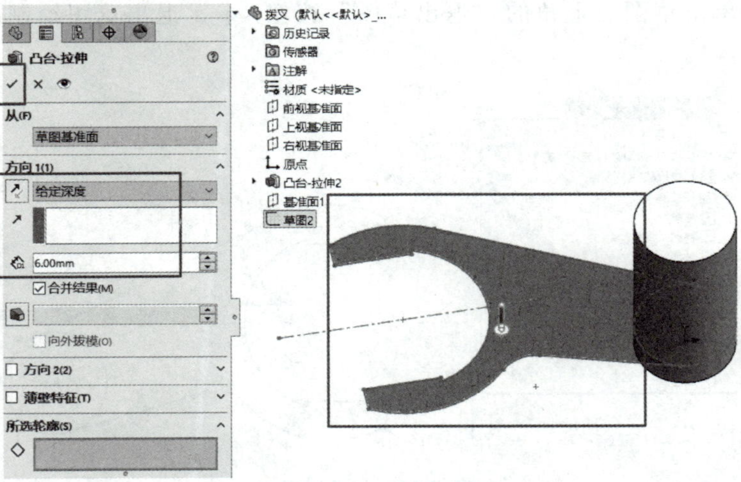

图 1-82　创建拨叉爪拉伸特征

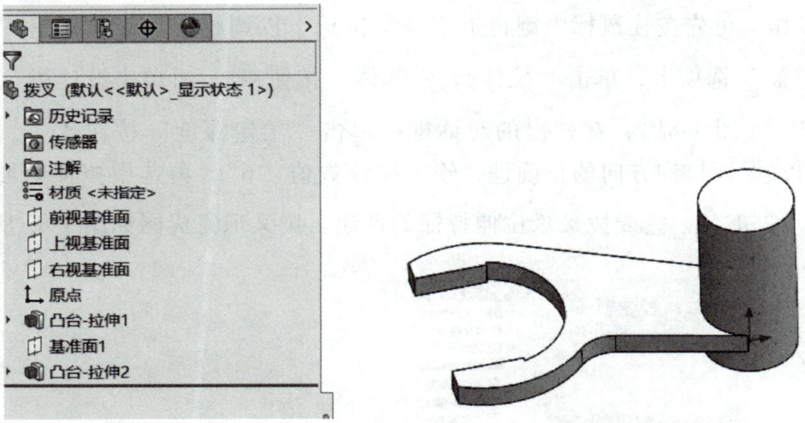

图 1-83　拨叉爪完成图

1. 创建基准面 2

单击工具栏“特征”选项卡中的“参考”按钮，在弹出菜单中选择“基准面”，再分别单击拨叉爪的上、下面，使得“基准面”窗口中的“第一参考”为“面<1>”，“第二参考”为“面<2>”（图 1-84），单击“确定”按钮。

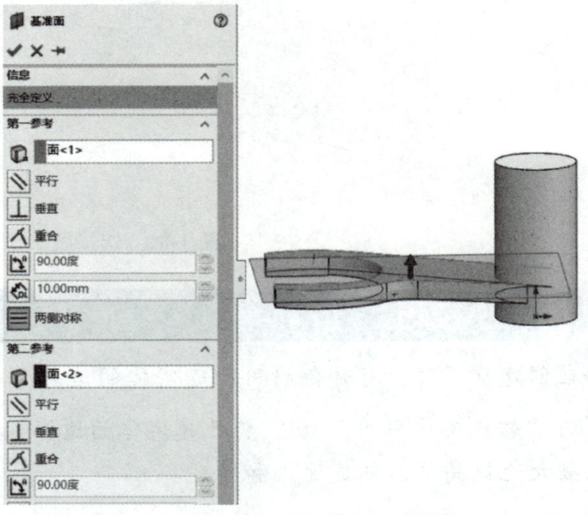

图 1-84　创建拨叉爪前端实体基准面

2. 创建草图 3

单击左侧设计树中的“基准面 2”，再单击工具栏“草图”选项卡中的“草图绘制”按钮 。进入草图 3 绘制状态，单击“正视于”按钮 ，使得基准面 2 平行于屏幕，如图 1-85 所示。

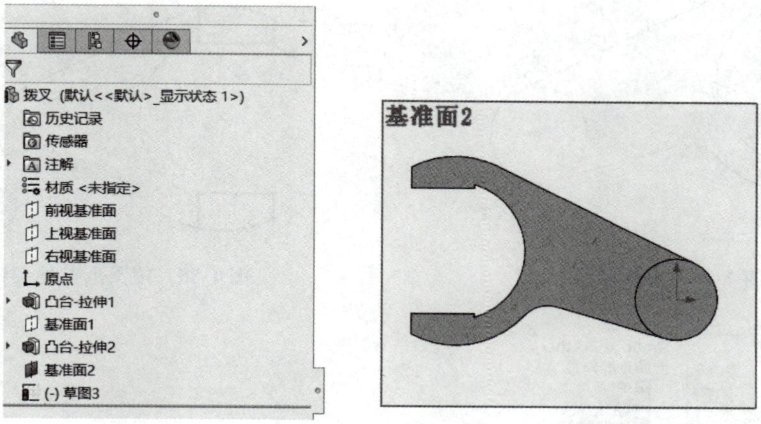

图 1-85 “正视”状态下的草图

单击“转换实体引用”按钮 ，再单击拨叉爪前端边线（图 1-86），在基准面 2 上投影出 6 根图线，单击“确定”按钮 。再单击“直线”按钮 ，画出一根竖线，如图 1-87 所示。

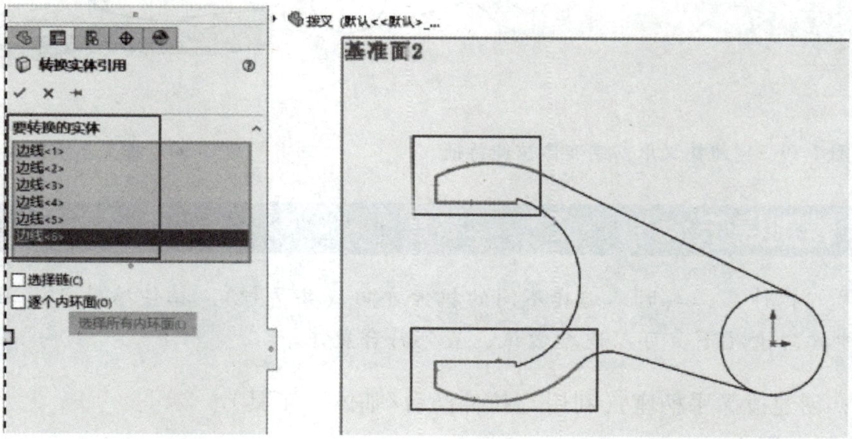

图 1-86 转换实体引用

单击“剪裁实体”按钮 ，对多余线条进行修剪，拨叉爪前端实体草图如图 1-88 所示。单击草图右上角的“退出草图”按钮 ，退出草图绘制。

3. 创建拨叉爪前端实体拉伸特征

为方便操作，先按住鼠标中键再上下移动鼠标，以调整视角。选择工具栏中“特征”选项卡，单击“拉伸凸台/基体”按钮 ，弹出“凸台-拉伸”对话框，在“方向 1”选项组的下拉列表框中选择“两侧对称”，然后输入深度数值“7”，再单击“草图 3”（图 1-89），单击“确定”按钮 ，完成拨叉爪前端实体拉伸特征的创建。拨叉爪前端实体完成图如图 1-90 所示。

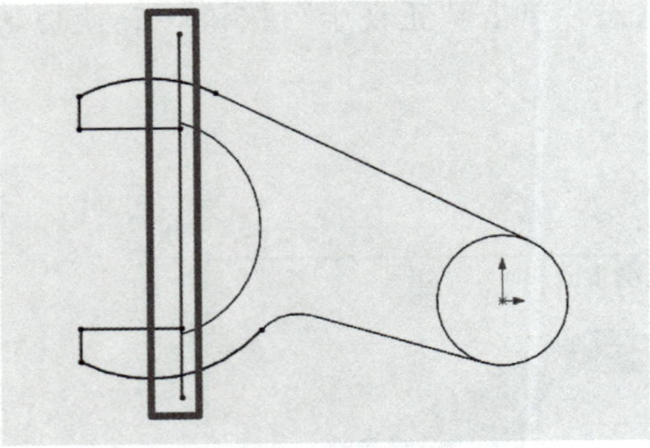

图 1-87　绘制草图

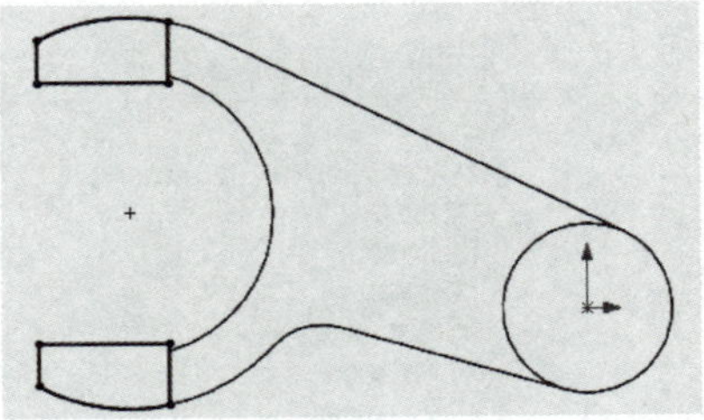

图 1-88　拨叉爪前端实体草图

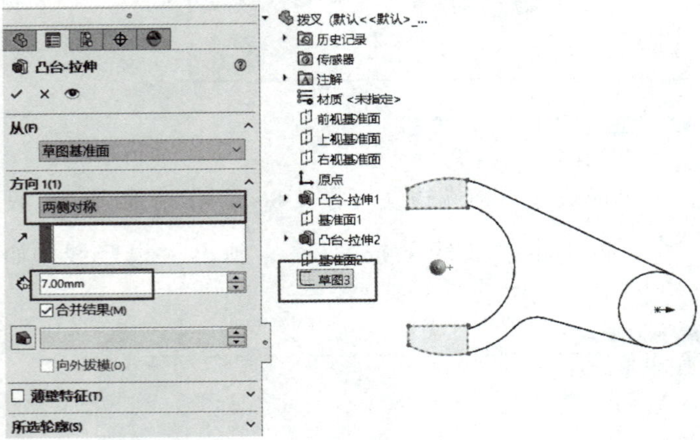

图 1-89　创建拨叉爪前端实体拉伸特征

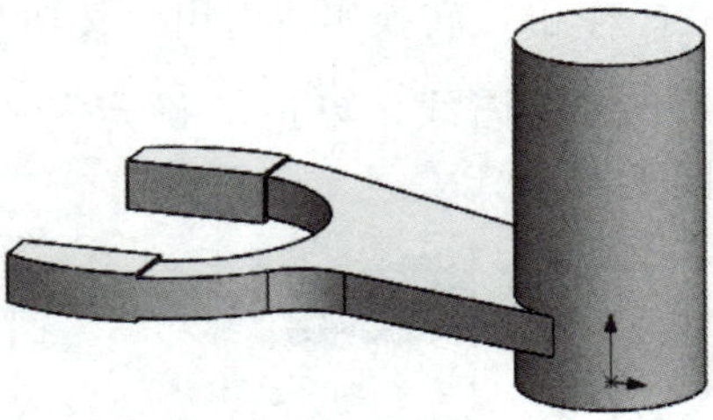

图 1-90　拨叉爪前端实体完成图

特别提示：

在使用“拉伸”工具时，选择不同的拉伸方向（共 7 种），拉伸结果是不同的。在不能确定拉伸方向情况下，可以逐个尝试，直到符合要求。

步骤 5： 创建拨叉手柄座（利用“拉伸凸台/基体”工具）

1. 创建基准面 3

单击工具栏“特征”选项卡中的“参考”按钮，在弹出菜单中选择“基准面”，再单击设计树中的“右视基准面”，此时，“基准面”对话框中的“第一参考”为“右视基准面”，在“偏移距离”文本框中输入“20”（图 1-91），单击“确定”按钮，完成基准面 3 的创建。

2. 创建草图 4

单击设计树中的“基准面 3”，再单击工具栏“草图”选项卡中“草图绘制”按钮。进入草图 4 绘制状态，单击“正视于”按钮，使得基准面 3 平行于屏幕，绘制如图 1-92 所示图形，单击草图右上角的“退出草图”按钮，完成草图 4 的绘制。

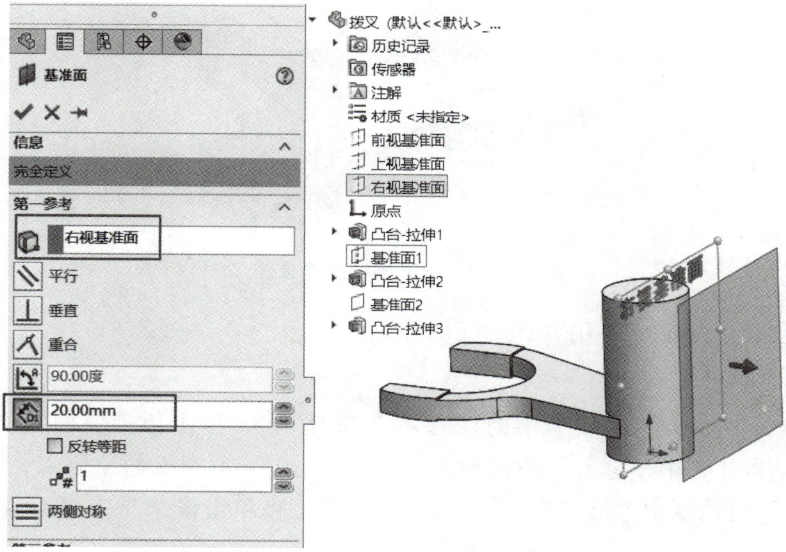

图 1-91　创建拨叉手柄座基准面

3. 创建拨叉手柄座实体拉伸特征

为方便操作，按住鼠标中键再左右移动鼠标，以调整视角。选择工具栏中“特征”选项卡，单击“拉伸凸台/基体”按钮，单击设计树中的“草图4”，弹出“凸台-拉伸”对话框，在“方向1”选项组的下拉列表框中选择“成形到一面”，再单击圆柱面（图1-93），单击“确定”按钮，完成拨叉手柄座拉伸特征的创建。拨叉手柄座完成图如图1-94所示。

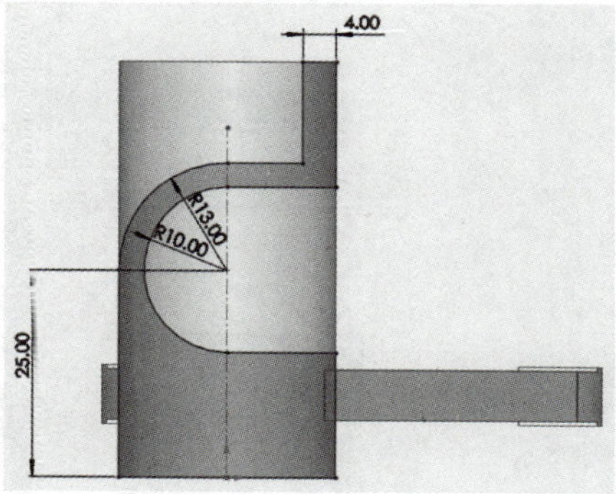

图 1-92　完全定义拨叉手柄座草图

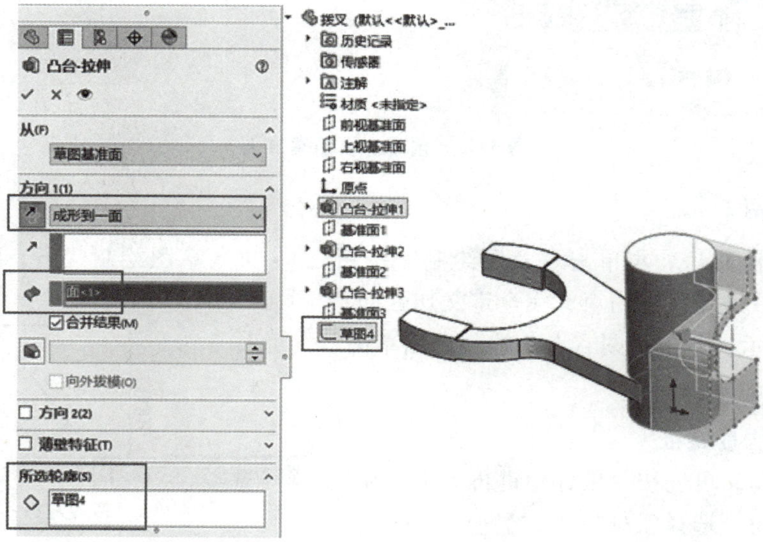

图 1-93　创建拨叉手柄座拉伸特征

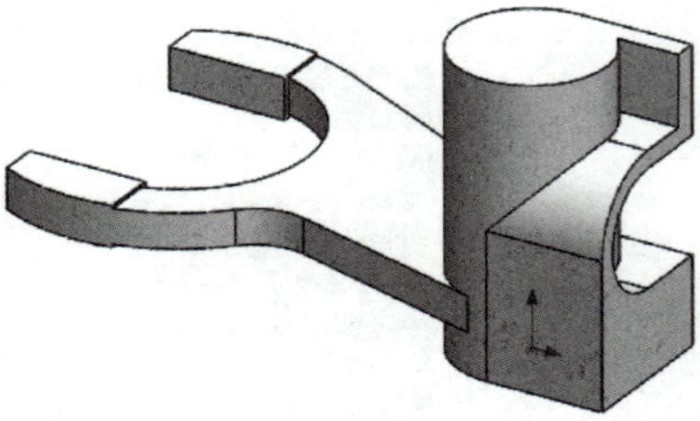

图 1-94　拨叉手柄座完成图

步骤 6：创建加强筋（利用“筋”工具）

1. 创建基准面 4

单击工具栏“特征”选项卡中的“参考”按钮，单击原点，使得“基准面”对话框中“第一参考”为“原点”，再单击拨叉爪圆弧的象限点，使得“基准面”对话框中“第二参考”为“点<1>”，再单击拨叉爪上表面（图 1-95），单击“确定”按钮。

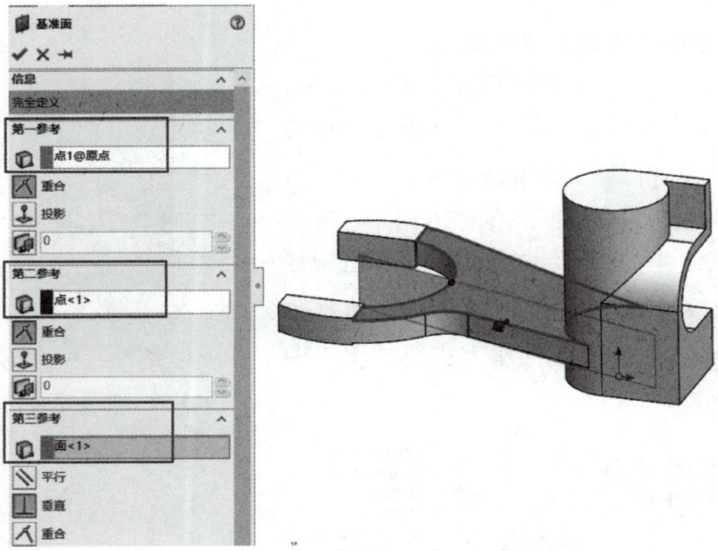

图 1-95　创建加强筋基准面

2. 创建草图 5

右击“基准面 4”，再单击“草图绘制”按钮，进入草图绘制状态，隐藏基准面 4，绘制斜直线，并进行尺寸约束，完全定义加强筋草图如图 1-96 所示，单击草图右上角的”退出草图”按钮，完成草图绘制。

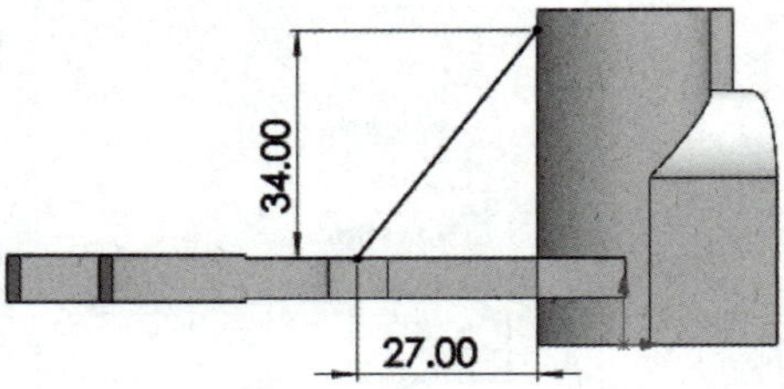

图 1-96　完全定义加强筋草图

3. 创建加强筋特征

为方便操作，可先按住鼠标中键再上下移动鼠标，以调整视角。选择工具栏中“特征”选项卡，单击“筋”按钮。选择草图 5，弹出“筋 1”

对话框，选择“两侧”，厚度输入“6”，拉伸方向选择“平行于草图”，勾选“反转材料方向”复选按钮，生成正确的方向，拔模斜度默认（图 1-97），单击“确定”按钮，完成加强筋特征的创建。加强筋完成图如图 1-98 所示。

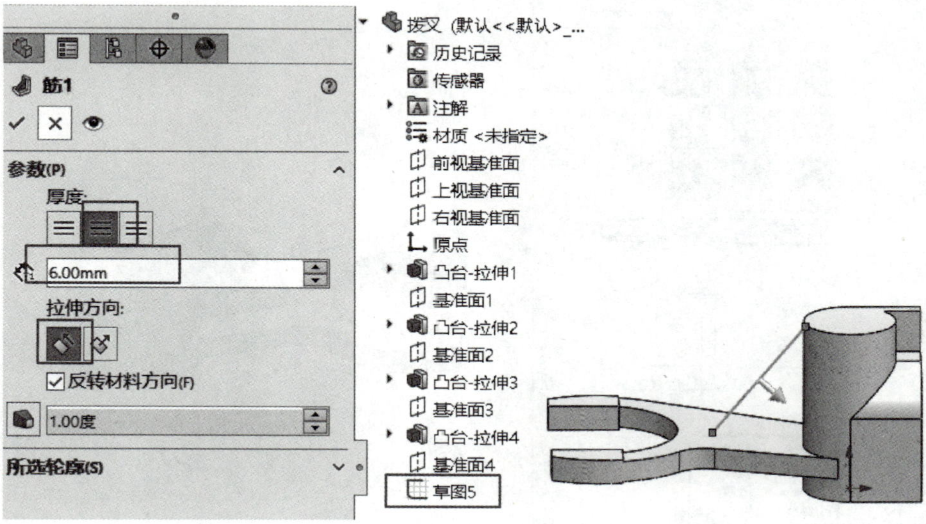

图 1-97 创建加强筋特征

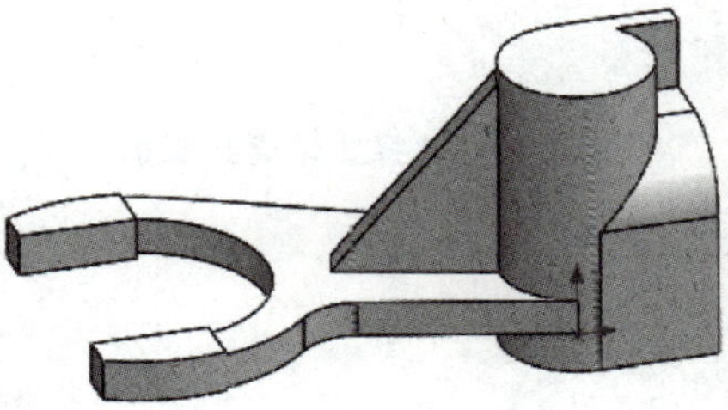

图 1-98 加强筋完成图

特别提示：

应注意“拉伸方向”选择，可以逐个尝试直到满意为止。

步骤 7：创建主轴孔及螺纹孔（利用“异型孔向导”工具）

1. 创建主轴通孔特征

选择工具栏中“特征”选项卡，单击“异型孔向导”按钮，在“孔规格”对话框的“类型”选项卡中，“孔类型”选择“旧制孔”，“类型”选择“锥形沉头孔”，输入图 1-99 所示截面尺寸，“终止条件”选择“完全贯穿”（图 1-99）。再选择“位置”选项卡，单击圆柱上表面，然后选择圆心（图 1-100），单击“确定”按钮，完成主轴通孔特征的创建。

2. 创建 ф8 孔特征

选择工具栏中“特征”选项卡，单击“异型孔向导”按钮，在“孔规格”对话框

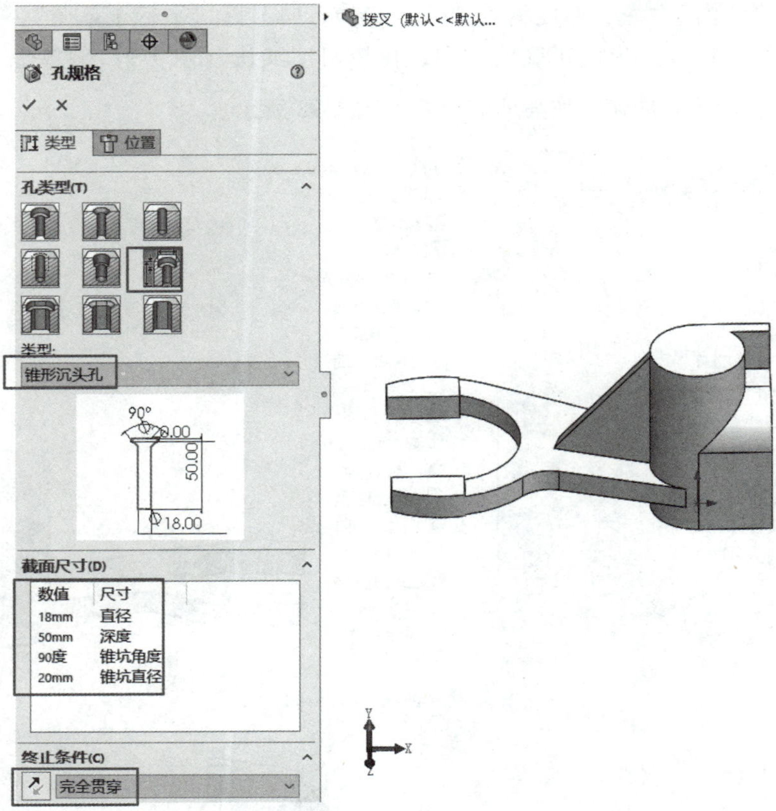

图 1-99　选择主轴通孔规格

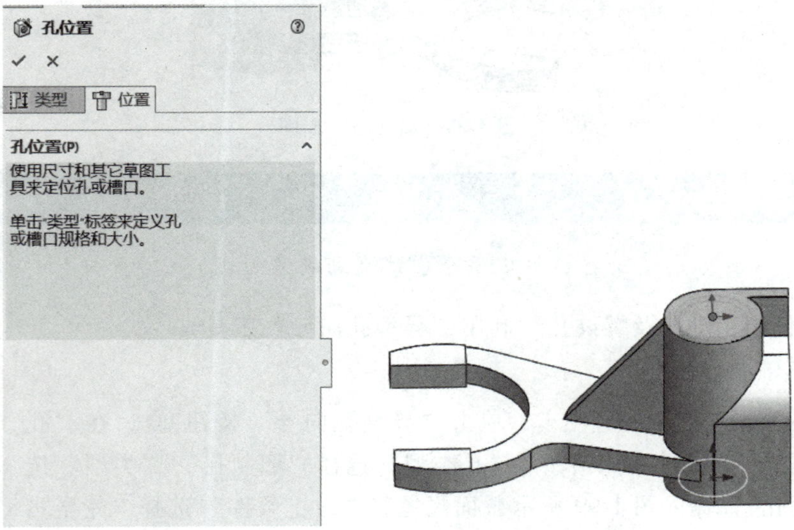

图 1-100　选择主轴通孔位置

的“类型”选项卡中，“孔类型”选择“旧制孔”，“类型”选择“锥形沉头孔”，输入图 1-101 所示截面尺寸，“终止条件”选择“成形到下一面”（图 1-101）。再选择“位置”选项卡，单击拨叉手柄座正面，在出现圆心标记后，单击“草图”选项卡中“智能尺寸”

按钮 ，标注尺寸“13”和“9”（图 1-102），单击“确定”按钮 ，完成 ф8 孔特征的创建。

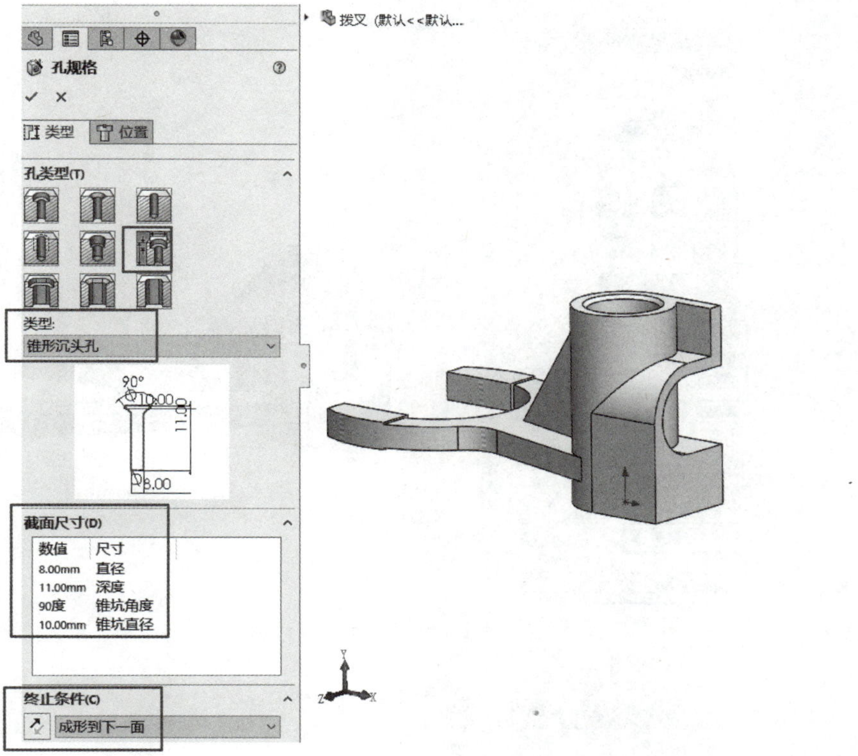

图 1-101　选择 ф8 锥形沉头孔规格

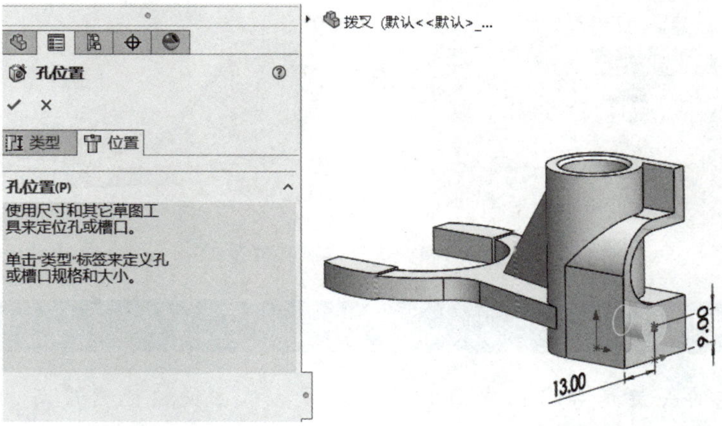

图 1-102　选择孔位置

3. 创建 M4 螺纹孔特征

为方便操作，按住鼠标中键（MB2）再左右移动鼠标，调整视角。按以上创建孔的方法，打开“孔规格”对话框，“孔类型”选择“直螺纹孔”，“标准”选择“GB”，“类型”选择“螺纹孔”，“大小”选择“M4”，“终止条件”与“螺纹线”选择“完全贯穿”（图 1-103），再选择“位置”选项卡，单击拨叉手柄座侧面，在出现圆心标记后，单击

“草图”选项卡中“智能尺寸”按钮，标注尺寸“4”和“4”（图 1-104），单击“确定”按钮，完成 M4 螺纹孔特征的创建。

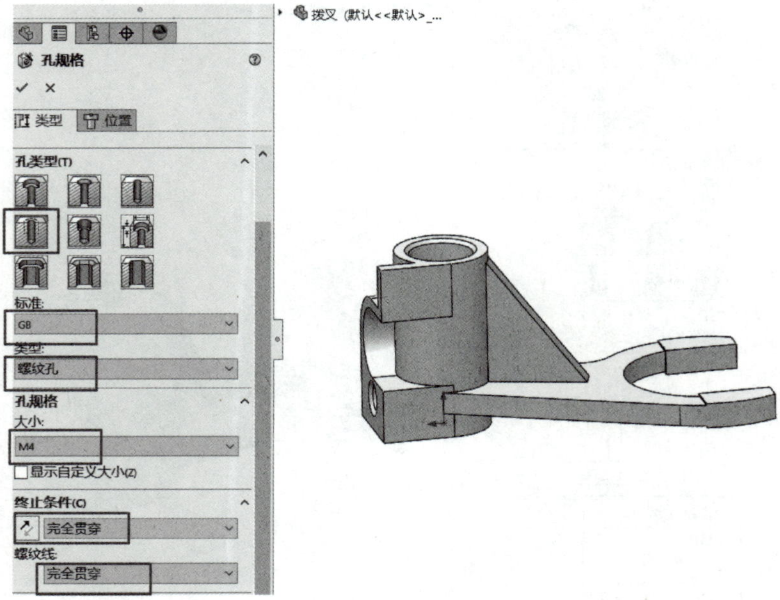

图 1-103　选择螺纹孔规格

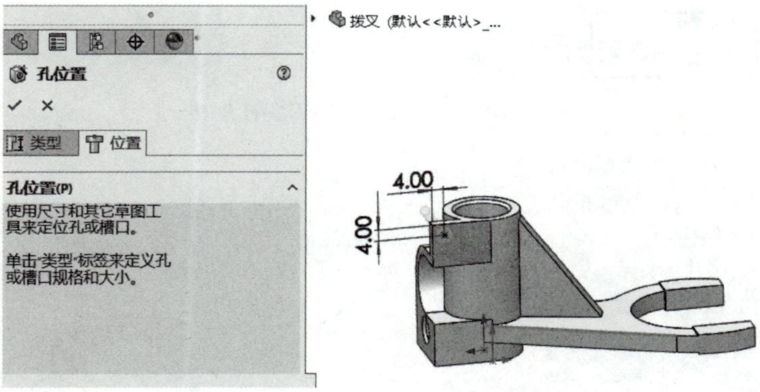

图 1-104　选择螺纹孔位置

小技巧：

孔特征创建的关键是确定孔中心的放置位置。从方便快速角度看，优先考虑的是“同心”放置，即模型上是否存在与该孔存在同心关系圆弧中心；其次是“线性”放置，即模型上是否存在确定孔中心位置的边线；再次是“草图”放置，利用草图工具可以确定任何一种情况孔中心位置。

步骤 8： 创建倒角特征

为方便操作，可先按住鼠标中键（MB2）再上下移动鼠标，调整视角。选择工具栏中“特征”选项卡，单击“圆角”按钮下的“倒角”按钮，在“倒角”对话框中选择

“倒角类型”为“对称”，单击下圆边线使得“要倒角化的项目”为“边线<1>”，在“倒角参数”的“距离”文本框中输入“1”，如图 1-105 所示，单击“确定”按钮✔，完成倒角特征的创建。

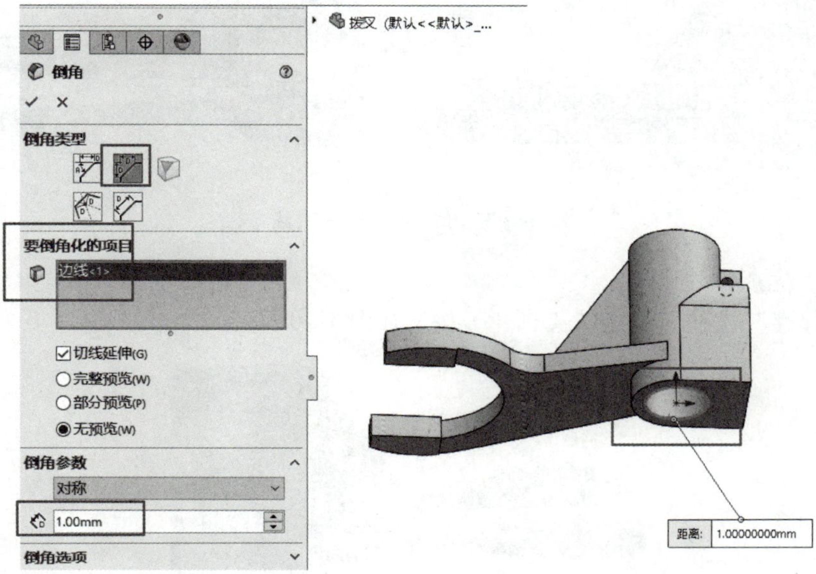

图 1-105　孔口倒角

步骤 9： 创建圆角特征

选择工具栏中“特征”选项卡，单击“圆角”按钮，在“圆角 2”对话框中选择“恒定圆角”，在“圆角参数”的“半径”文本框内输入“2”，如图 1-106 所示。单击需要

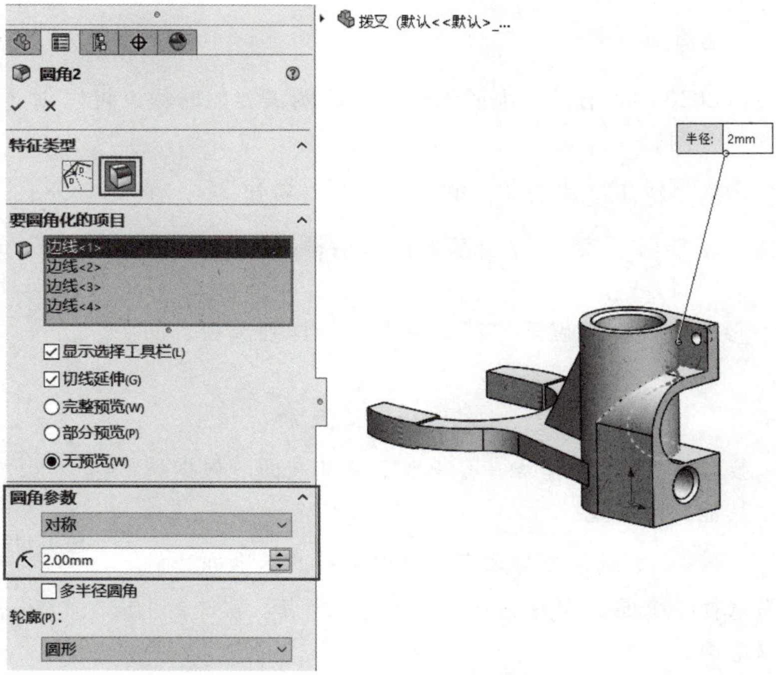

图 1-106　创建圆角特征

圆角的线条，如图 1-107 所示，单击“确定”按钮✔，完成圆角特征的创建。

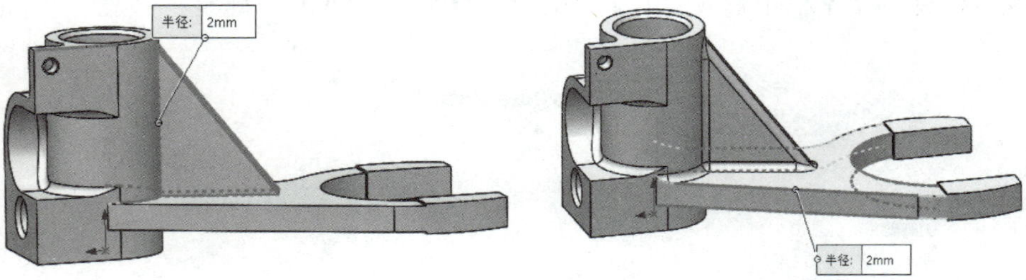

图 1-107　单击需要圆角的线条

步骤 10：完成创建

单击“保存”按钮，完成拨叉创建。拨叉如图 1-108 所示。

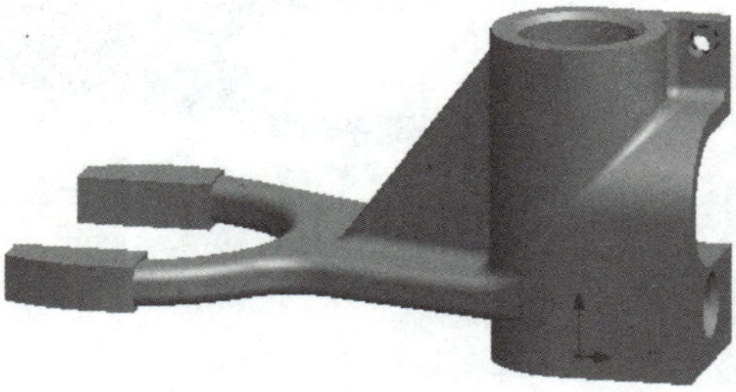

图 1-108　拨叉

知识链接

知识点一　基准面

当 SolidWorks 2020 中现有的基准面无法满足草图需要的时候，可以创建参考基准面用于绘制特殊位置的草图。

选择工具栏中的“特征”选项卡，单击“参考”按钮，在弹出菜单中选择“基准面”，弹出基准面对话框，如图 1-109 所示。

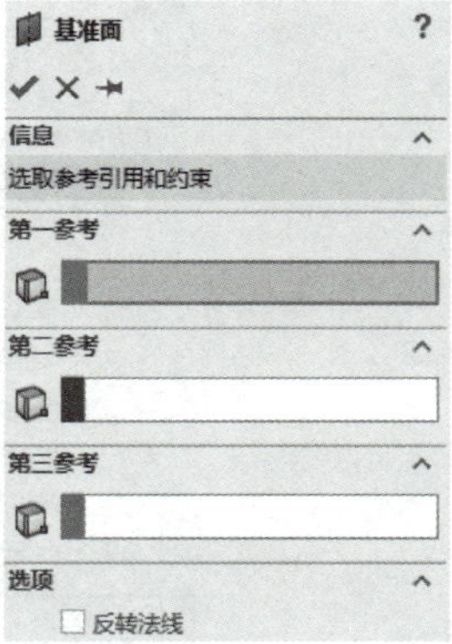

图 1-109　第一参考

单击“第一参考”后，则展开“第一参考”的详细选项，如图 1-110 所示。

1. “第一参考”

（1）“第一参考”　选择第一参考来定义基准面。根据选择，系统会显示其他约束类型。

（2）“平行”　生成一个与选定基准面平行的基准面。例如，为一个参考选择一个面，为另一个参考选择一个点。软件会生成一个与这个面平行并与这个点重合的基准面。

（3）“垂直”⊥　生成一个与选定参考垂直的基准面。例如，为一个参考选择一条边线或曲线，为另一个参考选择一个点或顶点。软件会生成一个与穿过这个点的曲线垂直的基准面。将原点设在曲线上会将基准面的原点放在曲线上。如果清除此选项，原点就会位于顶点或点上。

（4）“重合” 生成一个穿过选定参考的基准面。

（5）“两面夹角” 生成一个基准面，它通过一条边线、轴线或草图线，并与一个圆柱面或基准面成一定角度。可以指定要生成的基准面数。

（6）“偏移距离” 生成一个与某个基准面或面平行，并偏移指定距离的基准面。

（7）“反转等距” 反向等距方向。

（8）“要生成的基准面数” 可指定数量。

（9）“两侧对称” 在平面、参考基准面以及 3D 草图基准面之间生成一个两侧对称的基准面。

2. “第二参考”“第三参考”

内容同“第一参考”。

3. 选项

“反转法线”：翻转基准面的正交向量。

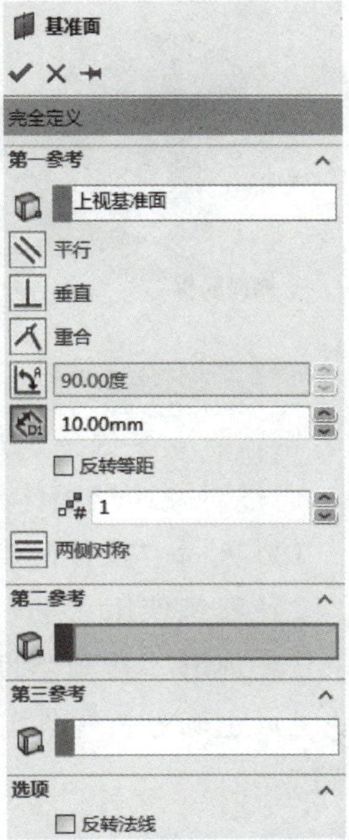

图 1-110　“第一参考”的详细选项

知识点二　转换实体引用

将已存在实体或草图的线、环、面、曲线、外部草图轮廓线、一组边线或一组草图曲线通过投影的方式在草图中生成一条或多条曲线。

选择工具栏中的“草图”选项卡，单击“转换实体引用”按钮，如图 1-111 所示，弹出“转换实体引用 ”对话框，如图 1-112 所示。

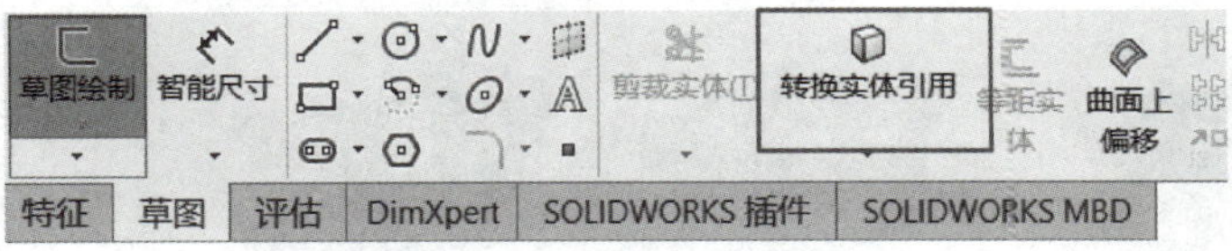

图 1-111　“转换实体引用”按钮

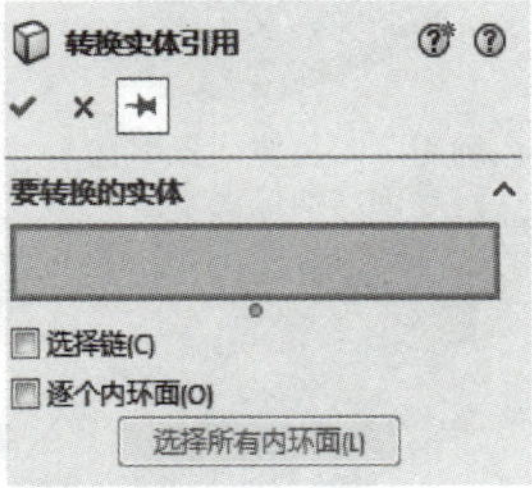

图 1-112　“转换实体引用”对话框

任务 1.4　箱体类零件模型设计

任务描述

减速器箱体（图 1-113）是减速器的主要组成零件，大多数采用铸造，起支承、容纳、定位等作用，内外形状比较复杂。由图 1-113 可知，减速器箱体主要由安装传动轴承的凸

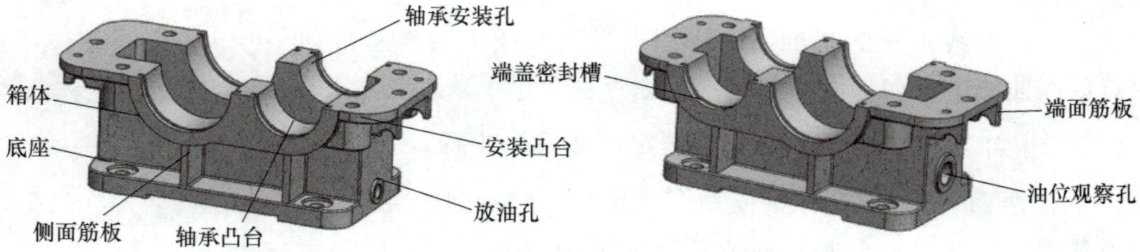

图 1-113　减速器箱体

台、箱体、安装底座、加强筋板以及孔槽等特征组成。

通过对减速器箱体模型的设计应达到以下目标：

1）巩固“拉伸凸台”“拉伸切除”“异型孔向导”等工具的操作。

2）熟练使用“筋”“镜向[⊖]”“基准面”等工具。

3）理解“拔模斜度”命令。

4）正确分析零件的基本结构，熟练基本几何体造型，在实战训练中逐步建立模型设计思路。

任务分析

减速器箱体是由中间箱型、底座（垫块）以及多组凸台等组成。在进行模型设计时，先通过抽壳的方法创建中间的箱型，再用拉伸的方法创建底座的长方形垫块和凸台，形成减速器“毛坯”，最后利用孔、加强筋等工具对“毛坯”进行精加工。图 1-114 所示为减速器箱体模型设计流程。

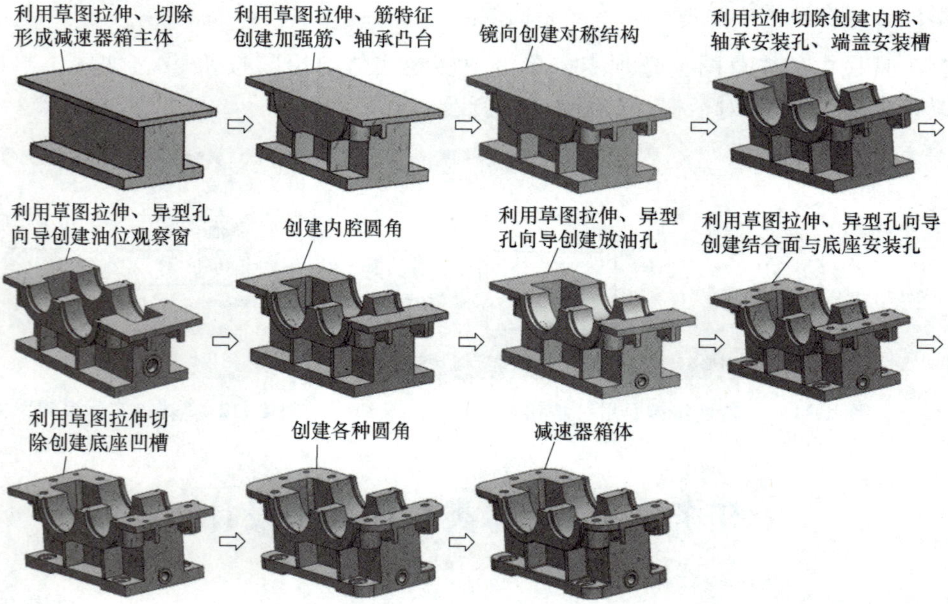

图 1-114　减速器箱体设计流程

⊖“镜向”实为“镜像”，为避免文字与软件截图冲突，故未作修改。

任务实施

步骤 1： 新建文件

运行 SolidWorks 2020，单击快速访问栏按钮，在弹出的对话框中选择“零件”，单击“确定”按钮，进入模型创建环境。单击“保存”按钮，在弹出的对话框中选择合适的位置，输入文件名“减速器箱体”，单击“保存”。

步骤 2： 创建减速器箱体特征（利用“拉伸凸台/基体”和“拉伸切除”工具）

1. 绘制草图

在工具栏中选择“草图”选项卡，单击“草图绘制”按钮，选择“右视基准面”，进入草图绘制状态。在工具栏中选择“直线”工具，画出图 1-115 所示的箱体草图，并约束至完全定义，单击“确定”按钮，完成草图 1 绘制，单击草图右上角的“退出草图”按钮，退出草图绘制。

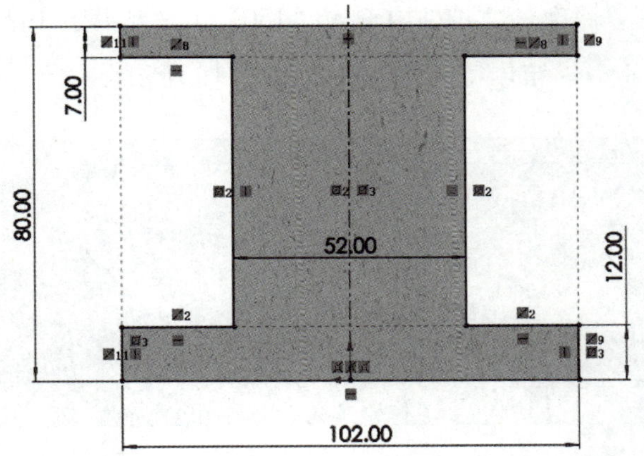

图 1-115 完全定义箱体草图

2. 拉伸箱体特征

选中草图 1，选择“特征”选项卡，单击“拉伸凸台/基体”按钮，在弹出的“凸台-拉伸”对话框中，“方向 1”选择“给定深度”，在“深度”文本框内输入“230”（图 1-116），单击“确定”按钮，完成拉伸箱体特征创建。

特别提示：

1）绘制草图时，尽量多用几何关系约束，少用尺寸约束。

2）三维造型设计方法不是固定的，文中用拉伸加切除，也可用拉伸加拉伸。

请记住：只有在大量实践中，才能真正掌握造型的技巧，体会造型的乐趣。

3. 切除形成箱体特征

右击“前视基准面”，在快捷菜单中单击“草图绘制”按钮进入草图绘制状态。画出图 1-117 所示的切除部分草图，并约束至完全定义，单击“确定”按钮。直接选择

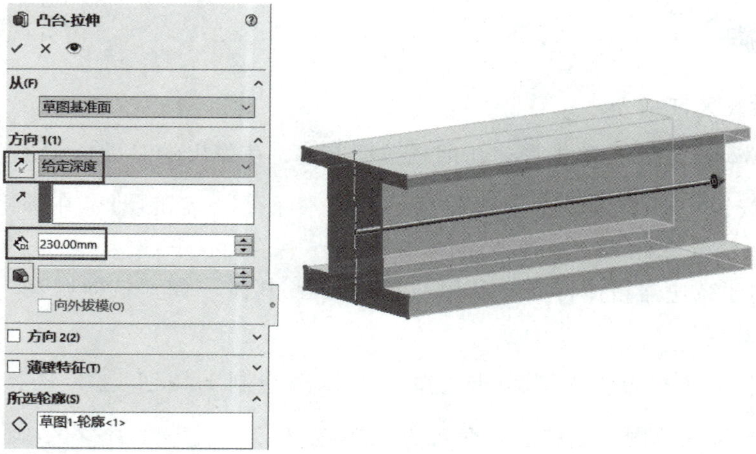

图 1-116　拉伸箱体特征创建

“特征”选项卡，单击“拉伸切除”按钮，在弹出的“切除-拉伸”对话框中，“方向 1”选择“两侧对称”，在“深度”文本框内输入“150”（只要大于 102 即可），如图 1-118 所示，单击“确定”按钮。箱体特征完成图如图 1-119 所示。

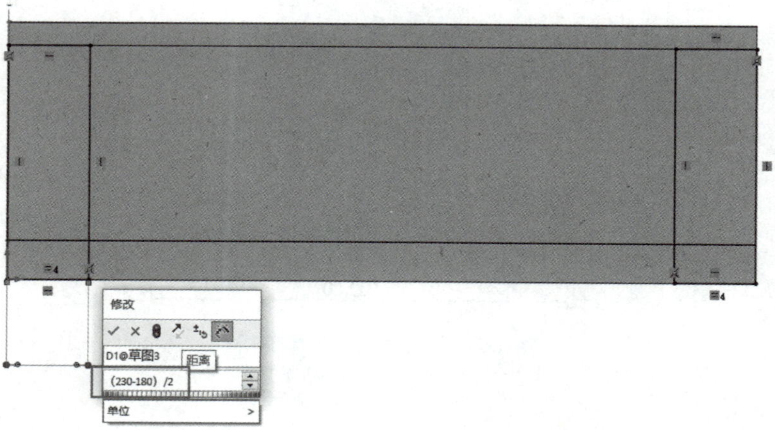

图 1-117　切除部分草图

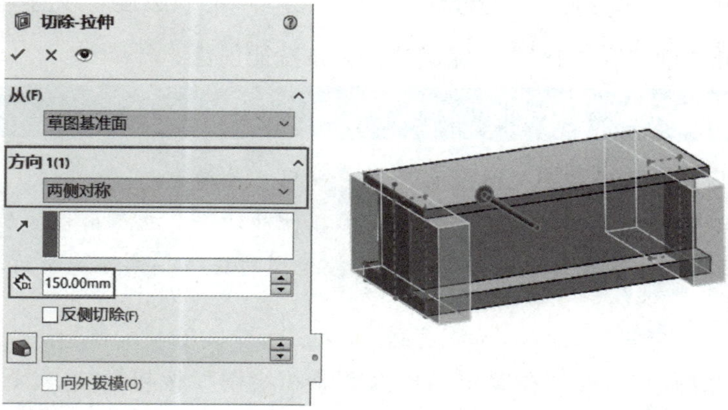

图 1-118　切除特征

图 1-119 箱体特征完成图

小技巧：

1）在草图不复杂的情况下，也可以不退出草图，直接使用工具创建特征。

2）“拉伸切除”有时只要看图中预览即可，不一定非要输入具体值。

3）所有需要输入数值的文本框内都可以直接输入算式、方程式、函数。

4）善于右击，在任何区域内右击一般都会弹出一个快捷菜单，并悬浮于图形窗口上，提示用户输入操作数值或执行相关工具，加快模型创建速度。

步骤 3：创建轴承凸台特征（利用“拉伸凸台/基体”工具）

1. 绘制草图

右击“前视基准面”，在快捷菜单中单击“草图绘制”按钮进入草图绘制状态。画出图 1-120 所示的轴承凸台草图，并约束至完全定义，单击“确定”按钮。

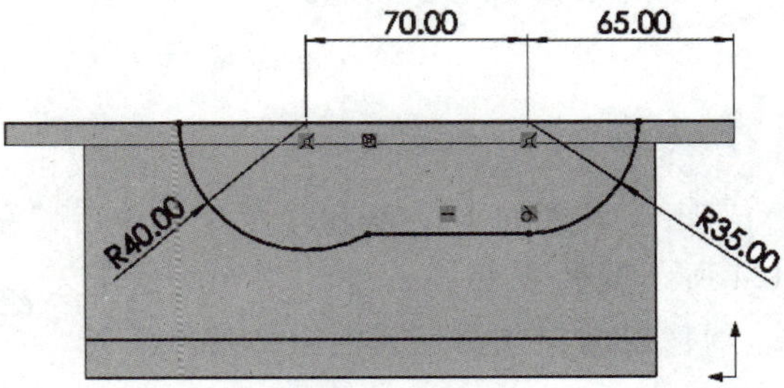

图 1-120 轴承凸台草图

2. 拉伸轴承凸台特征

在不退出草图的情况下，调整视角，直接选择“特征”选项卡，单击“拉伸凸台/基体”按钮，在弹出的“凸台-拉伸”对话框中，“方向 1”选择“给定深度”，在“深度”文本框内输入“108/2”（图 1-121），单击“确定”按钮，轴承凸台特征完成图如图 1-122 所示。

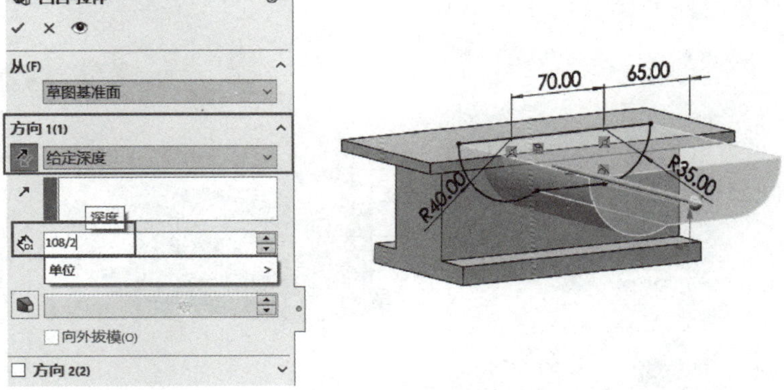

图 1-121 拉伸轴承凸台特征

步骤 4：创建侧面筋特征（利用“筋”工具）

1. 创建基准面

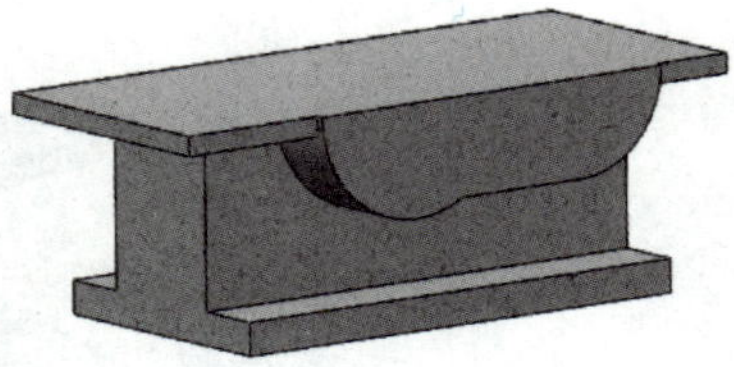

图 1-122 轴承凸台特征完成图

单击工具栏“特征”选项卡“参考”按钮，在弹出菜单中选择“基准面”，再单击底座侧面，此时，“基准面”对话框中的“第一参考”为“面<1>”，在“偏移距离”中输入数值“1”，勾选“反转等距”复选按钮（图 1-123），单击“确定”按钮，完成基准面 1 的创建。

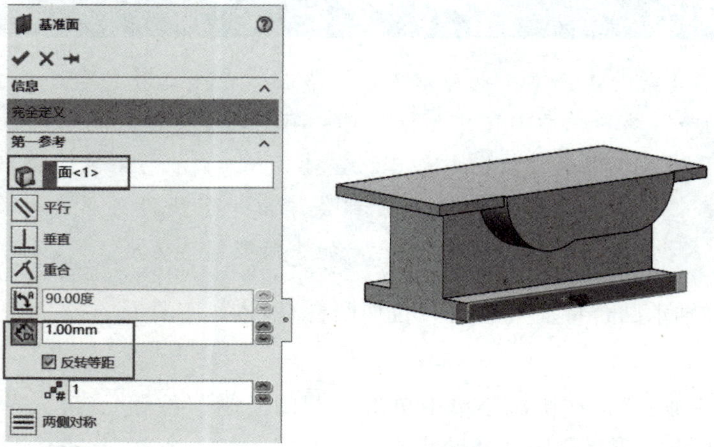

图 1-123 创建筋基准面

2. 草图绘制并创建筋特征

右击“基准面 1”，在快捷菜单中单击“草图绘制”按钮进入草图绘制状态。画出图 1-124 所示的两根竖线，并约束至完全定义。调整视角，选择工具栏中“特征”选项卡，单击“筋”按钮。弹出“筋 1”对话框，“厚度”选择“两侧”，并在文本框中输入“5”，拉伸方向选择“垂直于草图”，拔模斜度默认（图 1-125），

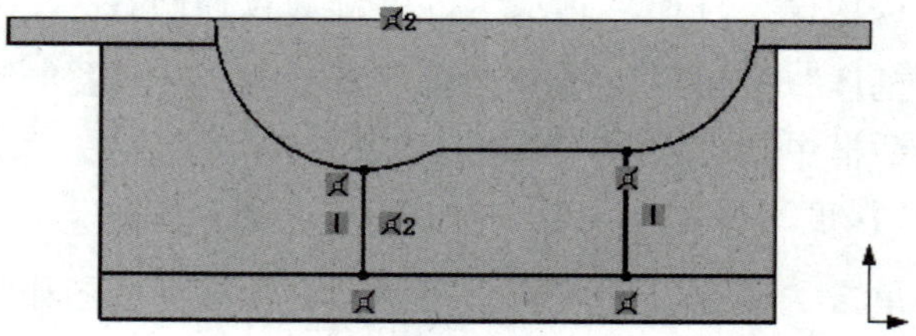

图 1-124 绘制筋草图

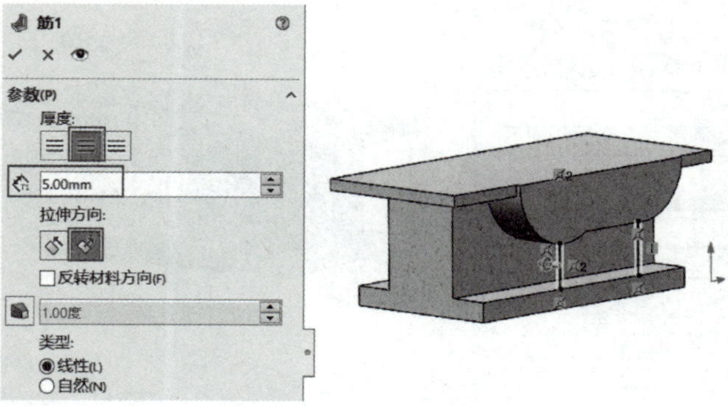

图 1-125 创建筋特征

单击“确定”按钮，完成加强筋特征的创建，筋特征完成图如图 1-126 所示。

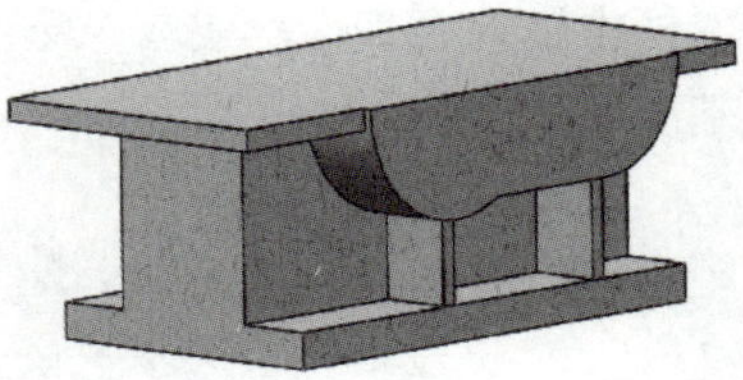

图 1-126 筋特征完成图

步骤 5：创建端面筋板特征

右击“箱体侧面”，在快捷菜单中单击“草图绘制”按钮进入草图绘制状态。画出图 1-127 所示的端面筋板草图，并约束至完全定义。调整视角，直接选择“特征”选项卡，单击“拉伸凸台/基体”按钮，在弹出的“凸台-拉伸”对话框中，“方向 1”选择“给定深度”，在“深度”文本框内输入“5”（图 1-128），单击“确定”按钮，端面筋板特征完成图如图 1-129 所示。

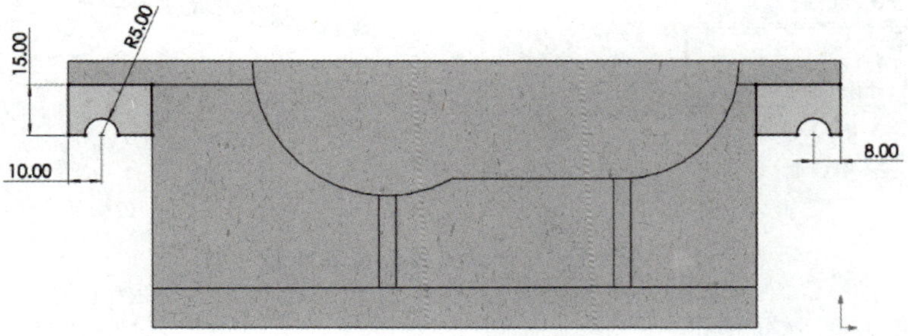

图 1-127 端面筋板草图

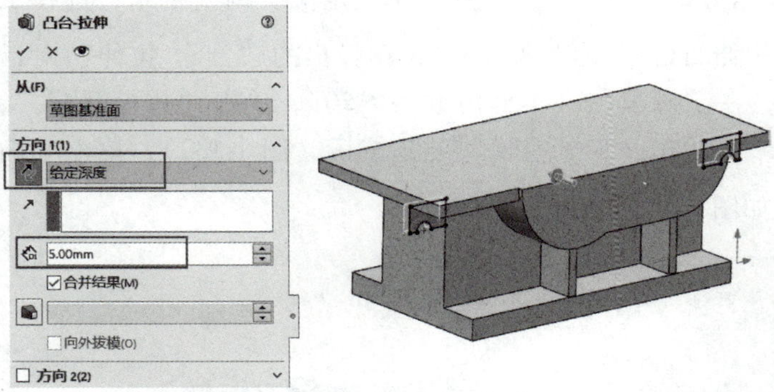

图 1-128 拉伸端面筋板特征

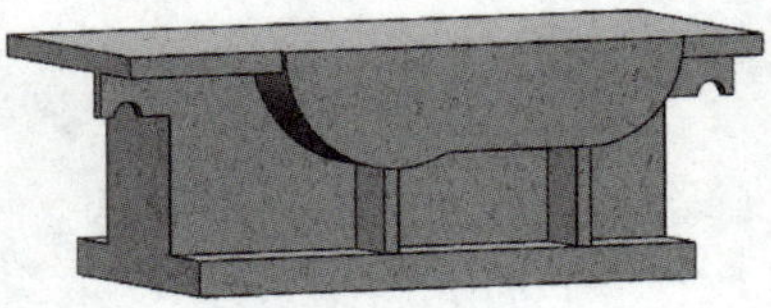

图 1-129 端面筋板特征完成图

特别提示：

上述端面筋板创建也可以用“筋”工具完成，只不过因为端面两头“筋板”的拉伸方向不同，无法同时生成，必须分两次才能完成。

使用“筋”工具时，草图不能封闭，但“拉伸凸台/基体”的草图要求封闭。

步骤 6：创建安装凸台特征（利用“拉伸凸台/基体”工具）

1. 创建基准面 2

单击“特征”选项卡中的“参考”按钮，在弹出菜单中选择“基准面”，再单击箱体上表面，此时，“基准面”对话框中的“第一参考”为“面<1>”，在“偏移距离”

文本框中输入“27”，勾选“反转等距”复选按钮（图 1-130），单击“确定”按钮✔，完成基准面 2 的创建。

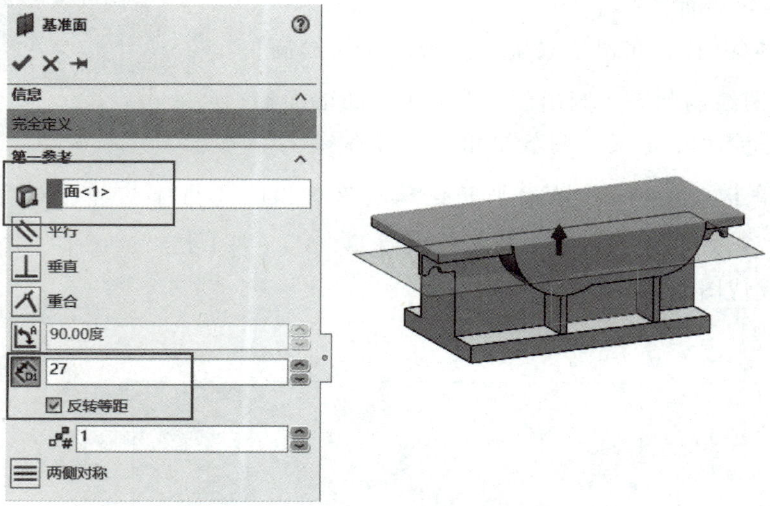

图 1-130　创建安装凸台基准面

2. 草图绘制并创建筋特征

右击“基准面 2”，在快捷菜单中单击“草图绘制”按钮进入草图绘制状态。画出图 1-131 所示的安装凸台草图（注意拐角处的连线），并约束至完全定义。调整视角，选择工具栏中的“特征”选项卡，单击“拉伸凸台/基体”按钮，在弹出的“凸台-拉伸”对话框中，“方向 1”选择“给定深度”，在“深度”文本框内输入“20”，单击“拔模开/关”，在“拔模角度”文本框内输入“1. 5”，单击“向外拔模”复选按钮（图 1-132），单击“确定”按钮✔，安装凸台特征完成图如图 1-133 所示。

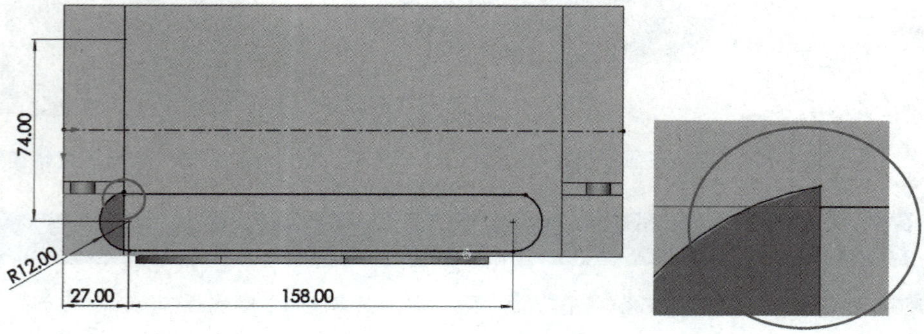

图 1-131　安装凸台草图

步骤 7：创建对称结构（利用“镜向”工具）

选择工具栏中“特征”选项卡，单击“镜向”按钮，在弹出的“镜向”对话框中，“镜向面/基准面”选择“前视基准面”，“要镜向的特征”选择图 1-134 所示的镜向特征。单击“确定”按钮✔，即可生成图 1-135 所示的对称结构。

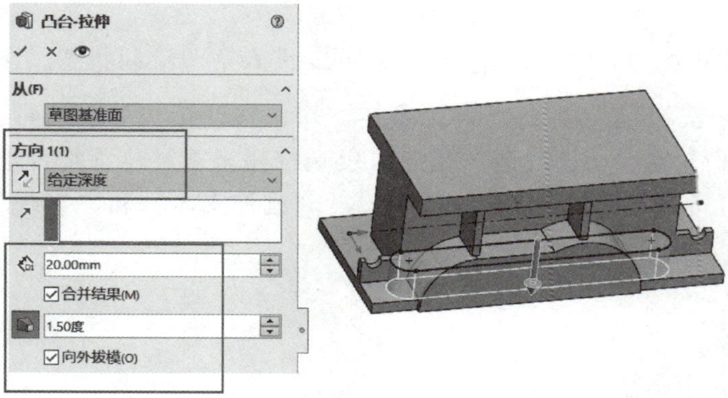

图 1-132　拉伸安装凸台特征

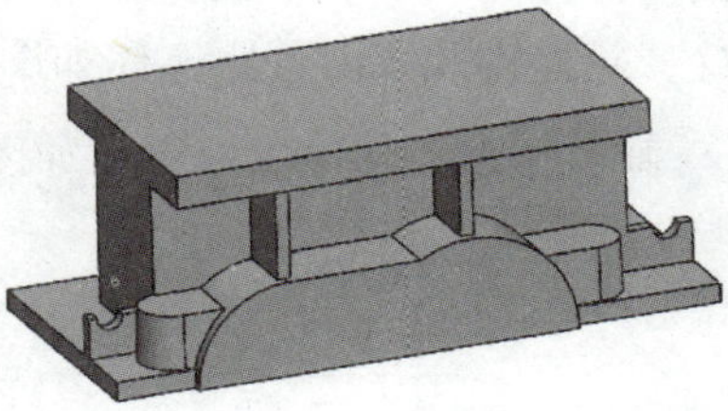

图 1-133　安装凸台特征完成图

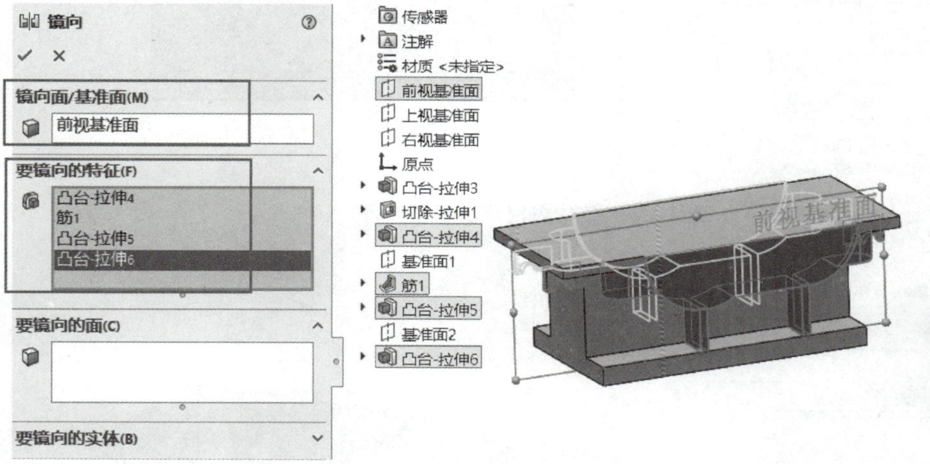

图 1-134　镜向特征

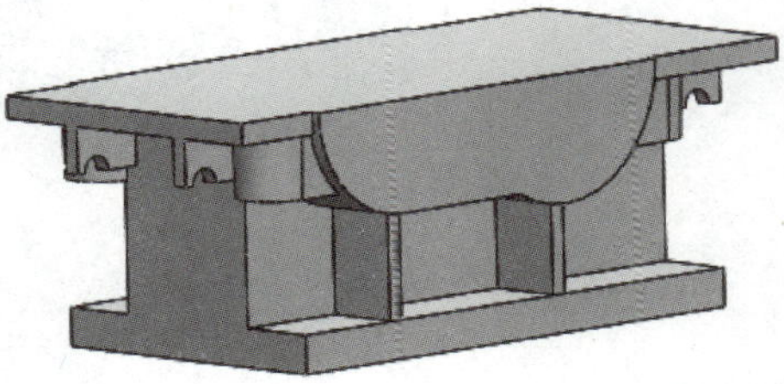

图 1-135　生成的对称结构

特别提示：

“镜向”是用来创建所选特征或实体的面对称的结构模型。“镜向”的几何图元包括实体特征、定位特征、曲面特征或整个实体，同时整个实体的镜向允许镜向该实体所包括的特征。

步骤 8： 创建箱体内腔特征（利用“拉伸切除”工具）

1. 草图绘制

右击“前视基准面”，在快捷菜单中单击“草图绘制”按钮进入草图绘制状态。在“草图”选项卡中单击“等距实体”按钮，弹出“等距实体”对话框，在“等距距离”文本框内输入“6”，再单击要等距的轮廓，通过勾选“反向”复选按钮来观察位置是否正确，箱体内腔草图等距实体如图 1-136 所示，再通过“裁剪实体”“延伸实体”和“直线”画出矩形，切除内腔特征如图 1-137 所示。

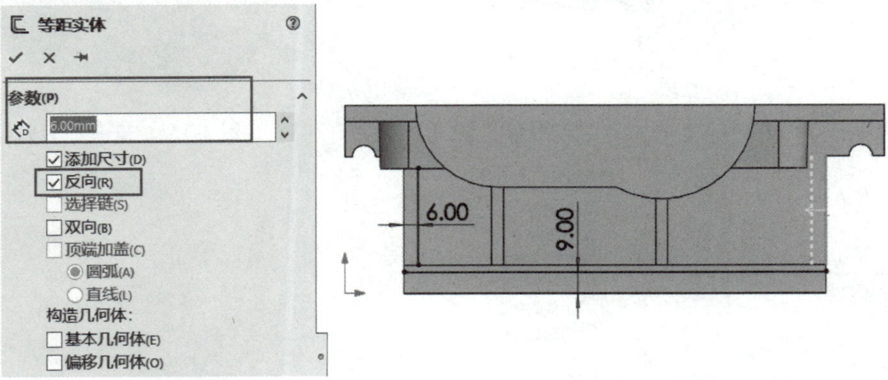

图 1-136　箱体内腔草图等距实体

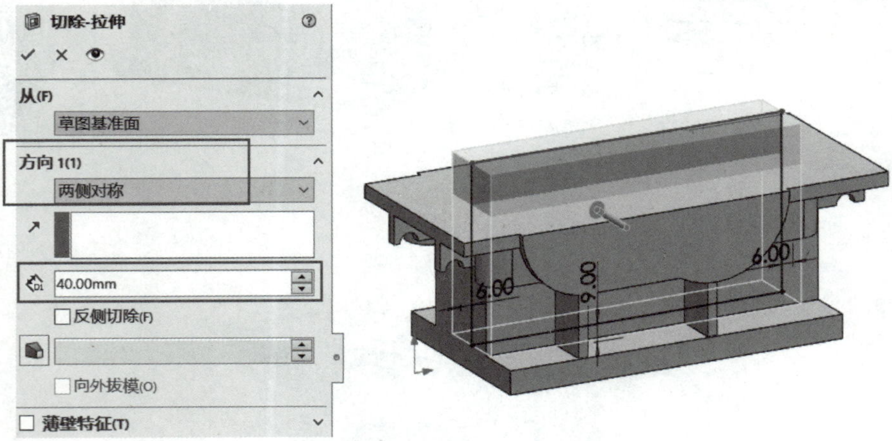

图 1-137　切除内腔特征

2. 拉伸切除形成箱体内腔特征

在不退出草图的情况下，直接选择“特征”选项卡，单击“拉伸切除”按钮，在弹出的“切除-拉伸”对话框中，“方向 1”选择“两侧对称”，在“深度”文本框输入“40”，如图 1-137 所示，单击“确定”按钮，箱体内腔特征完成图如图 1-138 所示。

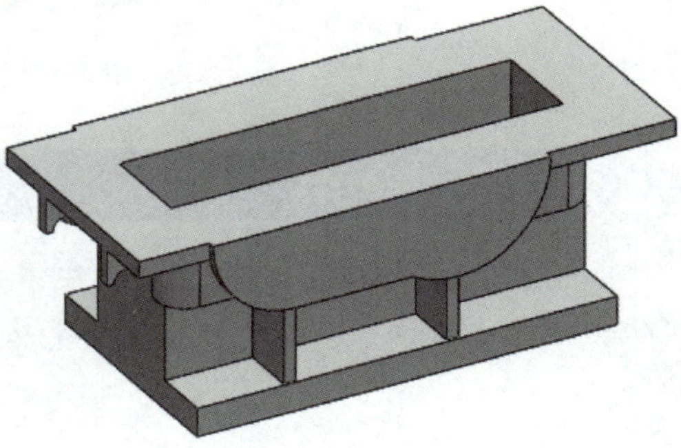

图 1-138　箱体内腔特征完成图

步骤 9：创建轴承安装孔特征（利用“拉

伸切除”工具）

1. 草图绘制

右击“前视基准面”，在快捷菜单中单击“草图绘制”按钮进入草图绘制状态。绘制如图 1-139 所示的完全定义轴承安装孔草图。

2. 拉伸切除形成轴承安装孔特征

在不退出草图的情况下，直接选择“特征”选项卡，单击“拉伸切除”按钮，在弹出的“切除-拉伸”对话框中，“方向 1”选择“两侧对称”，在“深度”文本框输入“150”，单击“确定”按钮。生成图 1-140 所示的轴承安装孔特征完成图。

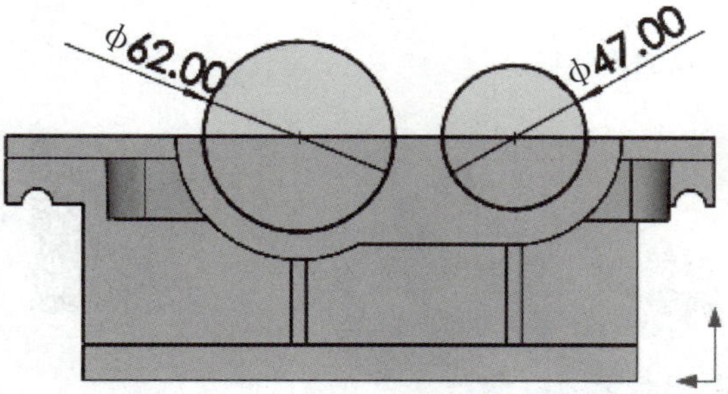

图 1-139　完全定义轴承安装孔草图

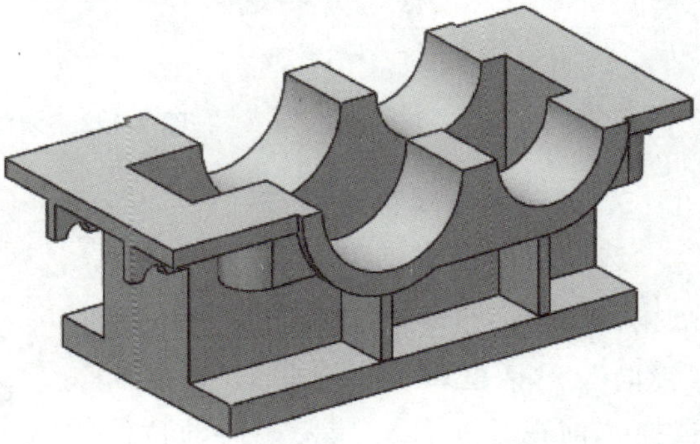

图 1-140　轴承安装孔特征完成图

小技巧：

绘制草图时要充分利用已有的特征进行绘制，这样可以保持设计的关联性。比如图 1-139 所绘制的两个圆，其圆心就是在步骤 3 中创建的轴承凸台特征时的两外圆圆心，这样可省去好多约束，简化草图标注；步骤 8 中的箱体内腔，用等距实体的方法比直接画出一个矩形更便捷、可靠。

步骤 10：创建端盖密封槽特征（利用“拉伸切除”二具）

1. 草图绘制

右击“轴承凸台端面”，在快捷菜单中单击“草图绘制”按钮进入草图绘制状态。绘制如图 1-141 所示的两个圆并标注。

2. 创建单侧端盖密封槽

在不退出草图的情况下，直接选择“特征”选项卡，单击“拉伸切除”按钮，在弹出的“切除-拉伸”对话框中，“从”选择“等距”（可通过单击按钮来确定正确的方向），在“从”选项组文本框内输入“4”，“方向 1”选择“给定深度”，在“深度”文本框中输入“3”，切除端盖密封槽特征如图 1-142 所示，单击“确定”按钮。

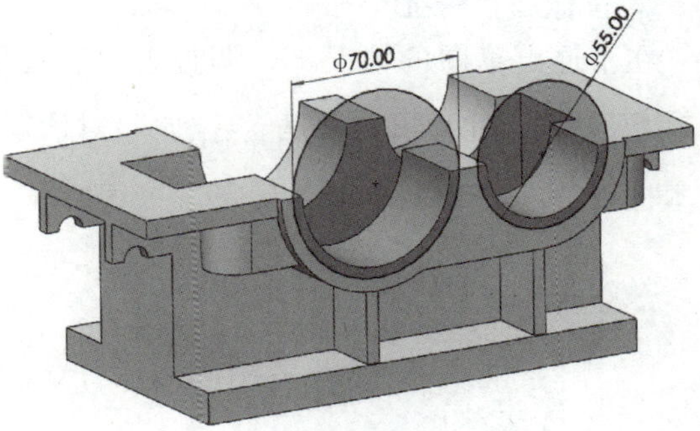

图 1-141　端盖密封槽草图

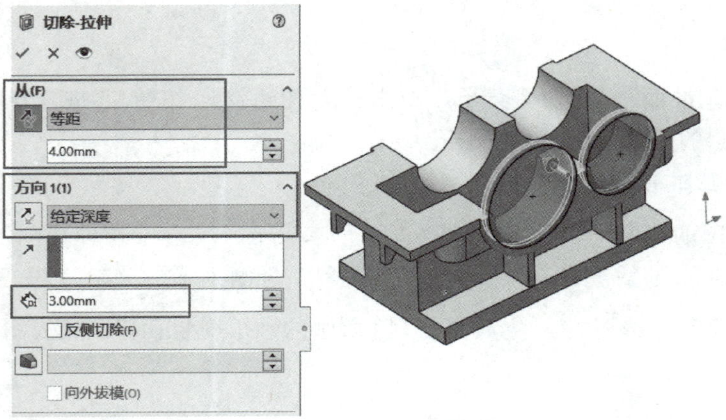

图 1-142　切除端盖密封槽特征

3. 镜向生成对称结构

选择工具栏中的“特征”选项卡，单击“镜向”按钮，在弹出的“镜向”对话框中，“镜向面/基准面”选择“前视基准面”，“要镜向的特征”选择“拉伸切除”，单击“确定”按钮，端盖密封槽特征完成图如图 1-143 所示。

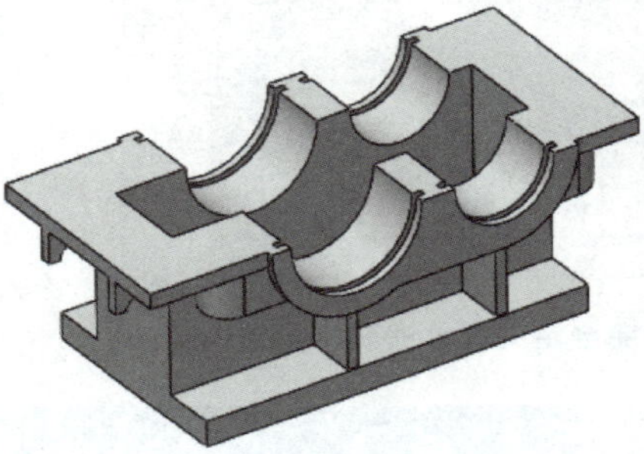

图 1-143　端盖密封槽特征完成图

步骤 11：创建油位观察窗安装凸台特征及螺纹孔特征（利用“拉伸凸台/基体”和“异型孔向导”工具）

1. 绘制草图

右击“箱体左端面”，在快捷菜单中单击“草图绘制”按钮进入草图绘制状态。画出图 1-144 所示的观察窗安装凸台草图，并约束至完全定义，单击“确定”按钮。

2. 拉伸凸台特征

在不退出草图的情况下，调整视角，直接选择“特征”选项卡，单击“拉伸凸台/基体”按钮，在弹出的“凸台-拉伸”对话框中，“方向 1”选择“给定深度”，在“深度”文本框内输入“2”，单击“确定”按钮。生成如图 1-145 所示油位观察窗安装凸台特征。

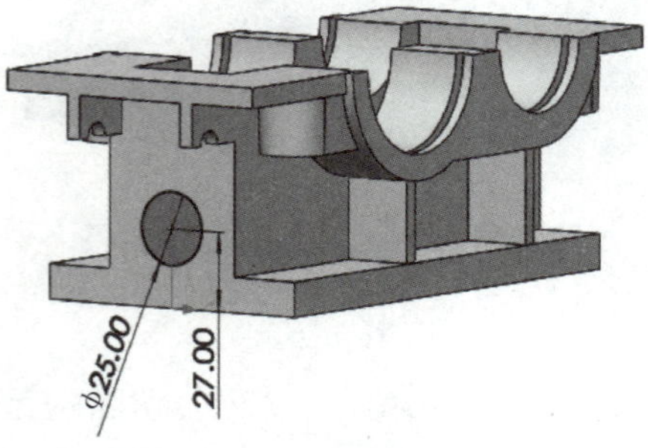

图 1-144　观察窗安装凸台草图

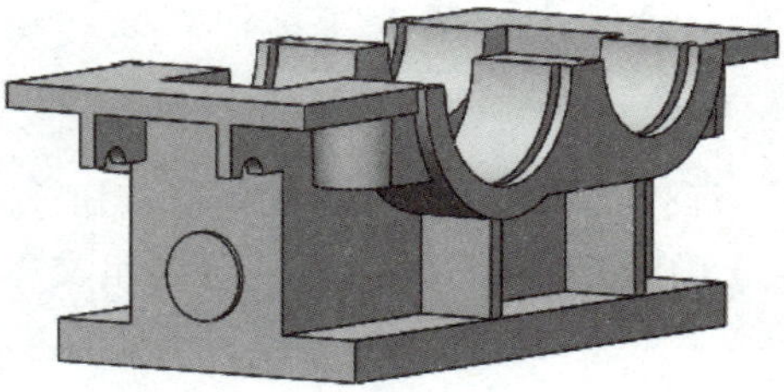

图 1-145　观察窗安装凸台特征

3. 创建螺纹孔特征

选择工具栏中“特征”选项卡，单击“异型孔向导”按钮，在“孔规格”对话框的“类型”选项卡中，“孔类型”选择“直螺纹孔”，“标准”选择“GB”，“类型”选择“螺纹孔”，“大小”选择“M16×1.5”，“终止条件”选择“给定深度”“盲孔深度”为“15”，“螺纹线深度”为“10”（图 1-146），再选择“位置”选项卡，单击凸台端面，在出现圆心标记后，单击以确保螺纹孔中心与凸台中心同心（图 1-147），单击“确定”按钮，完成螺纹孔特征的创建，油位观察窗安装凸台及螺纹孔完成图如图 1-148 所示。

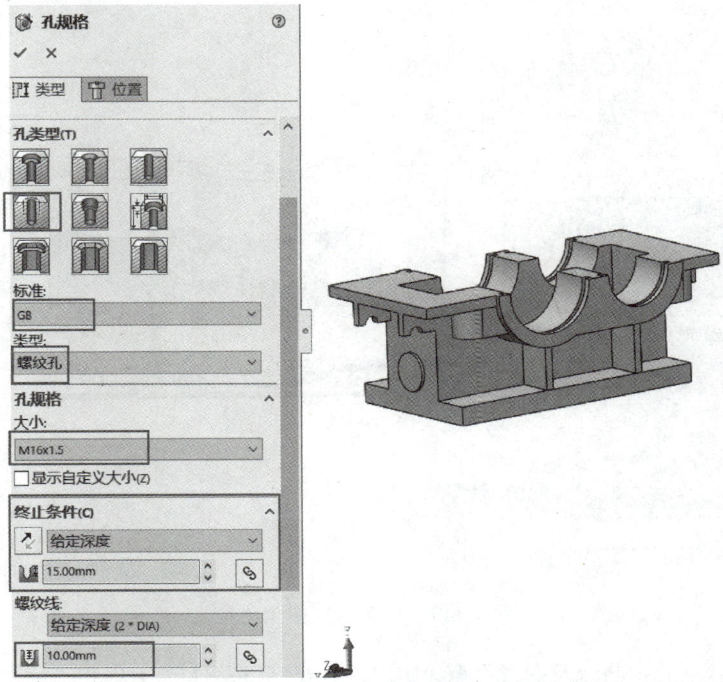

图 1-146 选择观察窗螺纹孔规格

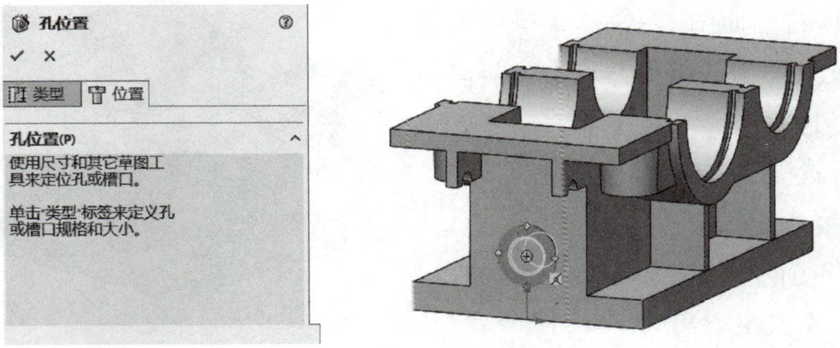

图 1-147 选择观察窗螺纹孔位置

步骤 12：创建内腔圆角特征（利用“圆角”工具）

选择工具栏中的“特征”选项卡，单击“圆角”按钮，在弹出对话框中，选择“恒定圆角”，在“圆角参数”半径文本框内输入“5”，拾取需要圆角面和边线，结果如图 1-149 所示，单击“确定”按钮，完成圆角的创建。

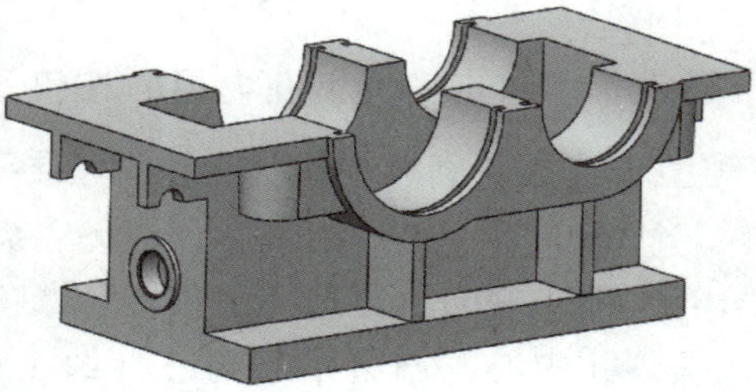

图 1-148　油位观察窗安装凸台及螺纹孔完成图

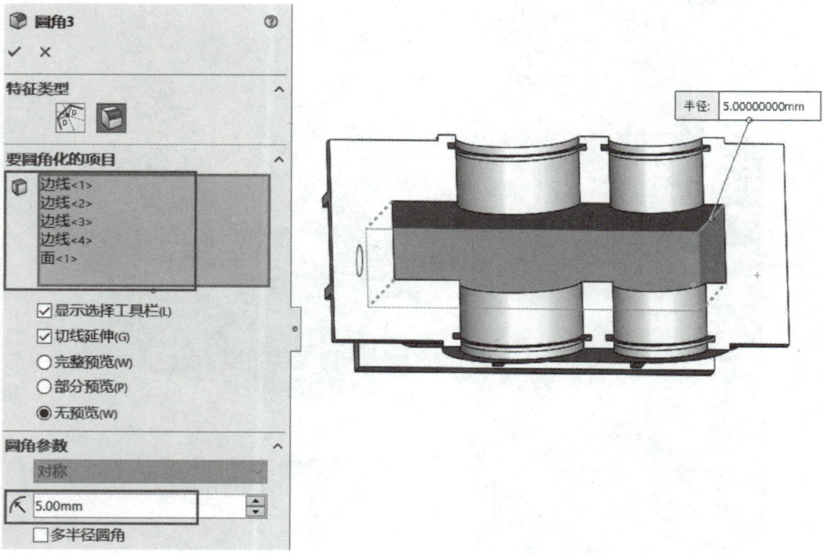

图 1-149　创建内腔圆角特征

步骤 13： 创建放油孔凸台及螺纹孔（利用“拉伸凸台/基体”工具和“异型孔向导”工具）

1. 绘制草图

右击“箱体右端面”，在快捷菜单中单击“草图绘制”按钮进入草图绘制状态。画出图 1-150 所示的图形，并约束至完全定义，单击“确定”按钮。

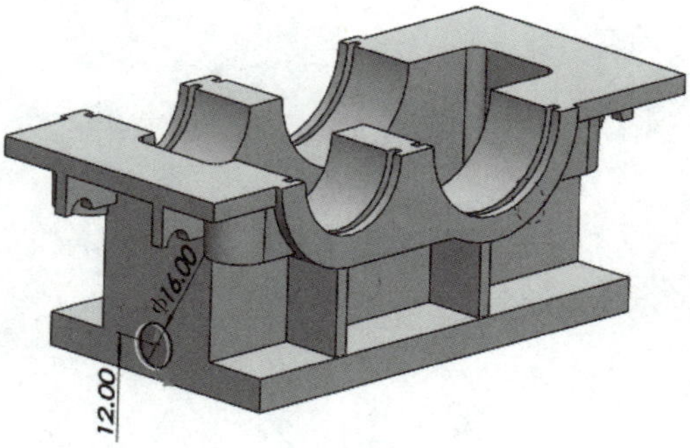

图 1-150　放油孔凸台草图

2. 拉伸轴承凸台特征

在不退出草图的情况下，调整视角，直接选择“特征”选项卡，单击“拉伸凸台/基体”按钮，在弹出的“凸台-拉伸”对话框中，“方向 1”选择“给定深度”，在“深度”文本框内输入“2”，单击“确定”按钮，放油孔凸台特征如图 1-151 所示。

3. 创建放油螺纹孔特征

选择工具栏中的“特征”选项卡，单击“异型孔向导”按钮，在“孔规格”对话框框的“类型”选项卡中，“孔类型”选择“直螺纹孔”，“标准”选择“GB”，“类型”选择“螺纹孔”，“大小”选择“M10×1”，“终止条件”选择“给定深度”，“盲孔深度”输入“15”，“螺纹线深度”输入“8”，再单击“位置”选项卡，单击凸台端面，在出现圆心标记后，单击确保螺纹孔中心与凸台中心同心（具体操作参考步骤 11 中 3. 创建螺纹孔特征），单击“确定”按钮✔，完成放油螺纹孔的创建，放油孔凸台及螺纹孔完成图如图 1-152 所示。

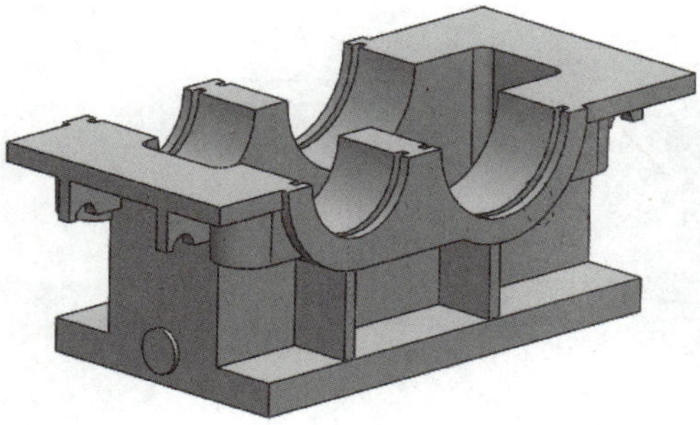

图 1-151　放油孔凸台特征

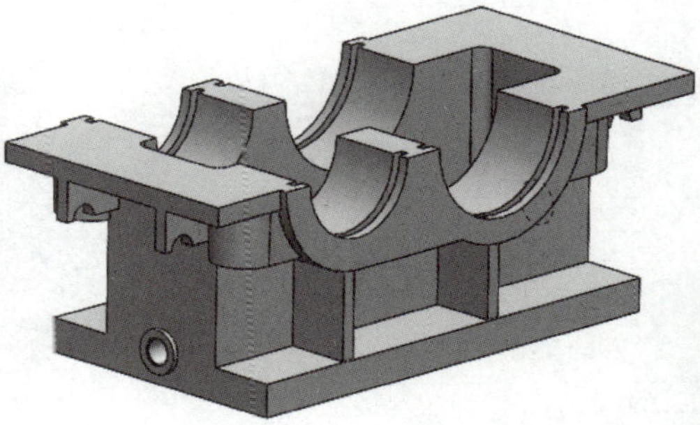

图 1-152　放油孔凸台及螺纹孔完成图

特别提示：

本例中，是先对内腔进行圆角然后再创建放油螺纹孔，也可以尝试先创建放油螺纹孔然后再对内腔进行圆角。试比较两种方法的不同之处。

步骤 14： 创建结合面安装孔与销孔（利用“拉伸切除”工具）

1. 绘制草图

右击“箱体顶面”，在快捷菜单中单击“草图绘制”按钮进入草图绘制状态。结合面安装孔与销孔草图如图 1-153 所示，画出图 1-153 中的所有孔位，并约束至完全定义，单击“确定”按钮✔。

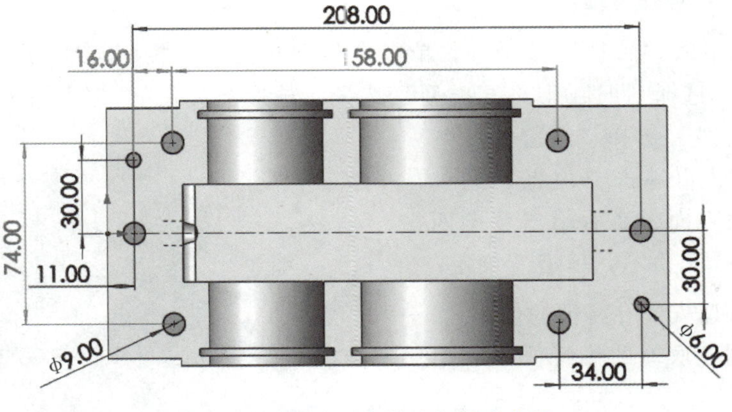

图 1-153　结合面安装孔与销孔草图

2. 拉伸切除生成孔特征

在不退出草图的情况下，调整视角，直接选择“特征”选项卡，单击“拉伸切除”按钮，在弹出的“切除-拉伸”对话框内，“方向1”选择“给定深度”，在“深度”文本框内输入“40”，单击“确定”按钮，即可创建结合面安装孔与销孔特征，如图1-154所示。

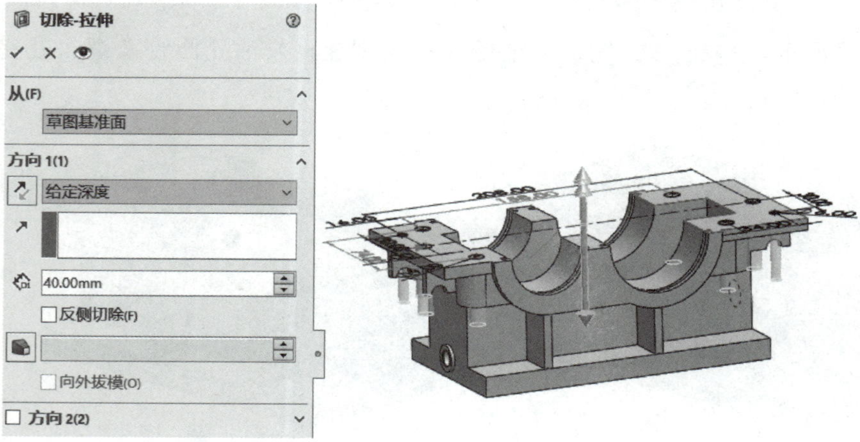

图 1-154　创建结合面安装孔与销孔特征

小技巧：

对于通孔特征，有时不用计算尺寸，直接用鼠标手动方向箭头看预览就可以了。

步骤 15：创建底座安装孔特征（利用“异型孔向导”工具）

1. 绘制草图

右击“底座上表面”，在快捷菜单中单击“草图绘制”按钮进入草图绘制状态。画出图1-155所示的底座安装孔草图，并约束至完全定义，单击“确定”按钮，单击草图右上角的“退出草图”按钮，退出草图绘制。

2. 创建底座安装孔特征

选择工具栏中的“特征”选项卡，单击“异型孔向导”按钮，在“孔规格”对话框中，“孔类型”选择“旧制孔”，“类型”选择“柱形沉头孔”，输入图1-155所示的截面尺寸，“终止条件”选择“给定深度”，如图1-156所示。再单击“位置”选项卡，单击底座上表面，然后单击草图四个角点，如图1-157所示，单击“确定”按钮，完成底座安装孔特征的创建。

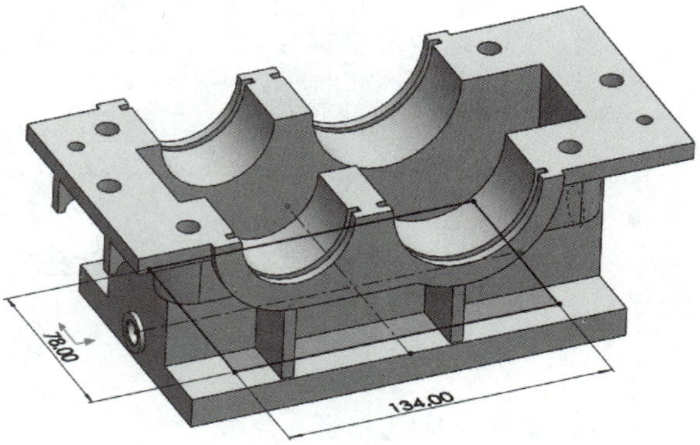

图 1-155　底座安装孔草图

步骤 16：创建底座凹槽特征（利用“拉伸切除”工具）

1. 草图绘制

右击“底座侧面”，在快捷菜单中单击“草图绘制”按钮进入草图绘制状

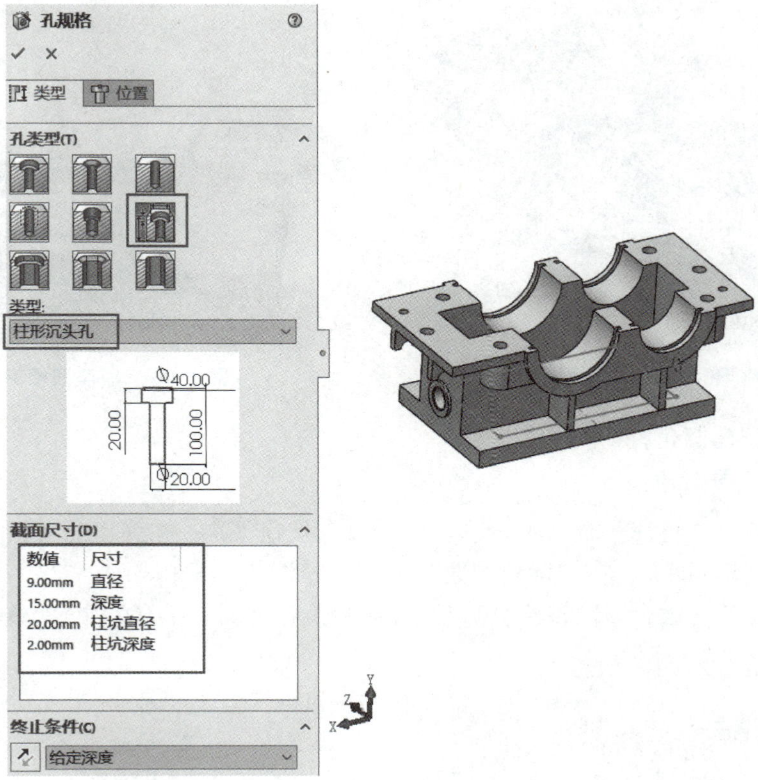

图 1-156 选择底座安装孔类型

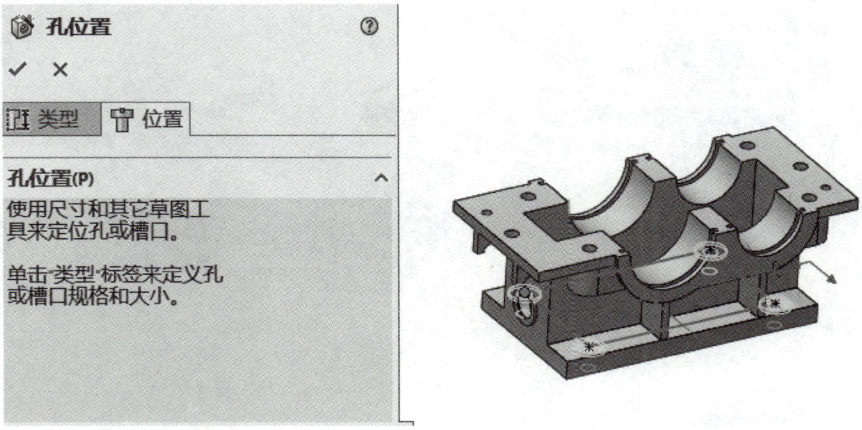

图 1-157 选择底座安装孔位置

态。绘制图 1-158 所示的底座凹槽草图并约束。

2. 创建底座凹槽特征

在不退出草图的情况下，直接选择“特征”选项卡，单击“拉伸切除”按钮，在弹出的“切除-拉伸”对话框中，“方向 1”选择“完全贯穿”，单击“确定”按钮。底座凹槽完成图如图 1-159 所示。

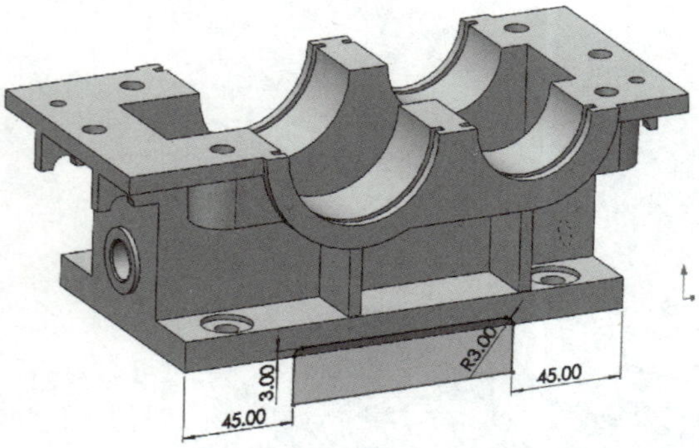

图 1-158　底座凹槽草图

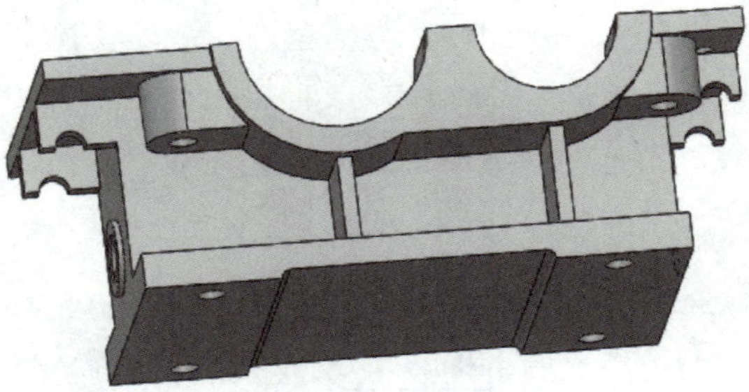

图 1-159　底座凹槽完成图

步骤 17：创建圆角特征

1. 创建结合面圆角

选择工具栏中“特征”选项卡，单击“圆角”按钮，在弹出的对话框中，选择“恒定圆角”，在“圆角参数”的“半径”文本框内输入“23”，单击需要圆角线条（结合面四条棱线），结合面圆角特征如图 1-160 所示，单击“确定”按钮，完成结合面圆角的创建。

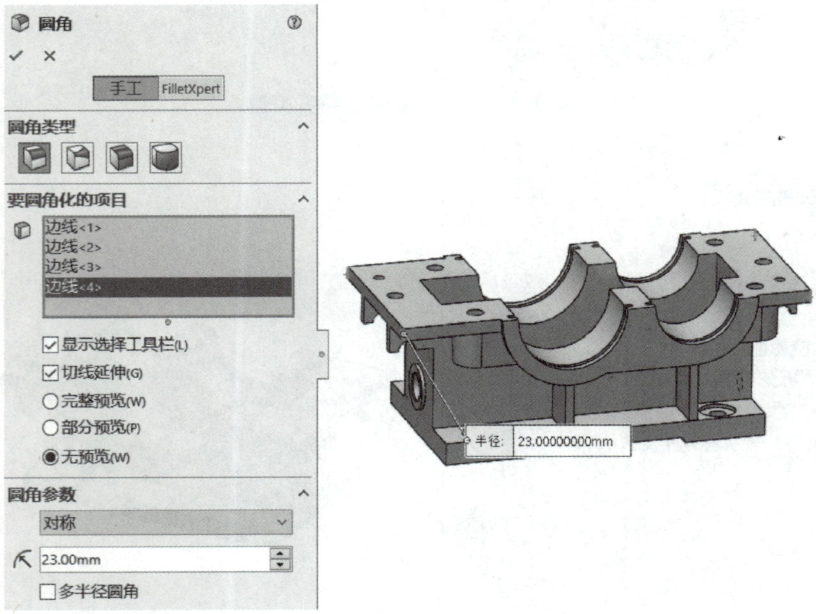

图 1-160　结合面圆角特征

2. 创建底座圆角

选择工具栏中“特征”选项卡，单击“圆角”按钮，在弹出的对话框中，选择“恒定圆角”，在“圆角参数”的“半径”文本框内输入“15”，单击需要圆角线条（底座四条棱线），底座圆角特征如图 1-161 所示，单击“确定”按钮，完成底座圆角的创建。

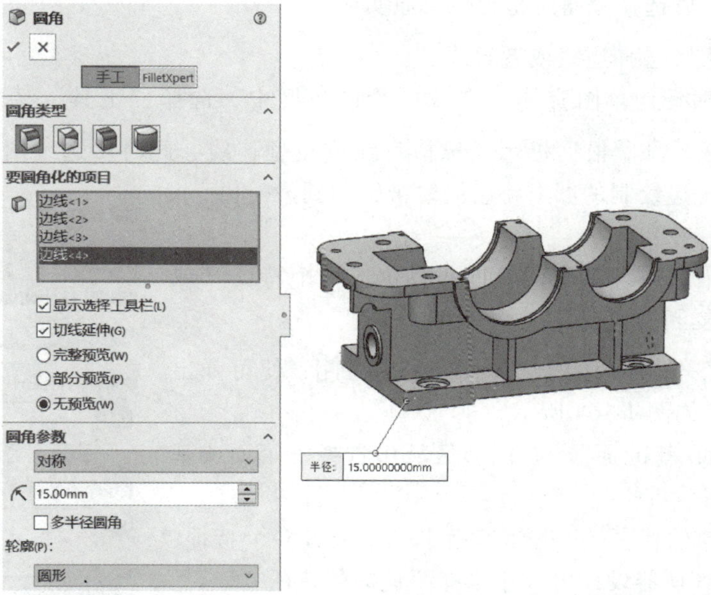

图 1-161　底座圆角特征

3. 创建其他铸造圆角

选择工具栏中的“特征”选项卡，单击“圆角”按钮，在弹出的对话框中，选择“恒定圆角”，在“圆角参数”的“半径”文本框内输入“1”，单击需要圆角线条，单击“确定”按钮，重复此项操作，直到完成减速器箱体所有圆角特征的创建。

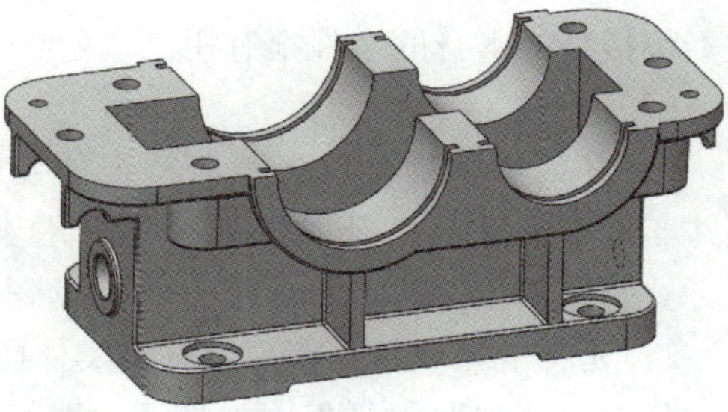

图 1-162　减速箱体

步骤 18：单击“保存”按钮，完成减速器箱体创建。减速箱体如图 1-162 所示。

知识链接

知识点　镜向

镜向是将所选的草图、特征和零部件对称于所选线、平面的复制过程。在零件建模当中主要有镜向草图和镜向特征两种。

1. 镜向草图

镜向草图是以草图实体为目标进行镜向复制的操作。

（1）镜向现有草图实体　在“草图”选项卡中，单击“镜向实体”按钮，即可弹出“镜向”对话框，如图 1-163 所示。

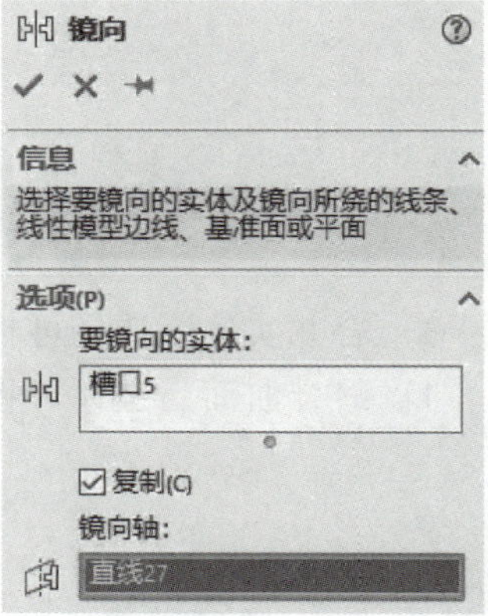

图 1-163　“镜向”对话框

1）要镜向的实体。选择草图实体。

2）“复制”。可选择镜向后是否保留原实体。

3）镜向轴。选择边线或者直线。

（2）在绘制时镜向草图实体　在草图绘制环境中，选择“工具”菜单中的“草图工具”→“动态镜向”。根据提示，选择直线或模型连线，此时所选线两端会出现对称符号，然后在线的一边绘制的图形将会同时被镜向到另一边。

2. 镜向特征

镜向特征是沿面或者基准面镜向，以生成一个特征（或者多个特征）的复制操作。

选择“特征”选项卡中的“镜向”按钮，便可弹出“镜向”对话框，如图1-164所示。

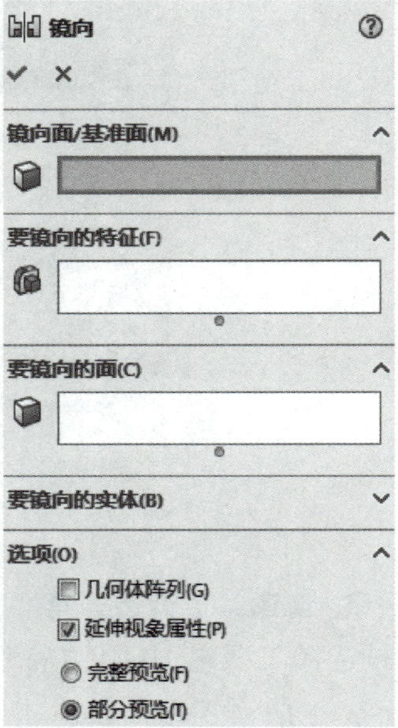

图 1-164　镜向特征

（1）“镜向面/基准面”　在图形区域中选择一个面或基准面作为镜向面。

（2）“要镜向的特征”　选择模型中一个或者多个特征，也可以在“特征管理器设计树”中选择要镜向的特征。

（3）“要镜向的面”　在图形区域中选择构成要镜向的特征的面，此选项组参数对于在输入的过程中仅包括特征的面且不包括特征本身的零件很有用。

（4）选项

1）几何体阵列。仅想镜向特征的几何体（面和边线），而并非想求解整个特征时选择。只可用于要“镜向的特征”和“要镜向的面”。

2）延伸视象属性。镜向已镜向实体的视象属性。

若在“镜向”对话框中选择了“要镜向的实体”则会打开图1-165所示的选项。

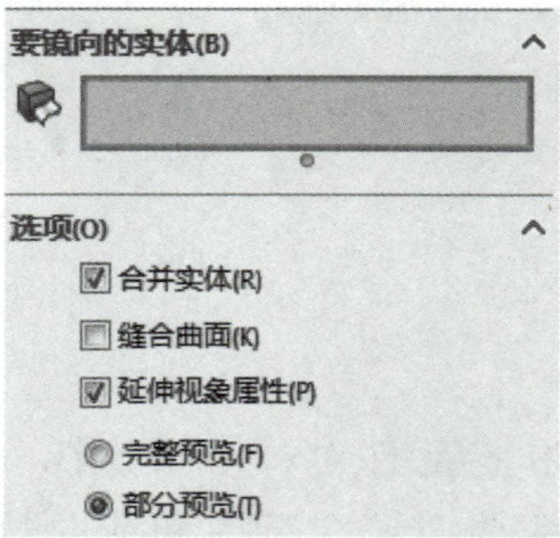

图 1-165　实体镜向

3）合并实体。选择可将原零件和镜向零件合为一实体。

4）缝合曲面。选择可将两个曲面缝合在一起。

项目2

曲面零件模型设计

项目描述

SolidWorks 2020 除了提供完成一般零件三维造型的工具外，还包括曲面造型和异面造型等工具，可以完成相对复杂的零件模型设计。本项目在基本零件模型设计的基础上选择三个曲面零件和一异面管零件，旨在学习新的造型工具基础上，综合运用各种造型工具，快速完成相关模型设计。

任务 2.1 简单水壶模型设计

任务描述

水壶（图 2-1），生活中最常见的日用品，造型各异。本次任务是通过水壶模型设计达到以下目标：

1）进一步熟练草图工具的使用、基准面的创建。
2）掌握放样、抽壳、分割等工具特征。
3）掌握圆角、完整圆角等工具的使用。
4）正确使用模型外观特征。
5）进一步掌握模型设计技巧。

图 2-1 水壶

任务分析

水壶由壶身、壶把等组成，壶身曲线形，可以采用放样工具造型，壶把可以采用扫描工具造型。图 2-2 所示为水壶模型设计流程。

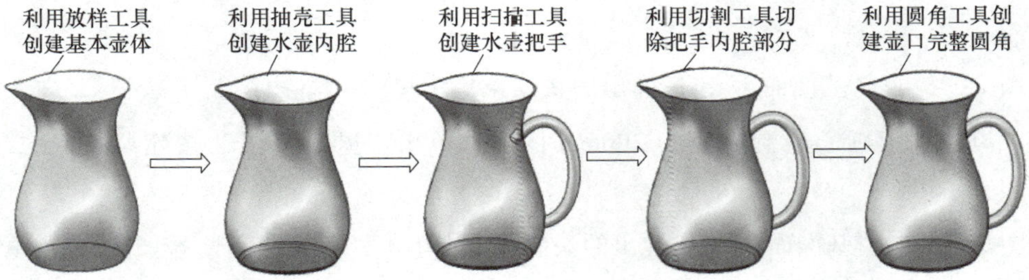

图 2-2 水壶模型设计流程

任务实施

步骤 1：新建文件

运行 SolidWorks 2020，在欢迎界面单击“零件”按钮或者单击快速访问栏按钮，在弹出的对话框中选择“零件”，单击“确定”按钮，进入模型创建环境。单击“保存”按钮，选择合适的位置，输入文件名“水壶”，单击“保存”。

步骤 2：创建基本壶体（利用“放样”工具）

1. 创建基准面

单击工具栏“特征”选项卡中的“参考”按钮，在弹出菜单中选择“基准面”，再单击设计树中的“上视基准面”，使得“基准面”窗口中的“第一参考”为“上视基准面”，在“偏移距离”中输入“100”，在“要生成的基准面数”文本框内输入“3”（图 2-3），单击“确定”按钮，完成基准面 1、基准面 2、基准面 3 的创建。

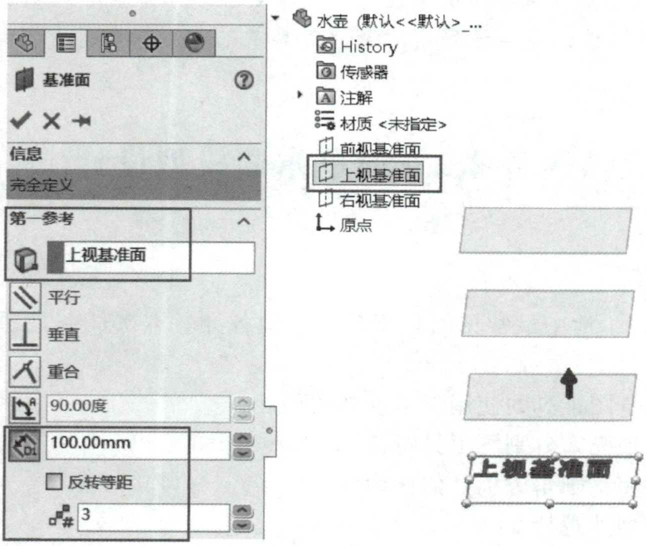

图 2-3　定义壶体放样基准面

2. 草图绘制

草图 1：右击“上视基准面”，在弹出的快捷菜单中单击“草图绘制”按钮进入草图绘制状态。以原点为圆心绘制直径为 160mm 的圆，单击“退出草图”按钮，完成草图 1 绘制。

草图 2：右击“基准面 1”，在弹出的快捷菜单中单击“草图绘制”按钮进入草图绘制状态。以原点为圆心绘制直径为 200mm 的圆，单击“退出草图”按钮，完成草图 2 绘制。

草图 3：右击“基准面 2”，在弹出的快捷菜单中单击“草图绘制”按钮进入草图绘制状态。以原点为圆心绘制直径为 140mm 的圆，单击“退出草图”按钮，完成草图 3 绘制。

草图 4：右击“基准面 3”，在弹出的快捷菜单中单击“草图绘制”按钮进入草图绘制状态。绘制图 2-4 所示的定义壶体各基准面草图，完全定义后，单击“退出草图”按钮，完成草图 4 绘制。

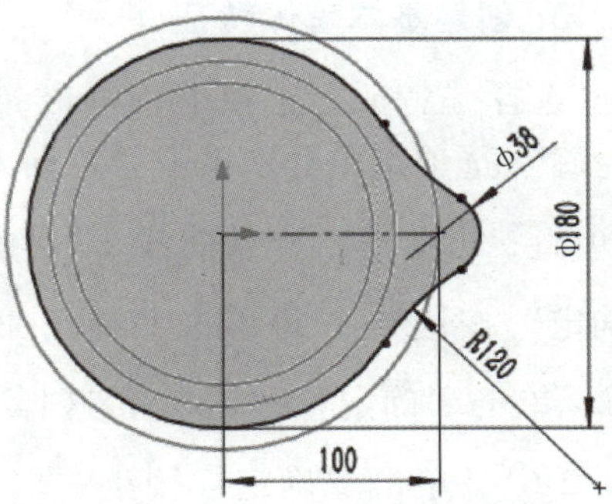

图 2-4　定义壶体各基准面草图

草图 5：先将基准面 1、基准面 2、基准面 3 隐藏（具体方法是：右击要隐藏的面，在快捷菜单中单击“隐藏”按钮即可）。右击“前视基准面”，在弹出的快捷菜单中单击“草图绘制”按钮进入草图绘制状态。单击“样条曲线”按钮，分别在草图中画出“样条曲线 1”和“样条曲线 2”，并调整至满意状态，然后调整视角，对“样条曲线 1”和“样条曲线 2”分别与“草图 1”“草图 2”“草图 3”“草图 4”的交点进行“穿透”约束。以“样条曲线 1”和“草图 1”约束为例，具体方法是：选择“显示/删除几何关系”下的“添加几何关系”，再分别单击“草图 1”的圆及“样条曲线 1”的交点，再单击“添加几何关系”对话框中的“穿透”按钮（图 2-5）。全部 8 个交点都“穿透”约束后，单击“退出草图”按钮，完成草图 5 的绘制。

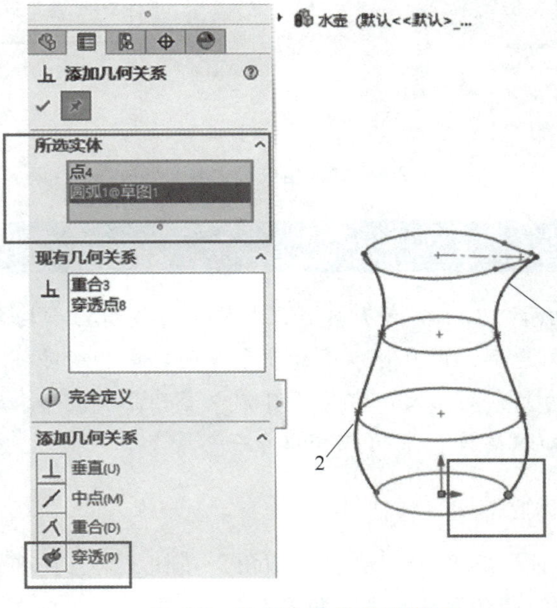

图 2-5　绘制壶体引导线草图

特别提示：

草图约束中重合与穿透的区别：穿透肯定重合，但重合不一定穿透，重合可以互相接触（点在线上）也可以不接触（点在延长线上或投影线上），穿透一定互相接触。

通常情况下，不是同一面中的点、线约束一般都选择穿透约束。

3. 创建基本壶体特征

选择“特征”选项卡，单击“放样凸台/基体”按钮，弹出“放样”对话框，在“轮廓”选项组中分别单击“草图 1”“草图 2”“草图 3”“草图 4”，然后单击“引导线”选项组，再单击“样条曲线 1”，在弹出的快捷菜单中先单击“选择开环”按钮，单击“确定”按钮，再单击“样条曲线 2”，在弹出的快捷菜单中先单击“选择开环”按钮，单击“确定”按钮，这样“引导线”选项组中就显示“开环<1>”“开环<2>”（图 2-6），单击“确定”按钮，完成基本壶体特征的创建。

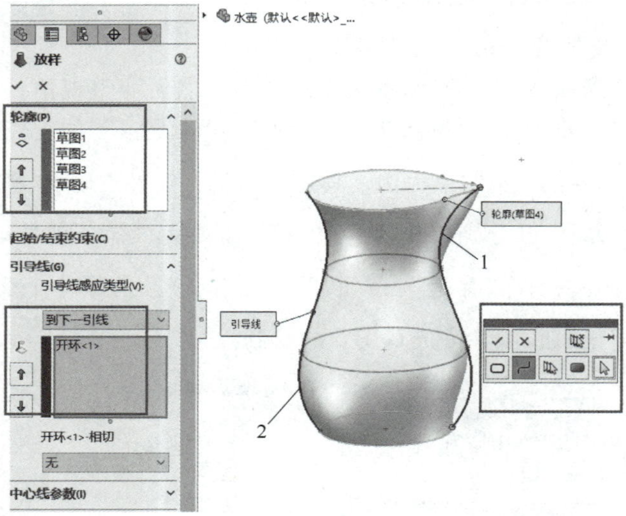

图 2-6　放样生成壶体特征

特别提示：

“放样”是将两个或两个以上具有不同形状或尺寸的截面轮廓均匀过渡，从而形成特征实体或曲面。放样更加复杂，用户可以选择多个截面轮廓和引导线来控制曲面。由于其具有可控性并能创建更为复杂的曲面，常用于日常电器产品和汽车表面设计。

具体内容见本节“知识链接”中的“知识点一”。

步骤 3：创建基本壶体底部圆角特征

选择工具栏中的“特征”选项卡，单击“圆角”按钮，在弹出的对话框中，选择“恒定圆角”，在“圆角参数”的“半径”文本框内输入“20”，单击需要圆角的线条（底面轮廓线），单击“确定”按钮，完成基本壶体底部圆角特征的创建，如图 2-7 所示。

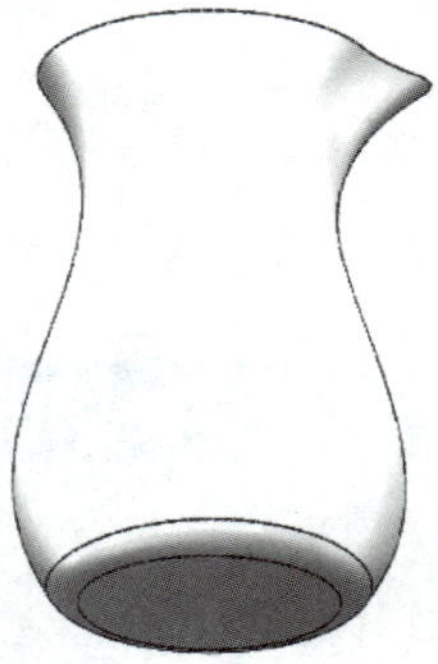

图 2-7　壶体底部圆角特征的创建

步骤 4：创建水壶内腔特征（利用“抽壳”工具）

选择工具栏中的“特征”选项卡，单击“抽壳”按钮，弹出“抽壳 1”对话框，在“参数”中的“厚度”文本框中输入“2”，在“移除的面”中，单击“水壶上表面”。为保证水壶底部厚度大于侧壁厚度，在弹出对话框的“多厚度设定”文本框中输入“4”，“多厚度面”选择水壶底面（图 2-8），单击“确定”按钮，水壶内腔特征即被创建，壶体内腔截面图如图 2-9 所示。

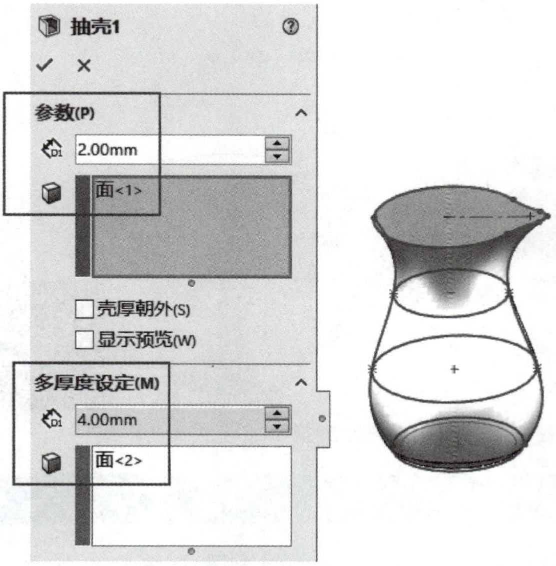

图 2-8 抽壳生成壶体内腔

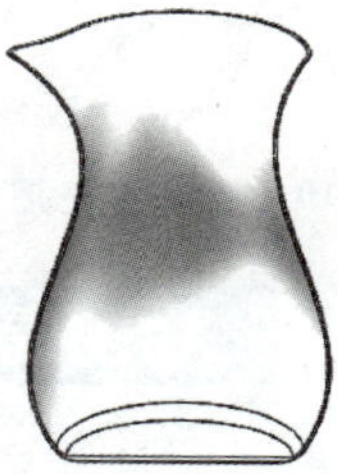

图 2-9 壶体内腔截面图

特别提示：

“抽壳”工具用于三维实体，通过指定面的厚度（也可以指定不同面的厚度），移除零件的一个或多个面（即“开口面”），创建一个被挖空的壳体，特别适合内外复杂形状一致的壳体，如塑料饮料瓶等。

具体内容见本节“知识链接”中的“知识点二”。

注意：

当为零件创建“抽壳”时，在此之前添加到实体上的所有特征都会受到影响，因此，使用“抽壳”特征时要特别注意特征的顺序。

本例中，在“抽壳”工具使用前，先对水壶底部进行了圆角操作，且圆角半径大于壁厚，那么零件抽壳后形成的内腔底面与侧壁就会自动形成圆角，内壁圆角的半径等于圆角半径减去壁厚。如果壁厚大于圆角半径，内圆角将会是尖角。利用这个优点可以省去在零件内部创建圆角的工作。

大家可以试试不同的操作所形成的效果。

步骤 5：创建水壶把手特征（利用“扫描”工具）

1. 草图绘制

右击“前视基准面”，在快捷菜单中单击“草图绘制”按钮进入草图绘制状态。选择“样条曲线”按钮，在图中适当位置绘制把手中心线（图 2-10）。

2. 创建水壶把手特征

在不退出草图的情况下，直接选择“特征”选项卡，单击“扫描”按钮，在弹出的“扫描”对话框内，勾选“圆形轮廓”，“路径”选择“草图 6”，“直径”文本框内输入“20”（图 2-11），单击“确定”按钮。

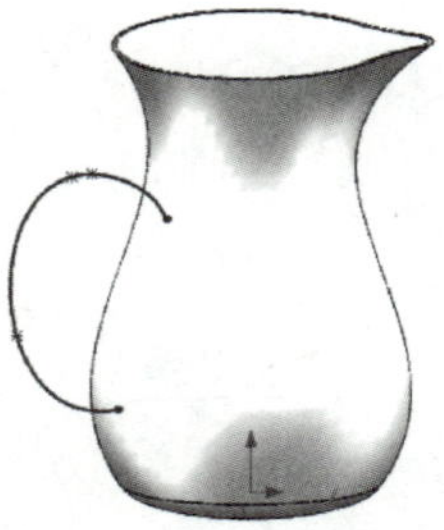

图 2-10　绘制水壶把手中心线

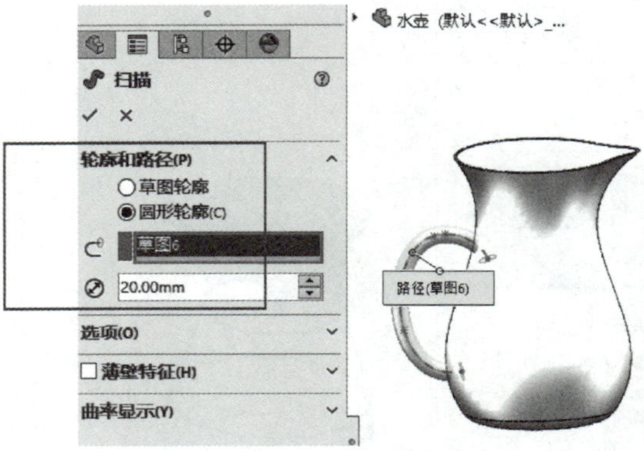

图 2-11　扫描生成水壶把手

特别提示：

“扫描”特征或实体是通过沿路径移动或扫掠一个或多个草图截面轮廓而创建的。用户使用的多个截面轮廓必须在同一草图中。扫掠路径可以是开放的，也可以是封闭的，但是必须穿透截面轮廓平面。

具体内容见本节“知识链接”中的“知识点三”。

步骤 6： 切除水壶把手多余部分（利用“分割”工具）

单击菜单栏中的“插入”按钮，选择“特征”选项，再选择“分割”命令（图 2-12），在弹出的“分割”对话框内，“剪裁工具”选择“面<1>”，单击“切除零件”按钮，单击把手在水壶内的多余部分“实体 1”“实体 2”，使得“所产生实体”列表框内的“1、2”复选按钮处于勾选状态，然后再勾选“消耗切除实体”复选按钮，（图 2-13）单击“确定”按钮，即可切除水壶把手多余部分。

特别提示：

“分割”特征是将一个整体模型通过基准面或曲面割分成两个或多个模型。可以将分割后的模型单独保存并进行细节建模。如果您在所产生实体下选择了消耗切除实体，则在图形区域中显示的实体为原始实体减去新零件。

步骤 7： 创建壶口和把手外圆角（利用“圆角”工具）

1. 创建壶口圆角

选择工具栏中的“特征”选项卡，单击“圆角”按钮，在弹出的对话框中，选择“完整圆角”，在“要圆角化的项目”中，“边侧面组 1”选择水壶内表面，“中央面组”选择壶口表面，“边侧面组 2”选择水壶外表面（图 2-14），单击“确定”按钮，完成水壶口完整圆角的创建。

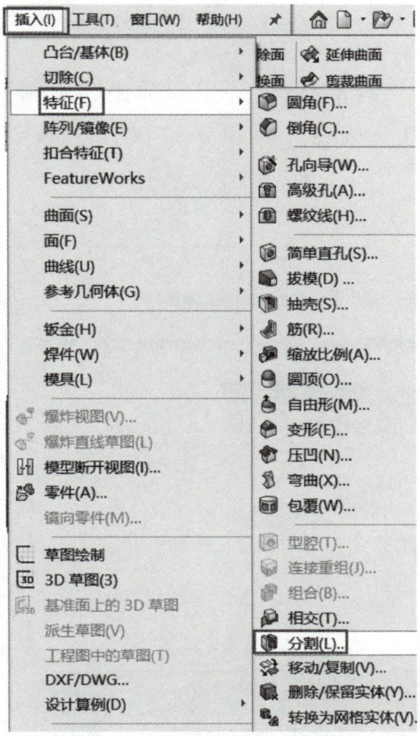

图 2-12　“分割”命令

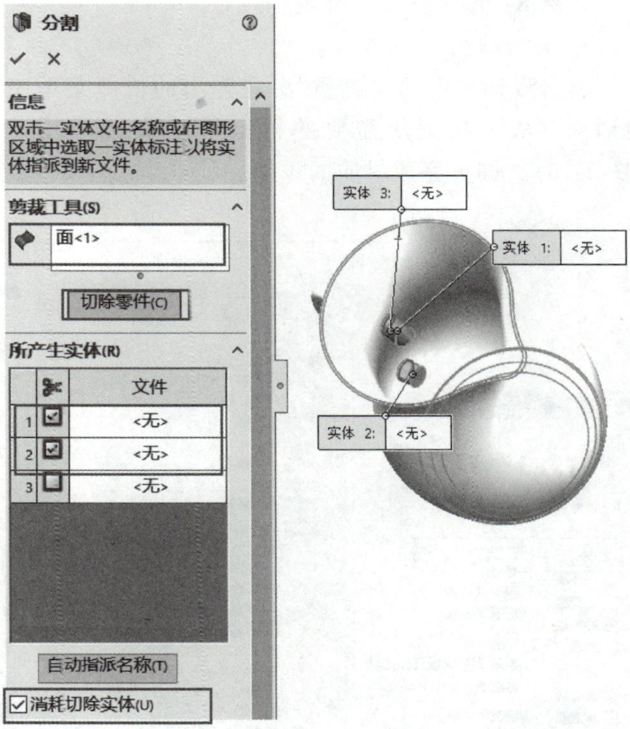

图 2-13　切除水壶把手多余部分

2. 创建把手外圆角

选择工具栏中的“特征”选项卡，单击“圆角”按钮，在弹出的对话框中，选择“恒定圆角”，在“圆角参数”的“半径”文本框内输入“10”，在“要圆角化的项目”中拾取把手上下交线（图 2-15），单击“确定”按钮，完成圆角的创建。

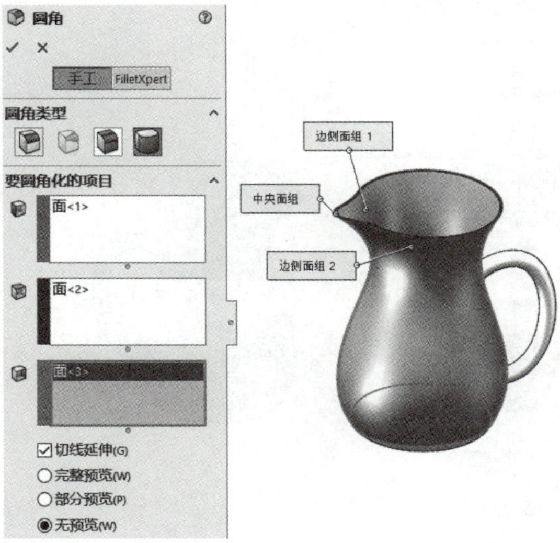

图 2-14　壶口全面圆角

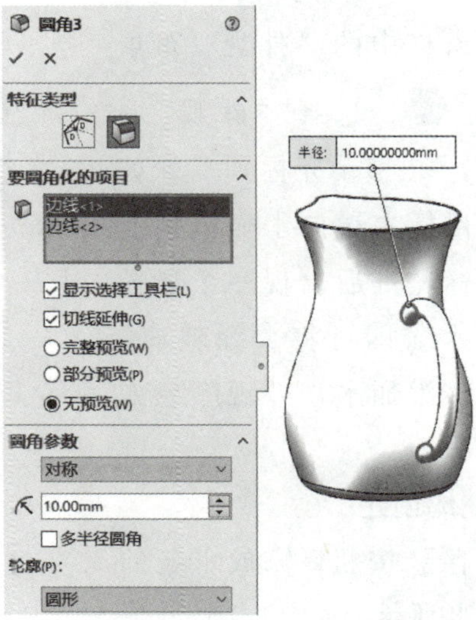

图 2-15　壶把手圆角

步骤 8：添加材质与外观

1. 添加材质

右击设计树中的“材质”，在弹出的快捷菜单中选择“编辑材料”，然后弹出“材料”对话框，从中找到所需要的材料（玻璃），单击“应用”按钮，再单击“关闭”按钮（图 2-16），即可完成材质的添加。

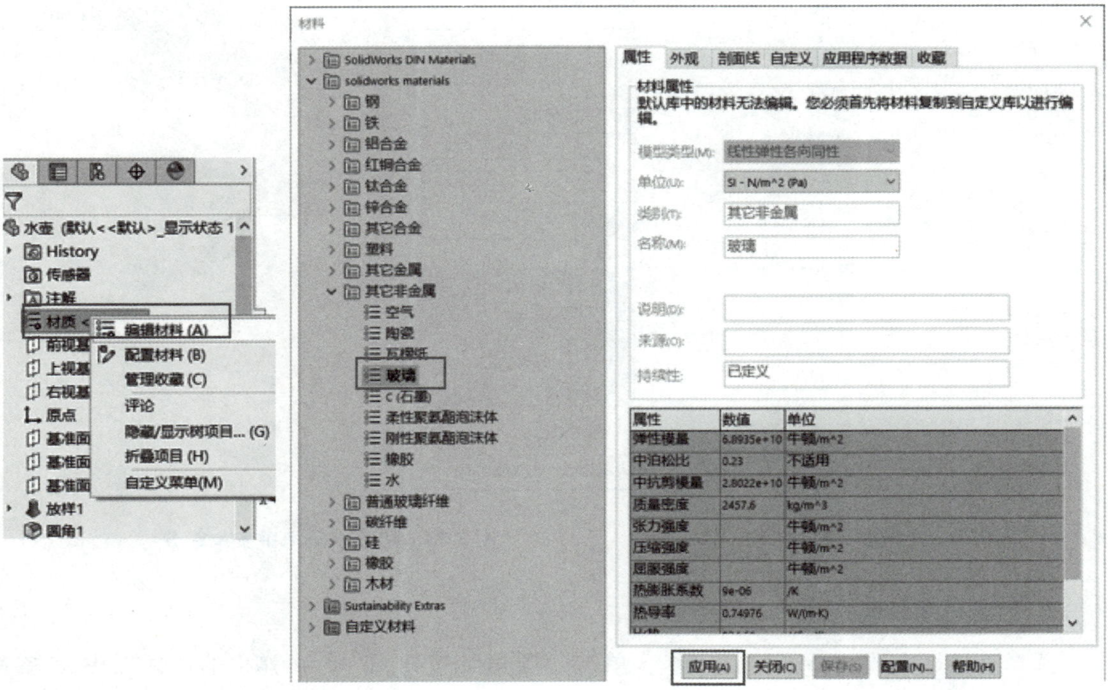

属性	数值	单位
弹性模量	6.8935e+10	牛顿/m^2
中泊松比	0.23	不适用
中抗剪模量	2.8022e+10	牛顿/m^2
质量密度	2457.6	kg/m^3
张力强度		牛顿/m^2
压缩强度		牛顿/m^2
屈服强度		牛顿/m^2
热膨胀系数	9e-06	/K
热导率	0.74976	W/(m·K)

图 2-16　选择水壶材质

2. 添加外观

单击任务窗格中的“外观、布景和贴图”按钮，选择“外观”→“玻璃”→“光泽”，移动光标到“绿玻璃”上，按下鼠标左键向水壶模型上拖动，松开鼠标左键后出现一个选择工具条，单击水壶即可将“绿玻璃”添加到水壶上。添加水壶外观颜色如图 2-17 所示。

步骤 9：完成创建

单击“保存”按钮，完成水壶的创建，如图 2-18 所示。

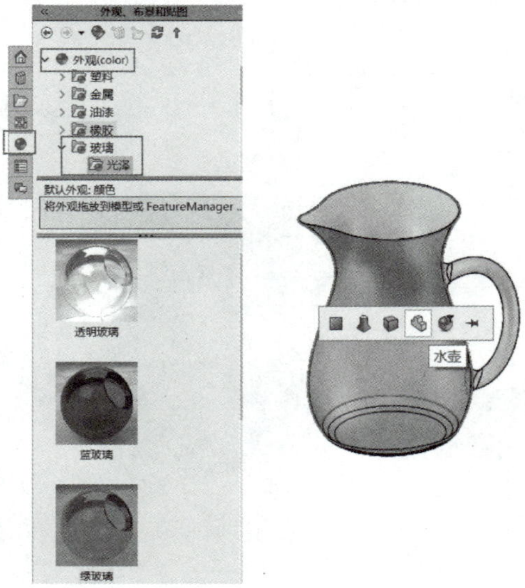

图 2-17　添加水壶外观颜色

图 2-18　水壶

知识链接

知识点一　放样凸台/基体

“放样凸台/基体”是通过在轮廓之间进行过渡以生成特征，放样的对象可以是基体、凸台、切除或者曲面，可以使用两个或者多个轮廓生成放样，但仅第 1 个或者最后 1 个对象的轮廓可以是点。

选择“工具栏”中的“特征”选项卡，单击“放样凸台/基体”按钮，弹出“放样”对话框，如图 2-19 所示。

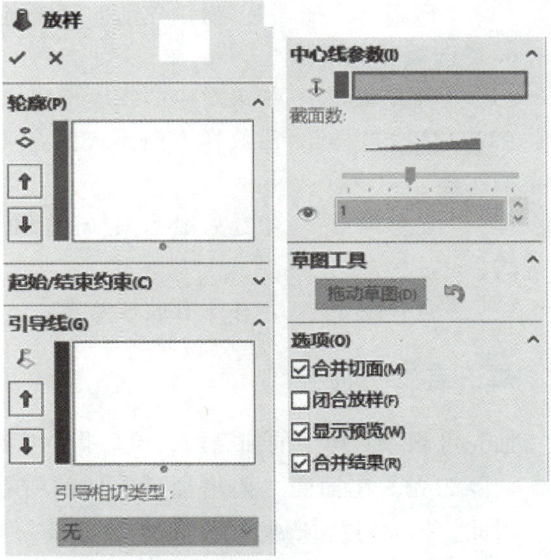

图 2-19　“放样”对话框

1. “轮廓”选项组

（1）“轮廓”　用来生成放样的轮廓，可以选择要放样的草图轮廓、面或者边线。

（2）“上移”“下移”　调整轮廓的顺序。

2. “起始/结束约束”选项组

“开始约束”“结束约束”：应用约束以控制开始和结束轮廓的相切，包括如下选项。

（1）“无”　不应用相切约束（即曲率为零）。

（2）“方向向量”　根据所选的方向向量应用相切约束。

（3）“垂直于轮廓”　应用在垂直于开始或者结束轮廓处的相切约束。

3. “引导线”选项组

（1）“引导线感应类型”　控制引导线对放样的影响力，包括如下选项。

1）“到下一引线”。只将引导线延伸到下一引导线。

2）“到下一尖角”。只将引导线延伸到下一尖角。

3）“到下一边线。只将引导线延伸到下一边线。

4）“整体”。将引导线影响力延伸到整个放样。

（2）“引导线” 选择引导线来控制放样。

（3）“上移”“下移” 调整引导线的顺序。

（4）“草图-相切” 当选择某一引导线时，“引导相切类型”将变为“草图-相切”，可控制放样与引导线相交处的相切关系（n为所选引导线标号）。

1）“无”。不应用相切约束。

2）“方向向量”。根据所选的方向向量应用相切约束。

3）“垂直于轮廓”。放样在起始和终止处与轮廓的草图基准面垂直。

4. “中心线参数”选项组

（1）“中心线” 使用中心线引导放样形状。

（2）“截面数” 在轮廓之间并围绕中心线添加截面。

（3）“显示截面” 显示放样截面。

5. “草图工具”选项组

（1）“拖动草图” 激活拖动模式，当编辑放样特征时，可以从任何已经为放样定义了轮廓线的3D草图中拖动3D草图线段、点或者基准面，3D草图在拖动时自动更新。

（2）“撤销草图拖动” 撤销先前的草图拖动并将预览返回到其先前状态。

6. “选项”选项组

（1）“合并切面” 如果对应的线段相切，则保持放样中的曲面相切。

（2）“闭合放样” 沿放样方向生成闭合实体，勾选此选项会自动连接最后1个和第1个草图实体。

（3）“显示预览” 勾选后显示放样的上色预览；取消勾选此选项，则只能查看路径和引导线。

（4）“合并结果” 合并所有放样要素。

知识点二 抽壳

抽壳可删除实体中的抽壳面，然后掏空实体的内部，留下指定壁厚的壳。在抽壳之前增加到实体的所有特征都会被掏空，因此，抽壳时特征创建的次序非常重要。默认情况下，抽壳创建具有相同壁厚的实体，但设计者也可以单独制定某些表面的厚度，使创建完成后的实体壁厚不相等。

选择“工具栏”中的“特征”选项卡，单击“抽壳”按钮，弹出“抽壳2”对话框，如图2-20所示。

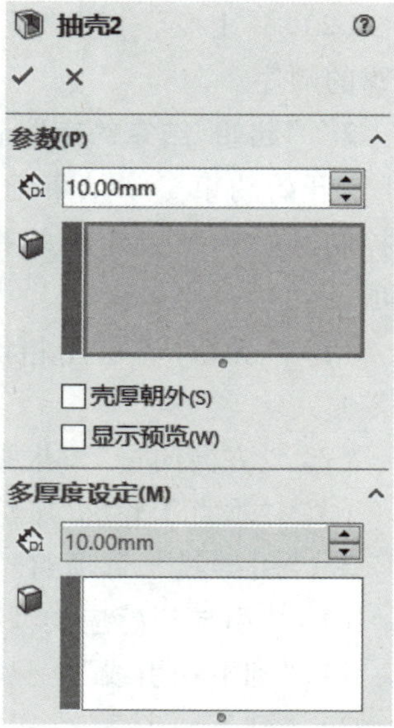

图2-20 “抽壳2”对话框

1. “参数”选项组

“参数”选项组可以为抽壳特征指定新的参数。包括如下选项。

（1）“厚度” 设置要保留面的厚度。

（2）“移除的面” 在图形区域中选择一个或多个面作

为要移除的面。

(3)“壳厚朝外” 勾选该选项后，则将以实体的外边缘作为基准增厚实体，从而增加零件的厚度。

(4)“显示预览” 勾选该选项后，会在图形区域中完全显示实体抽壳效果。

2. “多厚度设置”选项组

“多厚度设置”选项组可以生成不同面具有不同厚度的抽壳特征。

(1)“多厚度” 设定保留的所有面的厚度。

(2)“多厚度面” 在图形区域中选择一个或多个面作为增加厚度的面。

知识点三 扫描

“扫描”是在沿一个或多个选定轨迹扫描截面时通过控制截面的方向、旋转和几何来添加或移除材料的特征创建方法。轨迹线可看作特征的外形线，而草绘平面可看作特征截面。扫描特征主要由扫描轨迹和扫描截面构成。

扫描轨迹可以指定现有的曲线、边，也可以进入草图绘制状态绘制。

扫描的截面包括恒定截面和可变截面。

选择“工具栏”中的“特征”选项卡，单击“扫描”按钮，弹出“扫描”对话框，如图 2-21 所示。

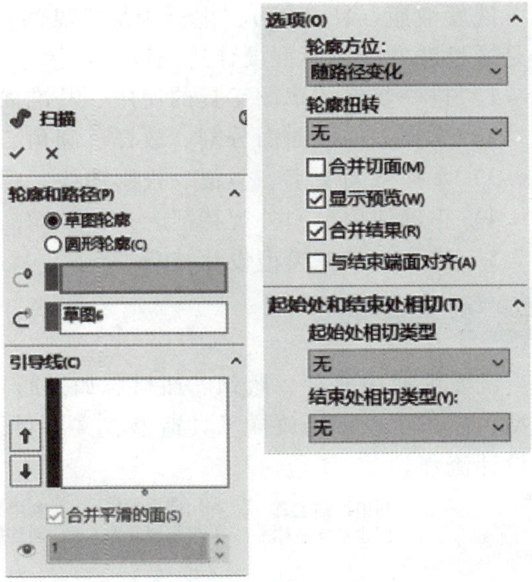

图 2-21 “扫描”对话框

1. “轮廓和路径”选项组

(1)“轮廓” 设置用来生成扫描的草图轮廓。

(2)“路径” 设置轮廓扫描的路径。

2. “引导线”选项组

“引导线”在轮廓沿路径扫描时加以引导以生成特征。包括如下选项。

(1)“上移”“下移” 调整引导线的顺序。

(2)“合并平滑的面” 改进带引导线扫描的性能，并在引导线或者路径不是曲率连续的所有点处分割扫描。

(3)“显示截面” 显示扫描的截面。

3. “选项”选项组

(1)“轮廓方位” 控制轮廓在沿路径扫描时的方向，包括如下选项。

1)“随路径变化”。轮廓相对于路径时刻保持处于同一角度。

2)“保持法向不变”。使轮廓总是与起始轮廓保持平行。

3)“沿路径扭转”。沿路径扭转轮廓。可以按照度数、弧度或者旋转圈数定义扭转。

4)“以法向不变沿路径扭曲”。在沿路径扭曲时，保持与开始轮廓平行而沿路径扭转轮廓。

（2）“合并切面” 如果扫描轮廓具有相切线段，可以使所产生的扫描中的相应曲面相切，保持相切的面可以是基准面、圆柱面或者锥面。

（3）“显示预览” 显示扫描的上色预览；取消勾选此选项，则只显示轮廓和路径。

（4）“合并结果” 将多个实体合并成1个实体。

（5）“与结束端面对齐” 将扫描轮廓延伸到路径所遇到的最后1个面。

4. “起始处/结束处相切”选项组

（1）“起始处相切类型” 该选项包括如下内容。

1）“无”。不应用相切。

2）“路径相切”。垂直于起始点路径而生成扫描。

（2）“结束处相切类型” 与起始处相切类型的选项相同。

任务2.2 洗发液瓶模型设计

任务描述

洗发液瓶（图2-22），生活中最常见的日用品，造型各异。本次任务是通过洗发液瓶模型设计达到以下目标：

1）进一步熟练草图工具的使用、基准面的创建。

2）掌握扫描、曲面分割、放样、圆角、抽壳等工具特征。

3）掌握草图文字、包覆、投影曲线、螺旋线等特征工具的使用。

4）正确使用模型外观特征。

5）进一步掌握模型设计技巧。

图2-22 洗发液瓶

任务分析

洗发液瓶由瓶身、瓶颈、瓶口、加强筋、文字等组成，瓶身、加强筋可以采用扫描工具造型，瓶颈可以采用放样工具造型，文字可采用包覆工具创建。图2-23所示为洗发液瓶模型设计流程。

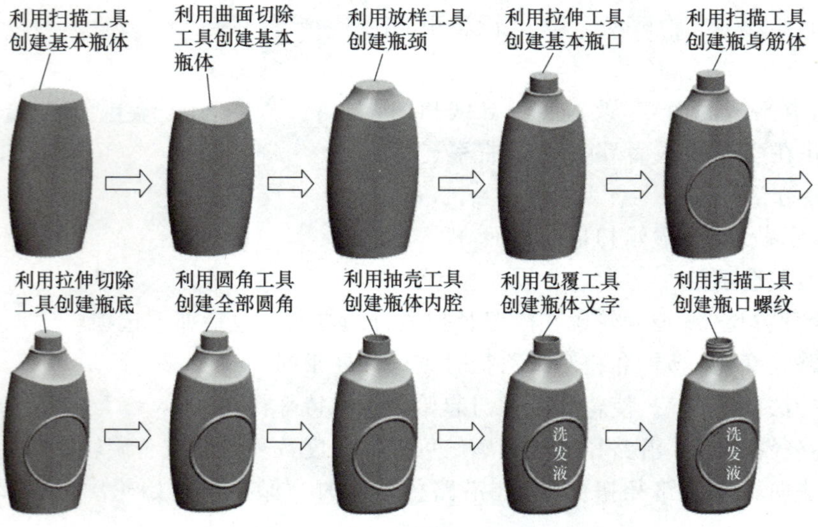

图2-23 洗发液瓶模型设计流程

任务实施

步骤 1：新建文件

运行 SolidWorks 2020，在欢迎界面单击“零件”按钮（图 1-3）或者单击“快速访问栏”按钮，在弹出的对话框中选择“零件”，单击“确定”按钮，进入模型创建环境。单击“保存”按钮，选择合适的位置，输入文件名“洗发液瓶”，单击“保存”按钮。

步骤 2：创建基本瓶体（利用“扫描”工具）

1. 创建草图

草图 1：右击“前视基准面”，在弹出的快捷菜单中单击“草图绘制”按钮进入草图绘制状态。以原点为基点，绘制一条长度为 175mm 的竖直线，退出草图绘制。

草图 2：右击“前视基准面”，在弹出的快捷菜单中单击“草图绘制”按钮进入草图绘制状态。绘制一段圆弧，尺寸如图 2-24 所示，安全定义，退出草图绘制。

草图 3：右击“右视基准面”，在弹出的快捷菜单中单击“草图绘制”按钮进入草图绘制状态。以原点为基心，绘制草图 1 的等距线，尺寸如图 2-25 所示，退出草图绘制。

草图 4：右击“上视基准面”，在弹出的快捷菜单中单击“草图绘制”按钮进入草图绘制状态。以原点为圆心，绘制椭圆，椭圆过草图 2 和草图 3 端点，对两个交点进行穿透约束，如图 2-26 所示，退出草图绘制。

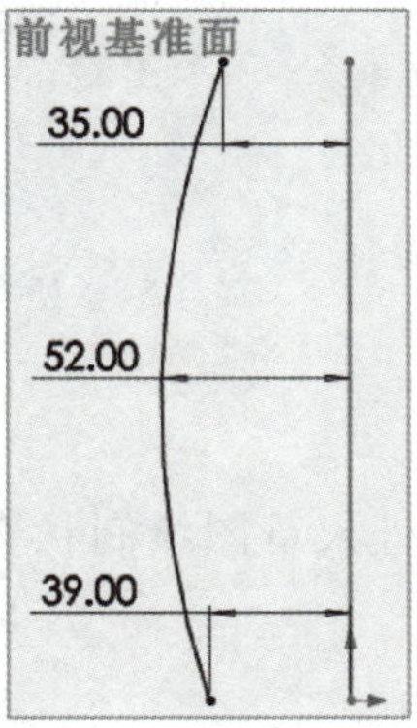

图 2-24　瓶身引导线草图

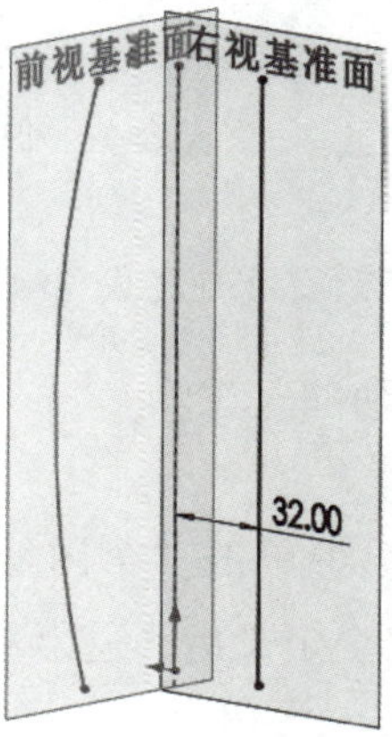

图 2-25　瓶身路径草图

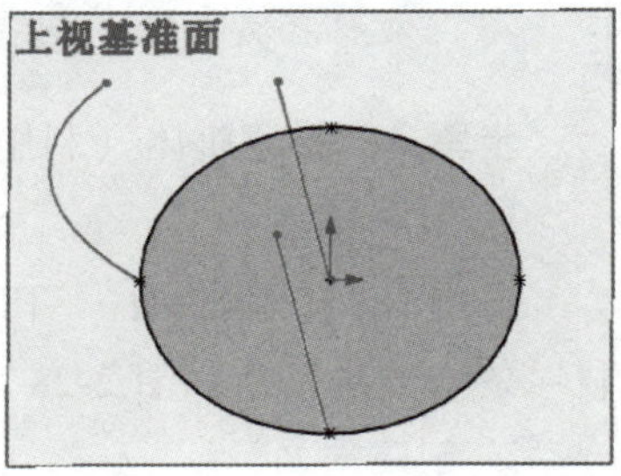

图 2-26　瓶身轮廓草图

2. 创建基本瓶体

选择“特征”选项卡，单击“扫描”按钮，在弹出的“扫描 1”对话框内，“轮廓和路径”选择“草图轮廓”，“轮廓”选择草图 4（椭圆），“路径”选择草图 1（中心竖线），在“引导线”选项里分别选择草图 2（圆弧线）和草图 3（等距线）（图 2-27），单击“确定”按钮，完成瓶体创建。

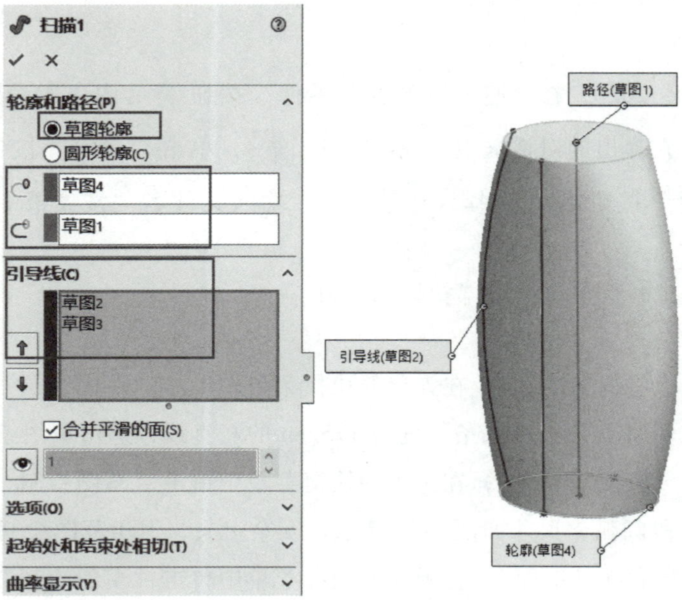

图 2-27　扫描形成基本瓶体

特别提示：

“扫描”特征或实体是通过沿路径移动或扫掠一个或多个草图截面轮廓而创建的。

1）轮廓草图、路径以及引导线必须存在于三个不同的草图中。

2）路径可以不与轮廓草图接触（或者重合），但是引导线必须和轮廓草图边界存在穿透（重合）的关系。

3）在路径方向上，引导线的长度必须超过或者等于路径长度。

步骤 3：创建瓶体（利用“曲面切除”工具）

1. 创建草图 5

右击“前视基准面”，在快捷菜单中单击“草图绘制”按钮进入草图绘制状态。绘制一条圆弧，尺寸如图 2-28 所示，安全定义后，退出草图绘制。

2. 创建曲面

选择“曲面”选项卡，单击“拉伸曲面”按钮，在弹出的“曲面-拉伸 1”对话框中，“方向 1”选择“两侧对称”，拖动拉伸方向箭头至合适位置（图 2-29），单击“确定”按钮。

3. 创建瓶体

选择“曲面”选项卡，单击“使用曲面切除”按钮，弹出“使用曲面切除”对话框，在“曲面切除参数”中选择“曲面-拉伸 1”。注意切除方向箭头（确保切除部分正确），如图 2-30 所示，单击“确定”按钮。

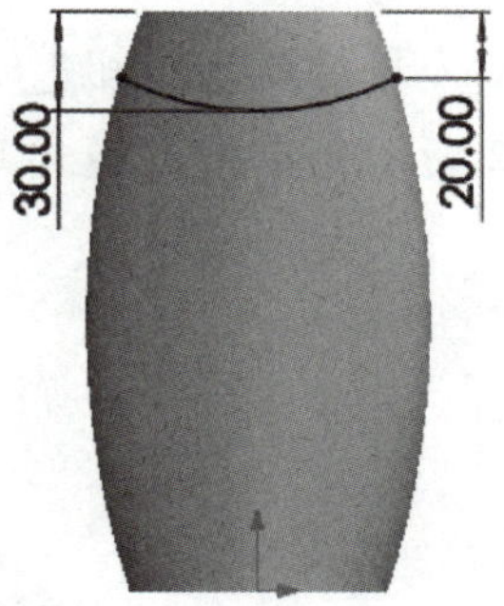

图 2-28　创建拉伸曲面草图

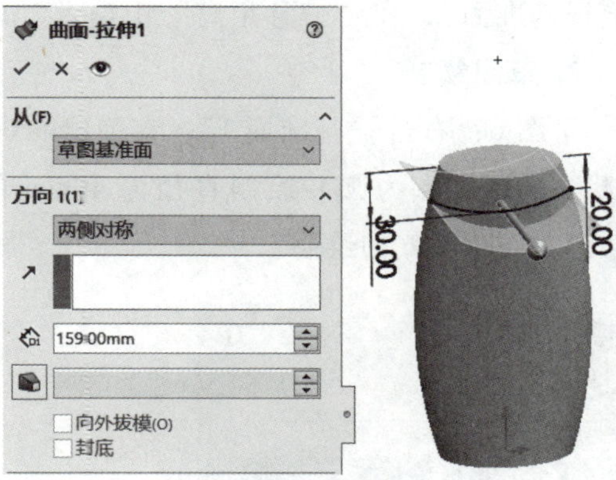

图 2-29　拉伸曲面

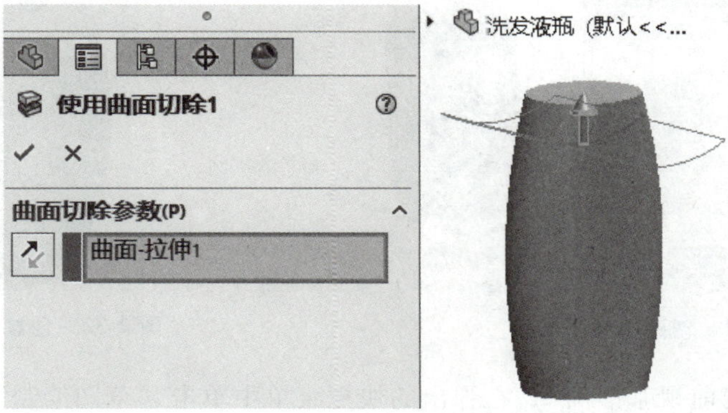

图 2-30　曲面切除

特别提示：

本例中使用的是曲面工具中“曲面切除”命令创建瓶身，当然也可以用前面学过的实体命令“拉伸切除”创建瓶身。可以去试着操作，比较两者异同。

曲面造型与特征造型在操作上基本类似，它们之间可以互相转换，曲面没有厚度，一旦给曲面加厚便形成实体。

小技巧：

工具栏中的选项卡可以显示与关闭。

具体操作：右击任一工具选择卡名称部位，通过在弹出的快捷菜单中单击相应工具（工具前打了勾的表示此工具已显示，没有勾的表示工具栏中没有显示），来显示和关闭工具条。

步骤 4：创建瓶颈（利用“放样”工具）

1. 创建基准面 1

单击工具栏“特征”选项卡中的“参考”按钮，在弹出菜单中选择“基准面”，再单击设计树中的“上视基准面”，使得“基准面 1”对话框中的“第一参考”为

“上视基准面”，在“偏移距离”中输入“175”，如图 2-31 所示，单击“确定”按钮。

2. 草图绘制

草图 6：右击“基准面 1”，在弹出的快捷菜单中单击“草图绘制”按钮进入草图绘制状态。以原点为圆心绘制直径为 40mm 的圆，如图 2-32 所示，单击“退出草图”按钮，完成草图 6 的绘制。

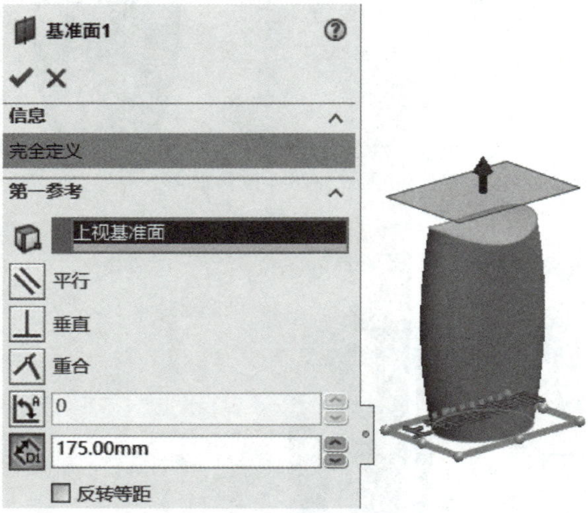

图 2-31　创建瓶颈基准面

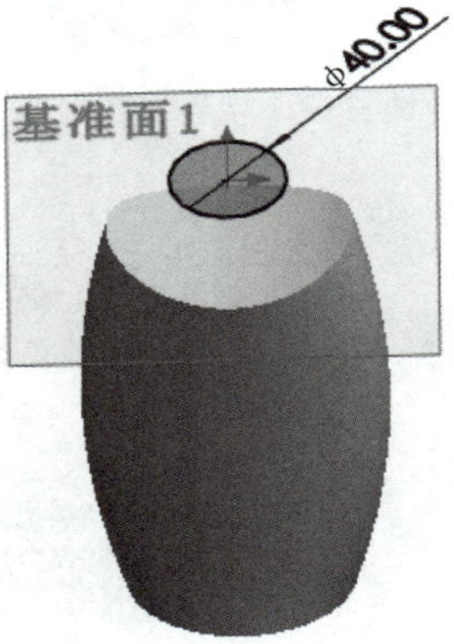

图 2-32　创建瓶颈口草图

草图 7：右击“前视基准面”，在弹出的快捷菜单中单击“草图绘制”按钮进入草图绘制状态。绘制出图 2-33 所示的两段圆弧（“镜向”工具完成），完全定义（使用穿透约束）后，单击“退出草图”按钮，完成草图 7 的绘制。

草图 8：右击“右视基准面”，在弹出的快捷菜单中选择“草图绘制”按钮进入草图绘制状态。绘制出图 2-34 所示的两段圆弧（“镜向”工具完成），完全定义（使用穿透约束）后，单击“退出草图”按钮，完成草图 8 的绘制。

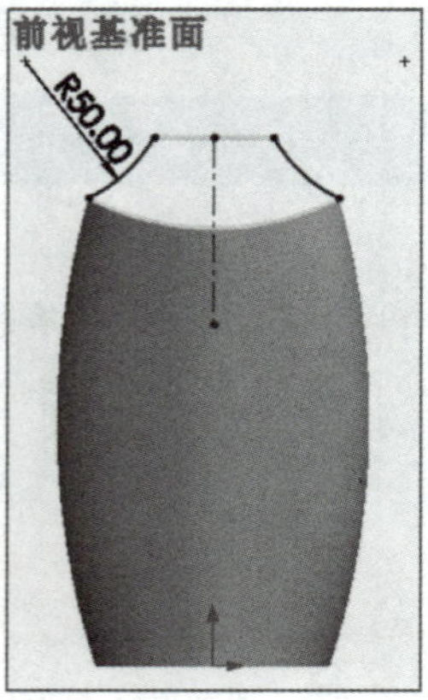

图 2-33　瓶颈引导线草图 1

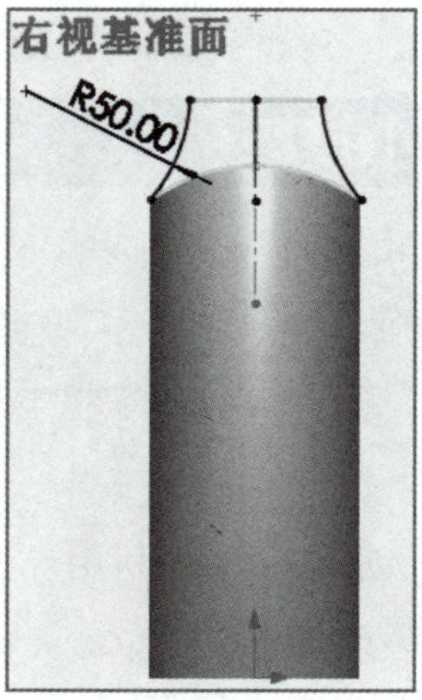

图 2-34　瓶颈引导线草图 2

3. 创建瓶颈特征

选择“特征”选项卡，单击“放样凸台/基体”按钮，弹出“放样 1”对话框，在“轮廓”选项中分别单击瓶体上“边线<1>”和“草图 5”，然后单击“引导线”选择框，单击“草图 7”中的一条边线，在弹出的快捷菜单中先单击“选择开环”按钮，再单击“确定”按钮，同样的操作，分别选择“草图 7”中的另一条边线和“草图 8”中的两条边线（一次只能选择一条），单击“确定”按钮，这样引导线选择框中就显示“开环<1>”“开环<2>”“开环<3>”（单击了右边快捷菜单中的“确定”按钮后出现）（图 2-35），单击“确定”按钮，完成瓶颈特征的创建。

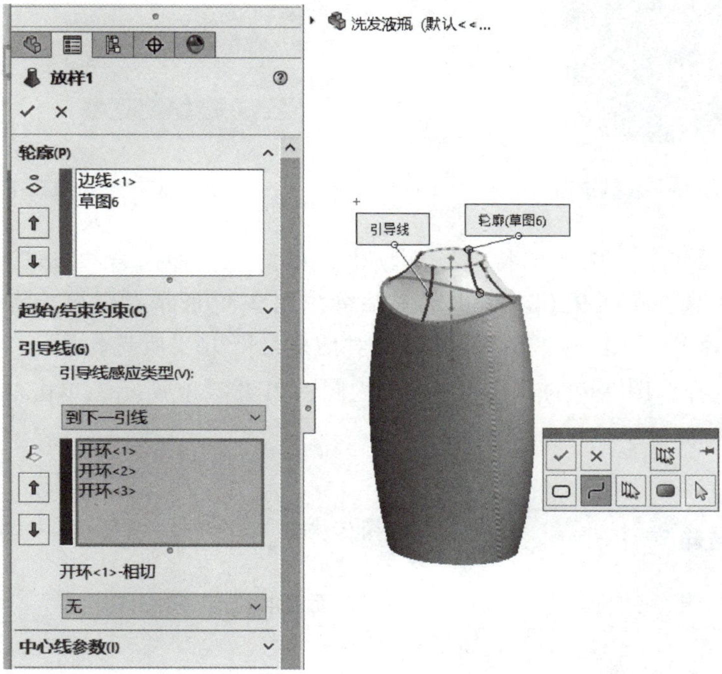

图 2-35 创建瓶颈特征

步骤 5：创建瓶口特征（利用“拉伸凸台/基体”工具）

1. 草图绘制

右击瓶颈口上平面，在快捷菜单中单击“草图绘制”按钮进入草图绘制状态。先单击“转换实体引用”按钮，再单击瓶颈轮廓，转换出一个圆，再绘制一直径为 30mm 的圆（图 2-36），并进行完全定义。

2. 创建瓶口

（1）创建瓶口 3mm 高凸台 在不退出草图的情况下，调整视角，直接选择“特征”选项卡，单击“拉伸凸台/基体”按钮，在弹出的“凸台-拉伸”对话框中，“方向 1”选择“给定深度”，在“深度”文本框内输入“3”，再单击对话框最下方“所选轮廓”，单击草图中外圆，如图 2-37 所示，单击“确定”按钮。

图 2-36　瓶口草图

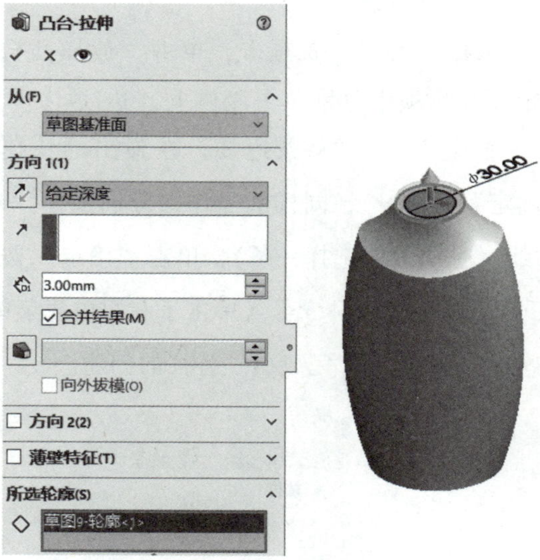

图 2-37　创建瓶口下端部分

（2）创建瓶口特征　选择“特征”选项卡，单击“拉伸凸台/基体”按钮，在弹出的“拉伸”信息时，选择草图 9（图 2-38），然后弹出图 2-39 所示对话框，将该对话框中“深度”文本框内数值“3”改为“16”，再单击对话框最下方“所选轮廓”，将其中的“草图 9”删除，重新选择草图 9 内的直径 30mm 的内圆，如图 2-40 所示，单击“确定”按钮✓，完成瓶口特征的创建。

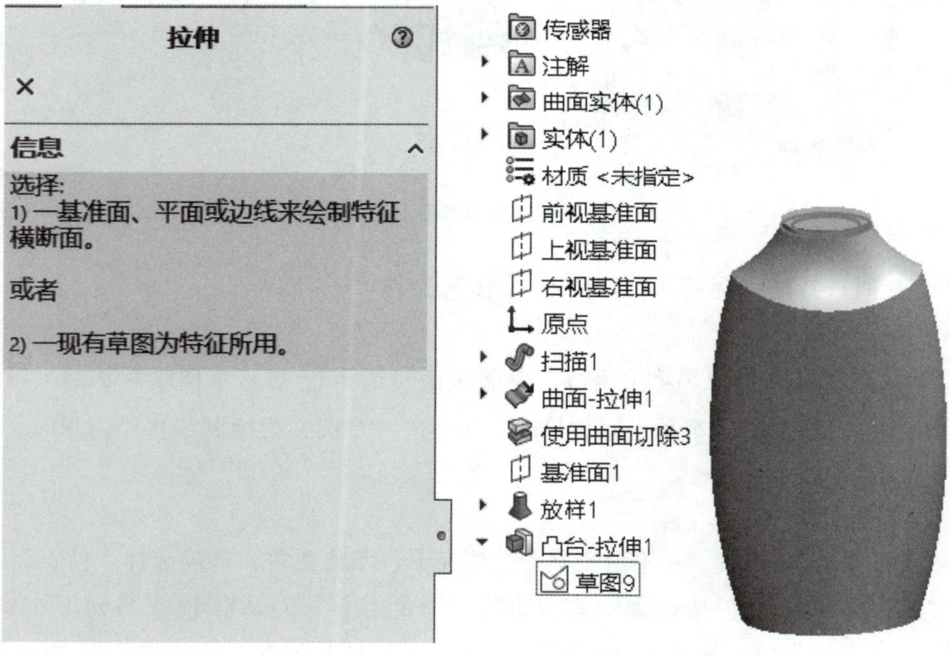

图 2-38　选择拉伸共用草图

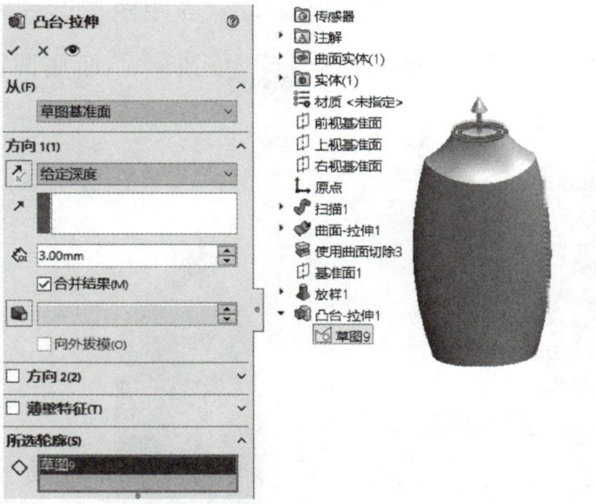

图 2-39　选择共用草图中的目标草图

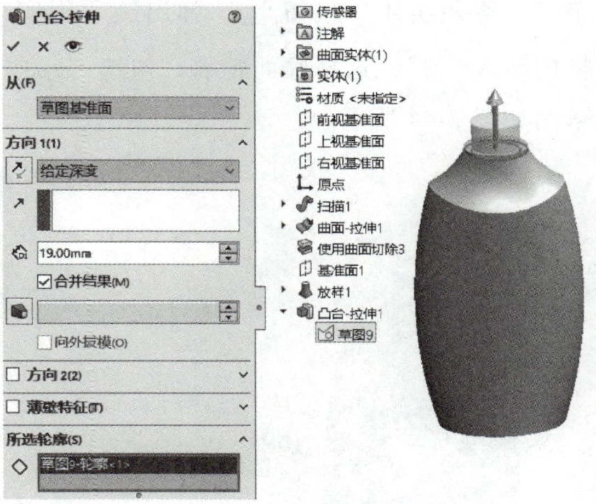

图 2-40　拉伸创建瓶口特征

特别提示：

草图是可以共用的，一个草图或一个草图内的某一封闭区域可以多次引用，共用草图在设计中经常使用，在一定程度上可提高效率。

本例中的瓶口特征创建就是共用草图的例子，草图都绘制在一个面内，然后每次只引用其中一部分，达到设计效果。当然读者也可以用两次草图，两次拉伸的方法来尝试下，做个比较。

步骤 6： 创建瓶身筋体特征（利用“扫描”工具）

1. 草图绘制

右击“前视基准面”，在弹出的快捷菜单中单击“草图绘制”按钮进入草图绘制状态。绘制图 2-41 所示的圆，完全定义后单击“退出草图”按钮，完成草图绘制。

2. 投影曲线

选择“特征”选项卡，单击“曲线”按钮下的“投影曲线”按钮，弹出“投影曲线”对话框，“投影类型”选择“面上草图”，在“要投影的草图”中选择刚绘制的草图，在“投影面”中选择瓶身表面（注意箭头方向，可通过“反转投影”控制），如图 2-42 所示，单击“确定”按钮。

3. 创建瓶身筋体特征

选择“特征”选项卡，单击“扫描”按钮，在弹出的“扫描”对话框内，“轮廓和路径”选择“圆形轮廓”，“路径”选择上一步创建的投影曲线，在“直径”文本框内输入“4”（图 2-43），单击“确定”按钮，完成瓶身筋体特征的创建。

步骤 7： 创建瓶底凹面特征（利用“拉伸切除”工具）

1. 草图绘制

右击“瓶底平面”，在弹出的快捷菜单中选择“草图绘制”按钮进入草图绘制状态。

单击“等距实体”按钮，弹出“等距实体”对话框，在“参数”的“等距距离”文本框内输入“8”，选择底面轮廓，勾选“反向”复选按钮，单击“确定”按钮。瓶底凹面草图如图 2-44 所示。

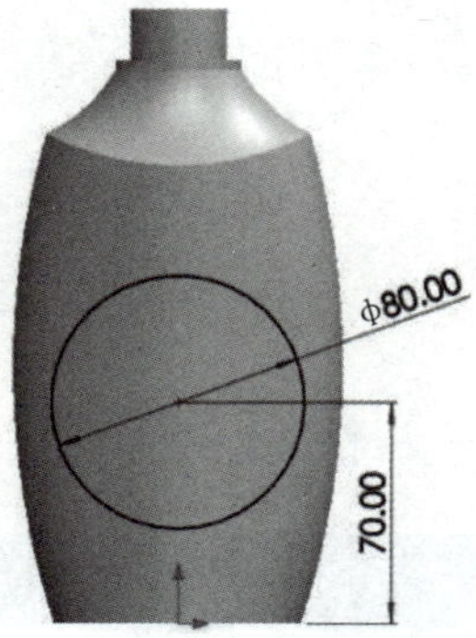

图 2-41　瓶身筋体草图

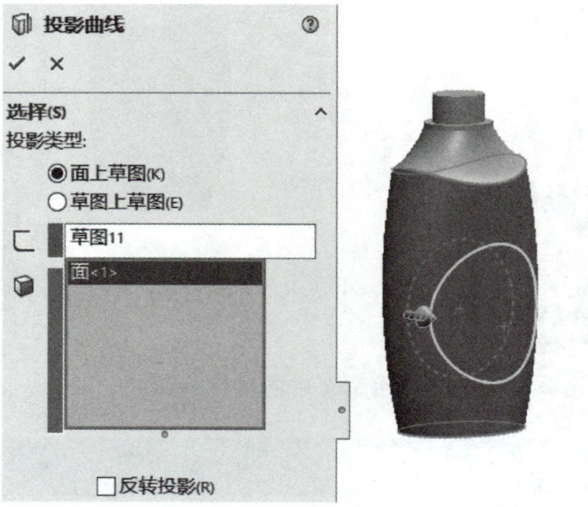

图 2-42　投影曲线

2. 创建瓶底凹面特征

在不退出草图的情况下，直接选择“特征”选项卡，单击“拉伸切除”按钮，在弹出的“切除-拉伸”对话框内，“方向 1”选择“给定深度”，在“深度”文本框里输入“3”，单击“拔模开关”按钮，在“拔模角度”文本框内输入“3”，如图 2-45 所示。单击“确定”按钮，完成瓶底凹面特征创建。

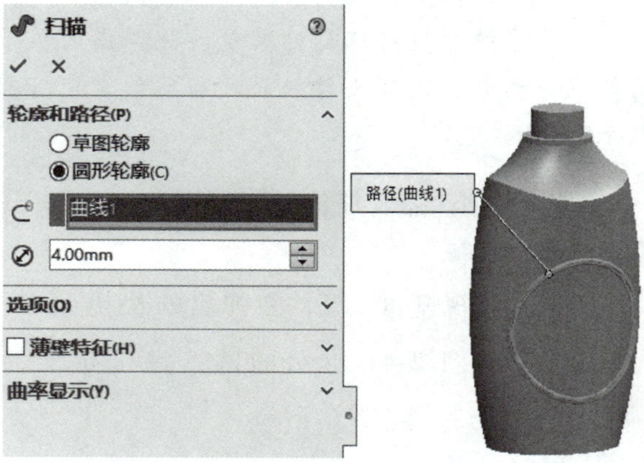

图 2-43　扫描创建瓶身筋体特征

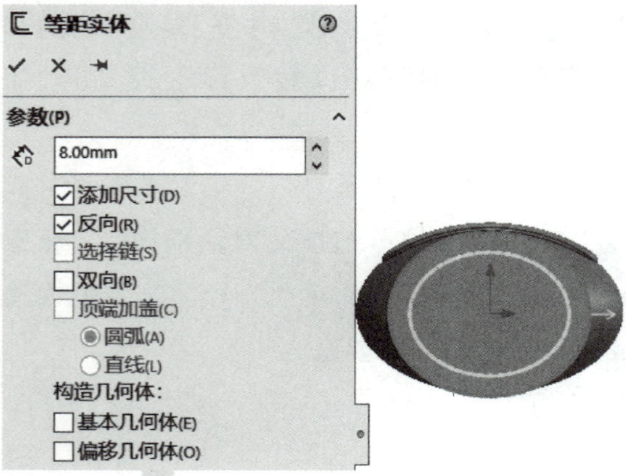

图 2-44　瓶底凹面草图

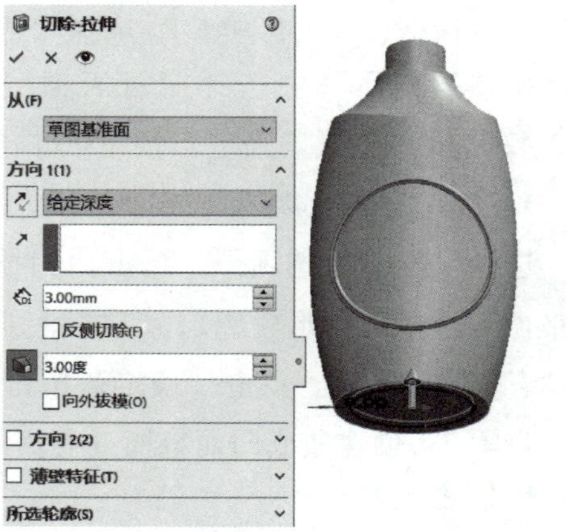

图 2-45　创建瓶底凹面特征

步骤8：创建圆角特征（利用“圆角”工具）

选择工具栏中的“特征”选项卡，单击“圆角”按钮，在弹出的对话框中，选择“恒定圆角”，在“圆角参数”的“半径”文本框内分别输入相应的数值（8、3、1.5），再分别单击需要圆角的边线，分三次进行圆角，如图2-46所示。单击“确定”按钮，完成圆角特征的创建。

特别提示：

不同半径的圆角需要分开操作，同一半径的圆角尽可能一次完成。
大家可以试试不同的操作所形成的效果。

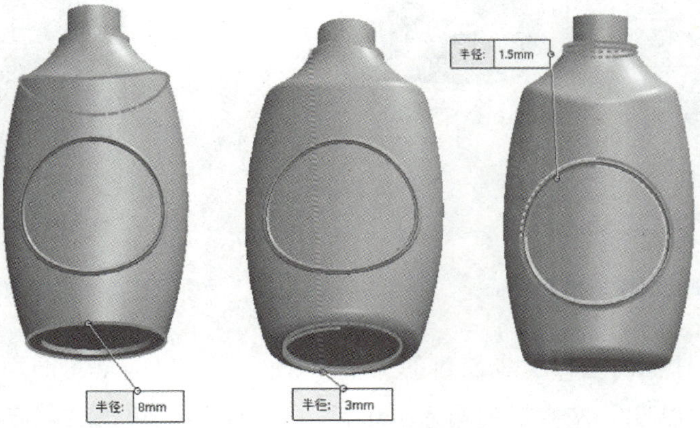

图2-46 圆角特征

步骤9：创建洗发液瓶内腔特征（利用“抽壳”工具）

选择工具栏中的“特征”选项卡，单击“抽壳”按钮，弹出“抽壳2”对话框，在“参数”中的“厚度”文本框中输入“1.5”，在“移除的面”中，单击瓶口上表面（图2-47），单击“确定”按钮，洗发液瓶内腔特征即被创建，如图2-48所示。

步骤10：创建文字包覆特征（利用“包覆”工具）

1. 草图绘制

右击“前视基准面”，在弹出的快捷菜单中单击“草图绘制”按钮进入草图绘制状态。单击“文字”按钮，弹出“草图文字”对话框，在“文字”文本框内输入“洗发液”（输入一字回车一次）（图2-49），取消勾选“使用文档字体”复选按钮，再单击“字体”按钮，弹出“选择字体”对话框（图2-50），选择合适的“字体”“字体样式”“高度”，单击“确定”按钮关闭“选择字体”对话框。然后在合适位置单击，调整文字位置（图2-51），单击“确定”按钮，单击“退出草图”按钮，完成草图绘制。

2. 创建文字包覆特征

调整视角，选择工具栏中的“特征”选项卡，单击“包覆”按钮，弹出“包覆1”对话框，“包覆类型”选择“浮雕”，“包覆方法”选择“样条曲面”，“包覆参数”

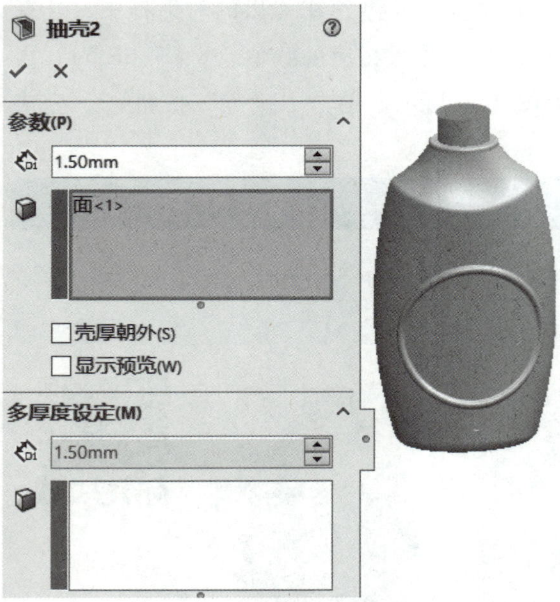

图 2-47　抽壳创建瓶内腔特征

图 2-48　瓶内腔特征

下的“原草图”选择框内选择上步创建的文字草图，在“包覆草图的面”的选择框内选择瓶身圆筋内的面，“厚度”文本框内输入“0.5”（图 2-52），单击“确定”按钮✓，即可创建文字包覆特征。

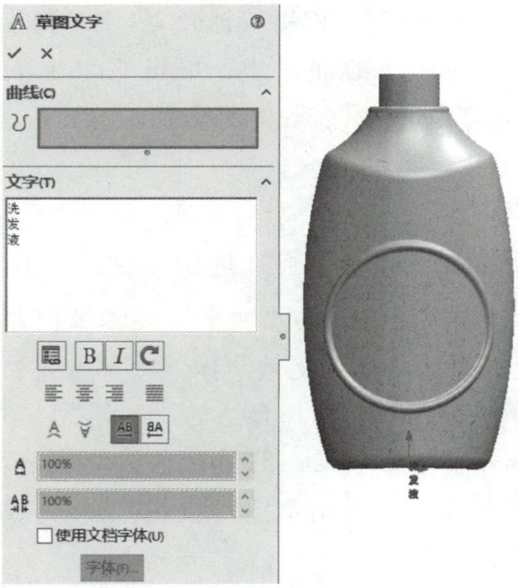

图 2-49　创建草图文字

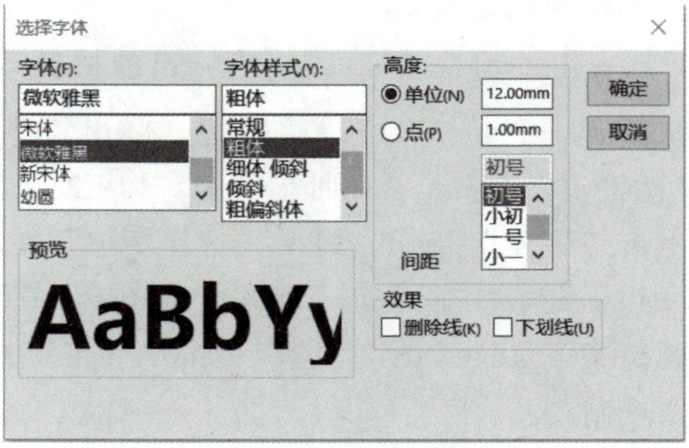

图 2-50　字体选择

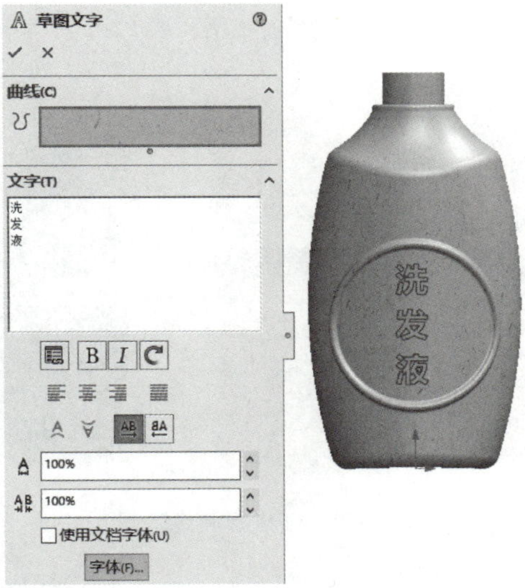

图 2-51 调整文字位置

图 2-52 创建文字包覆特征

特别提示：

包覆特征是将草图包裹到平面或非平面，可从圆柱、圆锥或拉伸的模型生成一平面，也可选择一平面轮廓来添加多个闭合的样条曲线草图。

草图图形必须是封闭，包覆特征支持轮廓选择和草图再用，也可以将包覆特征投影至多个面上。

具体内容见本节“知识链接”中的“知识点一”。

步骤 11：创建瓶口螺纹特征（利用“扫描”工具）

1. 创建基准面

单击“特征”选项卡中的“参考”按钮，在弹出菜单中选择“基准面”，再单击瓶口上表面，使得“基准面 2”对话框中的“第一参考”为“面<1>”，在“偏移距离”中输入“3”（图 2-53），单击“确定”按钮。

2. 草图绘制

右击“基准面 2”，在快捷菜单中单击“草图绘制”按钮进入草图绘制状态。单击“转换实体引用”按钮，再单击瓶口外轮廓，转换出一个圆（图 2-54），单击“确定”按钮，再单击“退出草图”按钮，完成草图绘制。

3. 创建螺旋线特征

选择“特征”选项卡，单击“曲线”按钮下的“螺旋线/涡状线”按钮，弹出“螺旋线/涡状线”选择信息，单击上步所做草图（图 2-55），弹出“螺旋线/涡状线”对话框，“定义方式”选择“螺距和圈数”，“参数”选择“恒定螺距”，在“螺距”文本框内输入“4.5”，“圈数”文本框内输入“2”，“起始角度”文本框内输入“0”，再选择“顺时针”单选按钮，如图 2-56 所示，单击“确定”按钮。

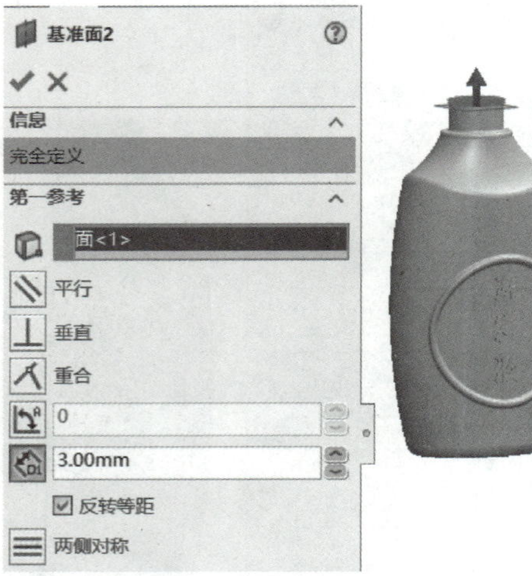

图 2-53　螺纹基准面

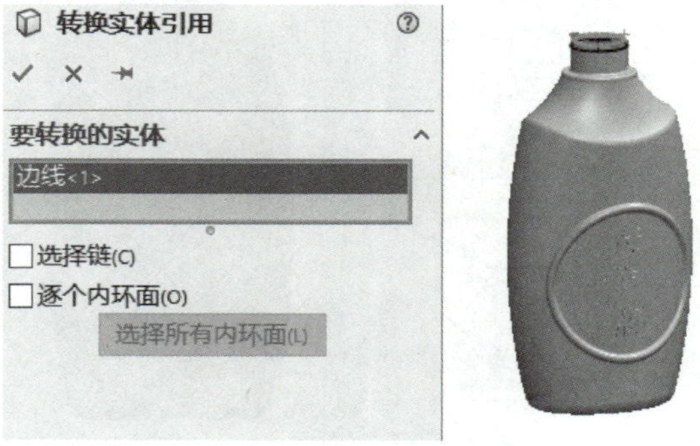

图 2-54　创建螺旋线基圆

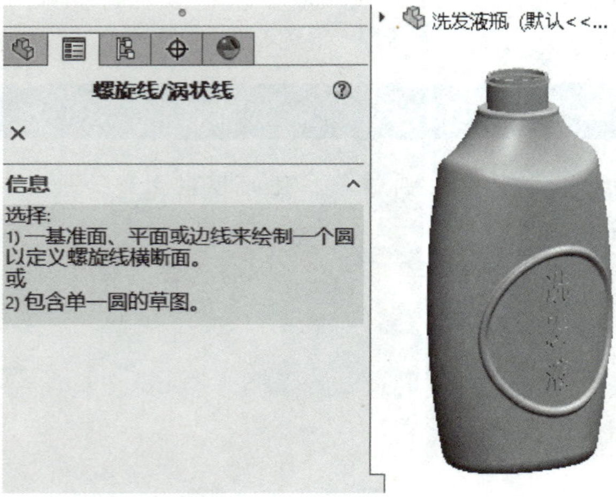

图 2-55　选择螺旋线基圆

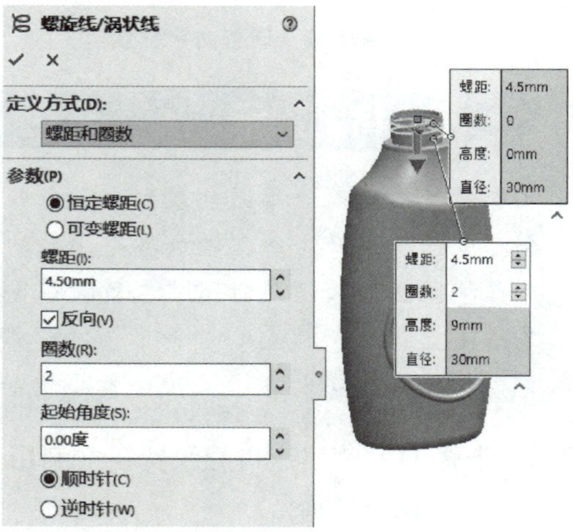

图 2-56　创建螺旋线特征

4. 创建瓶口螺纹特征

选择“特征”选项卡，单击“扫描”按钮，在弹出的“扫描 3”对话框中，“轮廓和路径”选择“圆形轮廓”，“路径”选择上一步创建的螺旋线，在“直径”文本框内输入“2.4”（图 2-57），单击“确定”按钮，完成瓶口螺纹特征的创建。

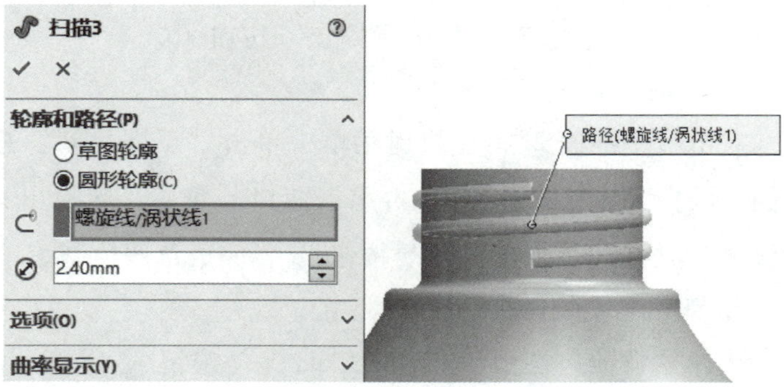

图 2-57　创建瓶口螺纹特征

5. 创建瓶口螺纹首尾圆角特征

选择工具栏中的“特征”选项卡，单击“圆角”按钮，在弹出的对话框中，选择

“恒定圆角”，在“圆角参数”的“半径”文本框内分别输入相应的数值“1”，再分别单击需要圆角的边线，如图 2-58 所示，单击“确定”按钮✓，瓶口螺纹完成图如图 2-59 所示。

步骤 12： 创建瓶口圆角特征（利用“圆角”工具）

选择工具栏中的“特征”选项卡，单击“圆角”按钮，在弹出的对话框中，选择“完整圆角”，在“要圆角化的项目”中，“边侧面组 1”选择瓶口内表面，“中央面组”选择瓶口表面，“边侧面组 2”选择瓶口外表面（图 2-60），单击“确定”按钮✓，完成瓶口完整圆角特征的创建。

步骤 13： 完成创建

单击“保存”按钮，完成洗发液瓶的创建，创建好的洗发液瓶如图 2-61 所示。

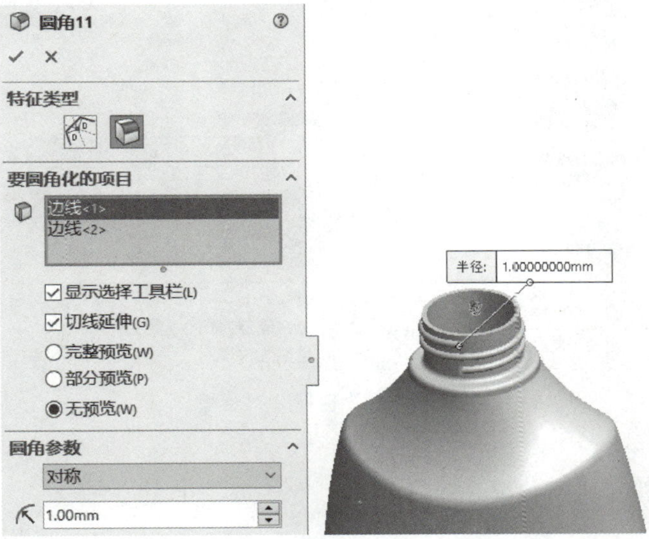

图 2-58　创建瓶口螺纹首尾圆角特征

图 2-59　瓶口螺纹完成图

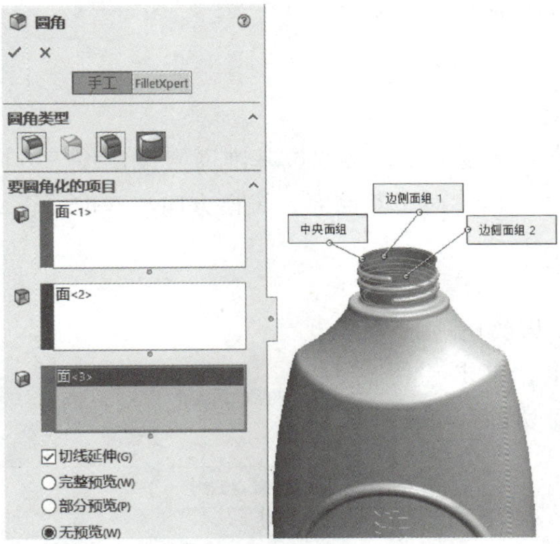

图 2-60　瓶口完整圆角

图 2-61　洗发液瓶

知识链接

知识点一　包覆

“包覆”是指将草图包裹到平面或非平面。其中，包覆的草图只可包含闭合轮廓，不能包含任何开放性轮廓。

选择工具栏中的“特征”选项卡，单击“包覆”按钮，弹出“包覆”对话框，如图 2-62 所示。

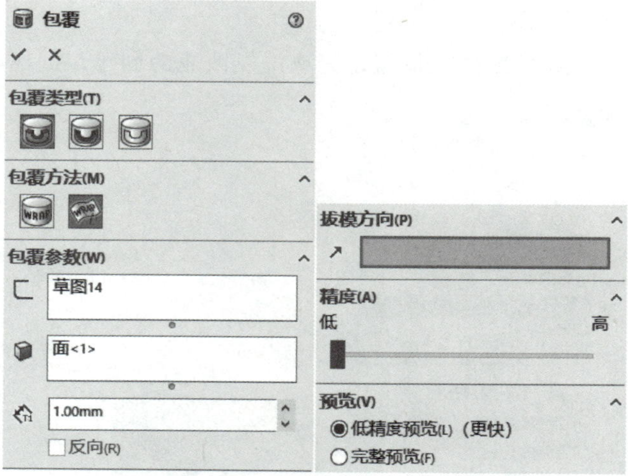

图 2-62　“包覆”对话框

1. “包覆类型”选项组

（1）“浮雕”　在选择面上生成凸起特征。

（2）“蚀雕”　在选择面上生成凹陷特征。

（3）“刻线”　在选择面上生成一草图轮廓的压印，和分割面差不多。

2. “包覆方法”选项组

（1）“分析”　用其完全围绕圆柱体或圆锥体包覆草图。

（2）“样条曲面”　用于自由形式表面，该方法的限制是无法沿模型进行包覆。

3. “包覆参数”选项组

（1）“源草图”　需要包覆的草图轮廓。

（2）“包覆草图的面”　需要在面上生成的包覆基体。

（3）“厚度”　设定一个尺寸值。

4. “拔模方向”

“拔模方向”就是投影方向。可以选取一直线、线性边线或基准面来设定拔模方向。对于直线或线性边线，拔模方向是选定实体的方向；对于基准面，拔模方向与基准面正交。

知识点二　曲面切除

“曲面切除”是指利用曲面来生成对实体的切除。

选择“工具栏”中的“曲面”选项卡，单击“使用曲面切除”按钮，弹出“使用曲面切除”对话框，如图 2-63 所示。

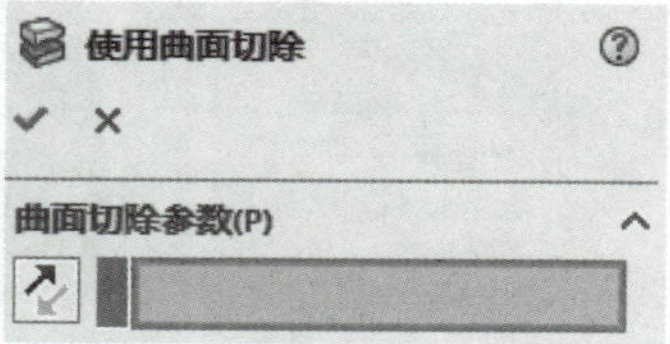

图 2-63　“使用曲面切除”对话框

“曲面切除参数”可选择要切除实体的曲面或基准面。如有必要，单击“反转切除”按钮来改变切除的方向。

知识点三　分割

"分割"是利用已有的面将单一实体分割成多个实体，实现对实体特征的分解，同时可以去除不需要的实体特征。

单击菜单栏中的"插入"，选择"特征"选项，再选择"分割"命令，便可弹出的"分割"对话框，如图 2-64 所示。

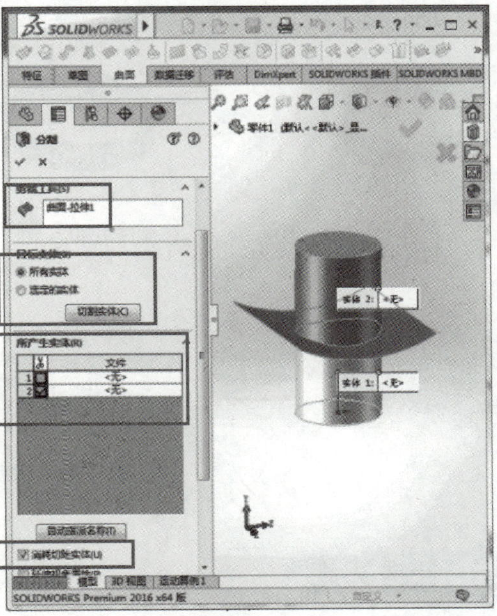

图 2-64　"分割"对话框

1. "剪裁工具"

"剪裁工具"可为剪裁工具几何体选择草图、基准面或曲面。

2. "目标实体"

"目标实体"可选择要切割的实体。

3. "切割实体"

"切割实体"可将实体分成两部分。

4. "消除切除零件"

若勾选该复选按钮，可将切割"所产生的实体"中选择的切割部分在单击"确定"按钮后删除。

任务 2.3　散热风扇模型设计

任务描述

散热风扇（图 2-65）是配电柜、机箱中最常用的产品，造型各异。本次任务是通过散热风扇模型设计达到以下目标：

1）通过练习掌握曲面造型与实体造型的异同。

2）进一步熟练草图工具的使用、基准面的创建。

3）掌握拉伸曲面、填充曲面、放样曲面等工具特征。

4）掌握剪裁曲面、缝合曲面、加厚、圆角等特征工具的使用。

5）正确使用模型外观特征。

6）进一步掌握模型设计技巧。

图 2-65　散热风扇

任务分析

散热风扇由风扇叶片和风扇电动机壳组成，风扇电动机壳可采用拉伸曲面工具造型，风扇叶片可以采用放样曲面工具造型，然后用加厚、阵列工具完成。图 2-66 所示为散热风扇模型设计流程。

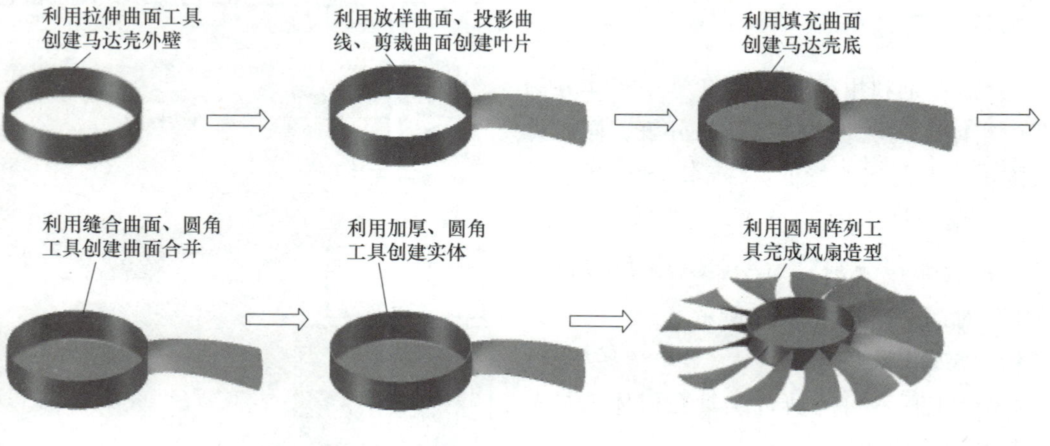

图 2-66　散热风扇模型设计流程

任务实施

步骤 1：新建文件

运行 SolidWorks 2020，在欢迎界面单击“零件”按钮或者单击快速访问栏按钮，在弹出的对话框中选择“零件”，单击“确定”按钮，进入模型创建环境。单击“保存”按钮，选择合适的位置，输入文件名“散热风扇”，单击“保存”按钮。

步骤 2：创建电动机壳外壁（利用“拉伸曲面”工具）

1. 创建草图

右击“前视基准面”，在快捷菜单中单击“草图绘制”按钮进入草图绘制状态。以原点为基点，绘制一条直径为 42mm 的圆，再完全定义。

2. 创建电动机壳外壁

选择“曲面”选项卡，单击“拉伸曲面”按钮，在弹出的“曲面-拉伸”对话框中，“从”选择“草图基准面”，“方向”选择“给定深度”，“深度”文本框内输入“10”（图 2-67），单击“确定”按钮，完成电动机壳外壁的创建。

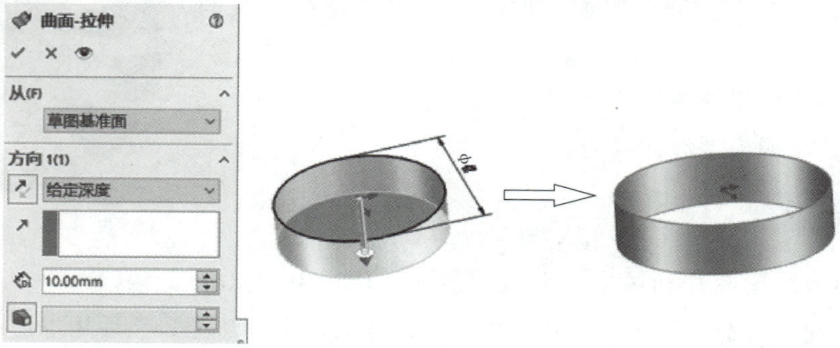

图 2-67　曲面拉伸

特别提示：

建模通常有三种方法：实体建模、曲面建模和实体曲面混合建模。

需要明确的几点：

1）对于同样的几何模型，曲面建模比实体建模需要更多的时间。

2）曲面建模可以创建厚度为零的单个面，曲面可以作为参考几何体。

3）实体与曲面之间可以相互转换，实体建模不太方便的时候，可考虑曲面建模。

混合建模：SolidWorks 允许用户在操作过程中充分结合实体建模和曲面建模的优点。实体—曲面混合建模是最好的一种建模方法，通常会用到利用曲面实体修改实体或者实体转化为曲面修改后再转换为实体的技术。

读者可以试试不同的建模方法。

步骤 3：创建单个叶片（利用“放样曲面”“裁剪曲面”工具）

1. 创建基准面

（1）基准面 1　单击工具栏中“曲面”选项卡中的“参考”按钮，在弹出菜单中选择“基准面”选项，再单击设计树中的“上视基准面”，使得“基准面”对话框中的“第一参考”为“上视基准面”，在“偏移距离”中输入“20”（图 2-68），单击“确定”按钮，完成基准面 1 的创建。

（2）基准面 2　创建的方法同基准面 1，“偏移距离”中输入“55”（图 2-69）。

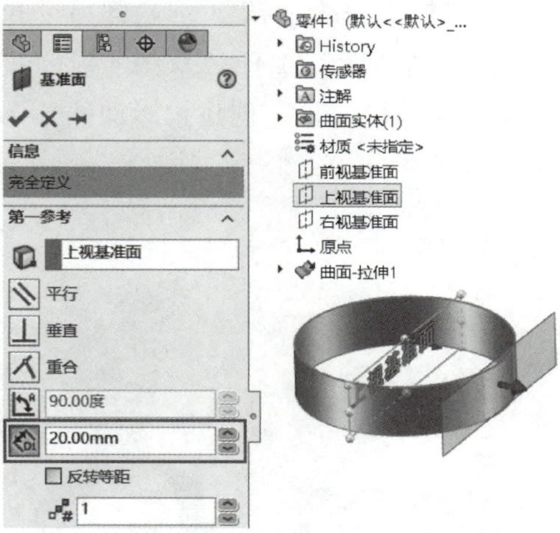

图 2-68　创建叶片基准面 1

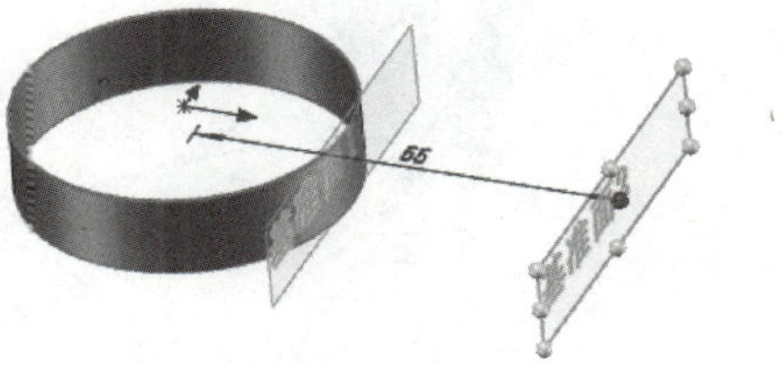

图 2-69　创建叶片基准面 2

2. 创建草图 2 和草图 3

（1）草图 2　右击“基准面 1”，在快捷菜单中单击“草图绘制”按钮进入草图绘制状态。绘制图 2-70 所示的圆弧，完全定义后单击“退出草图”按钮，完成草图 2 的绘制。

（2）草图 3　右击“基准面 2”，在快捷菜单中单击“草图绘制”按钮进入草图绘制状态。绘制图 2-71 所示的圆弧，完全定义后单击“退出草图”按钮，完成草图 3 的绘制。

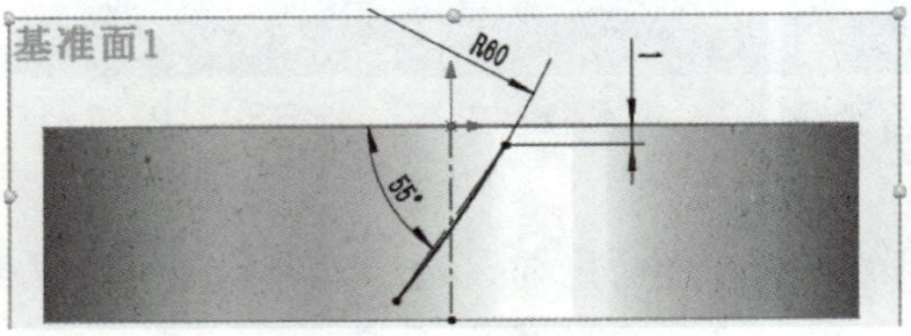

图 2-70　草图 2

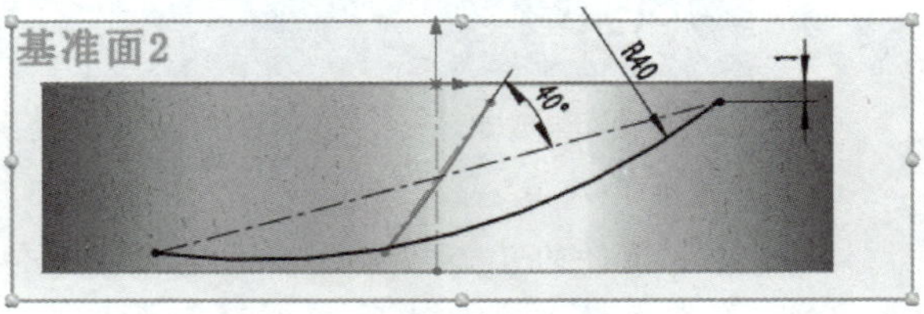

图 2-71　草图 3

3. 创建放样曲面

选择“曲面”选项卡，单击“放样曲面”按钮，在弹出的“曲面-拉伸”对话框中，“轮廓”选择“草图 2”和“草图 3”（图 2-72），单击“确定”按钮，完成放样曲面创建。

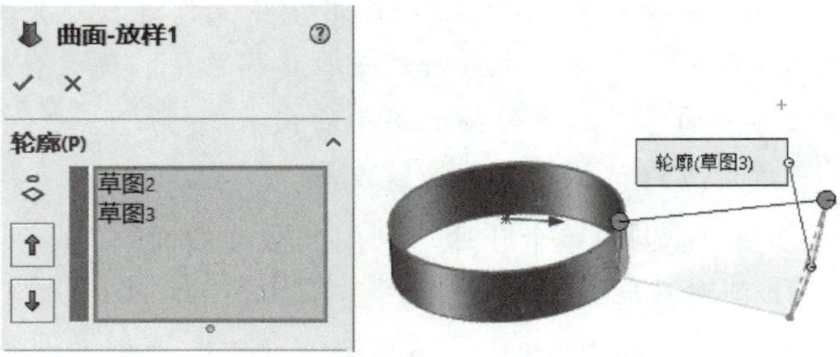

图 2-72　创建放样曲面

4. 创建草图 4

右击“前视基准面”，在快捷菜单中单击“草图绘制”按钮进入草图绘制状态。绘制图 2-73 所示的投影草图，完全定义后单击“退出草图”按钮，完成草图 4 的绘制。

5. 投影曲线

选择“曲面”选项卡，单击“曲线”命令下的“投影曲线”按钮，弹出“投影曲线”对话框，“投影类型”选择“面上草图”，“要投影的草图”选择“草图 4”，“投影面”选择“放样曲面”（注意箭头方向，可通过“反转投影”控制），创建投影曲线草图如图 2-74 所示，单击“确定”按钮。

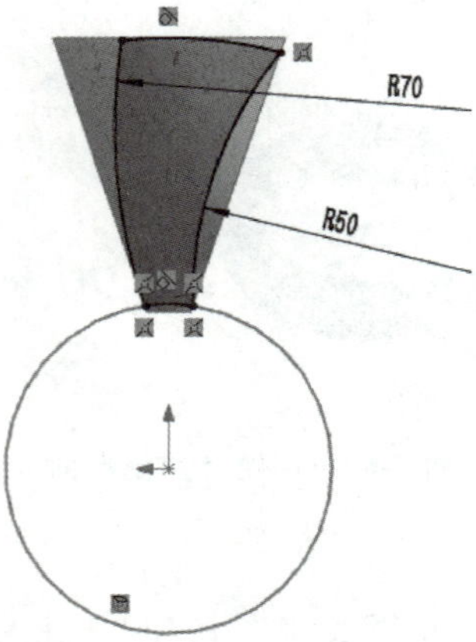

图 2-73　创建投影草图

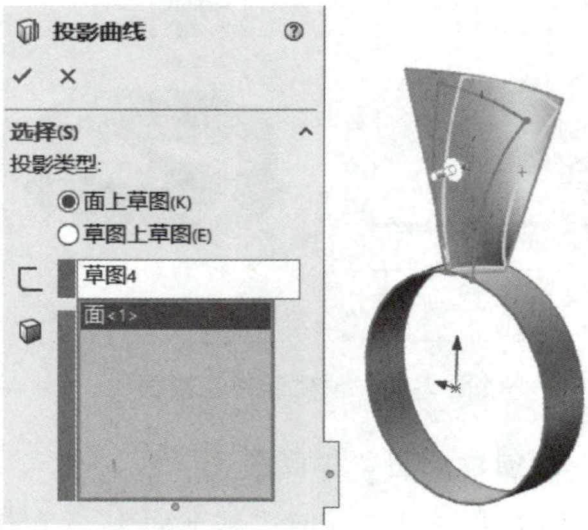

图 2-74　创建投影曲线草图

6. 创建叶片（剪裁曲面）

选择“曲面”选项卡，单击“剪裁曲面”按钮，弹出“剪裁曲面”对话框，“剪裁工具”选择投影的曲线，再选择“保留选择”单选按钮，在“保留的部分”中选择放样曲面上投影曲线的内侧部分（图 2-75），单击“确定”按钮，创建如图 2-76 所示的叶片。

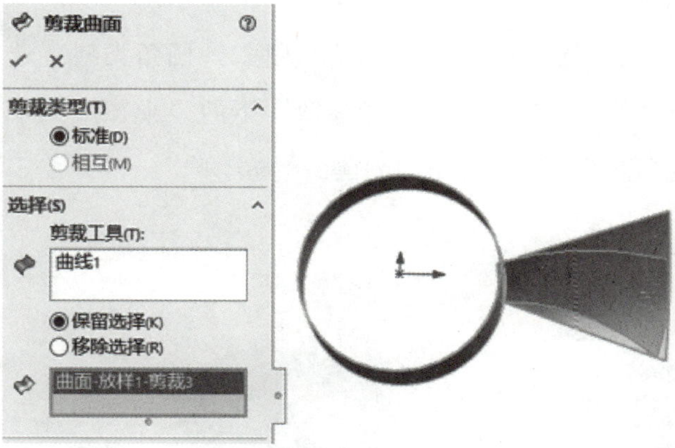

图 2-75　剪裁曲面

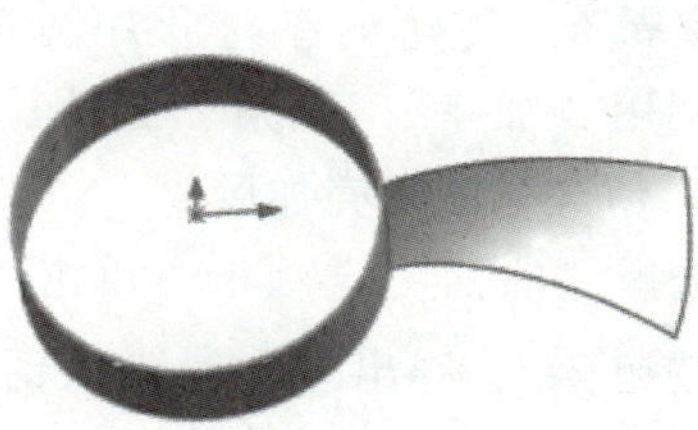

图 2-76　叶片

步骤 4： 创建电动机壳底（利用“填充曲面”工具）

选择“曲面”选项卡，单击“填充曲面”按钮，弹出“填充曲面”对话框，“修补边界”选择“电动机壳下边线”，如图 2-77 所示，单击“确定”按钮，完成电动机壳底的创建。

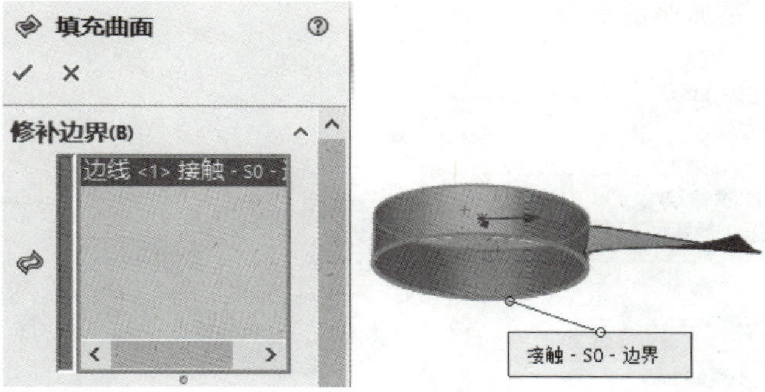

图 2-77　填充曲面

步骤 5： 创建电动机外壳缝合曲面并圆角（利用“缝合曲面”“圆角”工具）

1. 创建缝合曲面

选择“曲面”选项卡，单击“缝合曲面”按钮，弹出“曲面-缝合 1”对话框，在“选择”下的“要缝合的曲面和面”选项中，选择电动机壳壁和底，如图 2-78 所示，单击“确定”按钮，完成缝合曲面的创建。

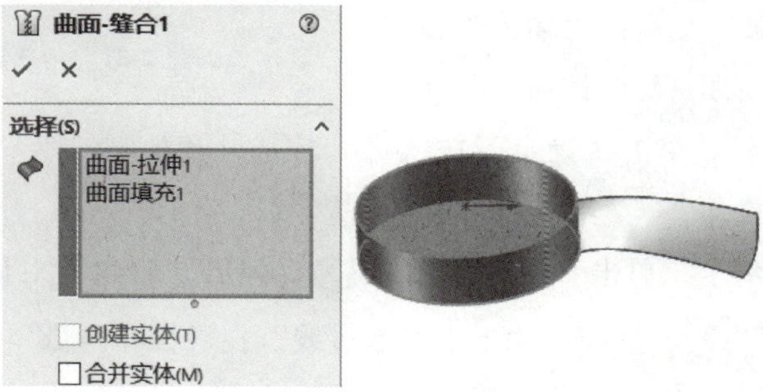

图 2-78　创建缝合曲面

2. 创建圆角

选择“曲面”选项卡，单击“圆角”按钮，弹出“圆角”对话框，“圆角类型”选择“恒定大小的圆角”，再选择电动机壳壁底交线，在“圆角参数”下的“半径”文本框内输入“1”（图 2-79），单击“确定”按钮，完成圆角的创建。

步骤 6： 创建加厚与叶片圆角特征（利用“加厚”“圆角”工具）

1. 创建电动机壳加厚

选择“曲面”选项卡，单击“加厚”按钮，弹出“加厚”对话框，在“加厚参数”下的要“要加厚的曲面”中选择“圆角 1”，在“厚度”中选择“两侧加厚”，在“厚度”文本框内输入数值“0.2”。创建马达壳加厚如图 2-80 所示，单击“确定”按钮，完成电动机壳加厚的创建。

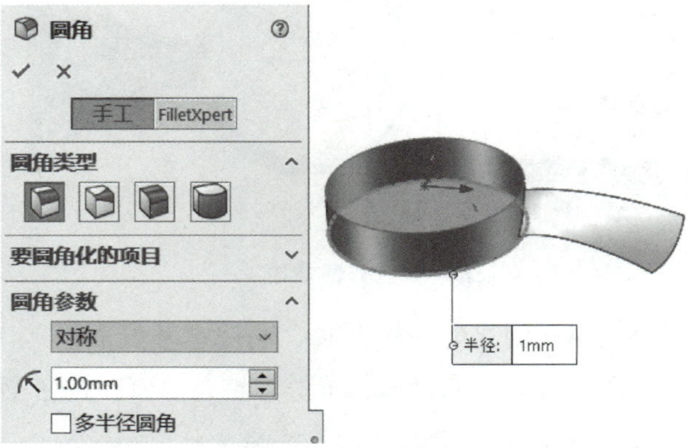

图 2-79 创建曲面圆角

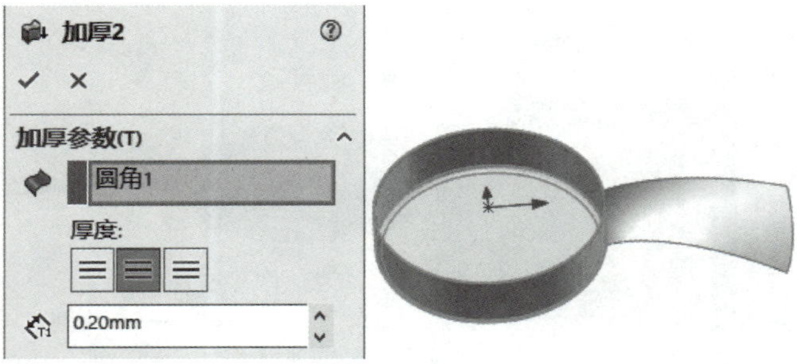

图 2-80 创建电动机壳加厚

2. 创建叶片加厚

选择“曲面”选项卡，单击“加厚”按钮，弹出“加厚”对话框，在“加厚参数”下的要“要加厚的曲面”中选择“曲面-剪裁 1”，在“厚度”中选择“两侧加厚”，在“厚度”文本框内输入数值“0.2”，勾选“合并结果”复选按钮。创建叶片加厚如图 2-81 所示，单击“确定”按钮，完成叶片加厚创建。

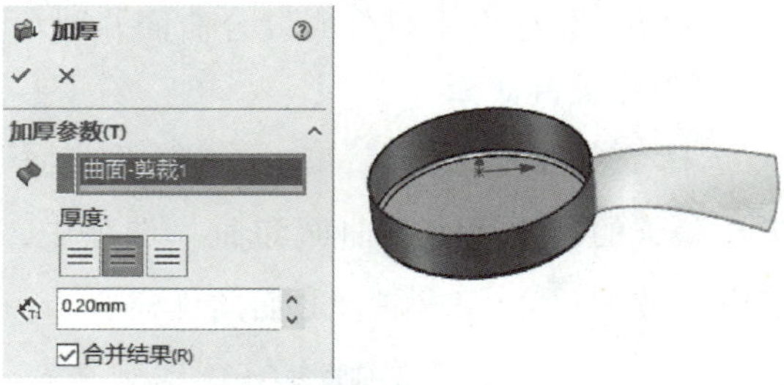

图 2-81 创建叶片加厚

3. 创建叶片圆角

选择“曲面”选项卡，单击“圆角”按钮，弹出“圆角”对话框，“圆角类型”选择“恒定大小的圆角”，选择叶片上下四条边线，在“圆角参数”下的“半径”文本框内输入数值“0.2”（图 2-82），单击“确定”按钮，完成圆角特征创建。同样的方法，可创建叶片左右两边的圆角（图 2-83）。

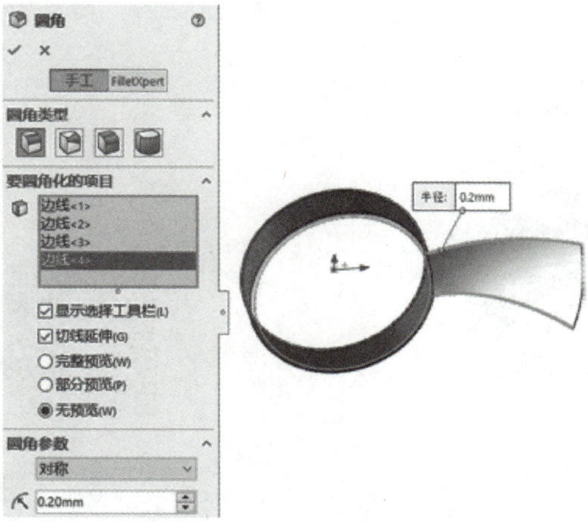

图 2-82　创建叶片圆角 1

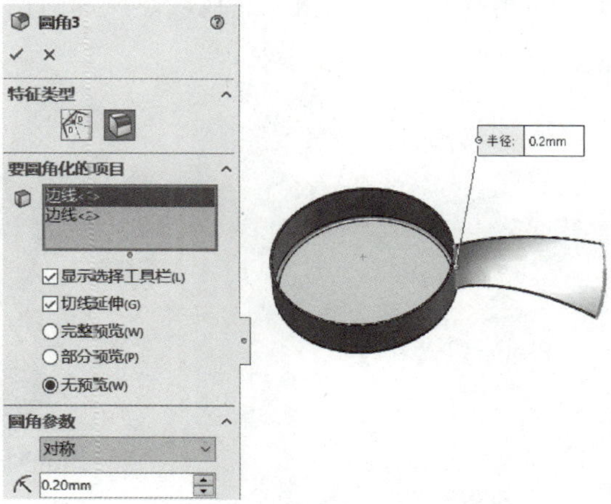

图 2-83　创建叶片圆角 2

步骤 7： 创建圆周阵列特征（利用“圆周阵列”工具）

选择工具栏中“特征”选项卡，单击“线性阵列”下的“圆周阵列”按钮，弹出“阵列（圆周）1”对话框，在“方向 1”选择电动机外壳圆柱面，“角度”文本框输入“360”，“实例数”输入“13”，勾选“特征和面”复选按钮，表示阵列对象为“特征和面”，然后单击设计树中的“加厚 3”“圆角 2”“圆角 3”，勾选“选项”中的“几何体阵列”和“延伸视象属性”复选按钮。单击“确定”按钮，如图 2-84 所示，完成叶片及其圆角阵列特征的创建。

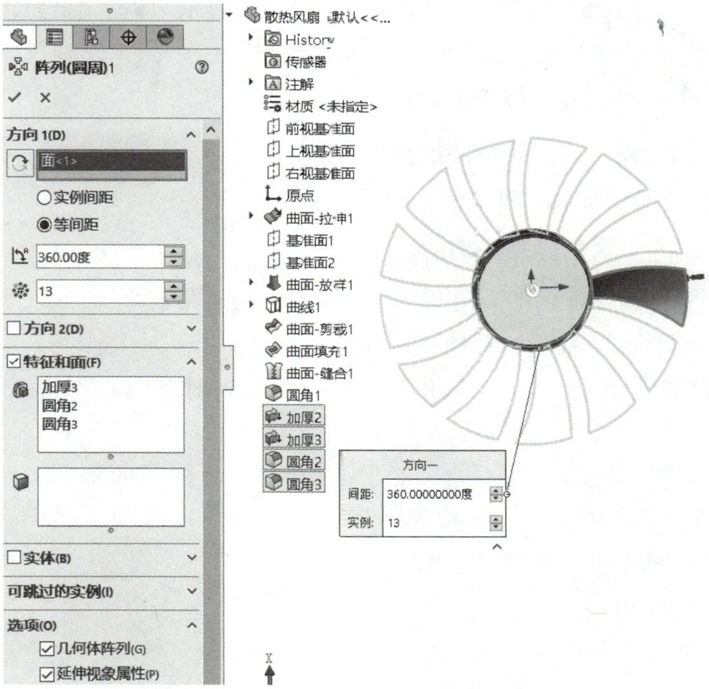

图 2-84　创建叶片及其圆角阵列特征

步骤 8： 完成创建

单击“保存”按钮，完成散热风扇的创建，如图 2-85 所示。

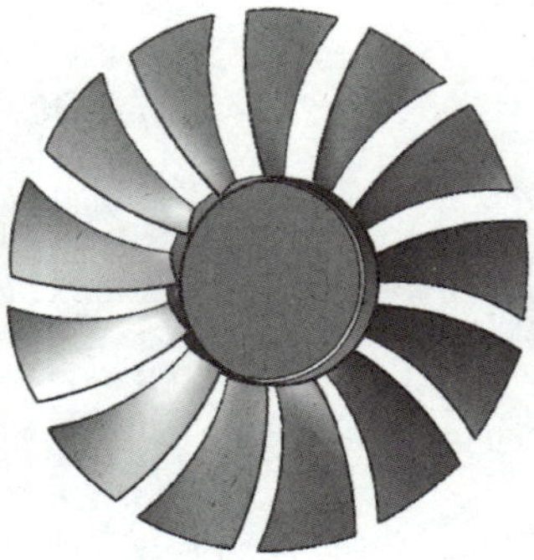

图 2-85　散热风扇

知识链接

知识点一　草图阵列

“阵列”是利用特征设计中的驱动尺寸，将增量更改并指定给阵列进行特征复制的过程。草图阵列分线性草图阵列和圆周草图阵列。

1. 线性草图阵列

草图环境下，单击“草图”选项卡中的“线性草图阵列”按钮，弹出“线性阵列”对话框，如图 2-86 所示。

（1）“方向 1”“方向 2”选项组　“方向 1”选项组显示了沿 X 轴线性阵列的特征参数；“方向 2”选项组显示了沿 Y 轴线性阵列的特征参数。

1）“反向”。可以改变线性阵列的排列方向。

2）“间距”。设定阵列实体间的距离。

3）“标注 X 间距”。显示阵列实例之间的尺寸。

4）“实例数”。设定阵列实例的数量。

5）“角度”。线性阵列的方向与 X、Y 轴之间的夹角。

（2）“要阵列的实体”选项组　用于选择阵列对象。

（3）“可跳过的实例”选项组　用于生成线性阵列时跳过在图形区域中选择的阵列实例。

2. 圆周草图阵列

草图绘制环境下，单击“草图”选项卡中的“线性草图阵列”下的“圆周草图阵列”按钮，弹出“圆周阵列”对话框，如图 2-87 所示。

（1）“参数”选项组

1）“反向”。草图圆周阵列围绕原点旋转的方向。

2）“中心点 X”。草图圆周阵列旋转中心的横坐标。

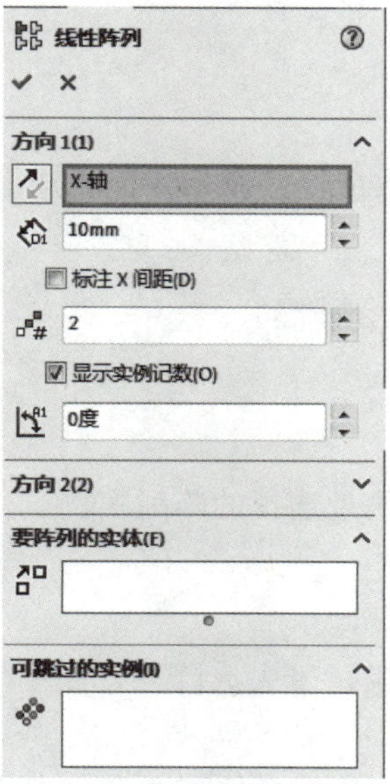

图 2-86　线性草图阵列

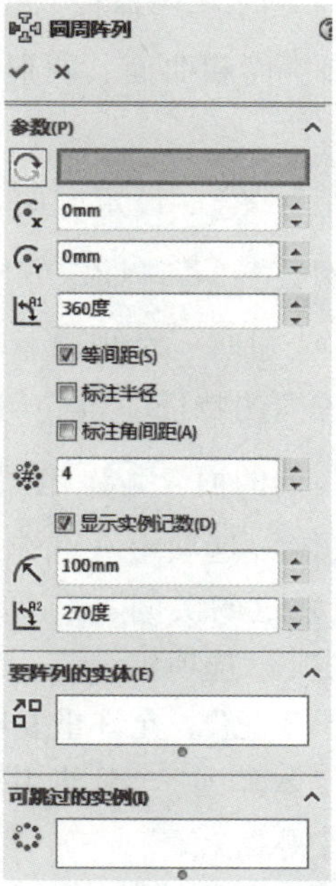

图 2-87　圆周草图阵列

3）“中心点 Y”。草图圆周阵列旋转中心的纵坐标。

4）“间距”。设定阵列中包括的总度数数量。

①“等间距”。设定阵列实例彼此间距相等。

②“标注半径”。显示圆周阵列的半径。

③“标注角间距”。显示阵列实例之间的尺寸。

5）“实例数”。设置阵列实例的数量。

6）“半径”。设定阵列的半径。

7）“圆弧角度”。设定从所选实体的中心到阵列的中心点或顶点所测量的夹角。

（2）“要阵列的实体”选项组　用于选择阵列对象。

（3）“可跳过的实例”选项组　用于生成圆周阵列时跳过在图形区城中选择的阵列实例。

知识点二　特征阵列

特征阵列与草图阵列相似，都是复制一系列相同的要素。不同之处在于草图阵列复制的是草图，特征阵列复制的是结构特征；草图阵列得到的是一个草图，而特征阵列得到的是一个复杂的零件。

1. 特征线性阵列

特征的线性阵列是在 1 个或者几个方向上生成多个指定的源特征。

单击工具栏“特征”选项卡中的“线性阵列”按钮，弹出“线性阵列”对话框，如图 2-88 所示。

（1）“方向 1”“方向 2”选项组　分别指定两个线性阵列的方向（参数意义相同）。

1）“阵列方向”选择框。设定阵列的方向。选择线性边线、直线、轴、尺寸、平面的面和曲面、圆锥面和曲面、圆形边线和参考平面。如有必要，单击“反向”按钮来反转变形方向。

2）“间距”。设定方向1阵列实体间的距离。

3）“实例数”。设定方向1阵列实例的数量。此数量包括原始特征或选择。

（2）“特征和面”选项组

1）“要阵列的特征”。选择的特征作为源特征来生成阵列。

2）“要阵列的面”。使用构成特征的面生成阵列。

（3）“实体”选项组　可选择的实体生成阵列。

（4）“可跳过的实例”选项组　用于生成线性阵列时跳过选择的阵列实例。

（5）“选项”选项组

1）“随形变化”。允许重复时更改阵列。

2）“几何体阵列”。只使用对特征的几何体（面和边线）来生成阵列，而不阵列和求解特征的每个实例。

3）“延伸视象属性”。将特征的颜色、纹理和装饰螺纹数据延伸到所有阵列实例。

2. 特征圆周阵列

特征的圆周阵列是将源特征围绕指定的轴线复制多个特征。

单击工具栏“特征”选项卡中的“线性阵列”下的“圆周阵列”按钮，弹出“圆周阵列”对话框，如图2-89所示。

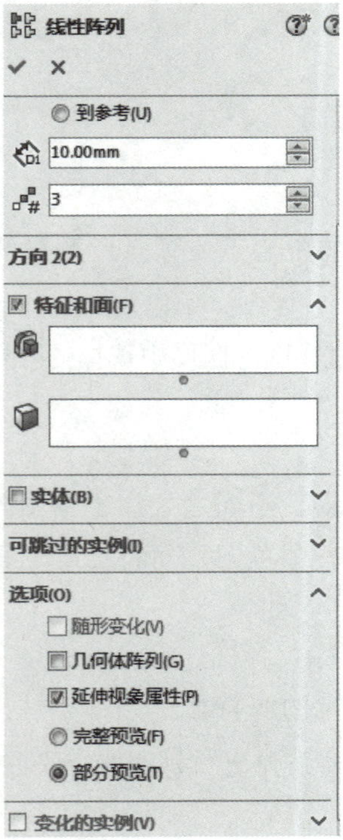

图 2-88　特征线性阵列

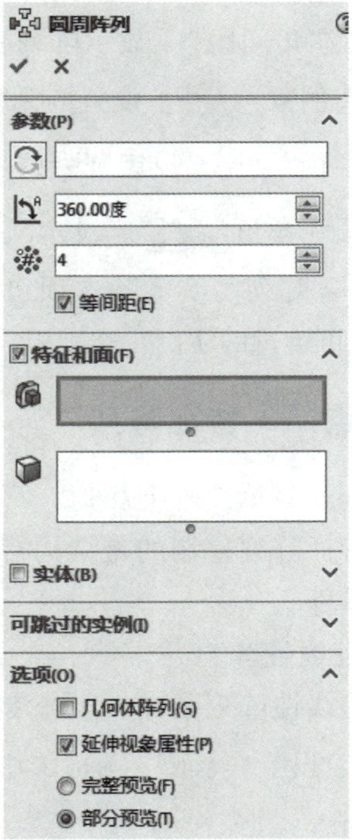

图 2-89　特征圆周阵列

"参数"项目组：

1）"阵列轴"选择框。在绘图区中选择轴、模型边线或者角度尺寸，作为生成圆周阵列所围绕的轴。

2）"反向"。改变圆周阵列的方向。

3）"角度"。设置每个实例之间的角度。

4）"实例数"。设置源特征的实例数。

5）"等间距"。自动设置总角度为 360°。

其余项目组意义同"线性阵列"。

任务 2.4 异面管模型设计

任务描述

异面管（图 2-90）是管道中较常用的产品，造型各异。本次任务是通过异面管模型设计达到以下目标：

1）通过练习掌握 3D 草图与平面草图的异同。

2）掌握 3D 草图工具的使用。

3）掌握扫描工具、拉伸凸台、拉伸切除等工具特征。

4）正确使用模型外观特征。

5）进一步掌握模型设计技巧。

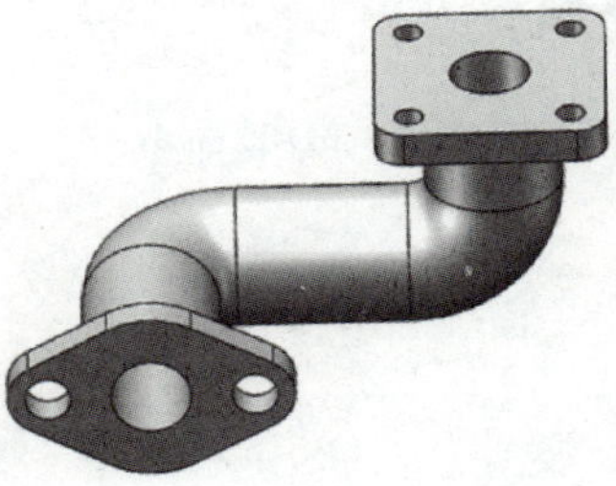

图 2-90 异面管

任务分析

异面管由异面管体和两端法兰组成，管体可采用扫描工具造型，两端法兰可以采用拉伸凸台工具造型完成。图 2-91 所示为异面管模型设计流程。

图 2-91 异面管模型设计流程

任务实施

步骤 1： 新建文件

运行 SolidWorks 2020，在欢迎界面单击"零件"按钮或者单击快速访问栏按钮，在弹出的对话框中选择"零件"，单击"确定"按钮，进入模型创建环境。单击"保存"按钮，选择合适的位置，输入文件名"异面管"，单击"保存"按钮。

步骤 2：创建异面管体（利用“扫描”工具）

1. 创建 3D 草图

选择工具栏中的“草图”选项卡，单击“草图绘制”按钮下的黑三角，选择“3D 草图”按钮，进入 3D 草图绘制状态。在工具栏中单击“直线”按钮，单击原点，向下移动在 XY 平面内画出一条沿 Y 的线段（图 2-92），按<Tab>键切换绘图平面为 ZX，在 ZX 平面内画出一条沿 Z 的线段（图 2-93），再画一条沿 X 的线段（图 2-94）；单击“智能尺寸”按钮，标注各段尺寸（图 2-95）；单击“绘制圆角”按钮，弹出“绘制圆角”对话框。在“圆角参数”文本框内输入数值“15”，在选择“要圆角化的实体”时，单击两个角点（图 2-96），单击“确定”按钮，完成 3D 草图创建。

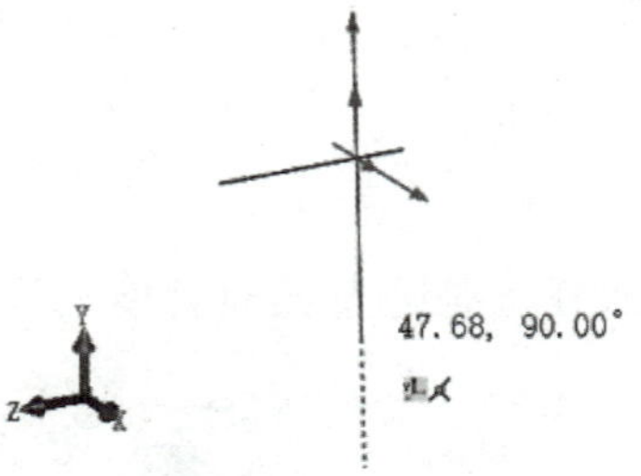

图 2-92　3D 草图 1

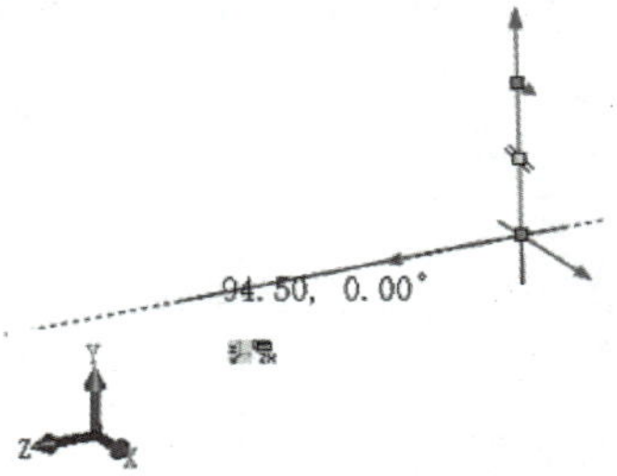

图 2-93　3D 草图 2

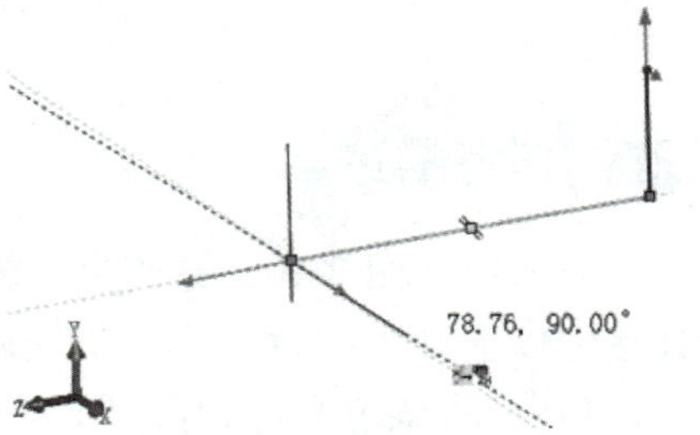

图 2-94　3D 草图 3

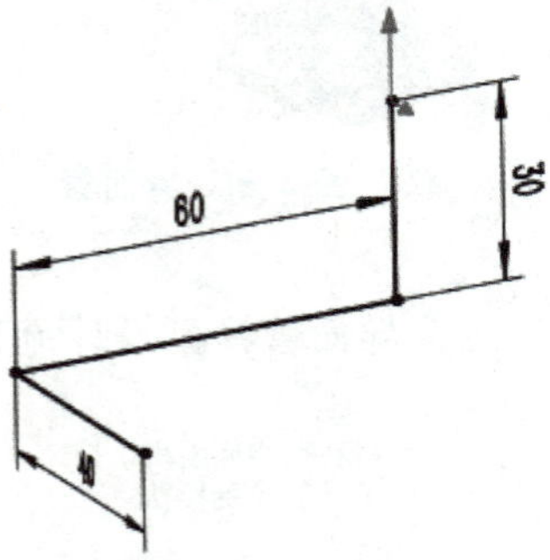

图 2-95　定义 3D 草图

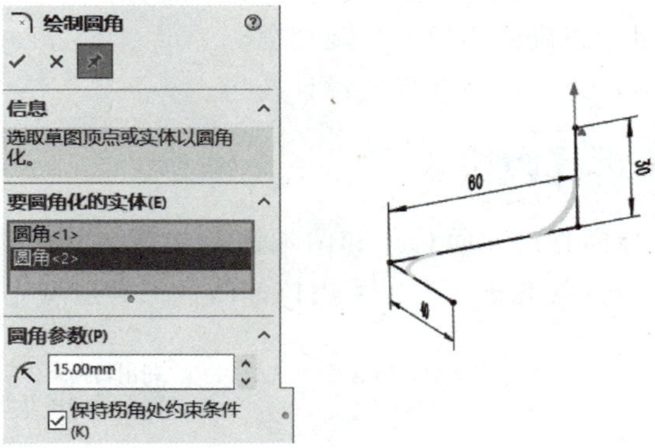

图 2-96　3D 草图圆角

特别提示：

3D 草图就是不选取面作为载体，可以直接在图形区域绘制的草图空间，实际上也是空间曲线。

在 3D 草图绘制中，图形空间控标可以帮助用户在数个基准面上绘制时保持方位。在所选基准面上定义草图实体的第一个点时，空间控标就会出现。控标由两个相互垂直的轴构成，红色高亮显示（对应软件），表示当前草图平面。

2. 创建异面管体

在不退出草图的情况下，选择“特征”选项卡，单击“扫描”按钮，在弹出的

“扫描”对话框内，“轮廓和路径”里选择“圆形轮廓”，“路径”选择上一步创建的3D曲线，在“直径”文本框内输入“24”，勾选“薄壁特征”复选按钮，选择“类型”为“单向”，通过单击“反向”按钮来观察结果是否正确，在“厚度”文本框输入数值“5”（图2-97），以确保内孔直径为14mm，单击“确定”按钮，完成异面管体的创建。

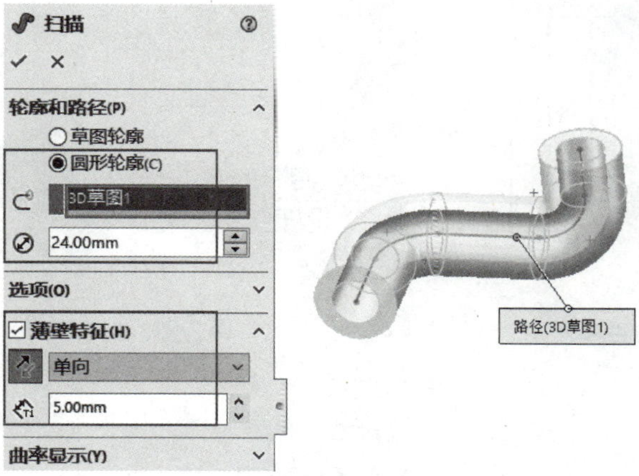

图 2-97 扫描创建异面管体

特别提示：

创建该特征，有多种方法，比如创建同心圆截面草图，再进行扫描，也可以扫描后进行抽壳，还可以曲面扫描后进行加厚操作。

步骤3：创建方形法兰（利用“拉伸凸台”工具）

1. 创建草图

右击“异面管上管口端面”，在快捷菜单中单击“草图绘制”按钮进入草图绘制状态。绘制图2-98所示图形，约束至完全定义。

2. 创建方形法兰

在不退出草图的情况下，调整视角，选择“特征”选项卡，单击“拉伸凸台/基体”按钮，在弹出的“凸台-拉伸3”对话框中，“方向1”下选择“给定深度”，在“深度”文本框内输入“6”（图2-99），单击“确定”按钮，完成方形法兰特征创建。

步骤4：创建菱形法兰（利用“拉伸凸台”工具）

1. 创建草图

右击“异面管前管口端面”，在快捷菜单中单击“草图绘制”按钮进入草图绘制状态。绘制图2-100所示菱形法兰草图，约束至安全定义。

2. 创建菱形法兰

在不退出草图的情况下，调整视角，选择“特征”选项卡，单击“拉伸凸台/基体”按钮，在弹出的“凸台-拉伸2”对话框中，“方向1”下选择“给定深度”，在“深度”文本框内输入“6”（图2-101），单击“确定”按钮，完成菱形法兰特征的创建。

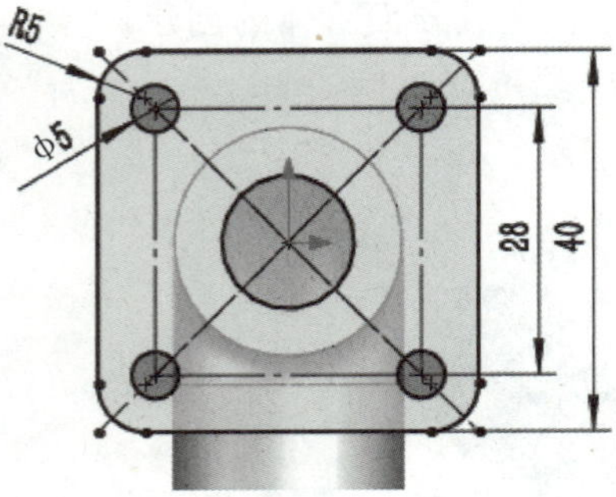

图 2-98 创建方形法兰草图

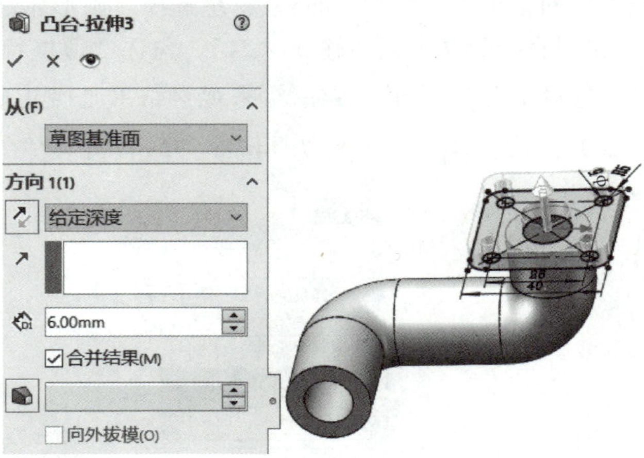

图 2-99 创建方形法兰特征

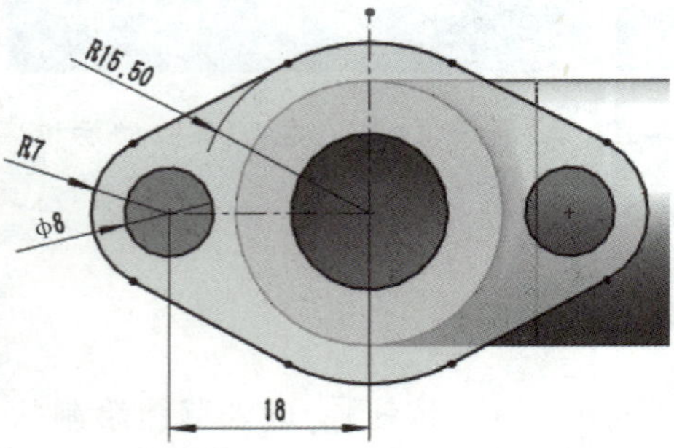

图 2-100 菱形法兰草图

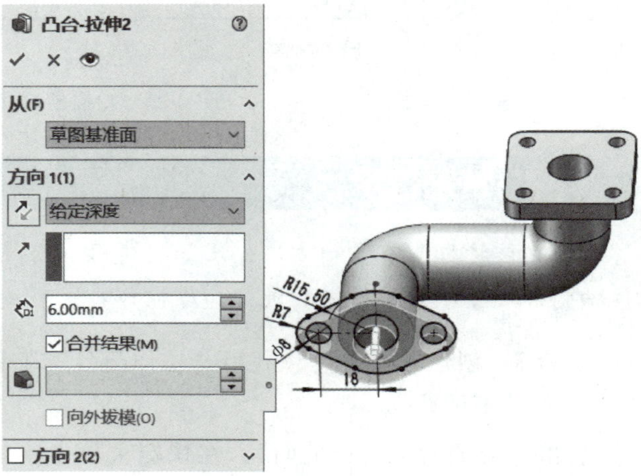

图 2-101 拉伸创建菱形法兰特征

步骤 5：完成创建

单击“保存”按钮，完成异面管的创建，如图 2-102 所示。

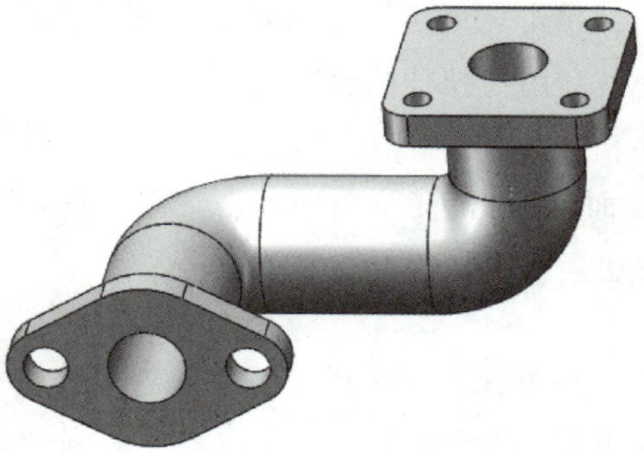

图 2-102 异面管

知识链接

知识点一　3D 草图及坐标系

3D 草图是由系列空间直线、圆弧以及样条曲线构成。3D 草图可以作为扫描路径，也可作为放样或者扫描的引导线、放样的中心线等。

选择工具栏中的“草图”选项卡，单击“草图绘制”按钮下的黑三角，单击“3D 草图”按钮，进入 3D 草图绘制状态，如图 2-103 所示。

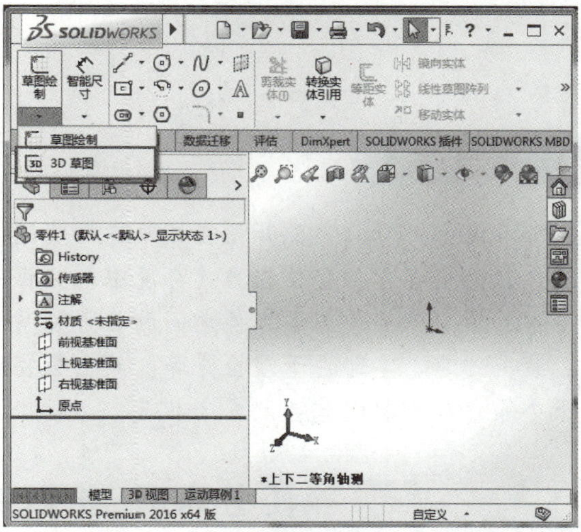

图 2-103　3D 草图绘制状态

生成 3D 草图时，在默认情况下，通常是相对于模型中默认的坐标系进行绘制。若要切换到另外两个默认基准面中的一个，请单击所需的草图绘制工具，然后按<Tab>键。当前的草图基准面的原点就会显示出来，如图 2-104 所示。

知识点二　空间控标

空间控标是在使用 3D 草图绘图时，帮助定位方向的图形化助手。在 3D 草图绘制中，图形空间控标可帮助您在数个基准面上绘制时保持方位。在所选基准面上定义草图实体的第一个点时，空间控标就会出现，如图 2-105 所示。使用空间控标，可以选择轴线以便沿该轴线绘图。

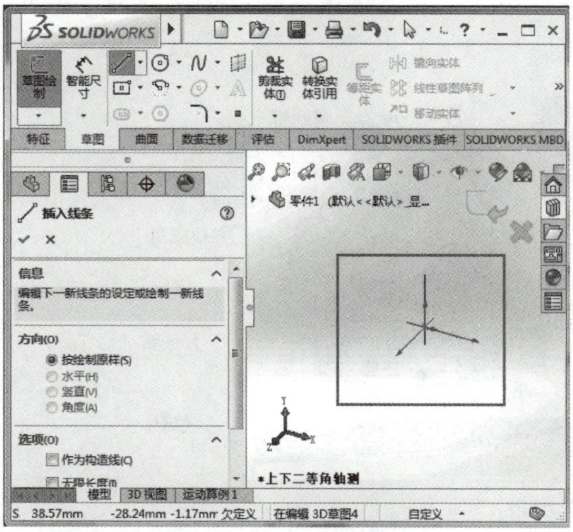

图 2-104　3D 草图原点

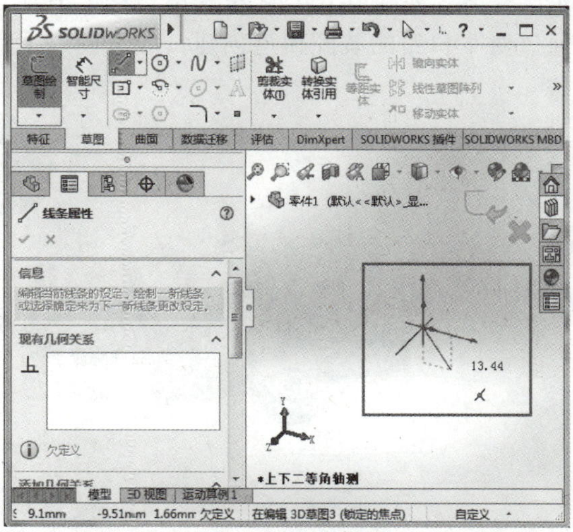

图 2-105　草图空间控标

项目3

装配模型及表达视图创建

项目描述

SolidWorks 2020 装配是指在该软件的装配体环境中，对现有的零件或新建零件设置定位约束，从而将各零件定位在当前环境中。其目的是检验各零件是否符合产品形状和尺寸等设计要求，观看产品内部各零件之间的位置关系和约束关系。其主要工具包括装配和插入零部件、装配约束、零部件干涉检查等。其一般装配思路是：将若干个零件装配成子装配体或将若干个零件和子装配体装配成产品。

任务3.1　平口钳装配模型创建

任务描述

平口钳（图3-1）是一种机床通用附件，可配合工作台使用，对加工过程中的工件起固定、夹紧、定位作用。它主要由钳座、活动钳口、丝杠、方块螺母、钳口垫铁等构件组成。通过对平口钳的装配模型创建，应达到以下目标：

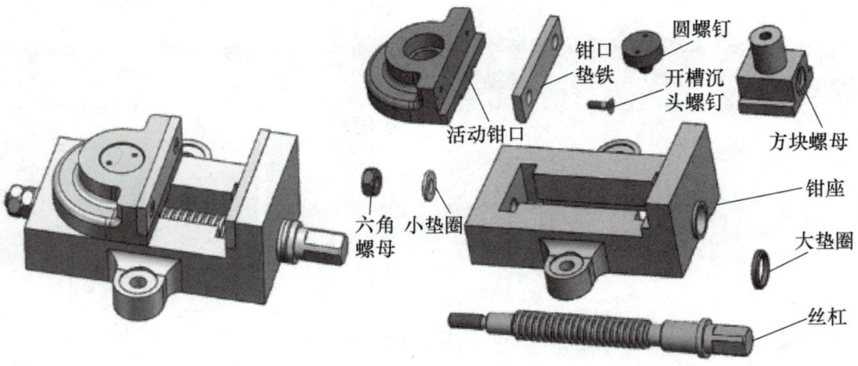

图3-1　平口钳

1）熟悉装配环境，掌握创建或打开部件文件的方法。

2）掌握零件固定、浮动、顺序调整等操作。

3）能够熟练选择合适配合关系，确立零部件在装配部件中的位置。

4）熟悉“自下而上”装配方法。

5）掌握装配零件复制、设计库的使用。

6）熟悉装配浏览器，正确使用浏览器。

7）掌握子装配体的概念。

任务分析

对于装配，我们可以选择依次放置单个零件，也可以选择一次性放置全部的零部件。本节采用一次性放置全部的零部件，为便于观察和装配，还采取了隐藏部分零件的方法进行装配。首先创建钳座和活动钳口两个子装配体（图 3-2），然后，再依次装配钳座和方块螺母、丝杠、活动钳口、圆螺钉，平口钳装配流程如图 3-3 所示。

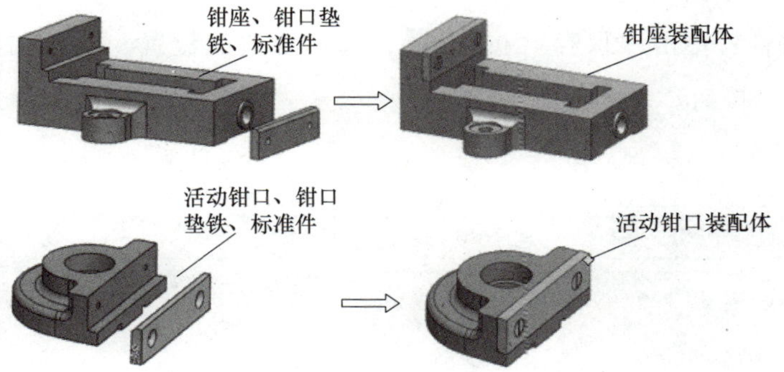

图 3-2 创建钳座和活动钳口两个子装配体

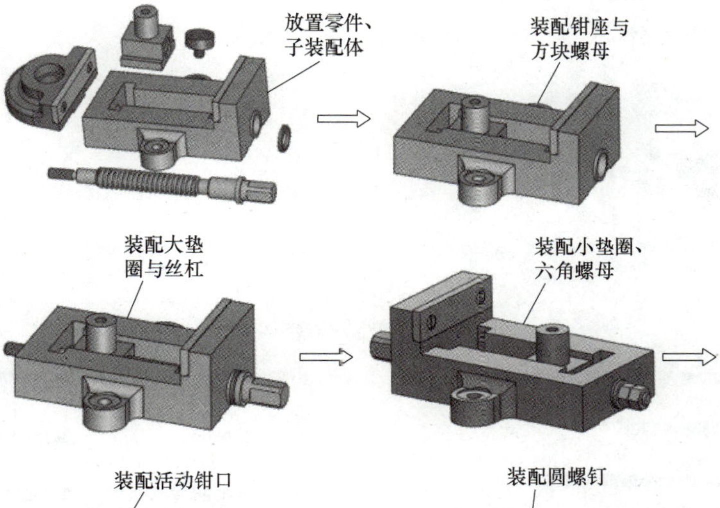

图 3-3 平口钳装配流程

任务实施

一、创建钳座装配体

步骤 1：创建零件

创建好平口钳各非标组成零件，存在某个目录中。

步骤 2：新建、保存钳座装配体文件

新建装配体文件：运行 SolidWorks 2020，单击“欢迎”→“装配体”（图 3-4）；或单击“新建”按钮，选择“装配体”（图 3-5），再单击“确定”按钮，进入装配体界面。装配体界面如图 3-6 所示。

保存装配体文件：单击“保存”按钮，选择合适的位置，输入文件名“钳座装配体”，单击“保存”按钮。

图 3-4 欢迎界面中选择新建装配体

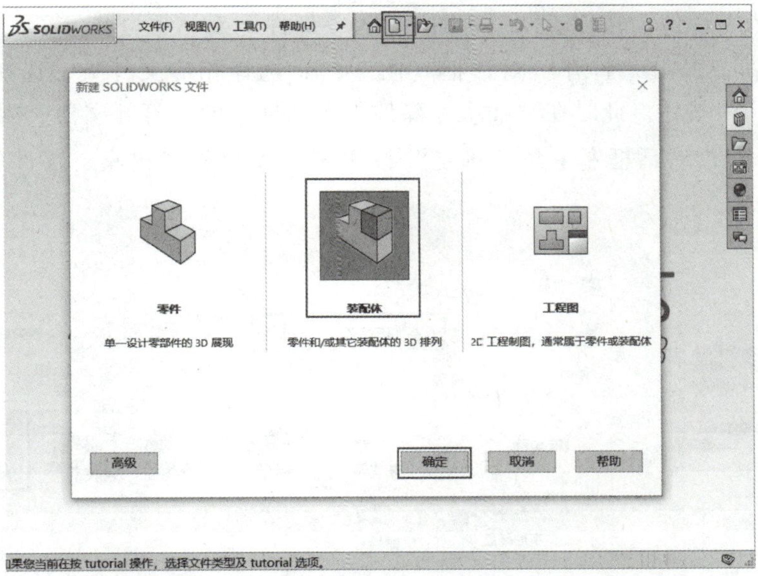

图 3-5 新建装配体

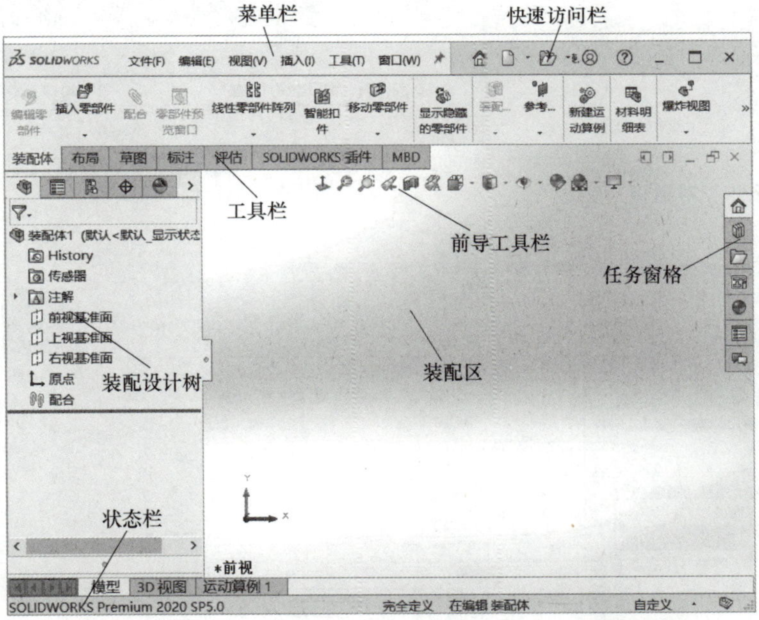

图 3-6 装配体界面

特别提示：

SolidWorks 2020 装配体环境界面与模型创建环境界面类似。“装配设计树”是该界面最主要的特色，它记录了产品装配创建过程每一步的信息，极大地方便用户查询、编辑修改相关操作。文件的新建与保存操作与 Word 类似。

建议您每进行一步操作，观察一次“装配设计树”的变化。

步骤 3： 载入零件

单击“插入零部件”按钮，弹出“插入零部件”对话框（图 3-7），单击对话框中的“浏览”按钮，弹出“打开”对话框（图 3-8），选择相应文件夹，选择文件（钳座）后，单击“打开”按钮。此时在“插入零部件”对话框中的“打开文档”列表中出现“钳座”（图 3-9），单击对话框左上角“确定”按钮，便可将“钳座”零件放置在装配区，完成零件的载入。

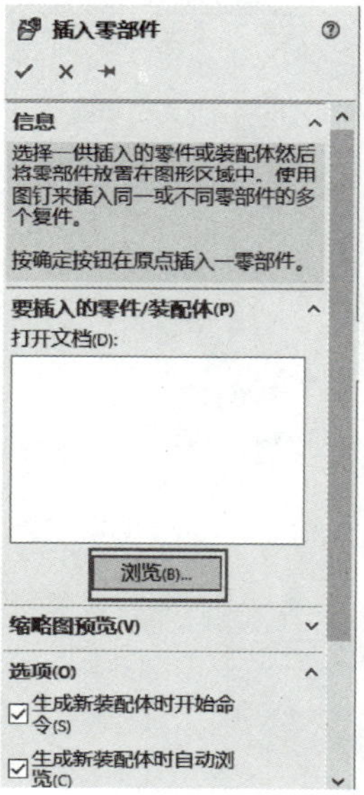

图 3-7 “插入零部件”对话框

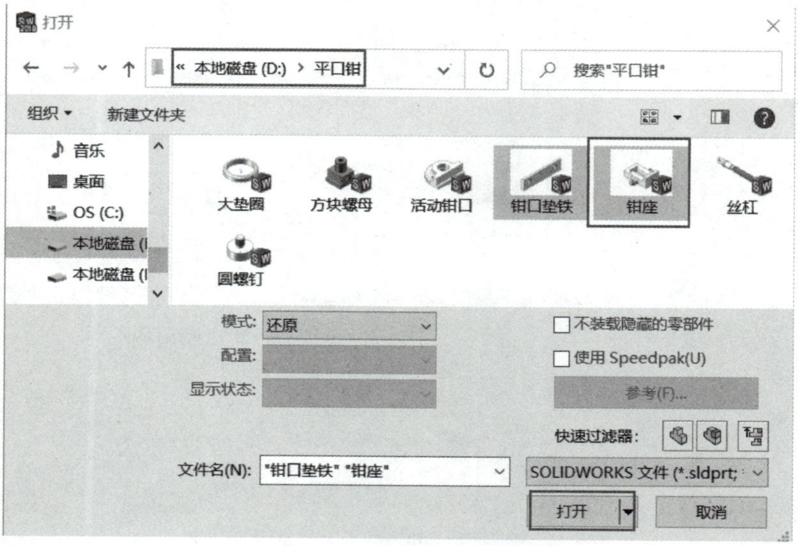

图 3-8 “打开”对话框

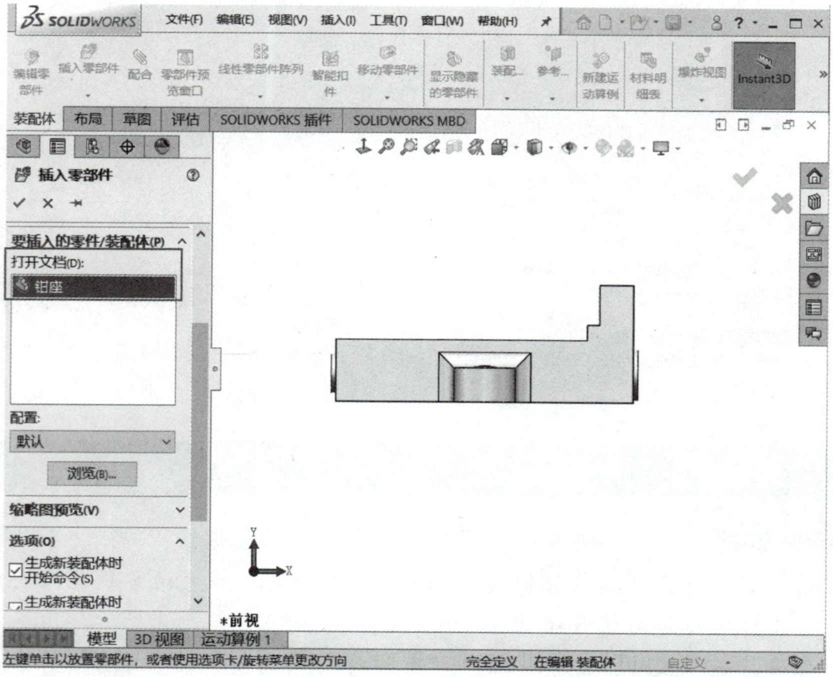

图 3-9 插入“钳座”

使用同样的方法可插入“钳口垫铁”，如图 3-10 所示。

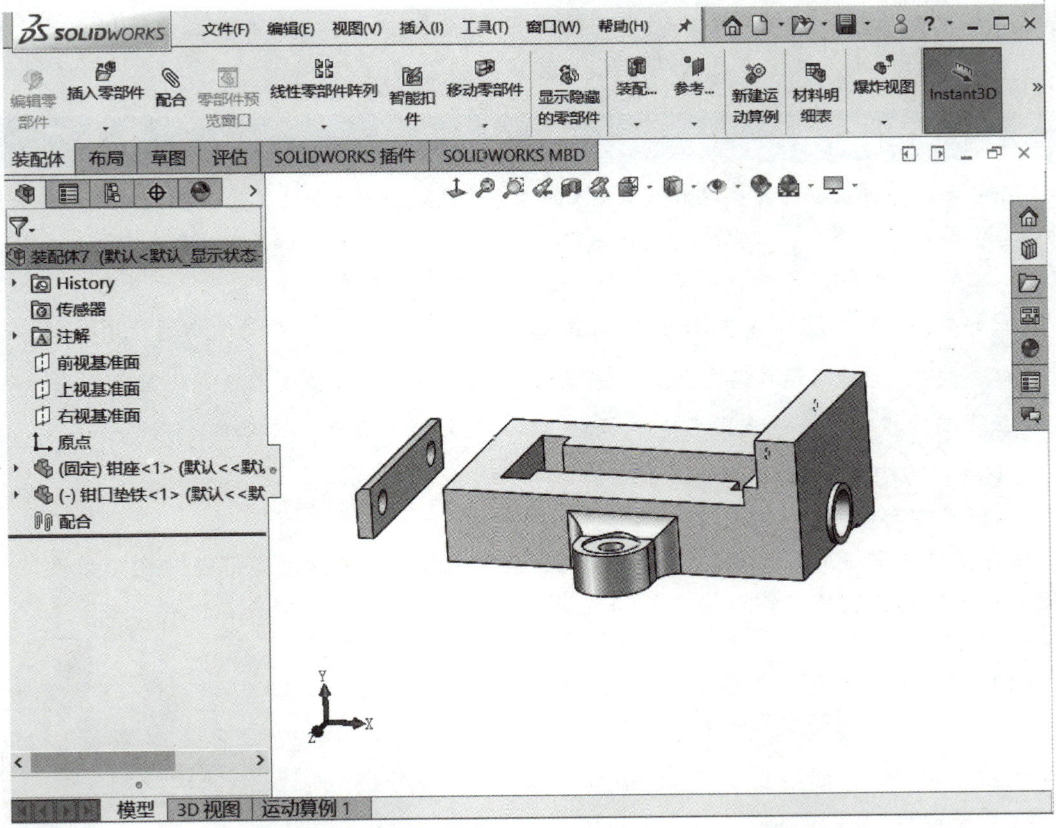

图 3-10　插入“钳口垫铁”

特别提示：

装配建模一般有三种方法：自下而上装配、自上而下装配和混合装配。

自下而上装配：每个零部件都是在装配以外的环境设计完成后再装入装配环境中，即“先生产后装配”，本任务采用该装配方法。

自上而下装配：所有装配用的模型都是在关联装配环境中设计，可以创建一个空装配，然后可以一直在装配环境中设计每个零部件，即“边生产边装配”。

混合装配：介于自下而上装配和自上而下装配之间。

步骤 4：设置固定零件

由图 3-10 可知，首先插入的“钳座”排在第一位，它为固定状态，下面的“钳口垫铁”为浮动状态，这符合正常装配工艺。

试想，若插入的零部件顺序不对或需要固定的零部件不符合要求时，应该怎么办？

小技巧：

当需要改变零部件的插入顺序时，我们可以通过在装配设计树中用鼠标拖动零件名的办法来调整先后顺序。当需要改变零部件的固定状态时，通过右击装配设计树中的文件名，在弹出的快捷菜单中可更改“固定”或“浮动”的状态。

特别提示：

若一个一个插入零部件，则第一个插入的零部件默认为固定状态，其余插入的零部件为浮动状态。若同时选择多个零部件，则会按“插入零部件”对话框中的“打开文档”列表从上到下依次插入零部件，第一个插入的零部件也是默认为固定状态，其余皆为浮动状态。

零部件一旦固定后，将不能利用“装配体”选项卡中的“移动零部件”和“旋转零部件”进行移动或旋转操作，若需要执行移动或旋转操作只能先将固定改为浮动。

在装配操作时，一般先固定一个零件，然后通过约束固定其他零件。

步骤 5：装配钳座

1. 调整安装视角

按住鼠标中键（MB2）移动，以利于观察装配情况，选择浮动零部件“钳口垫铁”，按住鼠标右键移动，调整“钳口垫铁”到装配位置附近，如图 3-11 所示。

2. 添加配合

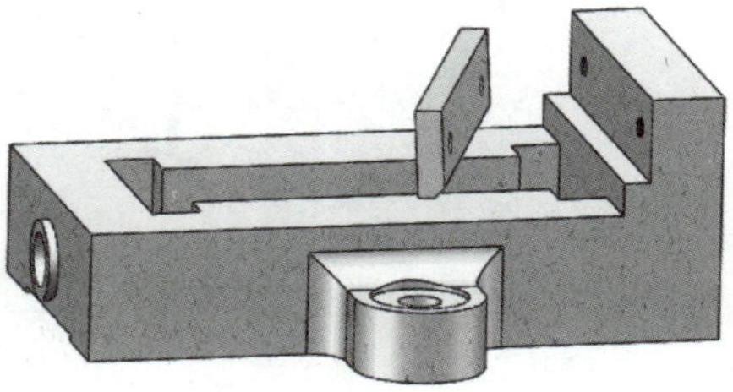

图 3-11　调整钳口垫铁位置

（1）添加重合配合　单击工具栏“装配体”选项卡中的“配合”按钮，弹出“配合”对话框，单击“标准配合”中的“重合”（图 3-12），然后先单击选择“钳口垫铁”面 1，再单击选择“钳座”面 2，此时“配合”对话框变成“重合 7”对话框，在对话框的“配合选择”选项组中“要配合的实体”右侧列表框内便出现“<面 1>”和“<面 2>”，此时出现一个快捷选择框（图 3-13），单击快捷选择框内的按钮或单击“重合 7”对话框左上的“确定”按钮，

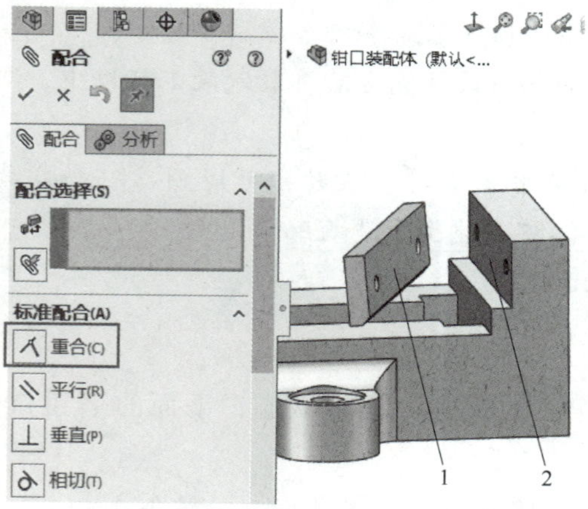

图 3-12　“配合”对话框

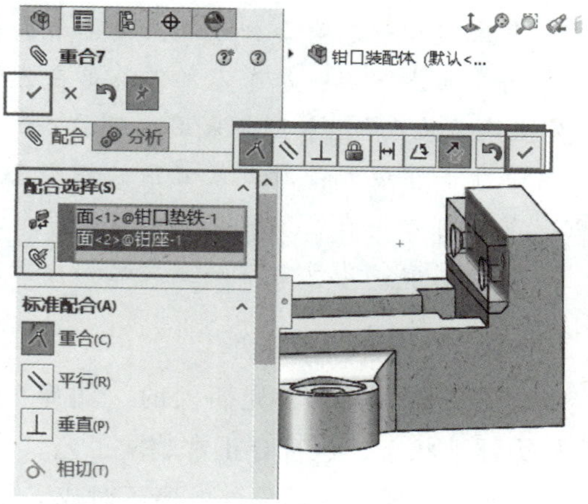

图 3-13　重合配合

都可以完成两面的重合配合。此时“重合 7”对话框又变成“配合”对话框。

（2）添加同轴心配合 1　单击选择“钳口垫铁”上左侧的沉头孔的边线 1（或圆柱面），再单击选择“钳座”上左侧螺纹孔的边线 2（或圆柱面），如图 3-14 所示，在弹出的快捷选择框内单击“同轴心”◎（图 3-15），单击快捷选择框内的按钮✔，便完成左侧两孔的同轴心配合。

（3）添加同轴心配合 2　与上步操作类似，单击选择“钳口垫铁”上右侧的沉头孔的边线（或圆柱面），再单击选择“钳座”上右侧螺纹孔的边线（或圆柱面），在弹出的快捷选择框内单击“同轴心”◎，单击快捷选择框内的按钮✔，便完成右侧两孔的同轴心配合。

3. 添加标准件

（1）调整视角　按住鼠标中键（MB2）移动鼠标，调整装配体到合适位置。

（2）选择标准件　单击任务窗格中的“设计库”→“Toolbox”→“现在插入”→“GB”→“screws”→“机械螺钉”→“开槽沉头螺钉 GB/T 58—2016”，如图 3-16 所示。

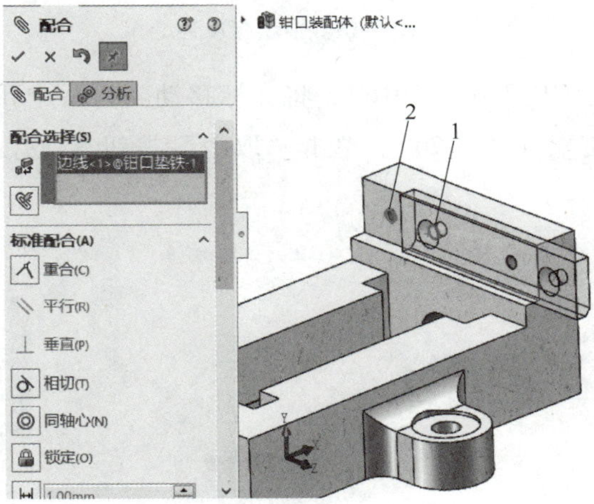

图 3-14　选择配合对象

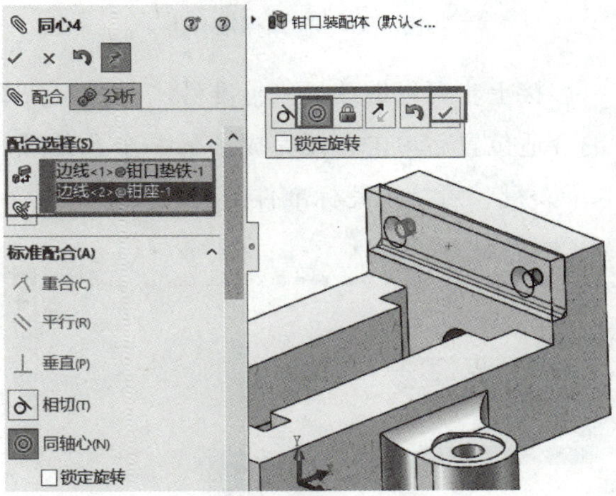

图 3-15　同轴心配合

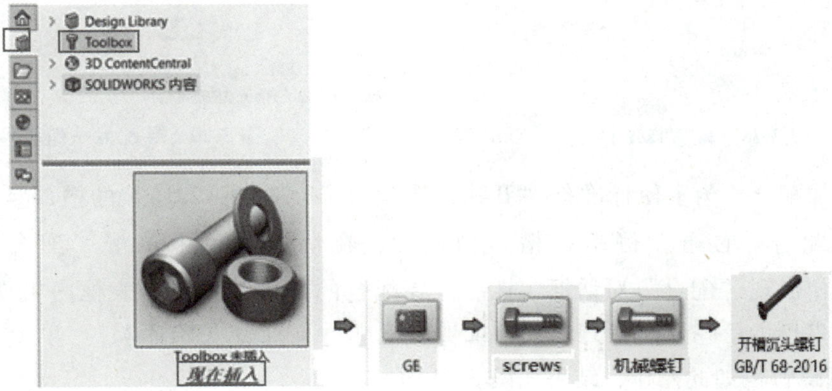

图 3-16　添加标准件

（3）插入标准件　选中标准件“开槽沉头螺钉 GB/T 68—2016”，按下鼠标左键不放松向装配区拖动（图 3-17）。当拖入装配区后，任务窗格自动隐藏（图 3-18），将它拖到要装配的孔中时，会自动进行锥面“重合”配合，此时在左侧出现“配置零部件”对话框，选择“长度”为“20”（图 3-19），单击“确定”按钮，完成一个孔的螺钉装配。

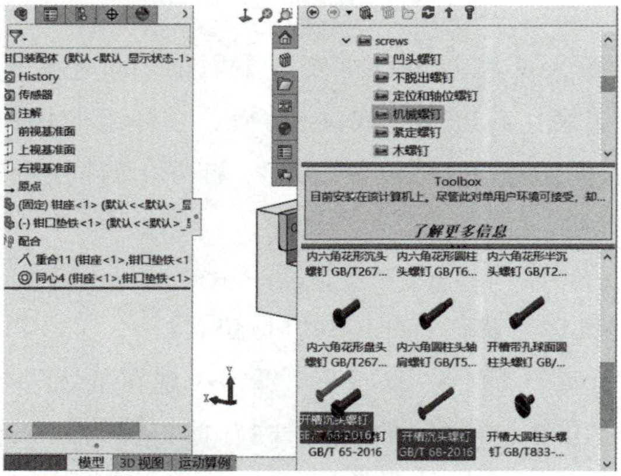

图 3-17　选择标准件

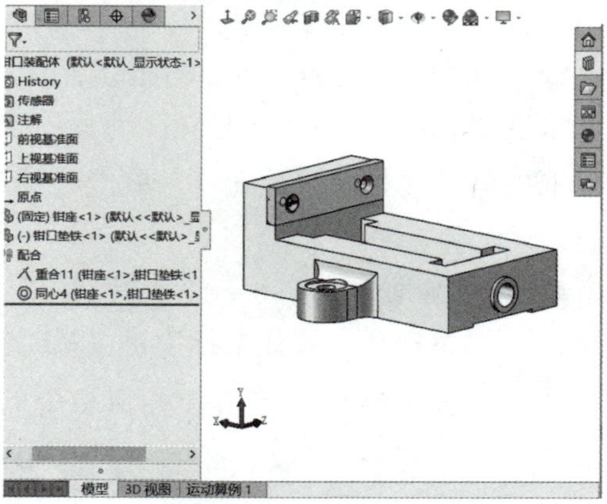

图 3-18　拖动标准件

接上步可以继续插入标准件“开槽沉头螺钉 GB/T 68—2016”，将光标移动到另一个孔的合适位置后单击，便完成了另一个孔的螺钉装配（图 3-20）。单击“取消”按钮或按<Esc>键，可结束此标准件的装配。

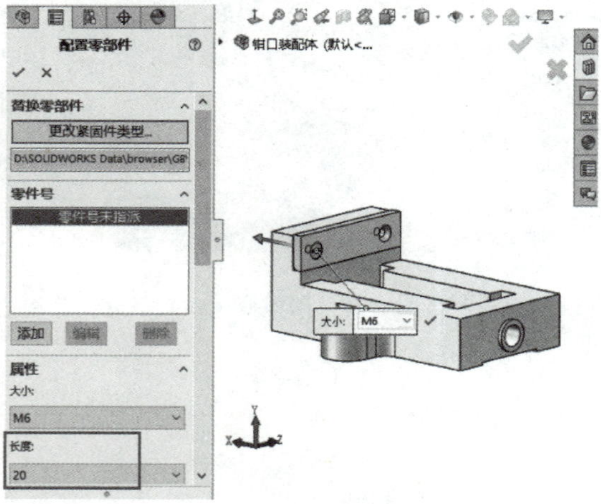

图 3-19　配置标准件

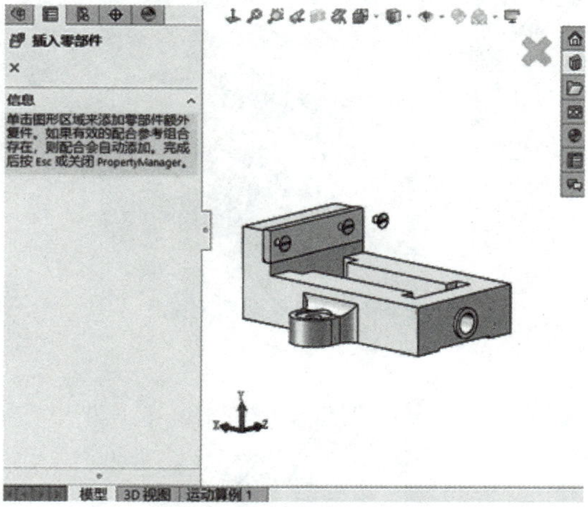

图 3-20　装配另一标准件

（4）添加配合　为了使标准件“开槽沉头螺钉 GB/T 68—2016”的槽口竖直，可以添加“平行”配合。右击左侧螺钉槽口内侧面，在快捷菜单中单击“配合”按钮（图 3-21），便出现“配合”对话框，且在“要配合的实体”右侧列表框内出现“面<1>”（图 3-22），再单击“钳座”侧边，便可推理出“平行”配合（图 3-23），单击“确定”按钮。右侧螺钉也如此操作，结果如图 3-24 所示。

步骤 6： 完成创建

保存钳座装配体。

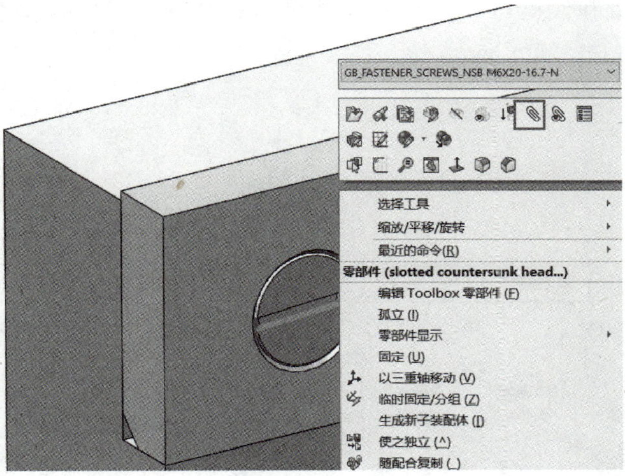

图 3-21　添加配合

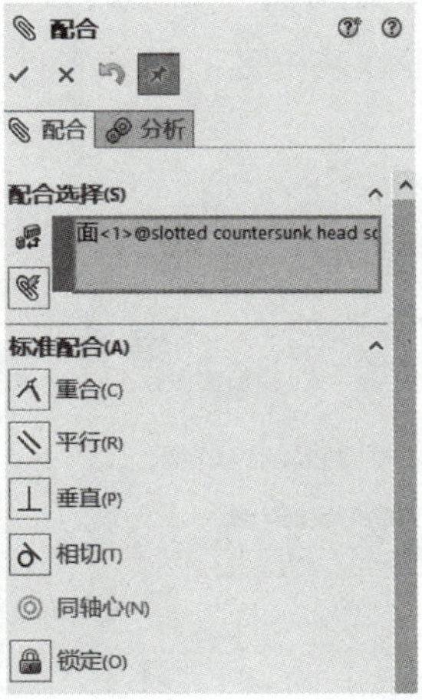

图 3-22　选择配合要素

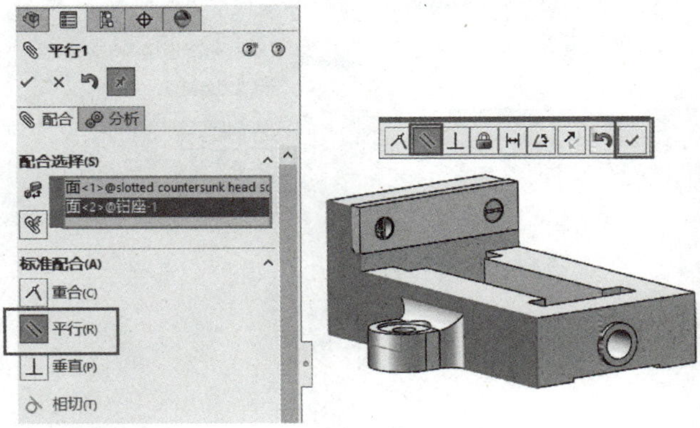

图 3-23　选择平行配合

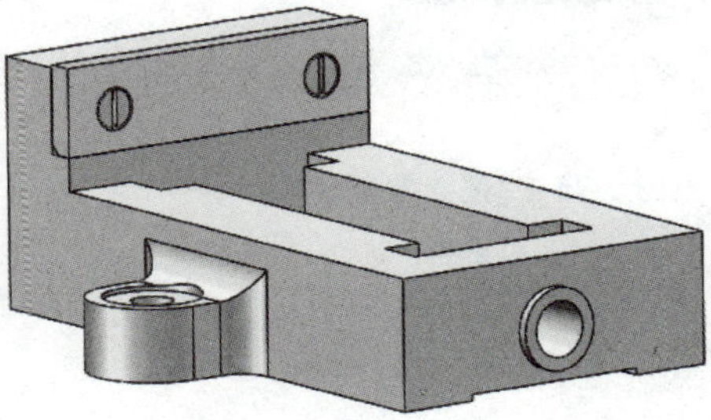

图 3-24　钳座装配体

二、创建活动钳口装配体

步骤 1： 创建零件

创建好平口钳各非标组成零件，存在某个目录中。

步骤 2： 新建、保存活动钳口装配体文件

新建装配体文件：运行 SolidWorks 2020，单击“欢迎”→“装配体”；或单击“新建”按钮，选择“装配体”，再单击“确定”按钮，进入装配体界面。

保存装配体文件：单击“保存”按钮．选择合适的位置，输入文件名“活动钳口装配体”，单击“保存”按钮。

步骤 3： 载入零件

单击“插入零部件”按钮，弹出“插入零部件”对话框（图 3-25），单击对话框中“浏览”按钮，弹出“打开”对话框（图 3-26），选择相应文件夹（D：平口钳），选择文件（活动钳口、钳口垫铁）后，单击“打开”按钮。此时在“插入零部件”对话框中的“打开文档”列表中出现“活动钳口”“钳口垫铁’（图 3-27），单击对话框左上角“确定”按

钮，便可将“活动钳口”零件先放置在装配区，再在装配区单击，便可将“钳口垫铁”也放置在装配区。插入零件如图 3-28 所示。

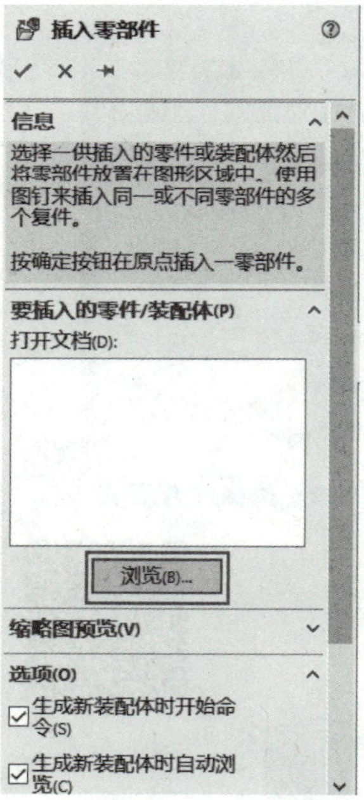

图 3-25 “插入零部件”对话框

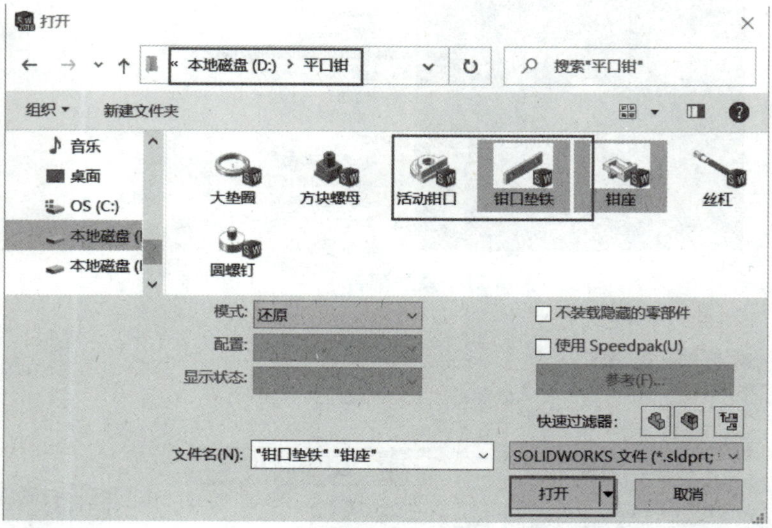

图 3-26 零件选择窗口

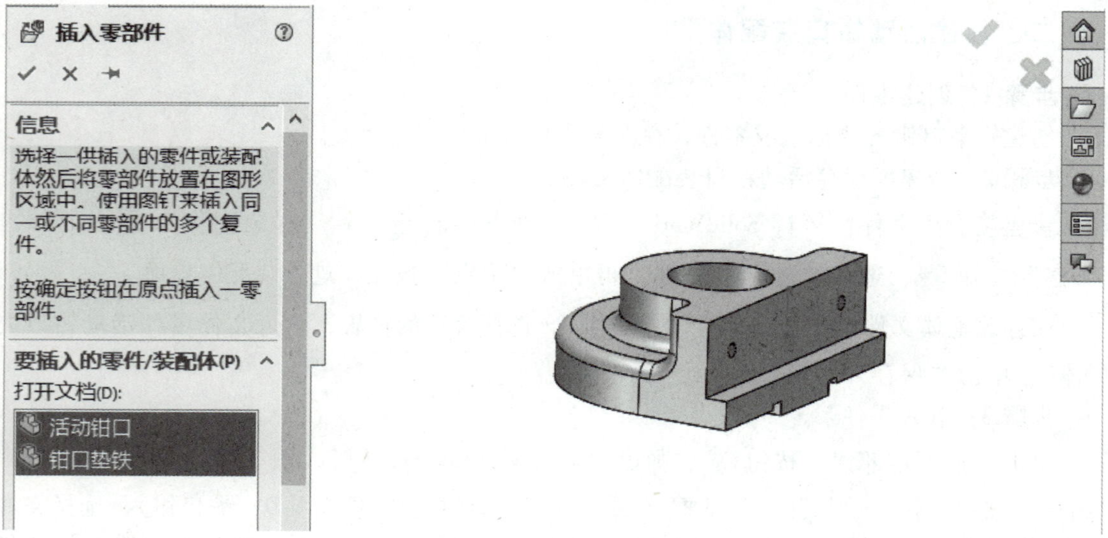

图 3-27 插入零件列表

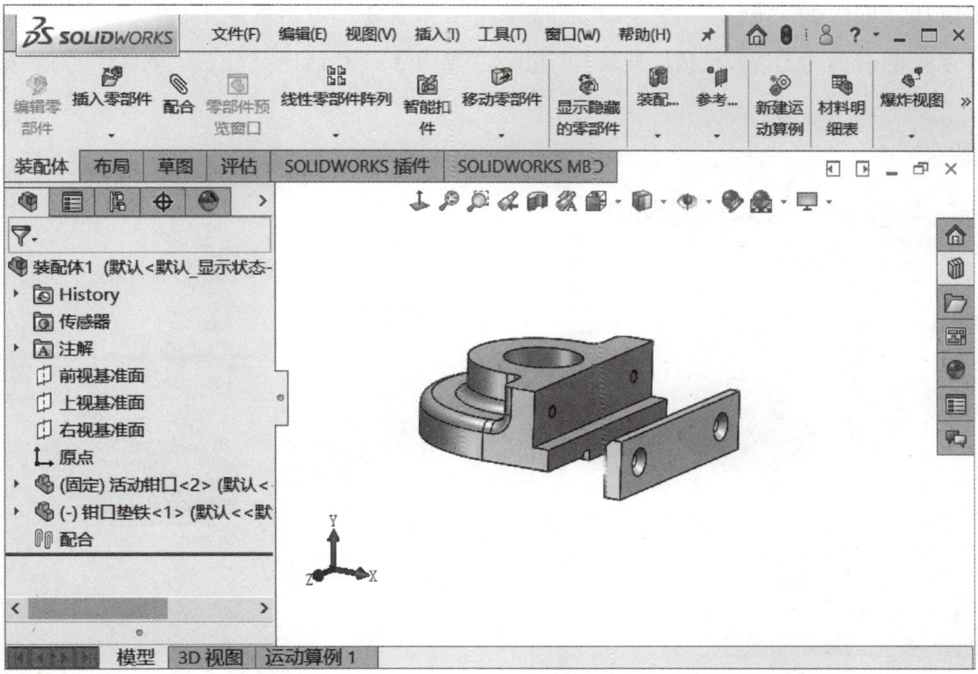

图 3-28　插入零件

步骤 4： 设置固定零件

由图 3-28 所示的装配设计树可知，首先插入的“活动钳口”为固定状态，下面的“钳口垫铁”为浮动状态，这个符合正常装配工艺。

小技巧：

当需要改变零部件的插入顺序时，我们可以通过在装配设计树中用鼠标拖动零件名的办法来调整先后顺序。当需要改变零部件的固定状态时，通过右击装配设计树中的文件名，在弹出的快捷菜单中可更改“固定“或”浮动“的状态。

步骤 5： 装配活动钳口

1. 调整安装视角

按住鼠标中键（MB2）移动鼠标，以利于观察装配情况，选择浮动零部件“钳口垫铁”，按住鼠标右键移动鼠标，调整“钳口垫铁”到装配位置附近。调整位置如图 3-29 所示。

2. 添加配合

（1）添加重合配合　单击工具栏“装配体”选项卡中的“配合”按钮，弹出“配合”对话框，先单击选择“活动钳口”的面 1，再单击选择“钳口垫铁”面 2（图 3-30），此时系统自动推理出标准配合的“重合”配合，“配合”对话框变成“重合 1”对话框，

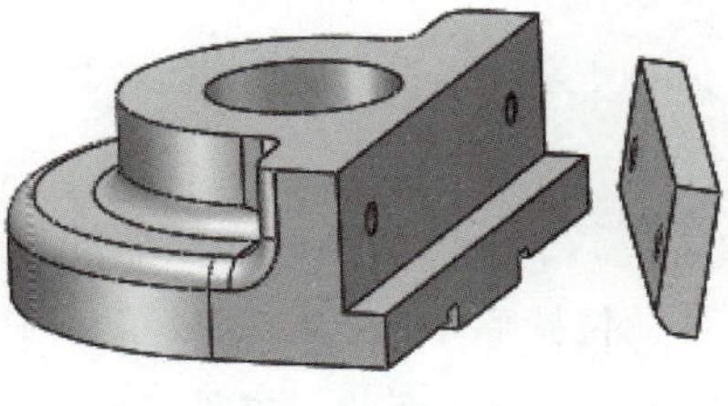

图 3-29　调整位置

单击快捷选择框内的“确定”按钮，或单击“重合1”对话框左上的“确定”按钮，都可以完成两面的重合配合（图3-31）。此时“重合1”对话框又变成“配合”对话框。

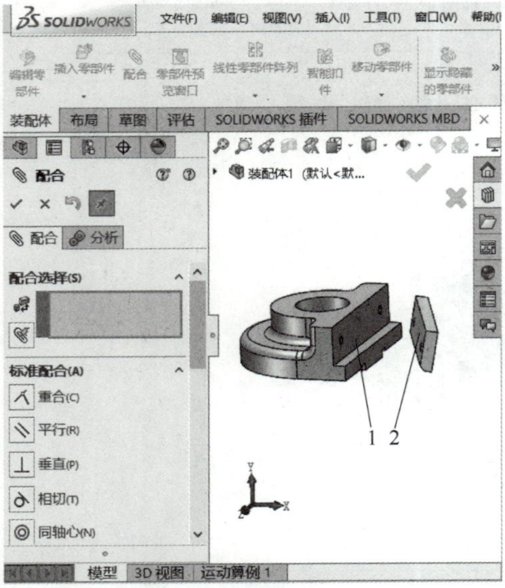

图3-30　选择配合要素

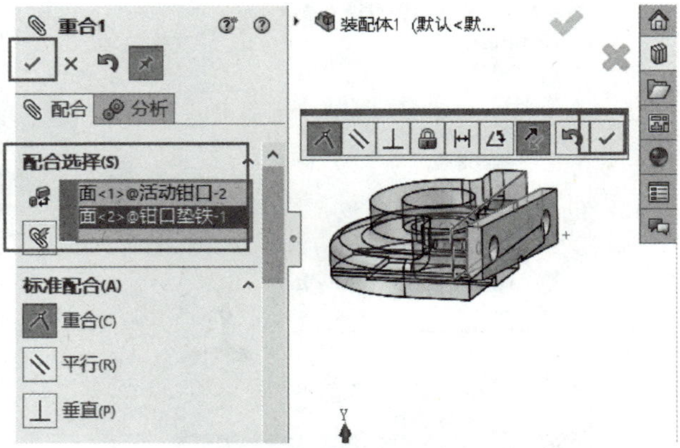

图3-31　重合配合

（2）添加同轴心配合1　接上步，单击选择“钳口垫铁”上左侧的沉头孔的边线1，再单击选择“活动钳口”上左侧螺纹孔的边线2，如图3-32所示，在弹出的快捷选择框内单击“同轴心”按钮（图3-33），单击快捷选择框内的“确定”按钮，便完成左侧两孔的同轴心配合。

（3）添加同轴心配合2　与上步操作类似，单击选择“钳口垫铁”上右侧的沉头孔的边线，再单击选择“活动钳口”上右侧螺纹孔的边线，在弹出的快捷选择框内单击“同轴心”按钮，单击快捷选择框内的“确定”按钮，便完成右侧两孔的同轴心配合。

3. 添加标准件

（1）调整视角　按住鼠标中键（MB2）移动鼠标，调整装配体到合适位置。

（2）选择标准件　单击“任务窗格”中的“设计库”→“Toolbox”→“现在插入”→“GB”→“screws”→“机械螺钉”→“开槽沉头螺钉 GB/T 68—2016”，如图3-34所示。

（3）插入标准件　选中标准件“开槽沉头螺钉 GB/T 68—2016”，按下鼠标左键不松向装配区拖动（图3-35），当拖入装配区后，任务窗格自动隐藏（图3-36），将之拖到要装配的孔中时，会自动进行锥面“重合”配合，此时在左侧出现“配置零部件”对话框，选择“长度”为“20”（图3-37），单击“确定”按钮，完成一个孔的螺钉装配。

接上步可以继续插入标准件“开槽沉头螺钉 GB/T 68—2016”，将光标移动到另一个孔的合适位置后单击，便完成了另一个孔的螺钉装配（图3-38）。单击“取消”按钮或按<Esc>键，可结束此标准件的装配。

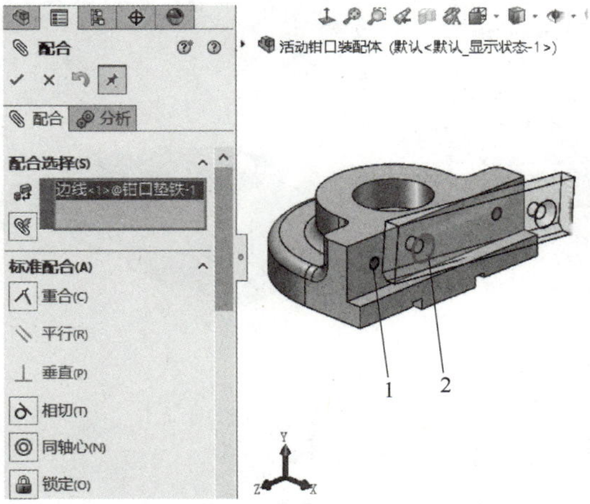

图 3-32 选择配合要素

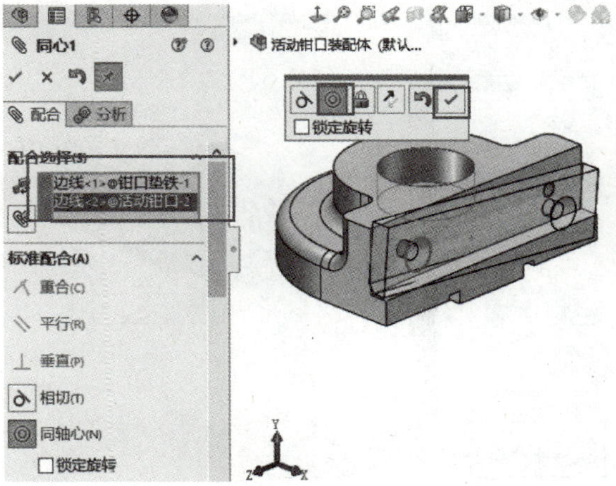

图 3-33 同轴心配合

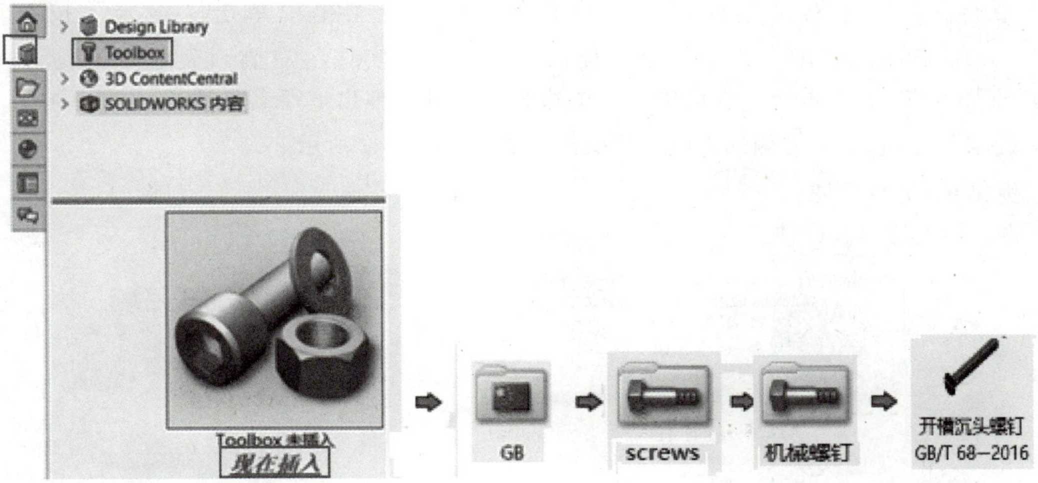

图 3-34 选择标准件

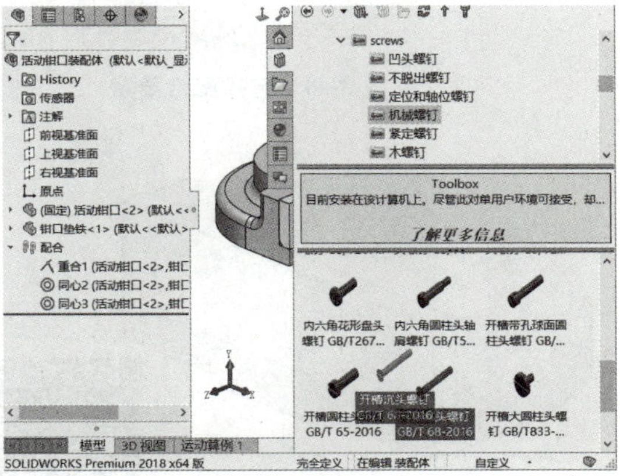

图 3-35 拖动标准件

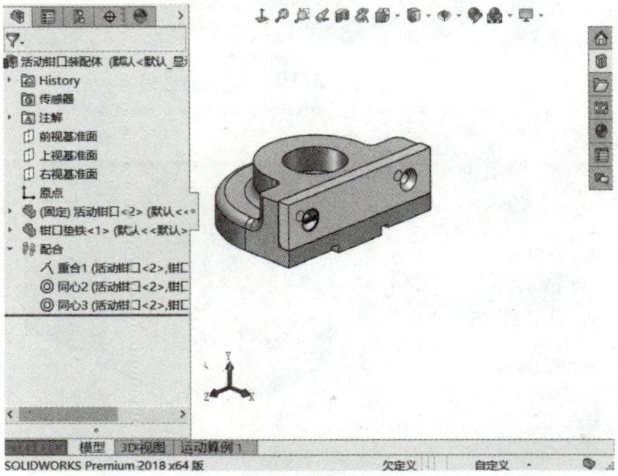

图 3-36 拖动标准件到装配位置

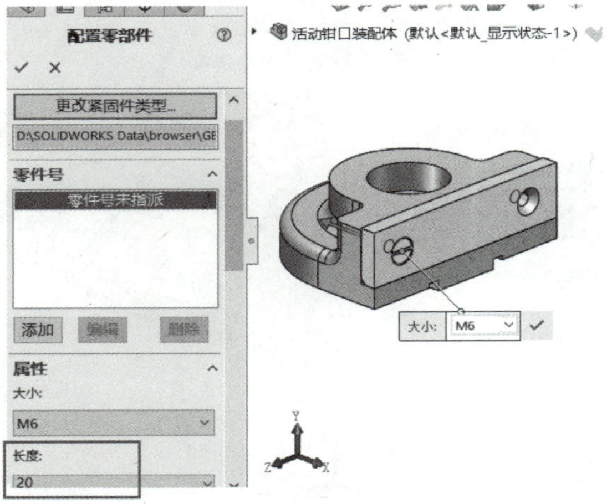

图 3-37　配置标准件

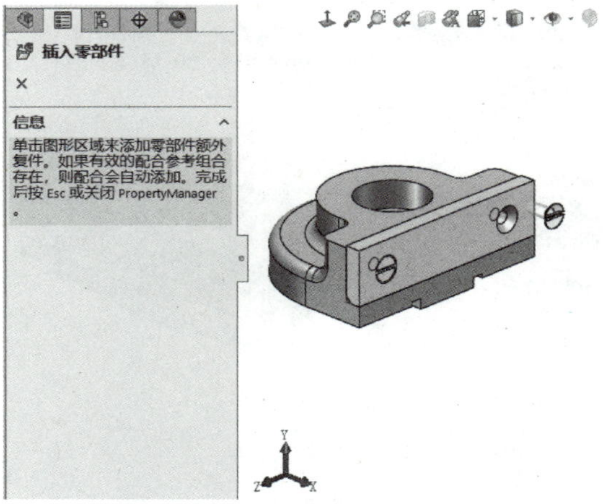

图 3-38　装配另一个标准件

（4）添加配合　为了使标准件“开槽沉头螺钉 GB/T 68—2016”的槽口竖直，可以添加“平行”配合。右击左侧螺钉槽口边线，在快捷菜单中单击“配合”按钮 (图 3-39)，便出现“配合”对话框，且在“要配合的实体”右侧列表框内出现“边线<1>”(图 3-40)，再单击“钳口垫铁”侧边线，便可推理出“平行”配合（图 3-41），单击“确定”按钮 。右侧螺钉也如此操作，结果如图 3-42 所示。

步骤 6：完成创建

保存活动钳口装配体。

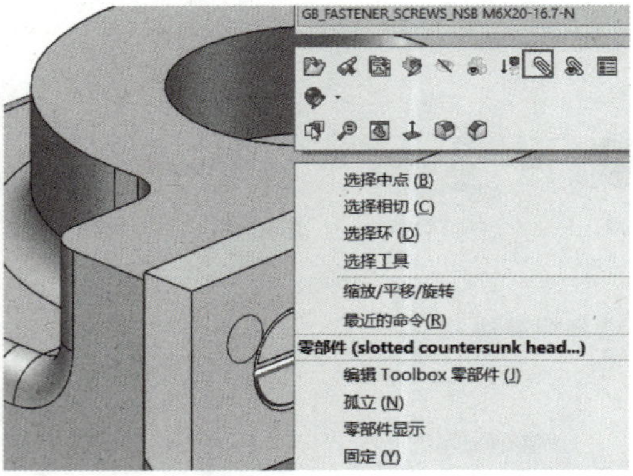

图 3-39　选择配合

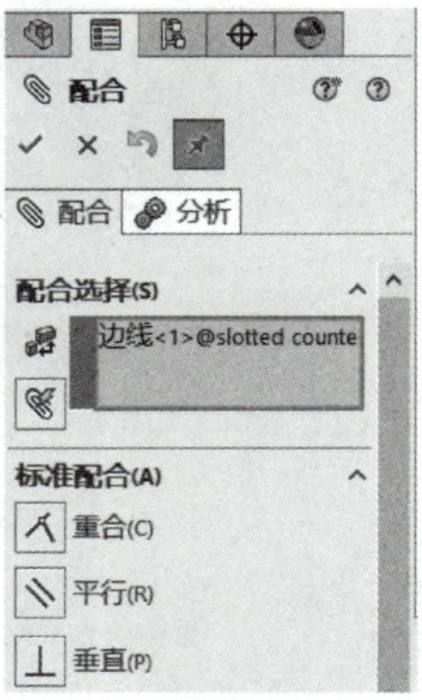

图 3-40　选择配合要素

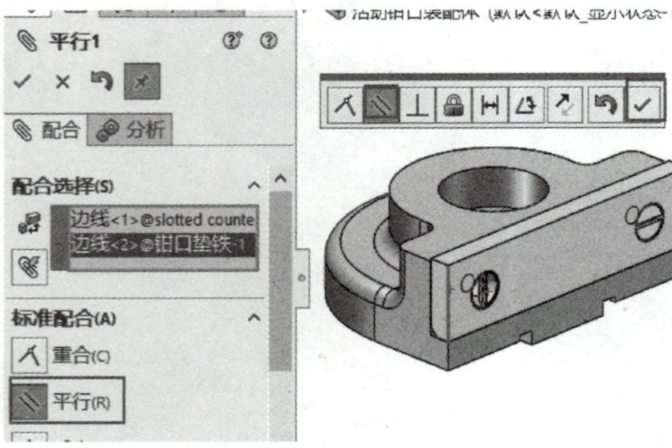

图 3-41　“平行”配合

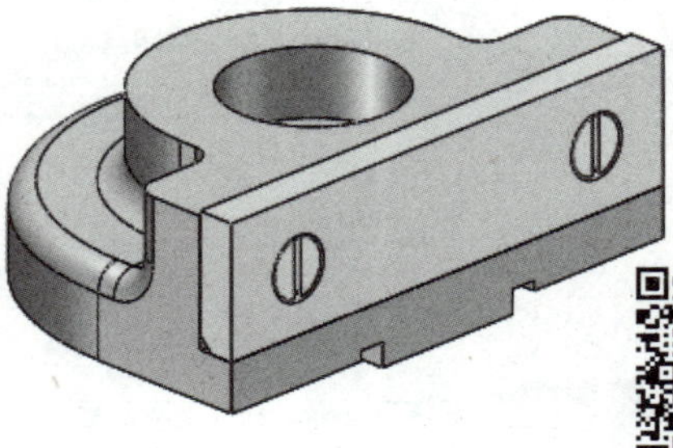

图 3-42　活动钳口装配体

特别提示：

在装配设计树中除了会按装配顺序列出组成该装配体的所有零部件外，在设计树最底端还有一个配合的文件夹，包含了所有零部件之间的配合关系，配合关系的内容见本节“知识链接”中的“知识点一”。

当一个装配体是另一个装配体的零部件时，则称它为子装配体。本例中，“钳座装配体”与“活动钳口装配体”在装配平口钳时是当作一个零部件插入的，因此这两个装配体就是子装配体，子装配体在装配设计树中的图标与普通零部件的图标是不同的，应注意观察。子装配体的内容见本节“知识链接”中的“知识点二”。

三、创建平口钳装配体

步骤 1：创建零件

创建好平口钳各非标组成零件，存在某个目录中。

步骤 2：新建平口钳装配体文件

新建装配体文件：运行 SolidWorks 2020，打开“钳座装配体”，再单击“文件”菜单，选择“从装配体制作装配体”（图 3-43），或单击“新建”右边的黑三角按钮，再单击“从零件/装配体制作装配体”（图 3-44），进入装配体界面，同时打开了“开始装配体”对话框，装配体界面如图 3-45 所示。

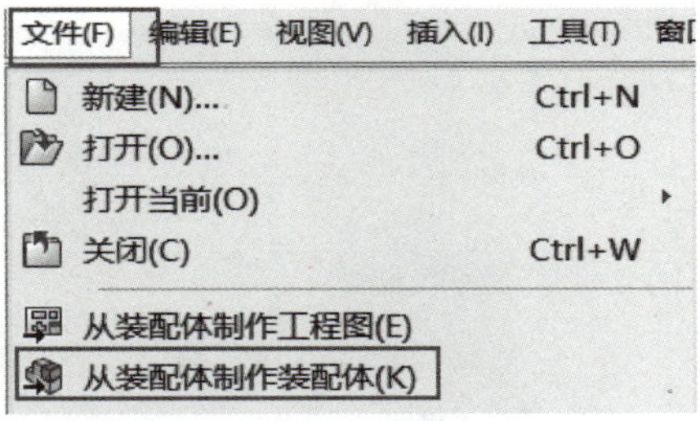

图 3-43　新建装配体文件方法 1

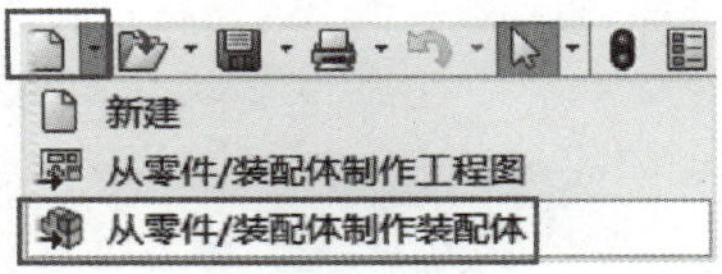

图 3-44　新建装配体文件方法 2

步骤 3：载入零件

单击“开始装配体”对话框下的“浏览”按钮，弹出“打开”对话框，找到待装配零部件所在的位置，本文选择相应文件夹（D：平口钳），选择文件（大垫圈、方块螺母、活动钳口装配体、钳座装配体、丝杠、圆螺钉）（图 3-46），单击“打开”按钮。此时在“开始装配体”对话框中的“打开文档”列表中出现大垫圈、方块螺母、活动钳口装配体、钳座装配体、丝杠、圆螺钉，在装配区单击，便可依次将选用的零件放置在装配区，如图 3-47 所示。

步骤 4：设置固定零件

观察图 3-47 所示的装配设计树，发现实际装配顺序和固定零部件都不合理，所以可以用鼠标拖动的方法将装配设计树中的零部件位置进行调整，再将“大垫圈”从“固定”状态转换为“浮动”状态，将“钳座装配体”从“浮动”状态转换为“固定”状态，结果如图 3-48 所示。

图 3-45 装配体界面

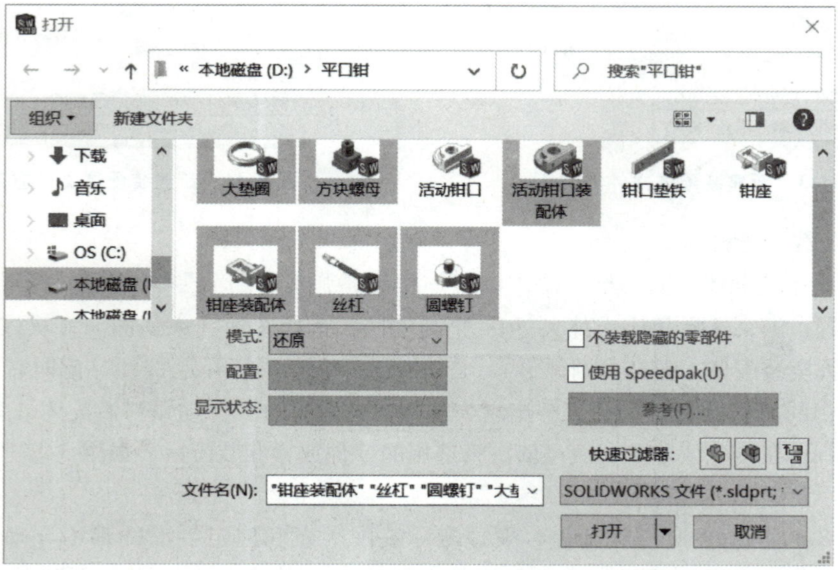

图 3-46 选择装配零件

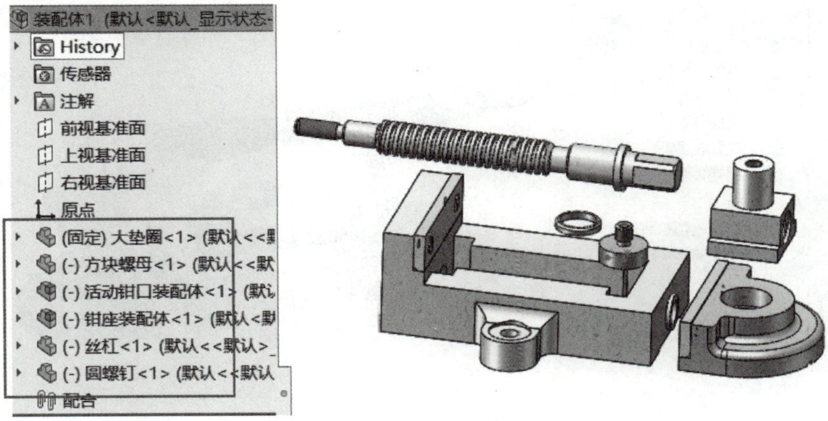

图 3-47　放置装配零件

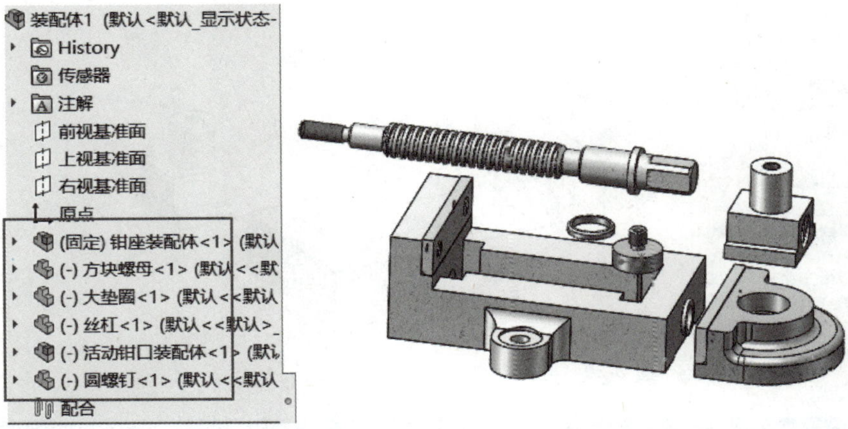

图 3-48　调整设计树中零部件位置与状态

特别提示：

仔细观察装配设计树中的图标，子装配体的图标与普通零部件的图标是不同的，单击图标左侧的黑三角，会展开显示该子装配体的组成零部件及其配合关系，右击该子装配体名，在快捷菜单中选择“打开子装配体”，可对子装配体重新进行编辑。单击图标左侧的黑三角，会展开显示该零部件的造型特征，右击该零部件名，在快捷菜单中选择“打开零件”可对零件重新进行编辑。

步骤 5：装配平口钳

1. 装配固定钳座与方块螺母

（1）隐藏部分零件　在装配设计树中，按住<Ctrl>键，再单击选择“大垫圈”“丝杠”“活动钳口装配体”“圆螺钉”，在弹出的快捷菜单中单击“隐藏零部件”按钮（图 3-49），则可以将暂时不用的零部件隐藏起来，隐藏的零部件图标颜色变灰（图 3-50），方便装配。

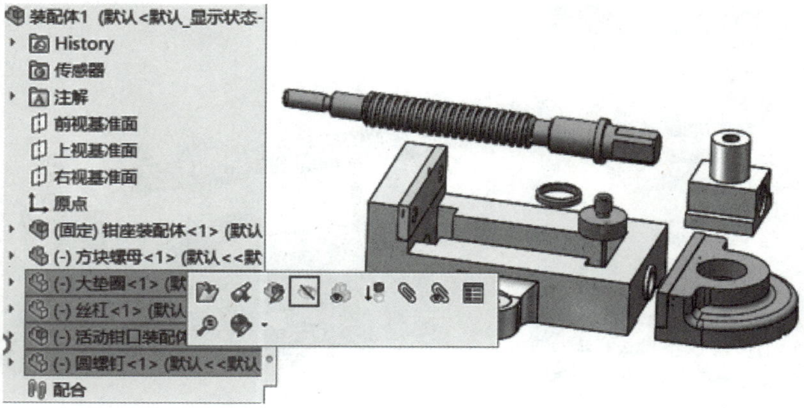

图 3-49　选择暂时不用的零部件并隐藏

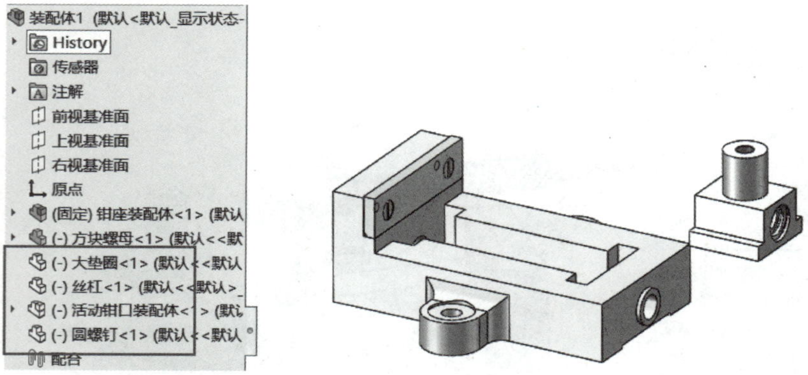

图 3-50　隐藏后的状态

小技巧：

将光标移动到需要隐藏的零件上，按下<Tab>键，即可实现该零件的隐藏。光标在原来位置的情况下，同时按下<Shift>键和<Tab>键，可显示被隐藏零件。

若将所有的隐藏文件一次全部显示，可右击根文件名选择显示零部件，即可显示全部被隐藏的零部件。

（2）添加配合

1）添加同轴心配合。单击工具栏“装配体”选项卡中的“配合”按钮，弹出“配合”对话框，先单击选择“钳座丝杠安装孔”的“轮廓边线 1”，再单击选择“方块螺母”的“螺孔边线 2”（图 3-51），此时系统自动推理出标准配合的“同轴心”配合，单击快捷选择框内的按钮✔或单击“同心 2”对话框左上的“确定”按钮✔，都可以完成两孔的同轴心配合。

2）添加平行配合。接上步，先单击选择“方块螺母上表面 1”，再单击选择“钳座上表面 2”（图 3-52），此时系统自动推理出标准配合的“平行”配合，单击快捷选择框内的“确定”按钮✔，或单击“平行 1”对话框左上的“确定”按钮✔，都可以完成两面的平行配合。单击“关闭”按钮✖，关闭“配合”对话框。

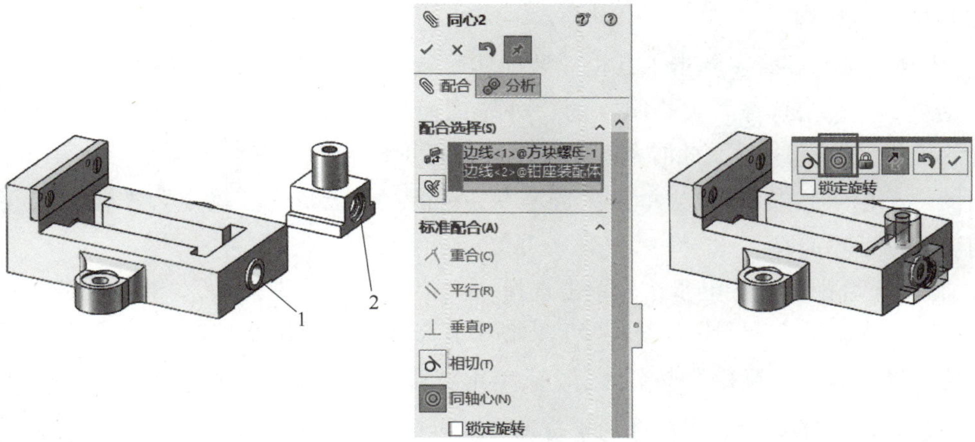

图 3-51　同轴心配合

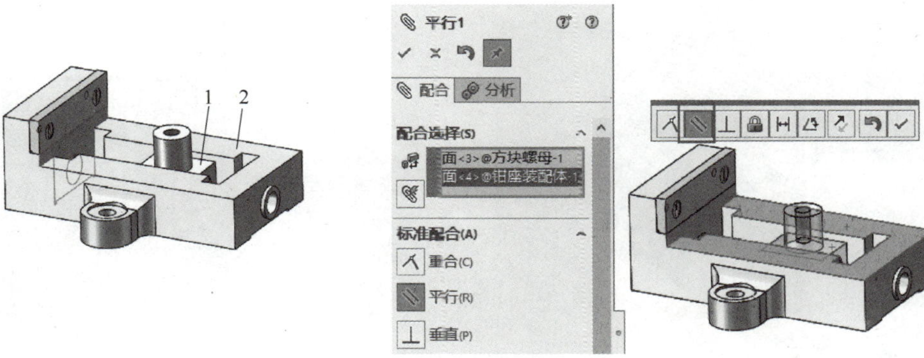

图 3-52　平行配合

2. 装配大垫圈

(1) 显示大垫圈并移动到合适位置　在装配设计树中，单击大垫圈文件名，在弹出的快捷菜单中单击“显示零部件”按钮 👁 (图 3-53)，即可将隐藏的大垫圈显示出来。通过鼠标拖动的方法将大垫圈移动到合适位置。

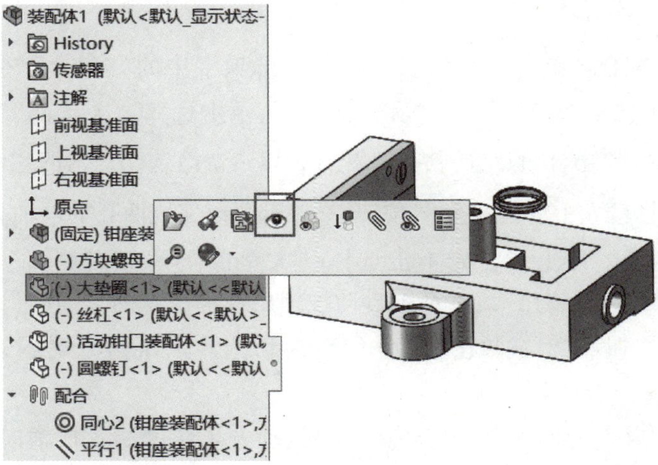

图 3-53　显示大垫圈

（2）装配大垫圈

1）添加同轴心配合。单击工具栏“装配体”选项卡中的“配合”按钮，弹出“配合”对话框，先单击选择“大垫圈”的“外轮廓面”，再单击选择“钳座右端丝杠安装孔台的外轮廓面”（图 3-54），此时系统自动推理出标准配合的“同轴心”配合，单击快捷选择框内的“确定”按钮，或单击“同心 9”对话框左上角的“确定”按钮，都可以完成两孔的同轴心配合。

2）添加重合配合。接上步，先单击选择“大垫圈”的“左侧面”，再单击选择“钳座右端丝杠安装孔台的右端面”（图 3-55），此时系统自动推理出标准配合的“重合”配合，单击快捷选择框内的“确定”按钮，或单击“重合 4”对话框左上角的“确定”按钮，都可以完成两孔的重合配合。再单击“关闭”按钮，关闭“配合”对话框。

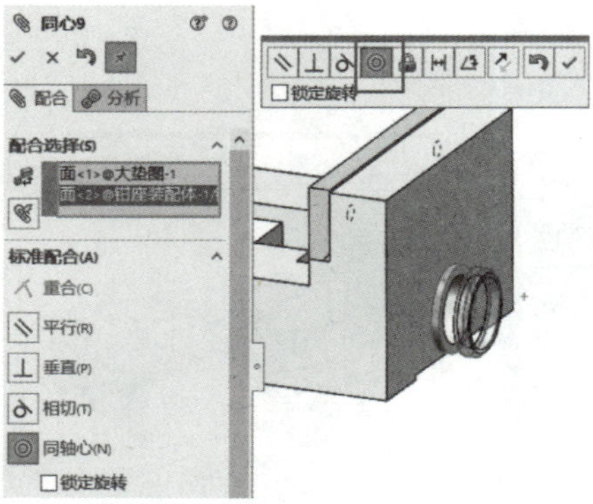

图 3-54　大垫圈同轴心配合

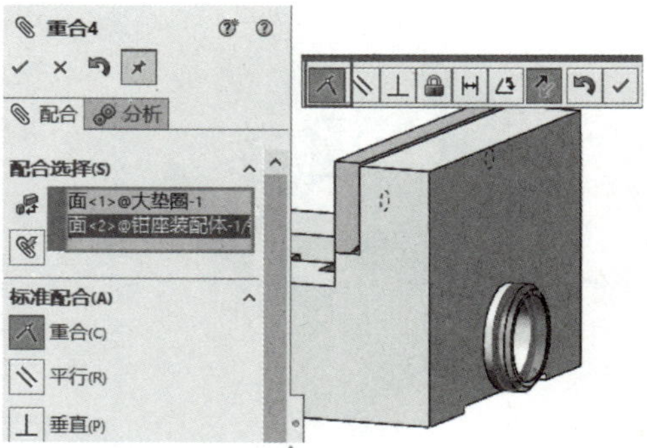

图 3-55　大垫圈重合配合

3. 装配丝杠

（1）显示丝杠并移动到合适位置　在装配设计树中，单击丝杠文件名，在弹出的快捷菜单中选择“显示零部件”按钮，即可将隐藏的丝杠显示出来。通过鼠标拖动丝杠移动到合适位置。

（2）添加配合

1）添加同轴心配合。单击工具栏“装配体”选项卡中的“配合”按钮，弹出“配合”对话框，先单击选择“丝杠”的“圆柱面”，再单击选择“大垫圈”的边线（图 3-56），此时系统自动推理出标准配合的“同轴心”配合，单击快捷选择框内的“确定”按钮，或单击“同心 10”对话框左上的“确定”按钮，都可以完成两孔的同轴心配合。

2）添加重合配合。接上步，先单击选择“大垫圈”的“右侧面”，再单击选择“丝杠”右台阶左端面（图 3-57），此时系统自动推理出标准配合的“重合”配合，单击快捷选择框内的“确定”按钮，或单击“重合 5”对话框左上角的“确定”按钮，都可以完成两孔的重合配合。

3）添加螺旋配合。为保证丝杠旋转运动能带动方块螺母沿丝杠轴向移动，必须添加机械配合中的螺旋配合。

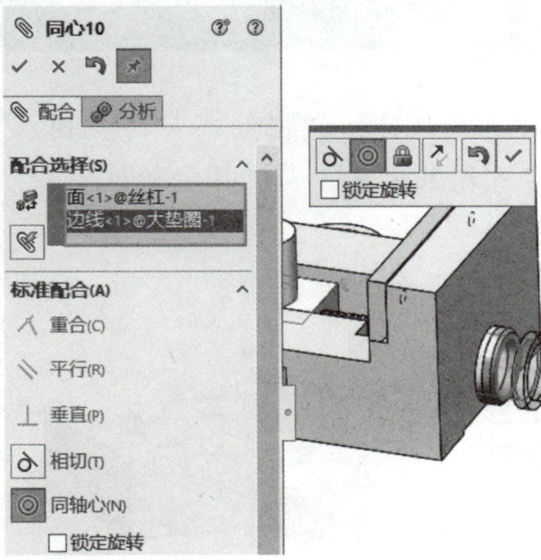

图 3-56　丝杠同轴心配合

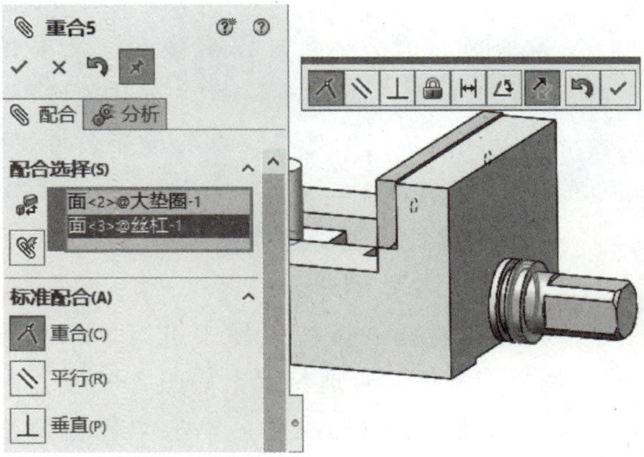

图 3-57　丝杠重合配合

接上步，此时“重合 5”对话框又变成“配合”对话框。选择其中的“机械配合”→“螺旋” （图 3-58），此时先单击选择“丝杠”的“螺旋面”，再单击选择“方块螺母”的“螺孔边线”，再选择“螺旋” 下的“距离/圈数”，在下方的文本框内输入“6”（表示丝杠转一圈，方块螺母移动 6mm），再根据丝杠右边的旋转指示方向决定是否选择“反转”，丝杠螺旋配合如图 3-59 所示。单击“螺旋 3”对话框左上角的“确定”按钮，确定添加螺旋配合，再单击“确定”按钮，关闭配合对话框。此时转动丝杠，方块螺母会跟随轴向移动。

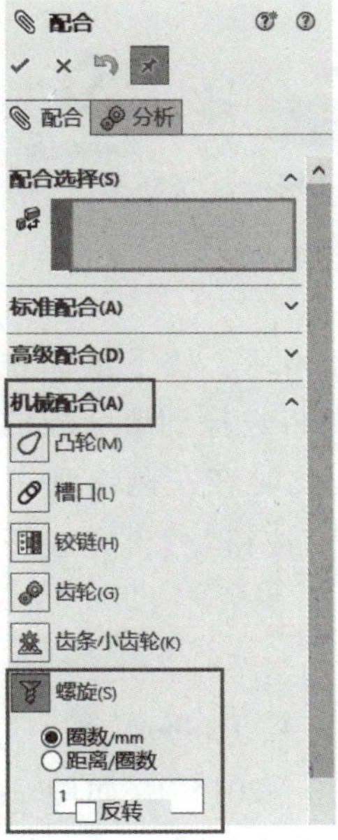

图 3-58　机械配合

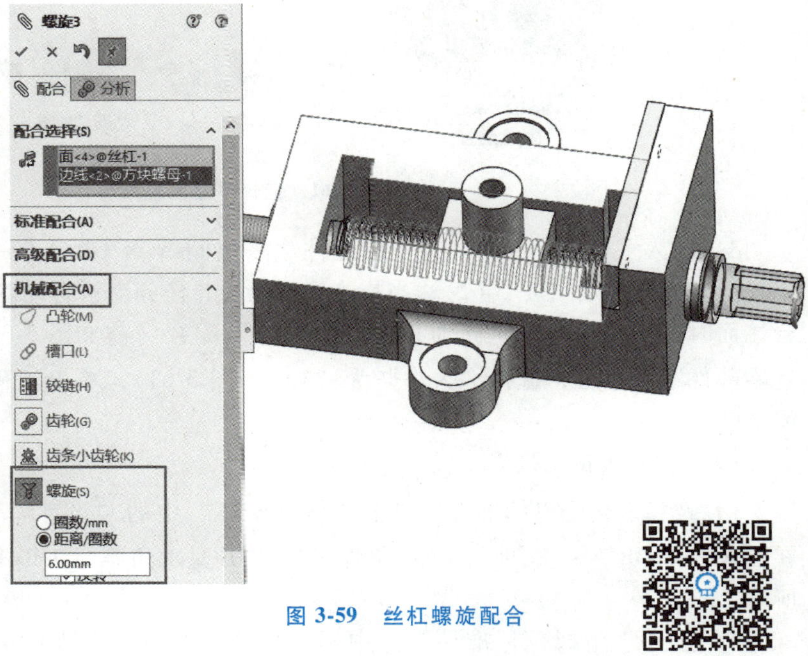

图 3-59　丝杠螺旋配合

特别提示：

配合时的选择对象可以有多种，比如同轴心配合，可以选择“圆柱面”与“圆柱面”；也可选择“圆柱面”与“圆柱边线”；还可选择“圆柱边线”与“圆柱边线”等。读者可以试试不同的选择，以及所带来的效果。

4. 装配丝杠小垫圈与六角螺母

（1）装配小垫圈

1）调整视角。按住鼠标中键（MB2）移动鼠标，调整装配体到合适位置，如图 3-60 所示。

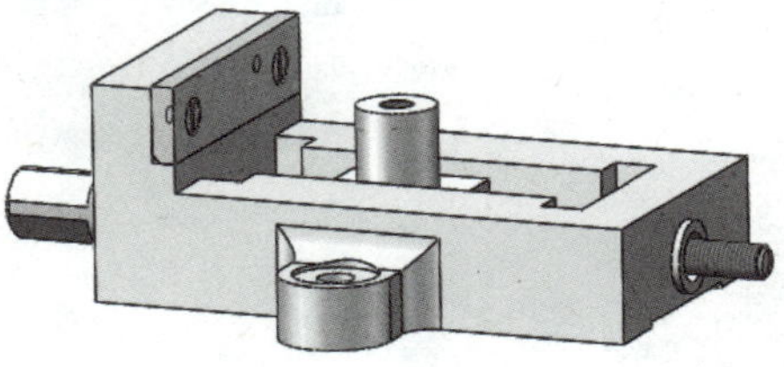

图 3-60　调整视角

2）选择平垫圈标准件。单击“任务窗格”中的“设计库”→“Toolbox”→“现在插入”→“GB”→“垫圈与挡圈”→“平垫圈”→“平垫圈-A 级 GB/T 97.1—2002”，如图 3-61 所示。

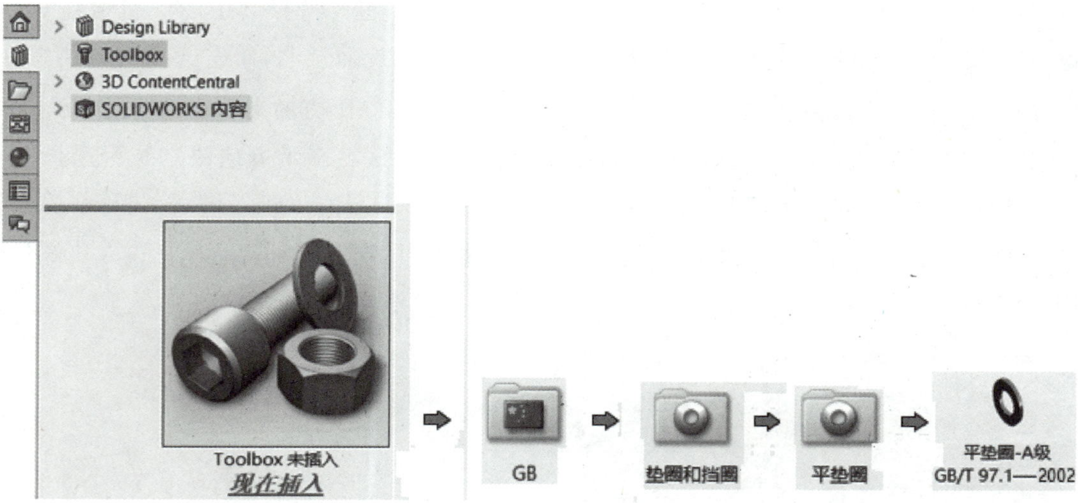

图 3-61　选择平垫圈标准件

3）插入平垫圈标准件。选中标准件“平垫圈-A 级 GB/T 97.1—2002”，按下鼠标左键不松向装配区拖动（图 3-62），当拖入装配区后，任务窗格自动隐藏，将它拖到要装配的凸台端面时，会自动进行“同轴心”与“重合”配合（前文图 3-36），此时在左侧出现“配置零部件”对话框，选择“大小”为“12”（图 3-63），单击“确定”按钮✔，完成平垫圈的装配。

（2）装配六角螺母

1）选择六角螺母标准件。单击“任务窗格”中的“设计库”→“Toolbox”→“现在插入”→“GB”→“螺母”→“六角螺母”→“1 型六角螺母 GB/T 6170—2015”，如图 3-64 所示。

2）插入六角螺母标准件。选中标准件“1 型六角螺母 GB/T 6170—2015”，按下鼠标左键不松向装配区拖动，将它拖到要装配的螺纹轴时，会自动进行“同轴心”配合，此时在左侧出现“配置零部件”对话框，选择“大小”为“M12”(图 3-65)，单击“确定”按钮 ，完成六角螺母的装配，单击“取消”按钮 或按<Esc>键，结束此标准件的装配。

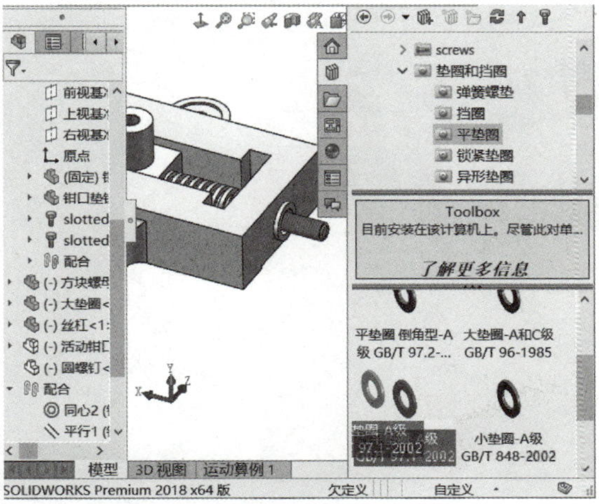

图 3-62　选择平垫圈并拖动到装配位置

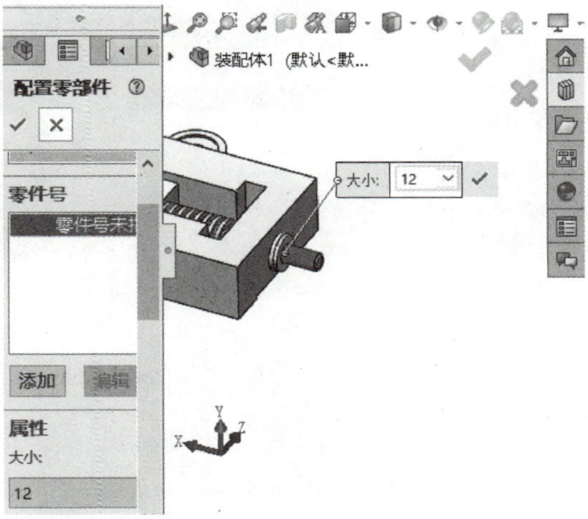

图 3-63　配置平垫圈

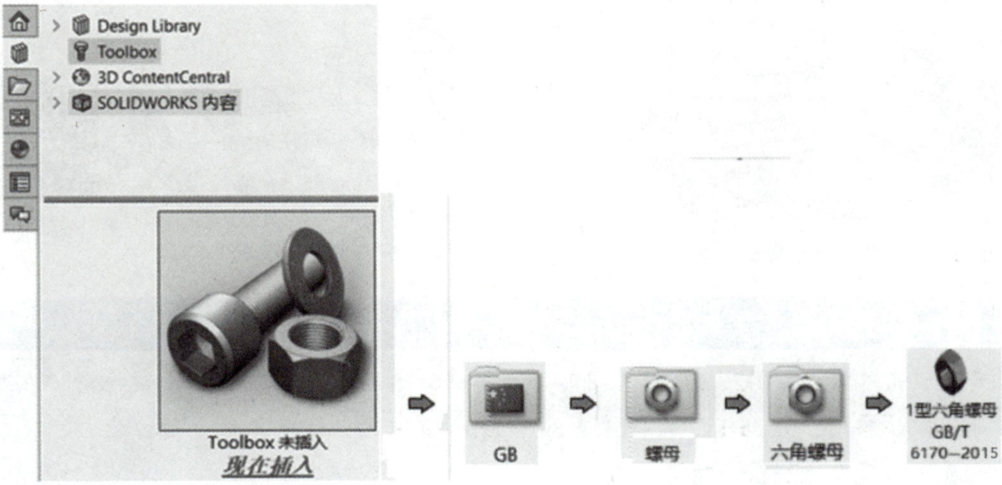

图 3-64　选择六角螺母标准件

3）添加六角螺母重合配合。单击工具栏“装配体”选项卡中的“配合”按钮 ，弹出“配合”对话框，先单击选择“六角螺母”的“左端面”，再单击选择“小垫圈”的“右端面”，此时系统自动推理出标准配合的“重合”配合，单击快捷选择框内的“确定”按钮 可以完成六角螺母与小垫圈的重合配合。按<Esc>键，关闭“配合”对话框。六角螺母垫圈重合配合如图 3-66 所示。

4）复制六角螺母并添加配合关系。按住<Ctrl>键，同时将光标移到六角螺母上，按下左键拖动，便可以复制一个六角螺母。对复制的这个六角螺母添加“同轴心”与“重合”的配合关系，可得到双螺母联接的装配，结果如图 3-67 所示。

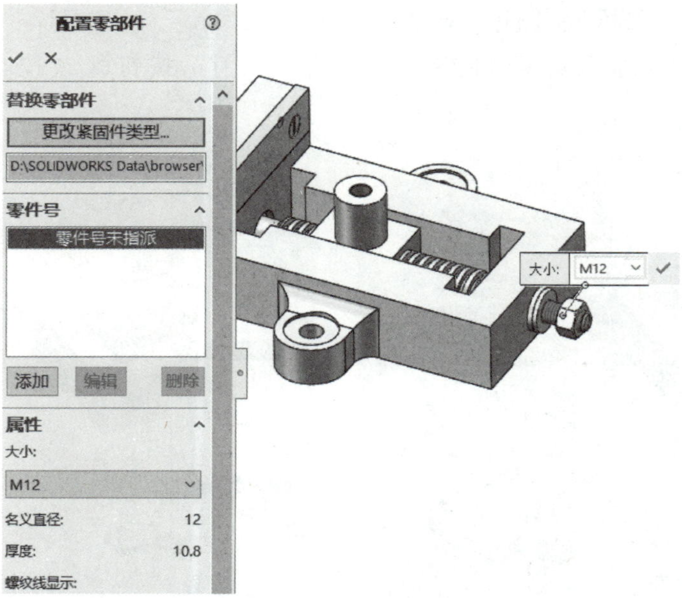

图 3-65　配置六角螺母

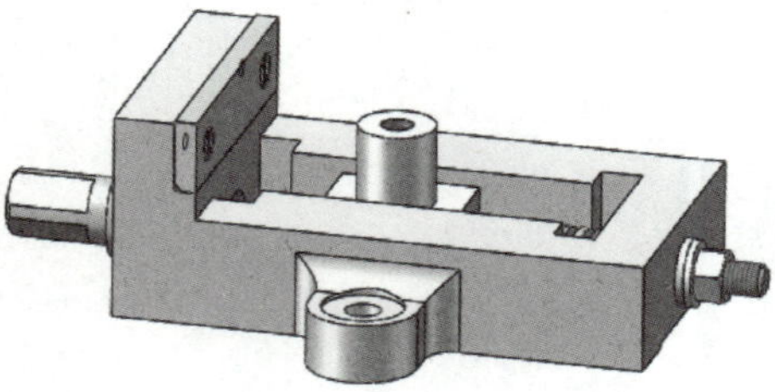

图 3-66　六角螺母垫圈重合配合

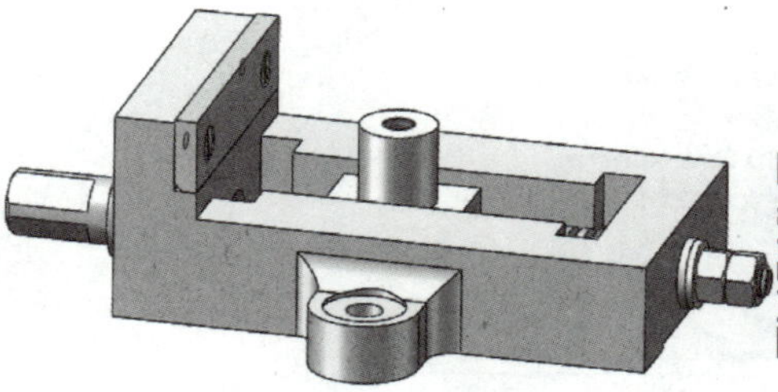

图 3-67　双螺母装配

小技巧：

复制六角螺母：按住<Ctrl>键，同时将光标移到六角螺母上，按下左键拖动，在原六角螺母处稍稍移动，当出现“同轴且重合”的图标时，松开鼠标左键，便可以复制一个已添加了配合关系的六角螺母。

镜向零部件、线性阵列零部件等功能也可以实现复制操作。读者可试试。

5. 装配活动钳口装配体

（1）显示活动钳口装配体并移动到合适位置　在装配设计树中，单击“活动钳口装配体”文件名，在弹出的快捷菜单中单击“显示零部件”按钮，即可将隐藏的“活动钳口装配体”显示出来，通过鼠标拖动，将它移动到合适位置。显示并调整活动钳口装配体位置如图 3-68 所示。

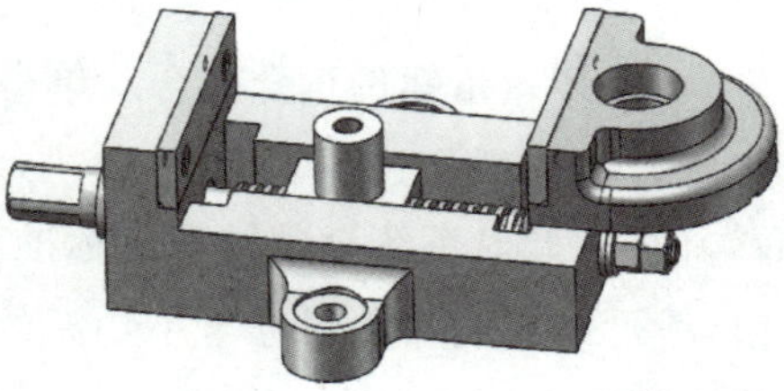

图 3-68　显示并调整活动钳口装配体位置

（2）添加配合

1）添加同轴心配合。单击工具栏“装配体”选项卡中的“配合”按钮，弹出“配合”对话框，先单击选择“活动钳口装配体”的“中心孔内表面 1”，再单击选择“方块螺母”的“圆柱外表面 2”，此时系统自动推理出标准配合的“同轴心”配合（图 3-69），单击快捷选择框内的“确定”按钮，完成两零部件的同轴心配合。

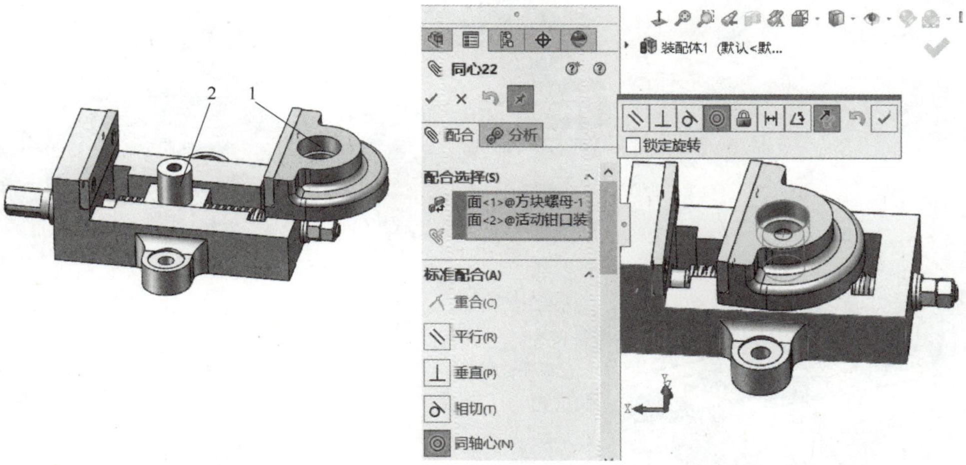

图 3-69 添加同轴心配合

2）添加重合配合。接上步，先单击选择“活动钳口装配体”的“侧下边线 1”，再单击选择“钳座装配体”的“侧边线 2，此时系统自动推理出标准配合的“重合”配合（图 3-70），单击快捷选择框内的“确定”按钮，完成两零部件的重合配合。

3）添加距离限制配合。为控制活动钳口的行程距离，需要添加距离限制配合。

接上步，此时为“配合”对话框。选择其中的“高级配合”→“距离限制”，此时先单击选择“活动钳口装配体”的“钳口铁正面”，再单击选择“钳座装配体”的“钳口铁正面”，在“距离限制”右边的文本框内输入“1”，在“最大值”右边的文本框内输入“80”，在“最小值”右边的文本框内输入“1”（图 3-71），单击“配合”对话框左上角的“确定”按钮，确定添加行程配合，再单击“关闭”按钮，关闭“配合”对话框。此时，钳口开合范围为 1~80mm。

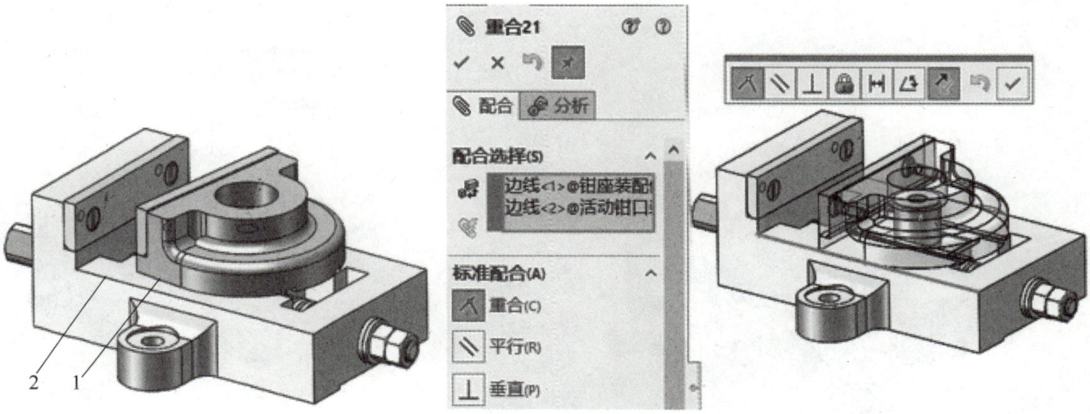

图 3-70 添加重合配合

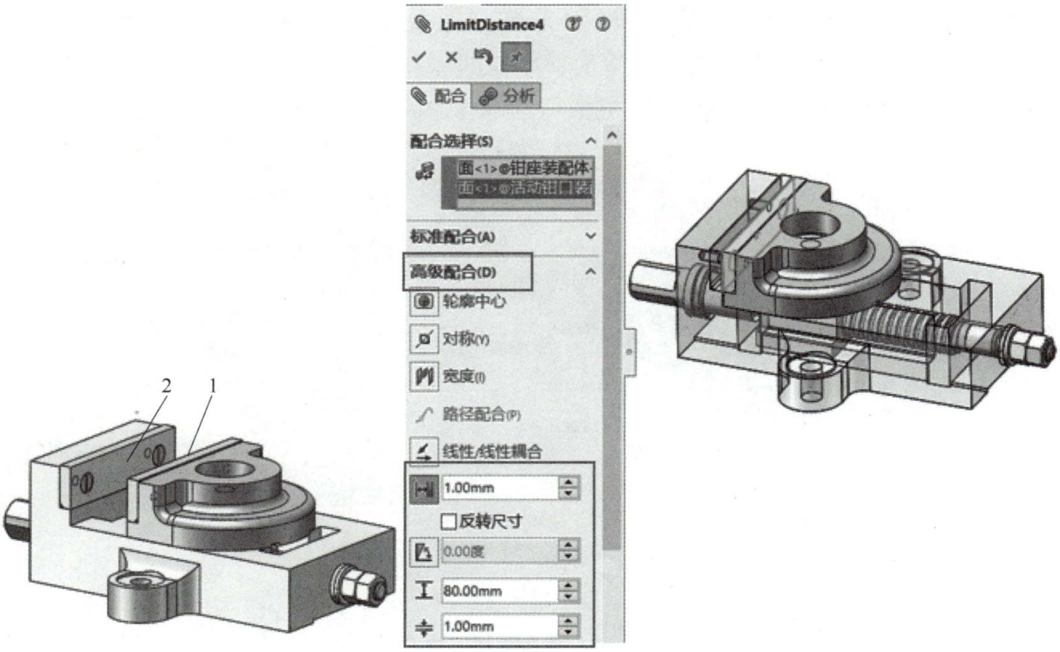

图 3-71　添加距离限制配合

6. 装配圆螺钉

（1）显示圆螺钉并移动到合适位置　在装配设计树中，单击“圆螺钉”文件名，在弹出的快捷菜单中单击“显示零部件”按钮，即可将隐藏的“圆螺钉”显示出来，通过鼠标拖动将它移动到合适位置。

（2）添加配合

1）添加同轴心配合。单击工具栏“装配体”选项卡中的“配合”按钮，弹出“配合”对话框，先单击选择“圆螺钉”的“圆柱外表面 1”，再单击选择“活动钳口装配体”的“中心孔内表面 2”，此时系统自动推理出标准配合的“同轴心”配合（图 3-72），单击快捷选择框内的“确定”按钮，完成两零部件的同轴心配合。

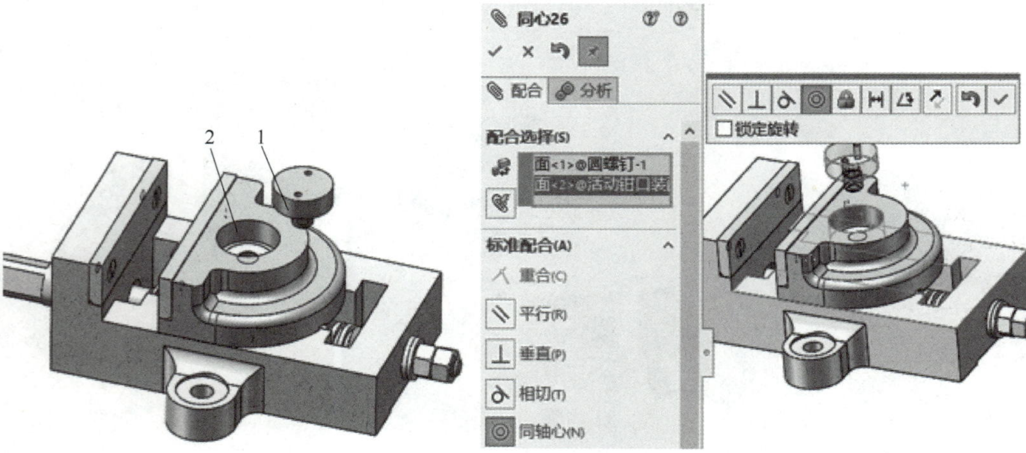

图 3-72　同轴心配合

2）添加重合配合。接上步，先单击选择“圆螺钉”的“侧下边线 1”，再单击选择“方块螺母”的“上端面 2”，此时系统自动推理出标准配合的“重合”配合（图 3-73），单击快捷选择框内的“确定”按钮，完成两零部件的重合配合。

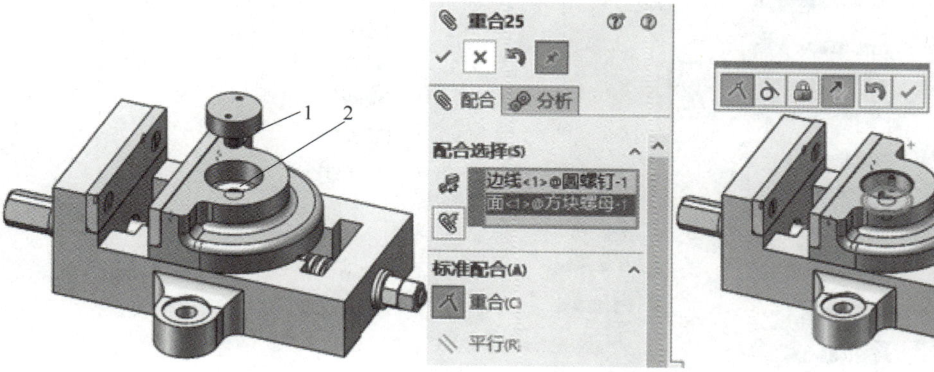

图 3-73 重合配合

7. 保存文件

单击“保存”按钮，选择保存目录，输入文件名“平口钳”完成装配。平口钳如图 3-74 所示。

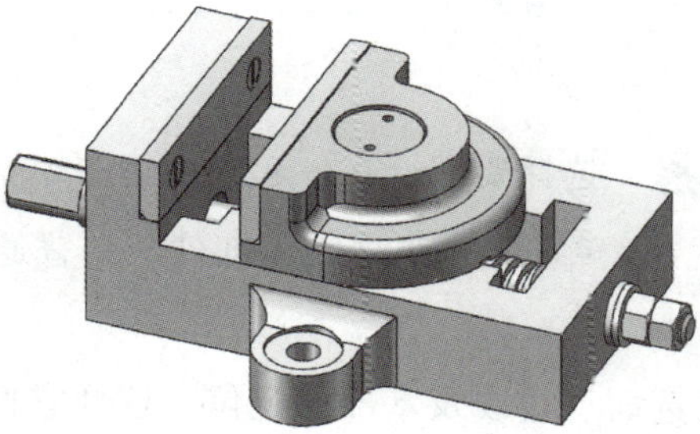

图 3-74 平口钳

特别提示：

装配体文件中保存了两方面的内容：一是进入装配体中各零部件的路径；二是各零部件之间的配合关系。一个零件放入装配体中时，这个零部件文件会与装配体文件产生链接的关系。在打开装配体文件时，SolidWorks 要根据各零部件的存放路径找出零部件，并将它调入装配体环境。所以装配体文件不能单独存在，要和零部件文件一起存在才有意义。

知识链接

知识点一 配合

配合是在装配体零部件之间生成几何关系。当添加配合时定义零部件线性或旋转运动所允许的方向，可在其自由度之内移动零部件，从而直观地显示装配体的行为。

“配合”对话框：单击工具栏“装配体”选项卡中的“配合”按钮，弹出“配合”

对话框（图 3-75），下面介绍各选项具体说明。

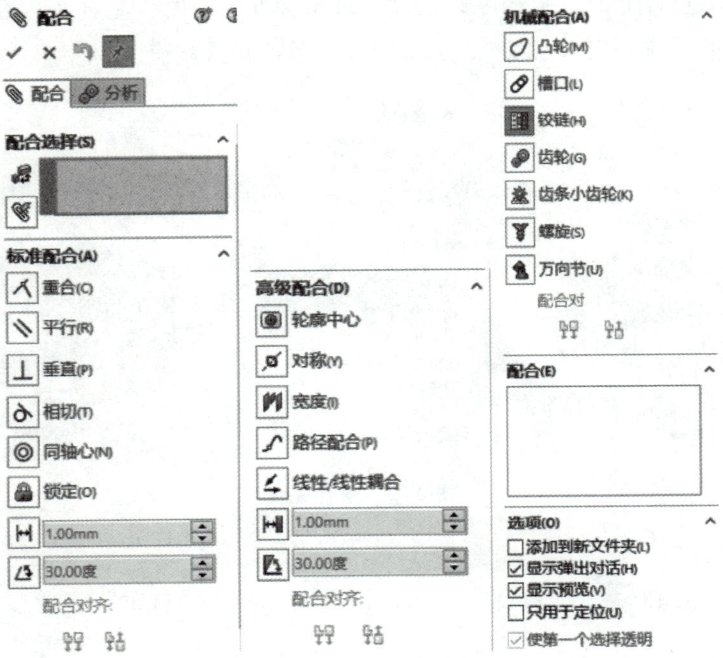

图 3-75 “配合”对话框

1. “配合选择”选项组

（1）“要配合的实体” 选择要配合在一起的面、边线、基准面等。

（2）“多配合模式” 以单一操作将多个零部件与一普通参考进行配合。

2. “标准配合”选项组

（1）“重合” 将所选面、边线及基准面定位，这样它们共享同一个基准面。

（2）“平行” 放置所选项，这样它们彼此间保持等间距。

（3）“垂直” 将所选实体以垂直方式放置。

（4）“相切” 将所选项以彼此间相切放置。

（5）“同轴心” 放置所选项，使它们共享同一中心线。

（6）“锁定” 保持两个零部件之间的相对位置和方向。

（7）“距离” 将所选项以彼此间指定的距离而放置。

（8）“角度” 将所选项以彼此间指定的角度而放置。

3. “高级配合”选项组

（1）“轮廓中心” 将矩形和圆形轮廓互相中心对齐，并完全定义组件。

（2）“对称” 迫使两个相同实体绕基准面或平面对称。

（3）“宽度” 将标签置中于凹槽宽度内。

（4）“路径配合” 将零部件上所选的点约束到路径。

（5）“线性/线性耦合” 在一个零部件和另一个零部件的平移之间建立几何关系。

（6）“距离限制” 允许零部件在距离配合的一定数值范围内移动。

（7）“角度限制” 允许零部件在角度配合的一定数值范围内移动。

4. “机械配合”选项组

（1）“凸轮” 迫使圆柱、基准面或点与一系列相切的拉伸面重合或相切。

（2）“槽口” 迫使滑块在槽口中滑动。

（3）“铰链” 将两个零部件之间的移动限制在一定的旋转范围内。

（4）“齿轮” 强迫两个零部件绕所选轴彼此相对旋转。

（5）“齿条小齿轮” 一个零件（齿条）的线性平移引起另一个零件（齿轮）的周转。

（6）“螺旋” 将两个零部件约束为同心。还在一个零部件的旋转和另一个零部件的平移之间添加纵倾几何关系。

（7）“万向节” 一个零部件（输出轴）绕自身轴的旋转是由另一个零部件（输入轴）绕其轴的旋转驱动的。

5. “配合”选项组

“配合”选项组包含属性管理器打开时添加的所有配合，或正在编辑的所有配合。

6. “选项”选项组

（1）“添加到新文件夹” 勾选该选项后，在特征管理器设计树中的“配合”文件夹中会新建文件夹以放置新的配合。

（2）“显示弹出对话” 勾选该选项后，当添加标准配合时会出现配合弹出工具栏。

（3）“显示预览” 勾选该选项后，在为有效配合选择了足够对象后便会出现配合预览。

（4）“只用于定位” 勾选该选项后，零部件会移至配合指定的位置，但不会将配合添加到特征管理器设计树中。

知识点二　子装配体

当一个装配体是另一个装配体的零部件时，称它为子装配体。用户可以多层嵌套子装配体，以反映设计的层次关系。在零部件的装配图中，对于大多数操作而言，可以把子装配体当成一个零部件来处理。

SolidWorks 提供以下三种方法用以生成子装配体。

1）进入装配体环境中生成一个装配体 A，而后选择菜单栏中“文件”→“从装配体制作装配体”命令，将它插入另一个装配体 B 中，则装配体 A 成为装配体 B 的子装配体。

2）当一个装配体中已经含有多个零部件时，可以通过选择一组已存在于装配体中的零部件来生成一个新的装配体，这个新的装配体就是原有装配体的子装配体。

3）在已有装配体文件中，用插入新零部件的方法，调入一个新装配体，这个新装配体就成为原有装配体文件中的一个子装配体。但开始时该子装配体为空，可以在编辑该装配体环境下选择特征工具栏中的“装配体”→“插入零部件”，向子装配体中插入零部件。

子装配体的存在对总装配体工程图的零件序号和明细表是有影响的，在工程图中，子装配体以一个序号和名称存在于工程图及明细表中。当子装配体解散后，组成子装配体的各个零件以各自的零件名进入总装配体，在特征管理器设计树中零件的数量增加，在装配体的工程图及明细表中的零件序号和数量也相应增加。

任务3.2　深沟球轴承装配模型创建

任务描述

深沟球轴承（图3-76）是滚动轴承中最为普通的一种类型，也是机械工业中使用最为广泛的一类轴承，主要承受径向负荷，也可承受一定量的轴向负荷。基本型的深沟球轴承由一个外圈、一个内圈、一组钢球和一组保持架构成。通过对深沟球轴承的装配模型创建应达到以下目标：

1）熟悉装配环境，掌握创建或打开部件文件的方法。

2）掌握零件固定、浮动、顺序调整等操作。

3）能够熟练选择合适配合关系，确立零部件在装配部件中的位置。

4）熟悉“自上而下”装配和混合装配的方法。

5）掌握装配零件的阵列、镜向等操作。

6）熟悉装配浏览器，正确使用浏览器。

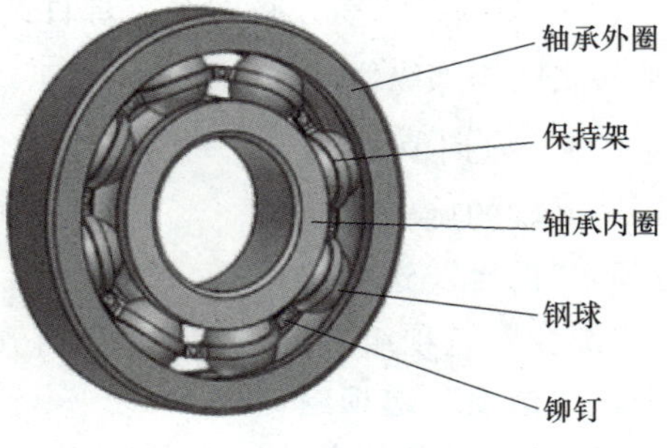

图3-76　深沟球轴承

任务分析

对于装配，我们可以选择“自下而上”的装配方式（先有零件再进行装配），也可以选择“自上而下”的装配方式（在装配体中完成零件的创建），还可以采用“混合装配”的方法来完成装配。本节我们主要采用“自上而下”装配和“混合装配”的方式来完成深沟球轴承的创建，具体方法是先创建一个空的装配，然后通过插入“新零件”的方式在装配体中创建零件；也有部分零件是单独创建的，通过插入“零部件”的方法进行装配。

任务实施

一、创建空装配体文件并保存

新建装配体文件：运行SolidWorks 2020，单击“欢迎”按钮后，选择“装配体”；或单击“新建”按钮，选择“装配体”，再单击“确定”按钮，进入装配体界面，如图3-77所示。

保存装配体文件：单击“保存”按钮，选择合适的位置，输入文件名“深沟球轴承”，单击“保存”按钮，保存深沟球轴承装配体界面如图3-78所示。

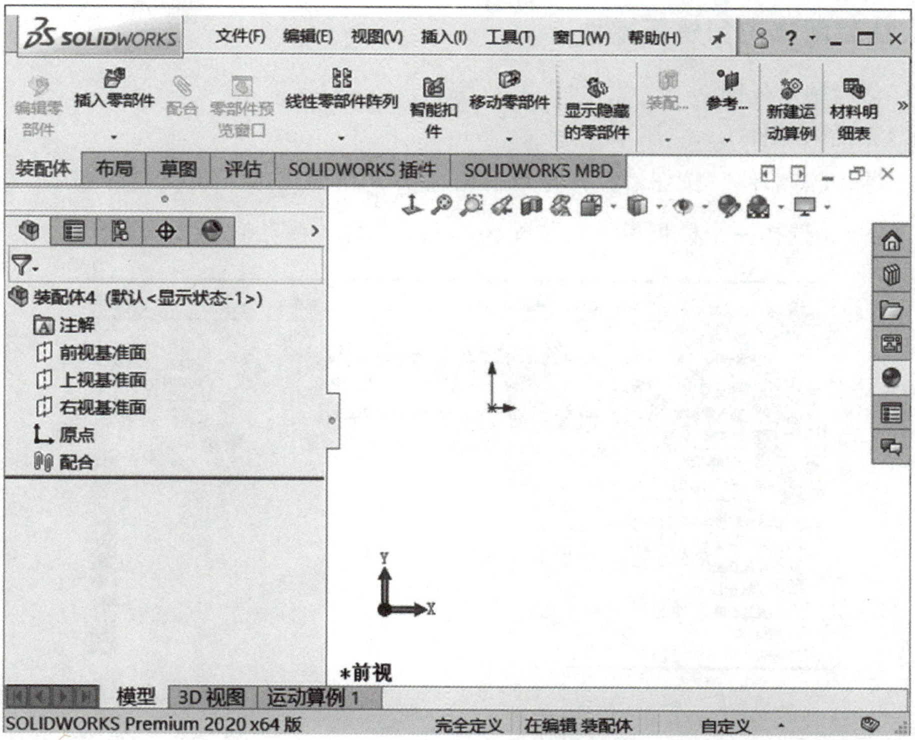

图 3-77　装配体界面

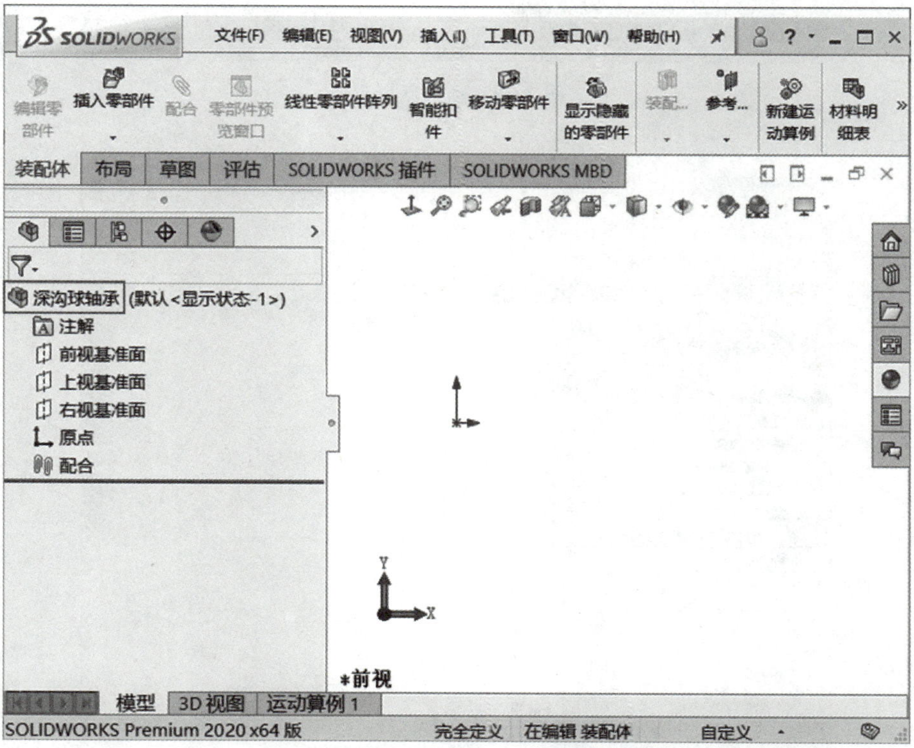

图 3-78　保存深沟球轴承装配体界面

二、在装配体内创建新零件

（一）创建轴承外圈

步骤 1：插入零件 1

单击“插入零部件”按钮下的黑三角箭头，在弹出的下拉菜单中选择“新零件”（图 3-79），选择一个模板后，在装配区单击，零件 1 便已插入（图 3-80）。

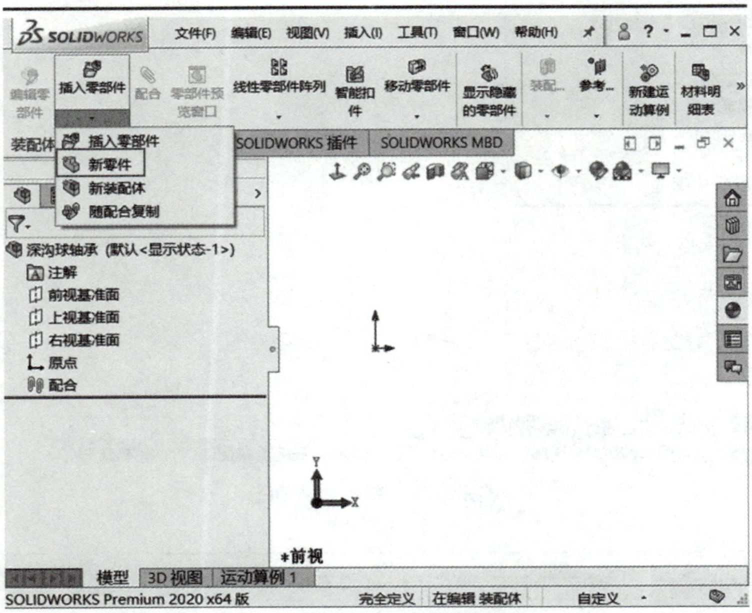

图 3-79　插入新零件

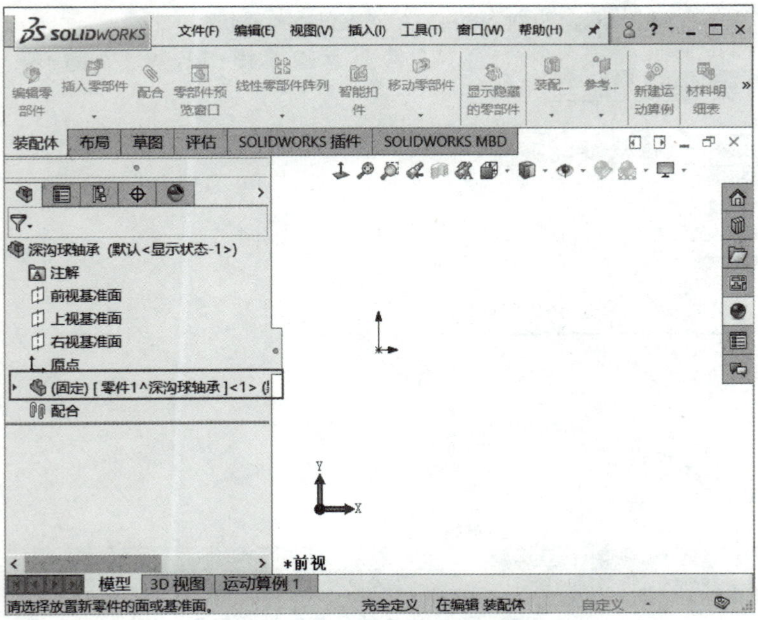

图 3-80　新零件插入后界面

步骤 2：编辑零件 1

1. 更改零件名

右击装配设计树中“零件 1”文件名，在快捷菜单中选择“重新命名零件”（也可在零件名上双击），将“零件 1”改名为“轴承外圈”，如图 3-81 所示。

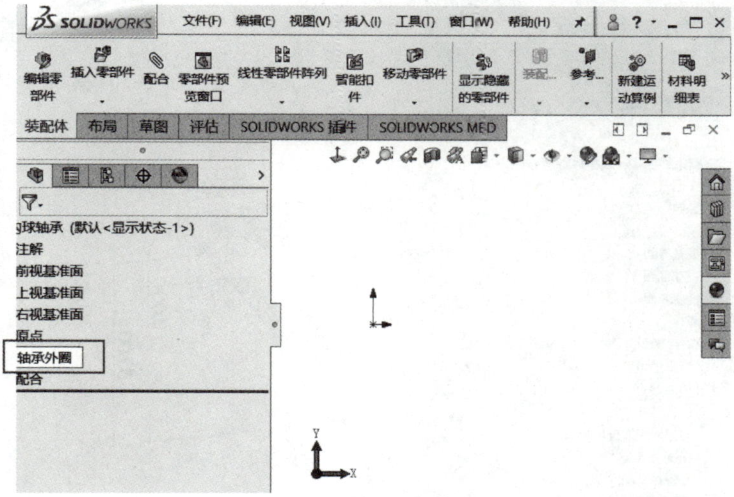

图 3-81 更改零件名

2. 编辑轴承外圈

单击“轴承外圈”，在“装配体”工具栏中单击“编辑零部件”按钮，进入编辑状态，此时“轴承外圈”文件名变蓝色（对应软件显示），同时装配区右上角出现“返回编辑”按钮。装配体中编辑轴承外圈如图 3-82 所示。

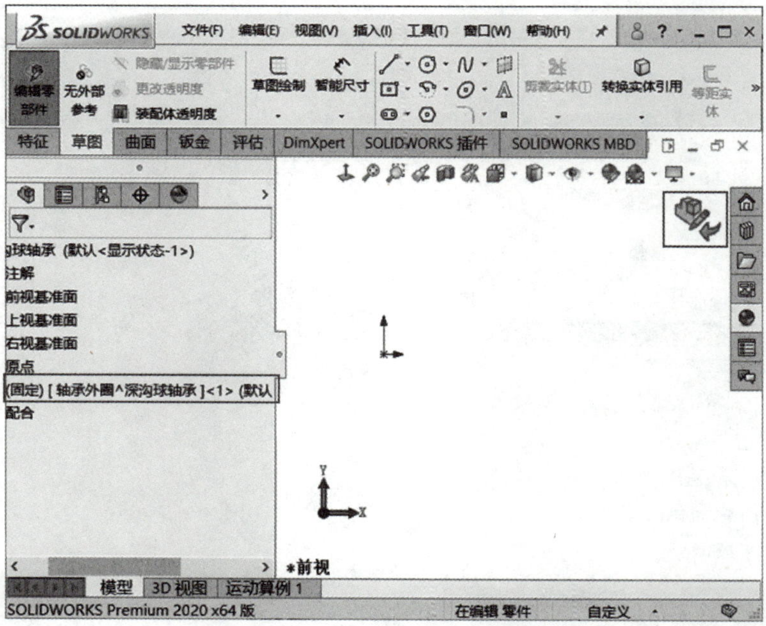

图 3-82 装配体中编辑轴承外圈

3. 绘制轴承外圈草图

选择“轴承外圈”下的“前视基准面”，绘制图 3-83 所示的草图。

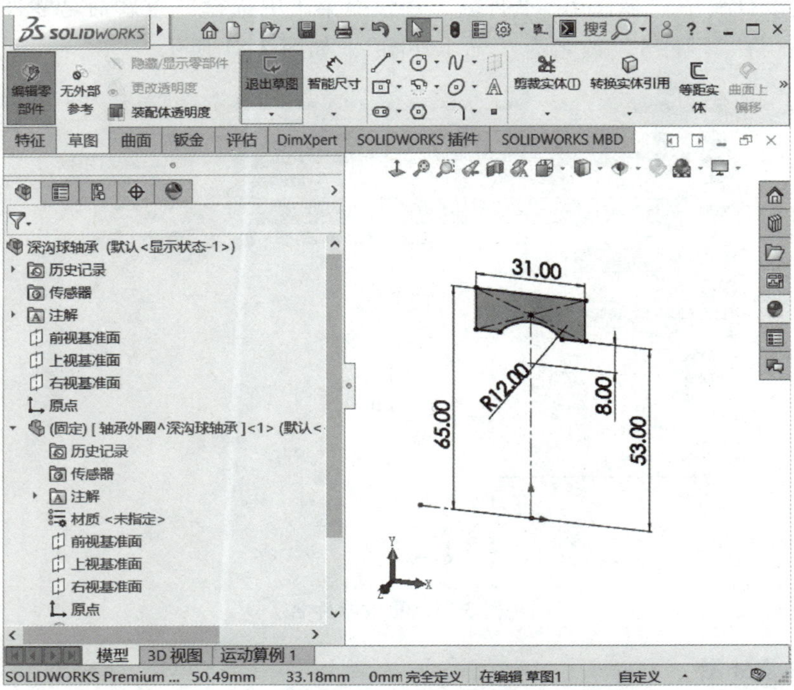

图 3-83　装配体中完全定义的轴承外圈草图

4. 创建轴承外圈模型

选择“旋转凸台/基体”命令创建轴承外圈模型，如图 3-84 所示。

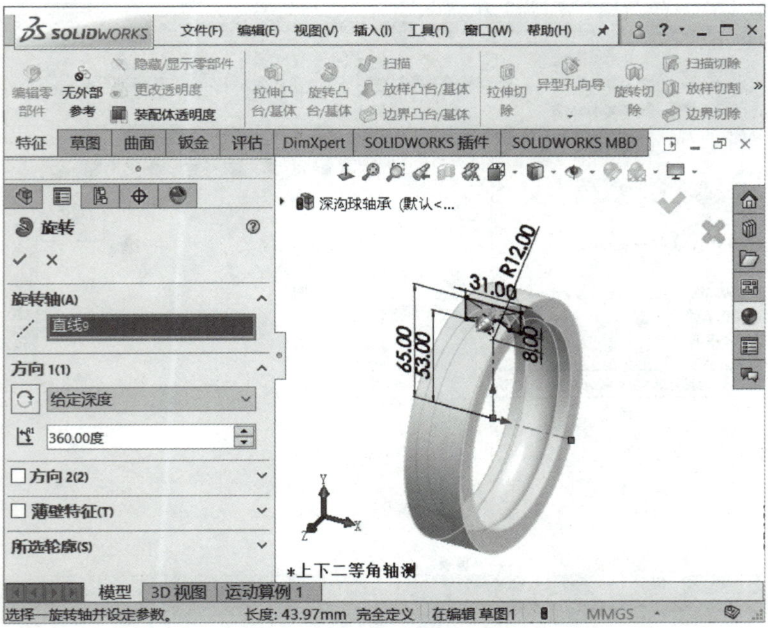

图 3-84　装配体中旋转实体

5. 创建圆角特征

利用“特征”工具栏中的“圆角”命令，创建“轴承外圈”R3 的圆角后，单击“返回编辑”按钮（图 3-85），退出轴承外圈编辑状态，完成轴承外圈模型创建。

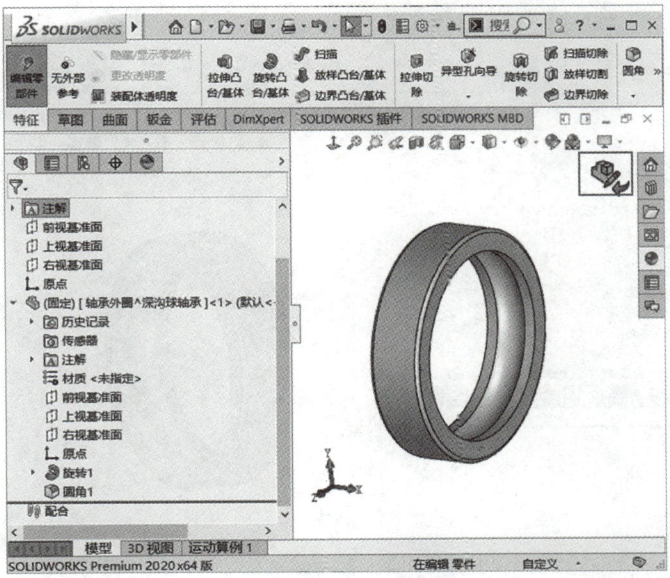

图 3-85　创建圆角特征

（二）创建轴承内圈

步骤 1： 插入零件 2

单击“插入零部件”按钮下的黑三角箭头，在弹出的下拉菜单中选择“新零件”，选择一个模板后，在装配区单击一下，零件 2 便已插入（图 3-86）。

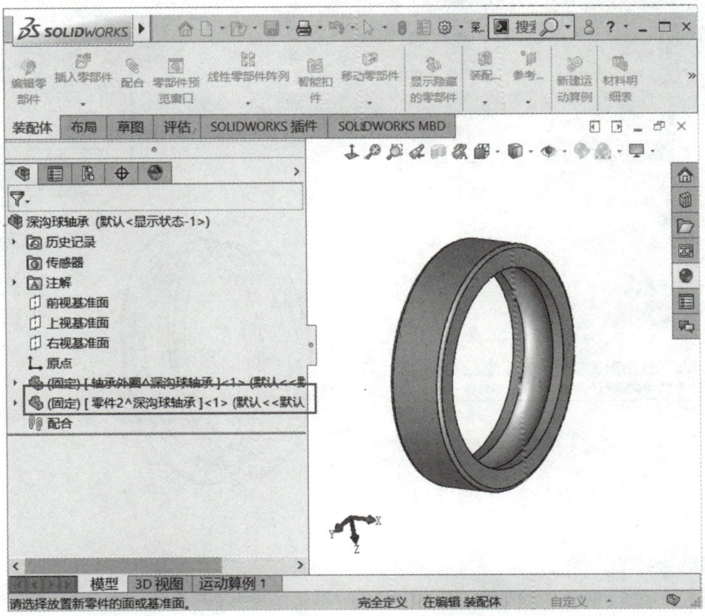

图 3-86　装配体中插入新零件

步骤 2：编辑零件 2

1. 更改零件名

右击装配设计树中“零件 2”文件名，在快捷菜单中选择“重新命名零件”（也可在名件上双击），将“零件 2”改名为“轴承内圈”，如图 3-87 所示。

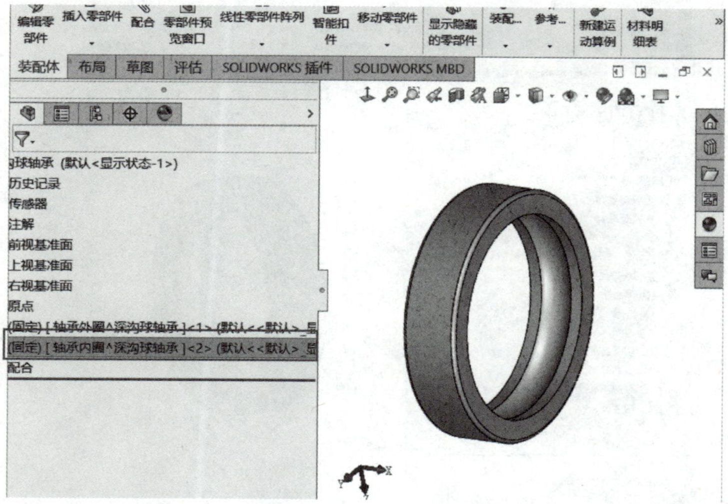

图 3-87　更改新零件名

2. 编辑轴承内圈

单击“轴承内圈”，在“装配体”工具栏中单击“编辑零部件”按钮，进入编辑状态，此时“轴承内圈”文件名变蓝色（对应软件显示），同时装配区右上角出现“返回编辑”按钮。装配体中编辑轴承内圈如图 3-88 所示。

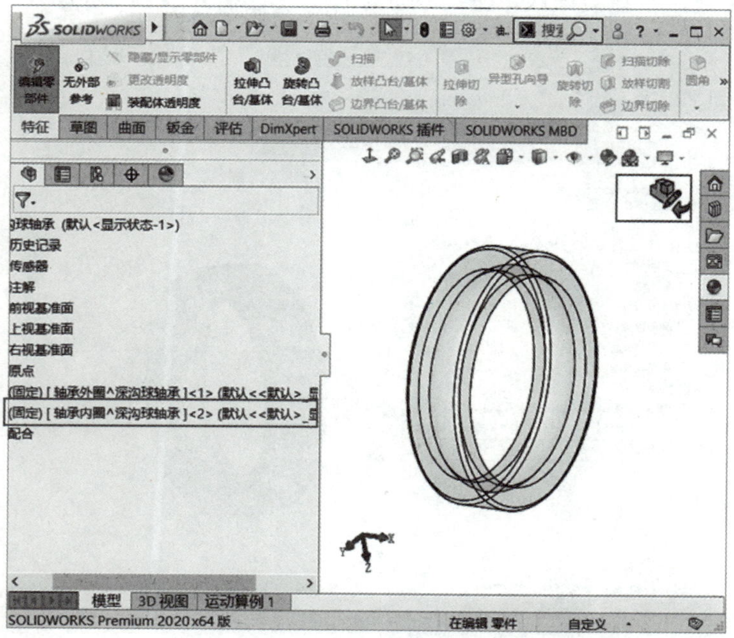

图 3-88　装配体中编辑轴承内圈

3. 绘制轴承内圈草图

选择“轴承内圈”下的“前视基准面”，绘制图 3-89 所示的草图。

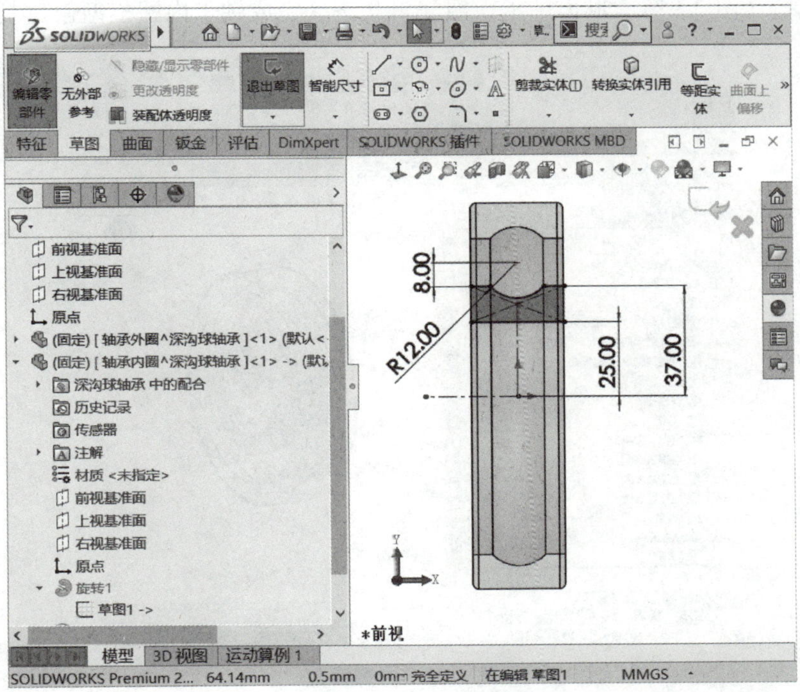

图 3-89　装配体中轴承内圈草图

4. 创建轴承内圈模型

选择“旋转凸台/基体”命令创建轴承内圈模型，如图 3-90 所示。

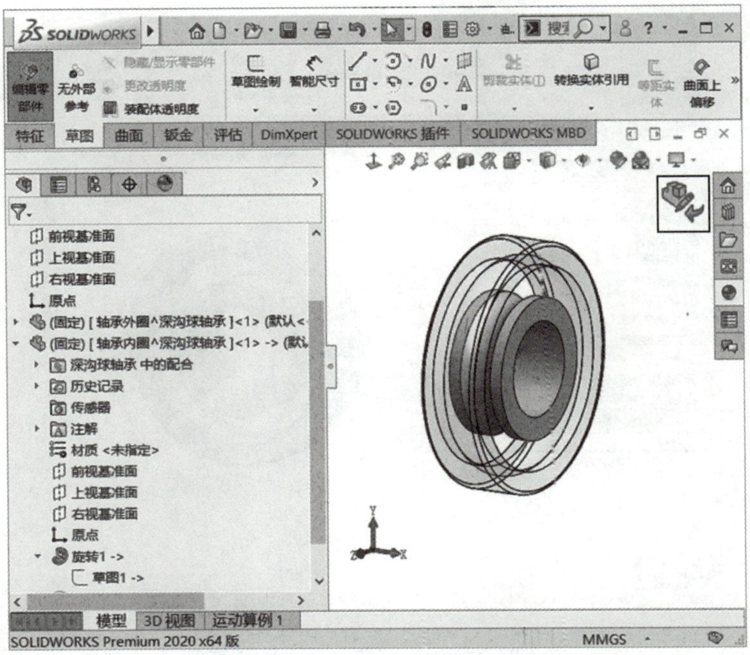

图 3-90　装配体中旋转实体

5. 创建圆角特征

利用“特征”工具栏中的“圆角”命令创建“轴承内圈”R3 的圆角后，单击“返回编辑”按钮（图 3-91），退出轴承内圈编辑状态，完成轴承内圈模型创建。

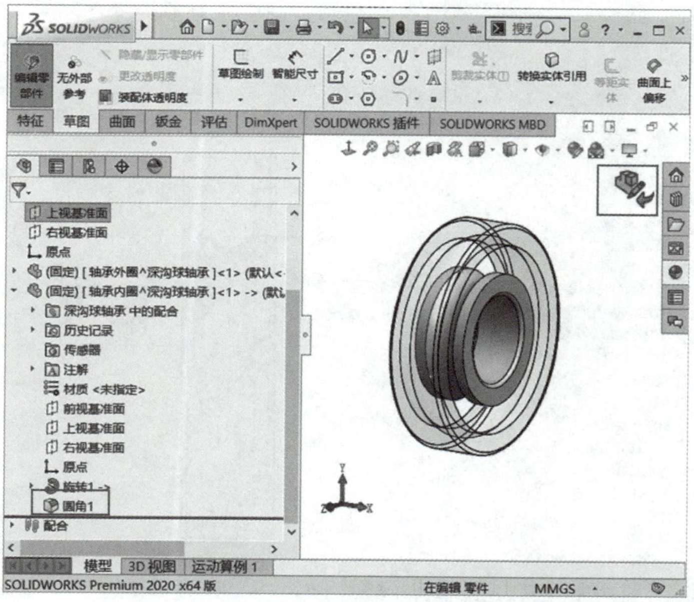

图 3-91　内圈圆角

（三）创建保持架

步骤 1：插入零件 3 并改名为“保持架”

同上两步操作一样，插入“新零件”并改名为“保持架”，如图 3-92 所示。

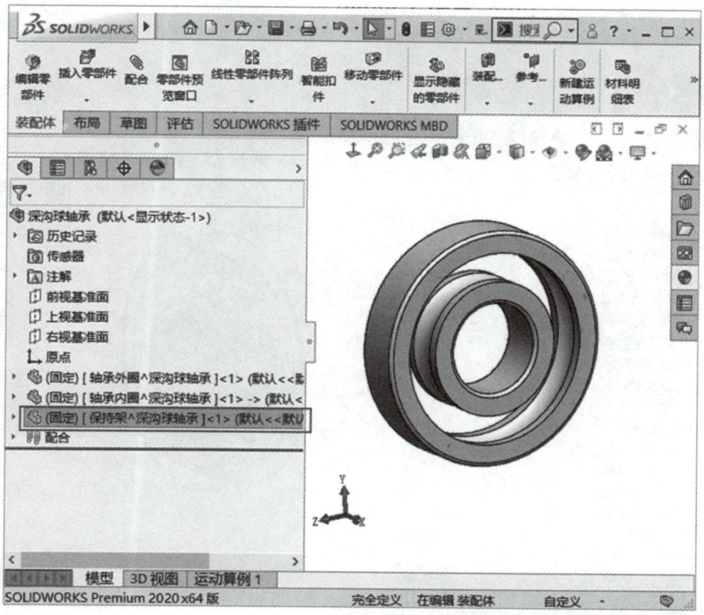

图 3-92　装配体中插入新零件并改名

步骤 2：创建保持架

1. 打开保持架“零件”模式窗口

右击装配设计树中“保持架”文件名，在快捷菜单中单击“打开零件”按钮（图 3-93），将“保持架”在零件建模状态下打开。

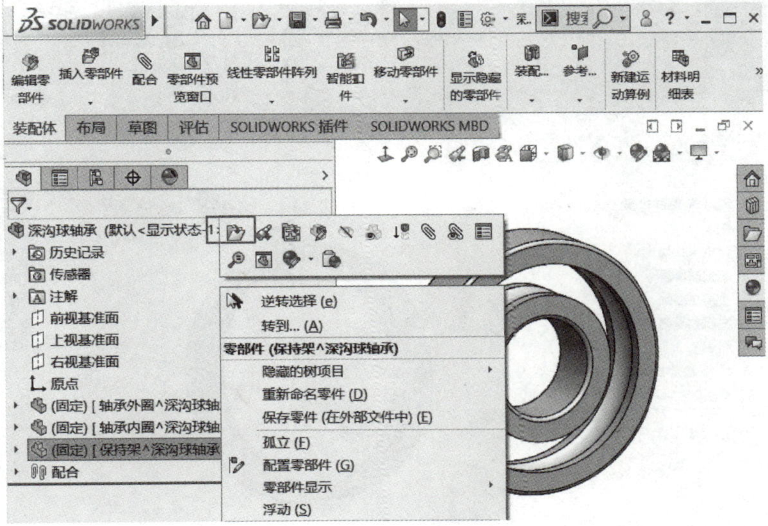

图 3-93　打开保持架“零件”模式窗口

2. 在零件模式下创建保持架

（1）创建保持架基体（拉伸凸台/基体）　以右视基准面为草图平面，创建内径 ϕ86mm、外径 ϕ94mm、高 20mm 的圆柱，拉伸保持架基体如图 3-94 所示。

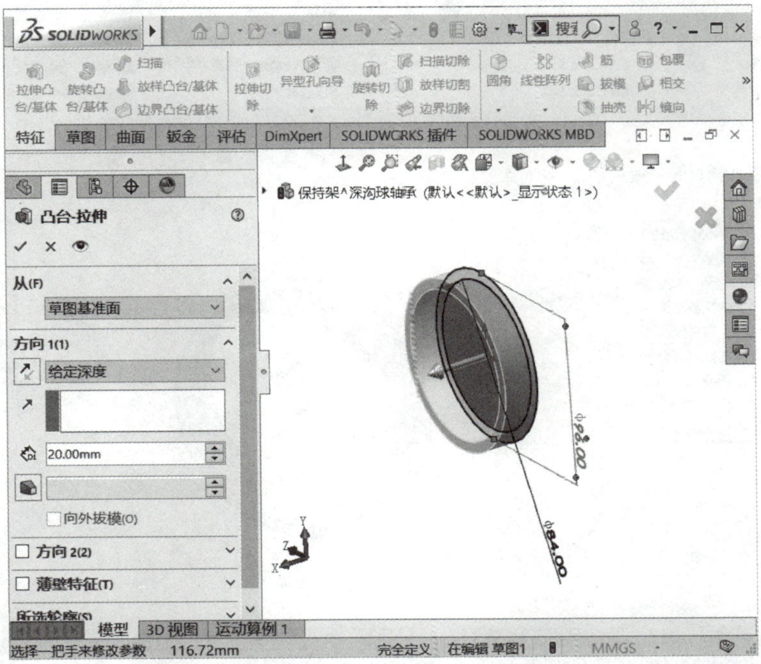

图 3-94　拉伸保持架基体

（2）绘制钢球窝（旋转切除、圆角、圆周阵列）

1）选择“保持架基体”端面为“草图基准面”，绘制图3-95所示钢球窝草图。

2）利用“旋转切除”命令创建钢球窝特征（图3-96）。

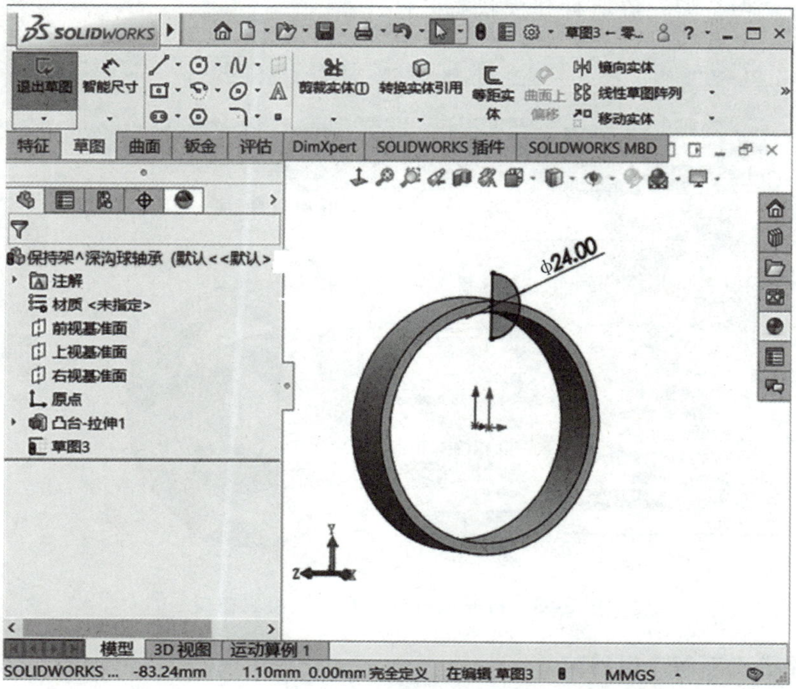

图 3-95 钢球窝草图

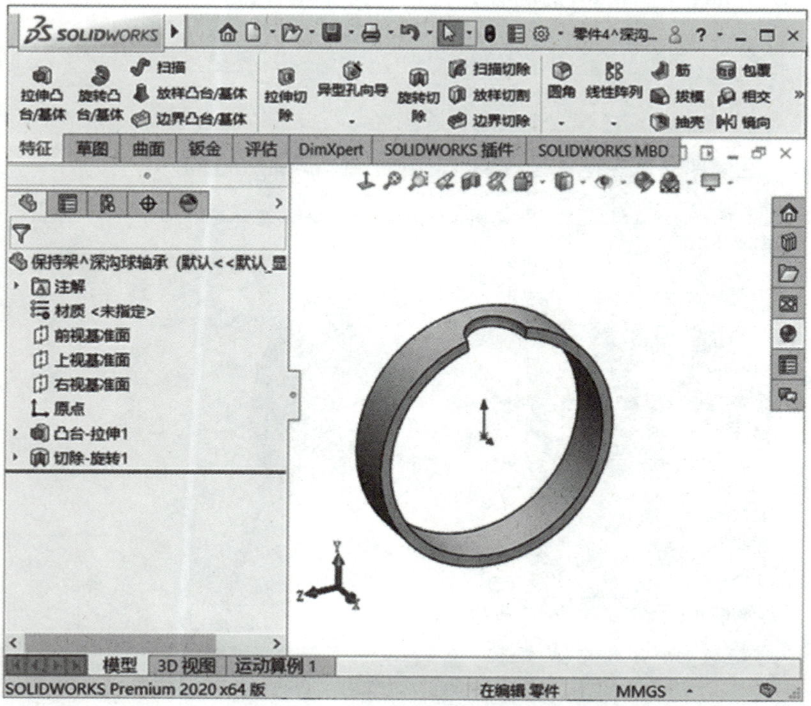

图 3-96 旋转切除钢球窝特征

3）利用“圆角”命令创建 R3 圆角（图 3-97）。

4）利用“圆周阵列”命令创建 8 个钢球窝（图 3-98）。

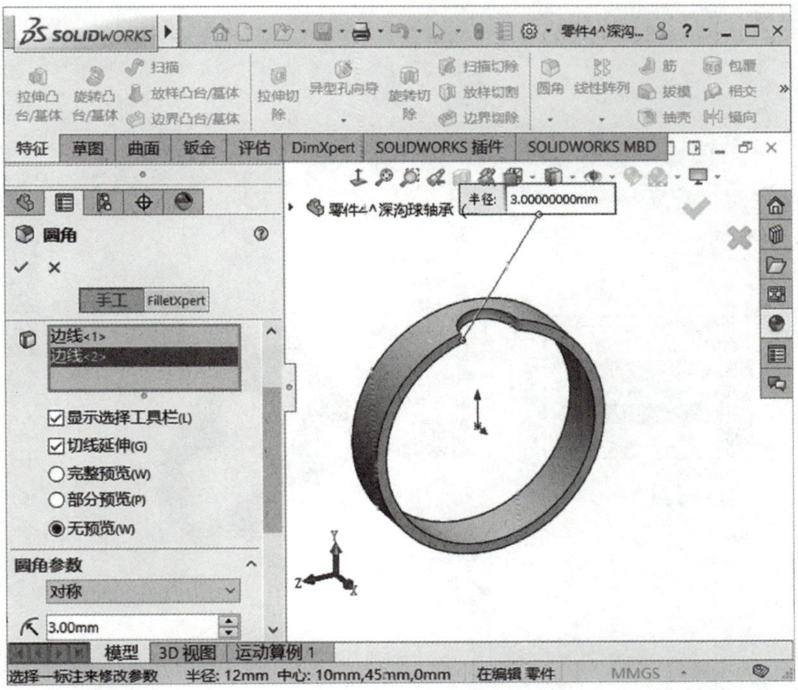

图 3-97　钢球窝圆角

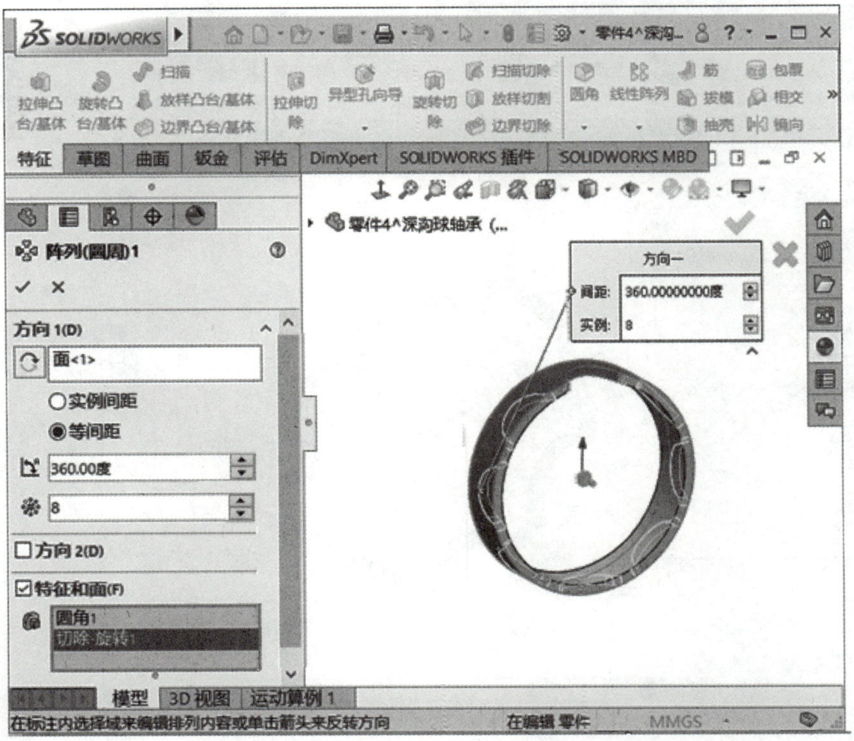

图 3-98　阵列钢球窝

（3）创建保持架薄片（抽壳） 选择“特征”工具栏中的“抽壳”命令，创建保持架薄片，具体参数如图 3-99 所示。创建完成保持架薄片形状如图 3-100 所示。

图 3-99 抽壳

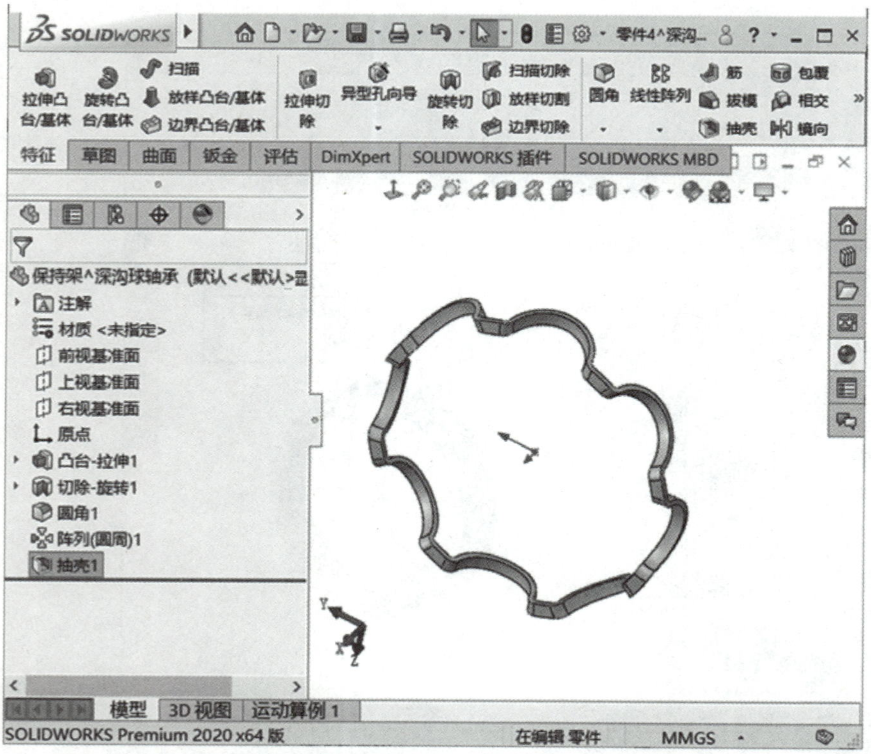

图 3-100 保持架薄片形状

（4）创建保持架薄片铆接孔（拉伸切除、圆周阵列）

1）选择“保持架薄片”侧面为“草图基准面”，绘制图 3-101 所示铆接孔草图。

2）利用“拉伸切除”命令创建铆接孔。

3）利用“圆周阵列”命令创建 8 个铆接孔，铆接孔完成图如图 3-102 所示。

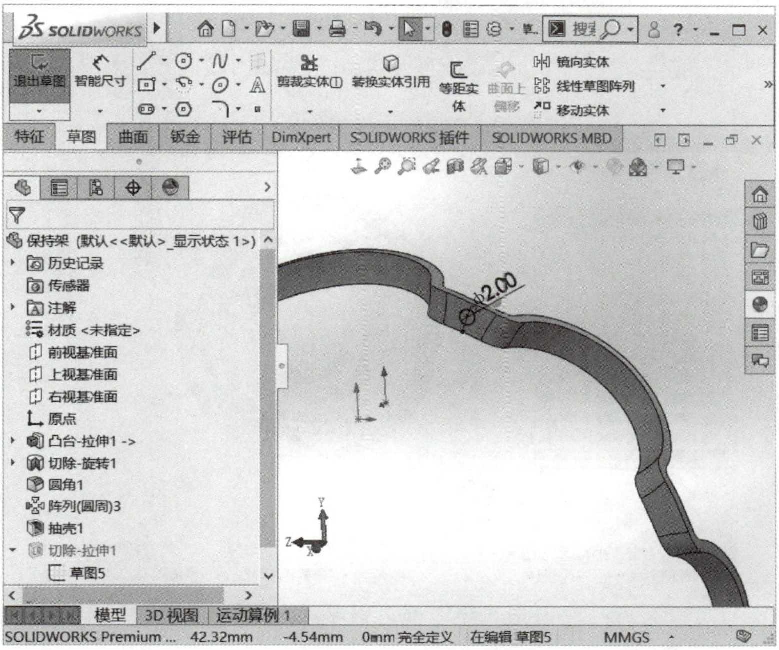

图 3-101 铆接孔草图

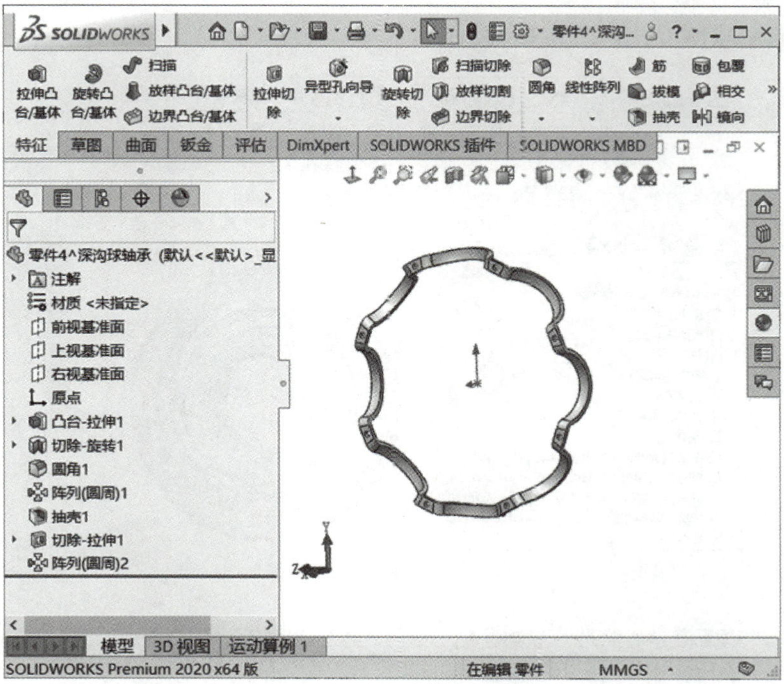

图 3-102 铆接孔完成图

（5）保存　保存返回深沟球装配体。

（四）创建钢球

步骤 1： 插入零件 4 并改名为“钢球”

同上两步操作一样，插入“新零件”并改名为“钢球”，如图 3-103 所示。

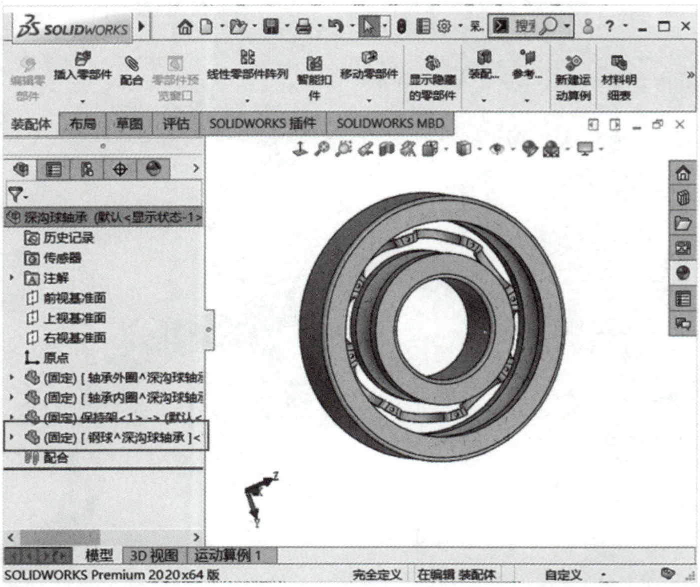

图 3-103　插入钢球新零件

步骤 2： 创建钢球模型

单击“钢球”，在“装配体”工具栏中单击“编辑零部件”按钮，进入编辑状态，创建 φ24mm 的钢球模型，如图 3-104 所示。

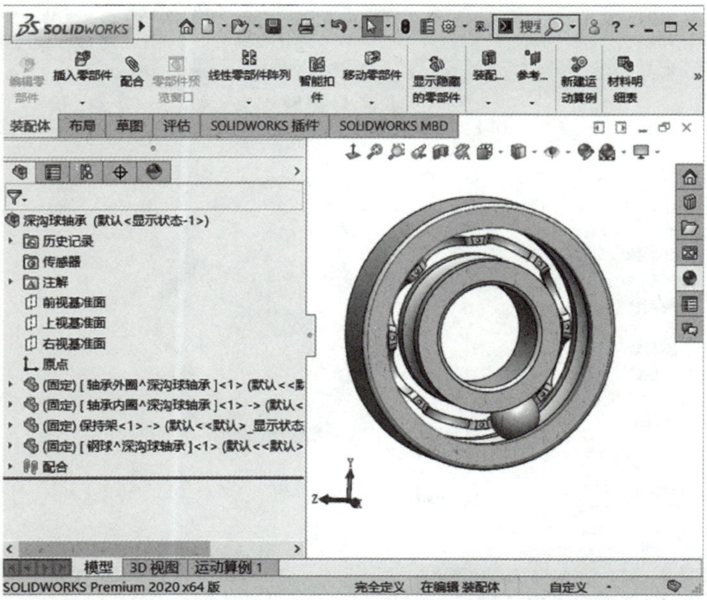

图 3-104　创建钢球模型

三、添加配合关系

步骤 1：改变零件状态

一个装配体中，只能有一个零部件是固定的，因此在添加配合关系的时候必须先将零件的状态由“固定”改成“浮动”，同时调整先后位置关系。具体操作步骤是：右击装配设计树中零件名，在弹出的快捷菜单中选择“浮动”，然后通过鼠标拖动的方式调整位置。改变零件状态如图 3-105 所示。

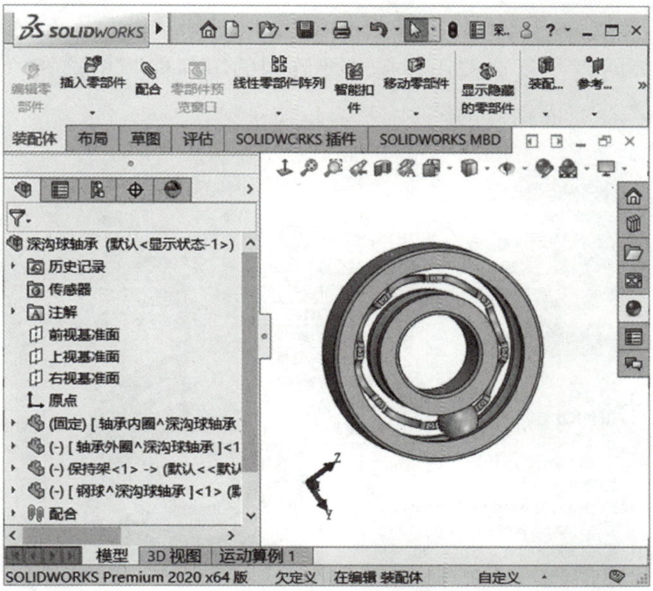

图 3-105 改变零件状态

步骤 2：添加配合关系

按图 3-106 所示，添加如下配合关系。

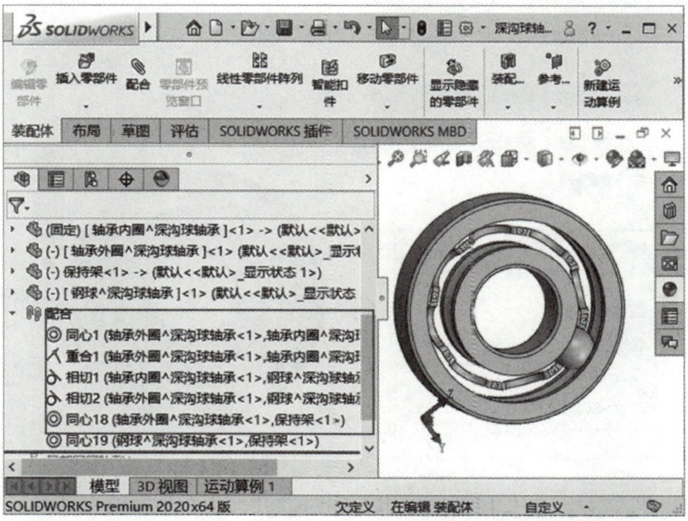

图 3-106 添加配合关系

1）添加轴承内圈与轴承外圈的同心配合关系和重合配合关系。

2）添加钢球与轴承外圈内滚道及钢球与轴承内圈外滚道的相切配合关系。

3）添加轴承外圈与保持架的同心配合关系。

4）添加钢球与保持架钢球窝的同心配合关系。

步骤3：阵列钢球

在“装配体”工具栏中，单击“线性零部件阵列”下的黑三角，在弹出的快捷菜单中单击“圆周零部件阵列”按钮（图3-107），弹出“圆周阵列”对话框。

在对话框中，“参数”→“阵列轴”中选择轴承外圈面，“角度”输入“360”，“实例数”输入“8”，勾选“等间距”复选按钮，在“要阵列的零部件”中选择“钢球”（图3-108），单击“确定”按钮，完成钢球的阵列。

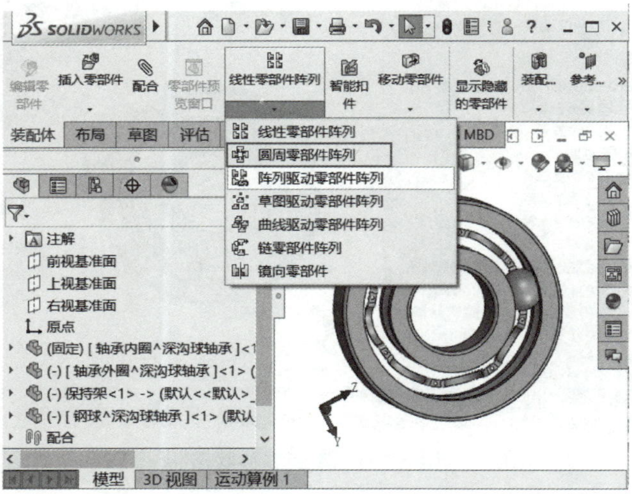

图3-107　选择圆周阵列

图3-108　阵列钢球

步骤 4：镜向保持架

在“装配体”工具栏中，单击“线性零部件阵列”下的黑三角，在弹出的快捷菜单中单击“镜向零部件”按钮（图 3-109），弹出“镜向零部件”对话框。

在对话框的“镜向基准面”中选择“保持架小端面”，在“要镜向的零部件”中选择“保持架”（图 3-110），单击“确定”按钮，完成另一半保持架的创建。

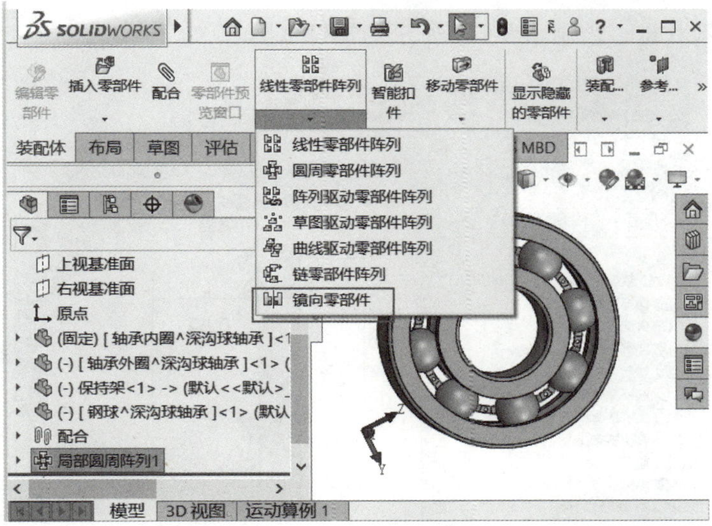

图 3-109　选择镜向命令

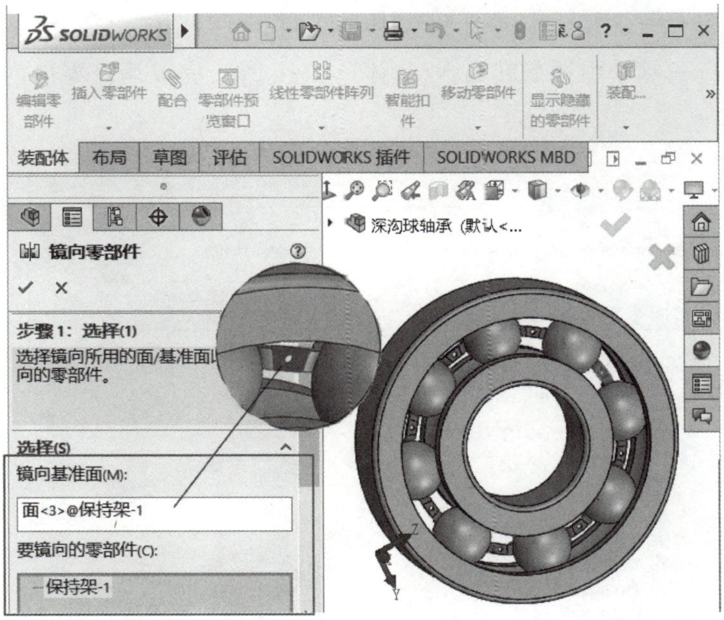

图 3-110　选择镜向面

四、创建铆钉零件

步骤 1：新建并保存零件

新建文件：单击快速访问栏“新建”按钮，在弹出的对话框中选择“零件”，单击“确定”按钮，进入零件创建环境。

保存文件：单击“保存”按钮，选择合适的位置，输入文件名“铆钉”，单击“保存”按钮。

步骤 2：创建铆钉零件

1. 草图绘制

进入草图绘制状态，绘制图 3-111 所示的铆钉草图。

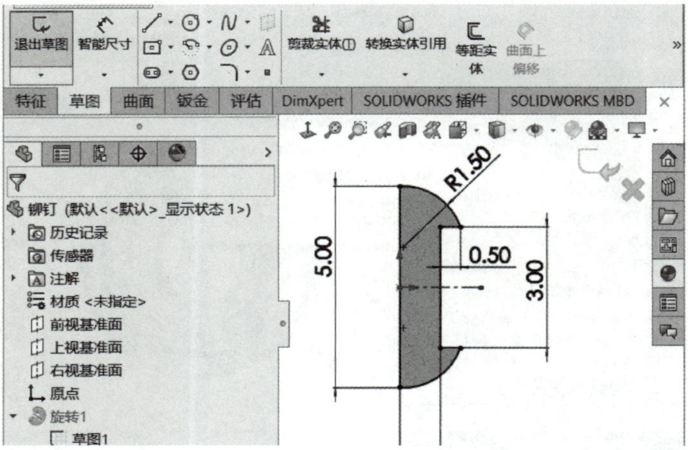

图 3-111　定义铆钉草图

2. 创建铆钉零件（利用“旋转凸台/基体”工具）

利用“特征”选项卡中“旋转凸台/基体”工具，完成铆钉零件创建。铆钉零件如图 3-112 所示。

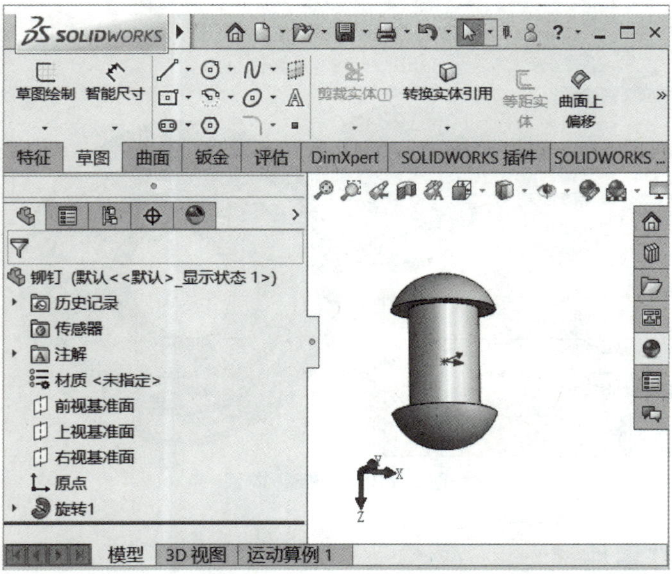

图 3-112　铆钉

五、装配铆钉零件

步骤 1：载入零件

单击“插入零部件”按钮，弹出“插入零部件”对话框，单击对话框中“打开文件”下的“铆钉”（图 3-113），再在装配区单击，便可将“铆钉”放置在装配区，如图 3-114 所示。

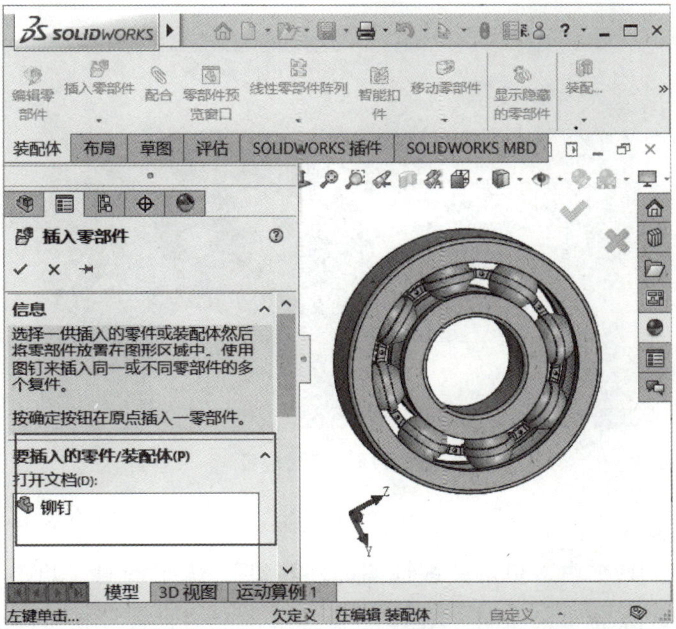

图 3-113　插入铆钉

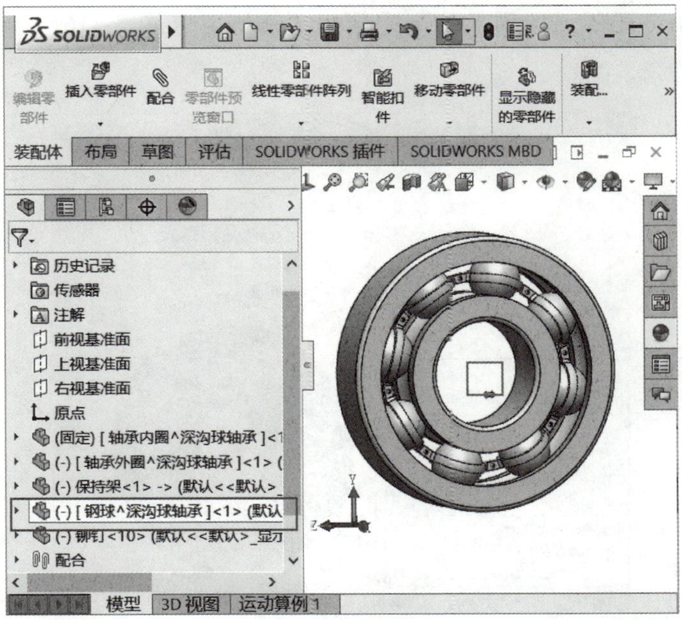

图 3-114　放置铆钉

步骤 2：装配铆钉

1. 添加装配关系（图 3-115）

1）添加保持架孔与铆钉轴的同心配合关系。

2）添加保持架孔口端面与铆钉头平面的重合配合关系。

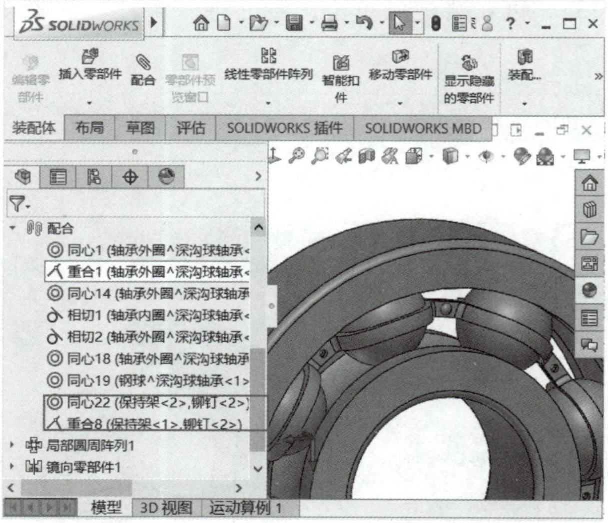

图 3-115 装配铆钉

2. 阵列铆钉

在“装配体”工具栏中，单击“线性零部件阵列”下的黑三角，在弹出的快捷菜单中单击“圆周零部件阵列”按钮，弹出“圆周阵列”对话框。在对话框的“参数”项中的“阵列轴”中选择轴承外圈面，“角度”输入“360”，“实例数”输入“8”，勾选“等间距”复选按钮，在“要阵列的零部件”中选择“铆钉”（图 3-116），单击“确定”按钮，完成铆钉的阵列装配。

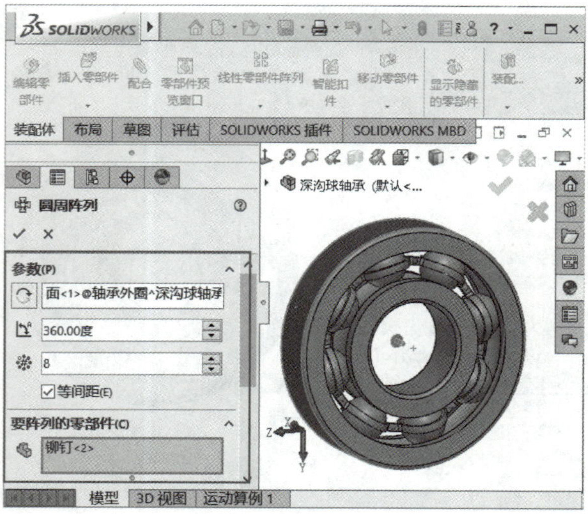

图 3-116 阵列铆钉

六、保存深沟球轴承

单击“保存”按钮，弹出“另存为”对话框，单击“外部保存”单选按钮，选择“与装配体相同”（图3-117），单击确定，完成全部零部件的保存，深沟球轴承模型如图3-118所示。

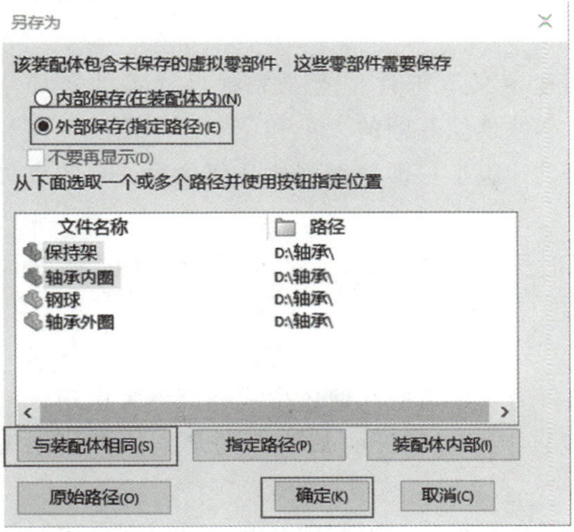

图3-117　零件保存对话框

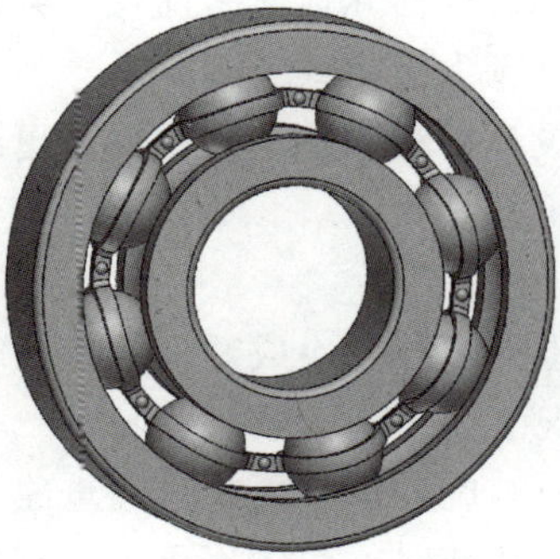

图3-118　深沟球轴承模型

知识链接

知识点一　设计方法

设计的方法有三种，一是通过自下而上设计来生成装配体，二是使用自上而下设计生成装配体，三是两种方法结合使用。

1. 自下而上设计方法

自下而上设计法是比较传统的方法，是先设计并造型零件，然后将之插入装配体，接着使用配合来定位零件。若想更改零件，必须单独编辑零件，当然，零件的更改也会在装配体中体现。

自下而上设计法对于已经制造过的或现售的零件，或者对于标准零部件来说是优先技术，因为这些零件不根据设计而更改其形状和大小。

2. 自上而下设计方法

自上而下设计法又称“关联设计”法，是指在装配体设计中，零件的一个或多个特征由装配体中的某项定义，如特征大小、装配体中零部件的放置，与其他零件的位置关系等，来自顶层（装配体）并下移（到零件中），也就是零件的形状、大小及位置可在装配体中设计。

自上而下设计法的方法有：

1）单个特征。可通过参考装配体中的其他零件而自上而下设计。如设计一个定位销，在自下而上设计中，零件在单独窗口中建造，此窗口中只可看到零件。然而，SolidWorks也允许在装配体窗口中操作时编辑零件。这可使所有其他零部件的几何体供参考之用（例如，复制或标注尺寸）。该方法对于大多是静态但具有某些与其他装配体零部件交界之特征的零件设计较有帮助。

2）完整零件。可通过在关联装配体中创建新零部件而以自上而下方法创建。创建的零部件实际上附加（配合）到装配体中的另一现有零部件，但所创建的零部件的几何体基于现有零部件。该方法对于简单装配体零件设计较有用，它们大多或完全依赖其他零件来定义其形状和大小。

3）整个装配体。自上而下设计，先通过创建定义零部件位置、关键尺寸等的布局草图。接着使用以上方法之一创建零件，所创建的零件遵循草图的大小和位置。草图的速度和灵活性能够在创建任何几何体之前快速尝试数个设计版本。即使在创建几何体后，草图也可在一中心位置进行大量更改。

自上而下设计方法的优点是在设计更改发生时所需改制更少，零件可根据其创建方法而知道如何自我更新。

注意点：

在使用自上而下技术生成零件或特征时，都将为所参考的几何体生成外部参考引用。

在某些情况下，带有大量关联特征（此构成自上而下设计的基础）的装配体可能比无关联特征的同一装配体需要更长时间重建。

在创建关联特征时，记住不要生成有冲突的配合很重要，因为此类配合可引起重建时间较长及不可预料的结果。一般可通过不给由关联特征所创建的几何体生成配合来避免这些冲突。

知识点二　虚拟零部件

自上而下设计法在装配体内创建的零部件叫虚拟零部件。在保存装配体时会出现内部保存和外部保存的选项。

虚拟零部件保存在装配体文件内部，而不是在单独的零件文件或子装配体文件中。

虚拟零部件在自上而下的设计中尤为有用。在概念设计阶段，需要频繁试验和更改装配体结构和零部件，使用虚拟零部件相比采用自下而上的设计方法，具有以下几个优点：

1）可以在设计树中重新命名这些虚拟零部件，而不需要打开它们，另存备份档并使用替换零部件命令。

2）只需一步操作，即可让虚拟零部件中的一个实例独立于其他实例。

用于存储装配体的文件夹中，不会存放因零部件设计迭代而产生的未用零件和装配体文件。

默认情况下，在关联装配体中生成零部件时，软件可将零部件作为虚拟零部件保存在装配体文件内。

更改默认设置，可以将新的零部件保存在外部的零件文件或子装配体文件中，而不是作为虚拟零部件保存。

知识点三　外部参考引用

外部参考是在一个文件依赖于另一个文件求解时生成的。如果参考引用的文档改变，则依赖于它的文件也会改变。

在使用自上而下的设计法创建装配体时，可以在零部件中生成一个参考其他零部件几何特征的关联特征，则此关联特征对其他零部件进行了外部参考，如果改变了参考零部件的几何特征，则相关的关联特征也会改变。

在设计树中，右击特征、零部件、实体或零件，然后单击“列举外部参考”便可弹出“此项的外部参考”对话框，如图 3-119 所示。

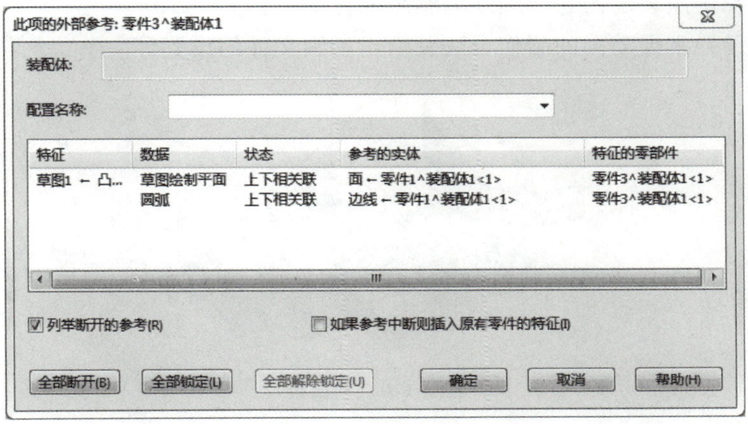

图 3-119　“此项的外部参考”对话框

“列举断开的参考”：在以上列表中包括断开的参考引用。否则，它们将不包括在内。

“如果参考中断则插入原有零件的特征”（仅对于派生的零件）：当为派生零件中的参考引用单击全部断开时。

1）如果选中该选项，原始零件中的特征将添加到派生零件中，这样可独立于原始零件中的特征而编辑派生零件中的特征。

2）如果取消勾选该选项，那么派生零件将作为单一实体生成，无可编辑的特征。

“全部断开”：永久为该项断开外部参考引用。

“全部锁定”：为该项锁定外部参考引用。参考引用不再更新，不能将任何新参考引用添加到项目中。

“全部解除锁定”：全部解除锁定参考引用，这样可添加新参考引用或编辑现有参考引用。

任务 3.3　平口钳的爆炸视图创建

任务描述

在传统设计中，机器装配过程是比较难以表达的。SolidWorks 的“爆炸视图”正是解决这种装配过程表达的有效工具。

爆炸视图就是在装配环境中，把装配体的零部件拆分出来，进而使这个零部件分开一定的距离，以方便观察装配体中的每一个零部件，清楚地反应装配体的细节结构，即将装配体当中各个零部件，沿着所给定的一个坐标轴或者是直线，进行相应地移动。通过创建爆炸视图可以清楚了解当前模型一些组成结构和零部件，也能够非常精准地表达零部件的一些相对位置关系。本次任务以在任务3.1中创建的平口钳（图3-120）为例，创建平口钳的“爆炸视图”，并达到以下目标：

1）熟悉爆炸视图创建环境，了解爆炸视图的功能。

2）熟练掌握创建爆炸视图的方法。

3）能够正确按照装配的先后顺序调整零部件的位置。

4）能够理解并掌握动画的制作方法及输出动画文件的设置等。

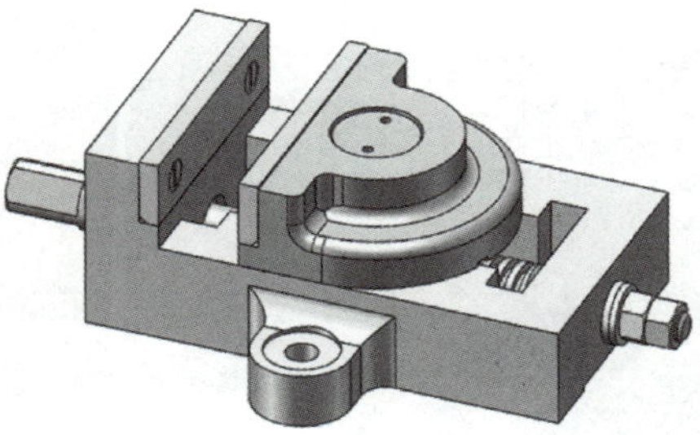

图3-120　平口钳

任务分析

按照工厂拆装零件的顺序，先拆分圆螺钉、活动钳口、六角螺母、丝杠、方块螺母、然后再拆分螺钉、钳口垫铁等。平口钳分解流程图如图3-121所示。

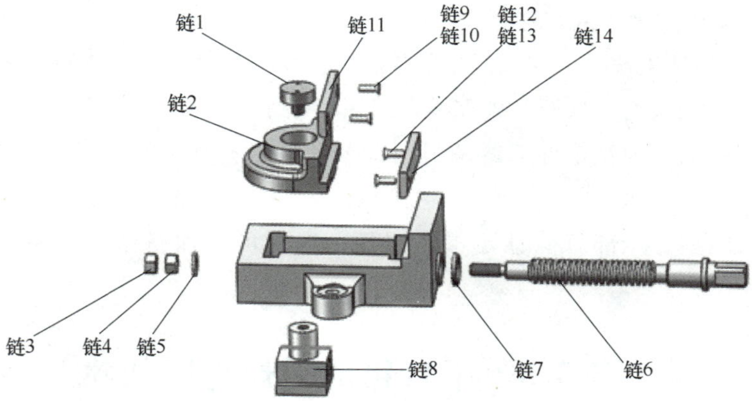

图3-121　平口钳分解流程图

任务实施

步骤1：载入装配部件

运行SolidWorks 2020，单击“打开” ，在“打开”对话框内找到平口钳所在的位置，双击平口钳装配体，便打开平口钳装配体模型，如图3-122所示。

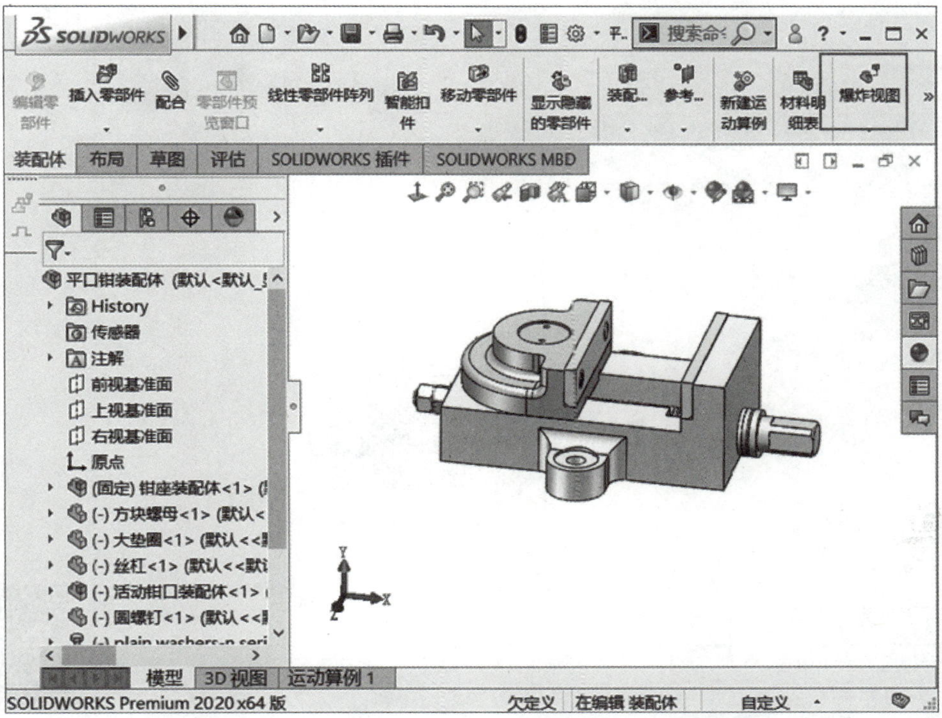

图 3-122 平口钳装配体模型

特别提示:

SolidWorks 中，爆炸视图可以很形象地查看装配体中各个零部件的配合关系，常称为系统立体图。“爆炸视图”不是独立存在的，可以说它是装配体的一个特殊配置，要制作“爆炸视图”必须在零部件装配体完成后才能操作，主要是为了在制造、维修及销售过程中，直观地分析各个零部件之间的相互关系的。装配体爆炸以后，用户不可以对装配体添加新的配合关系。爆炸视图通常用于介绍零件的组装流程、仪器的操作手册及产品使用说明书中。

具体内容见本节“知识链接”中的“知识点一”。

步骤 2：制作爆炸视图

1. 打开“爆炸”对话框

单击“装配体”工具选项卡中“爆炸视图”按钮，弹出“爆炸”对话框，如图 3-123 所示。

2. 设置爆炸视图

（1）选择爆炸步骤类型　单击“爆炸”对话框的“常规步骤（平移和旋转）”按钮。

（2）设置“圆螺钉”的“爆炸步骤”　单击装配图中“圆螺钉”出现三重轴（图 3-124），单击 Y 轴，按下鼠标左键（MB1）向上拖动到合适位置，松开鼠标并单击，即可将“圆螺钉”放置到当前位置，同时在“爆炸步骤”下的列表框中将出现“链 1”，表示第一步做的动作（图 3-125）。

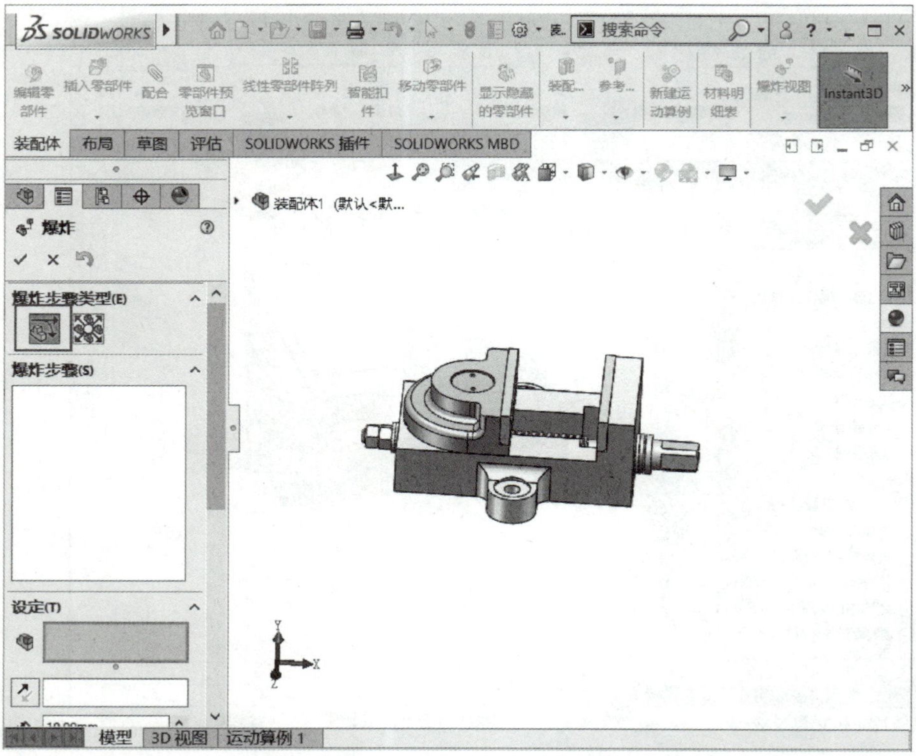

图 3-123 “爆炸”对话框

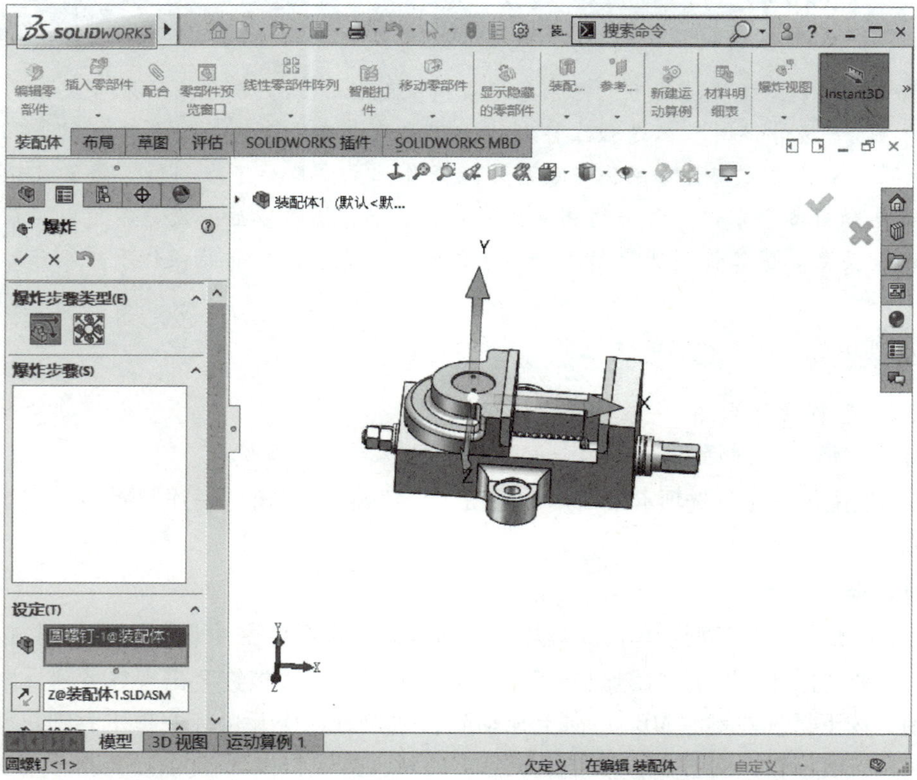

图 3-124 三重轴

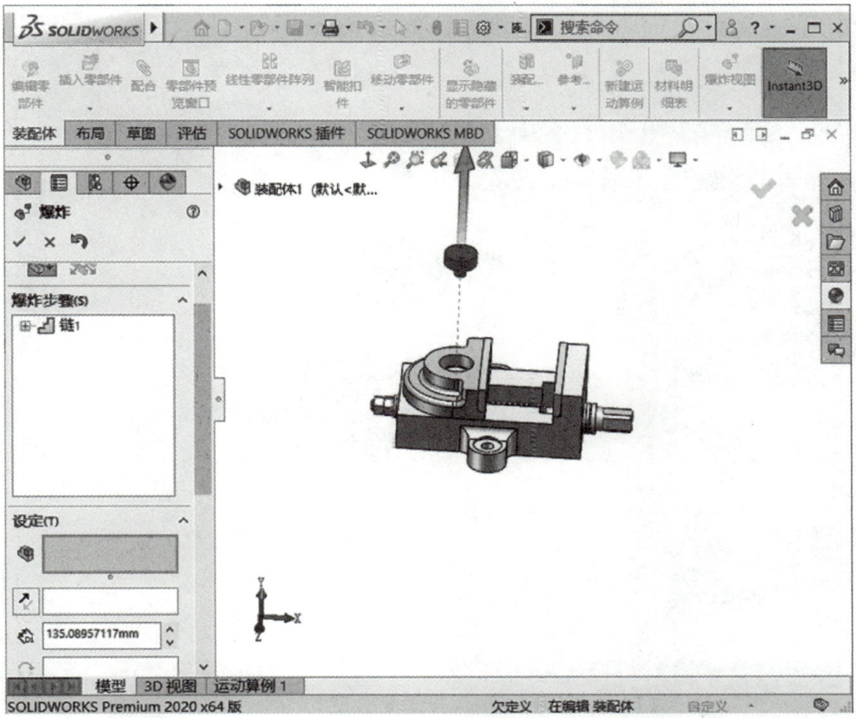

图 3-125　爆炸零件位置

（3）设置“活动钳口装配体”的“爆炸步骤”　首先勾选“爆炸”对话框下方“选项”里的“选择子装配体零件”复选按钮（默认是勾上的）。再单击“活动钳口装配体”出现三重轴（图 3-126），单击 Y 轴，按下鼠标左键（MB1）向上拖动到合适位置，松开鼠标并单击，即可将“活动钳口装配体”放置到当前位置，同时在“爆炸步骤”下的列表框中将出现“链 2”，表示第二步做的动作（图 3-127）。

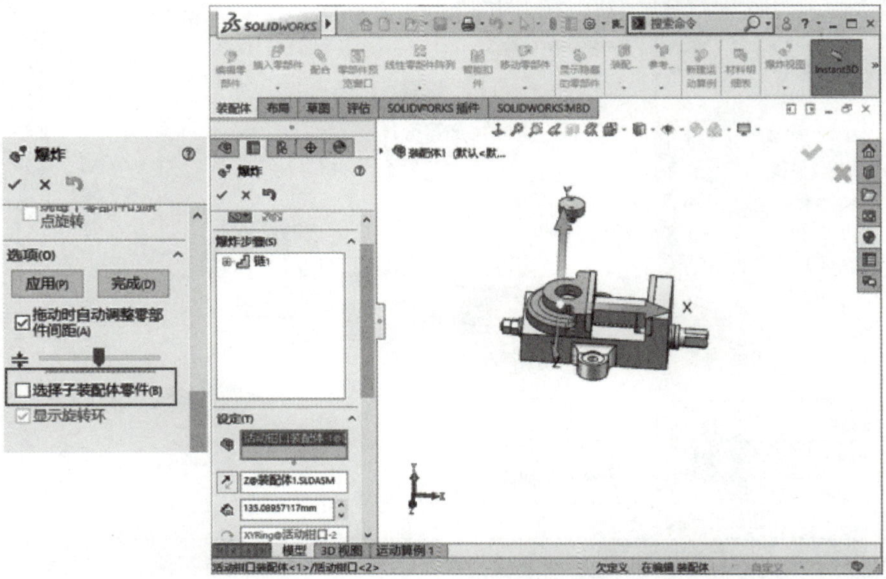

图 3-126　爆炸子装配体

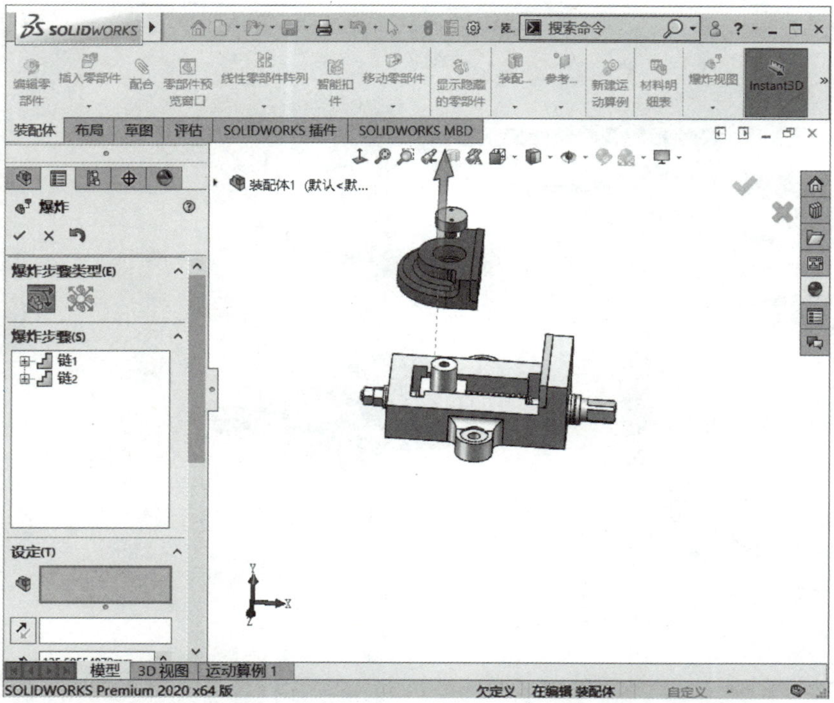

图 3-127　爆炸步骤 2

（4）设置“丝杠”六角螺母及小垫片的“爆炸步骤” 方法同上步（图 3-128、图 3-129、图 3-130）。

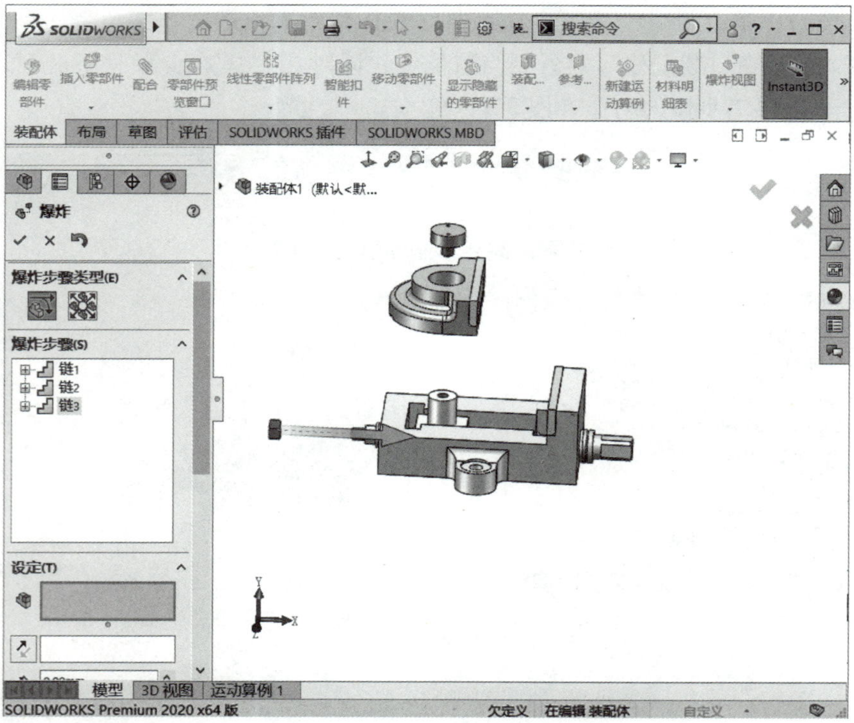

图 3-128　六角螺母爆炸图 1

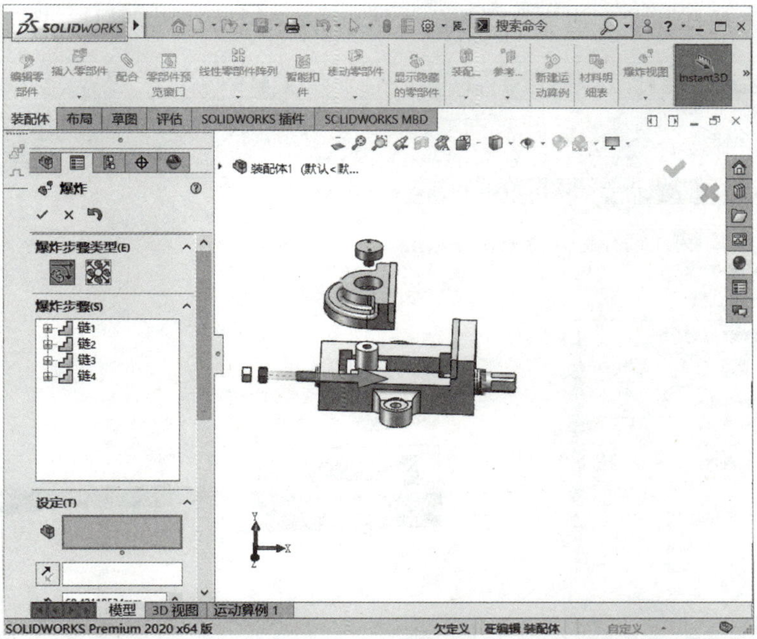

图 3-129　六角螺母爆炸图 2

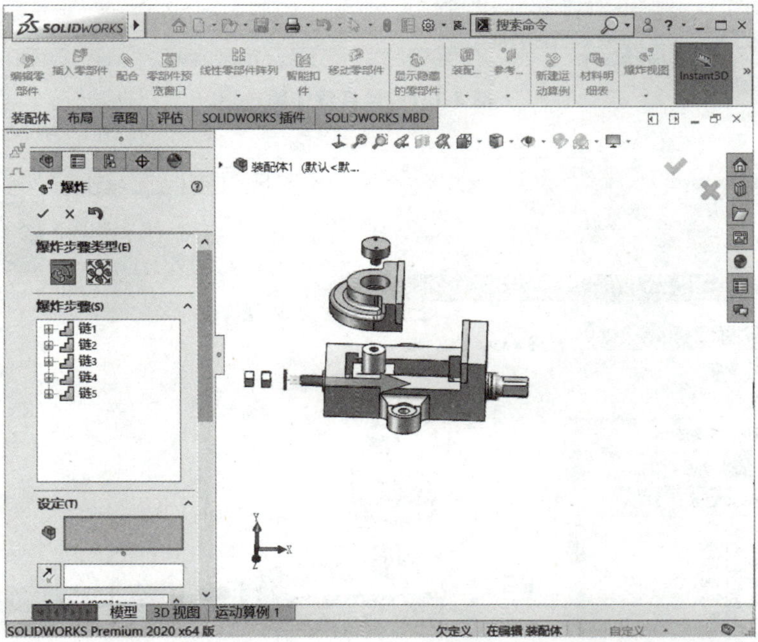

图 3-130　小垫片爆炸图

特别提示：

爆炸步骤应该与拆卸步骤一致，并符合实际操作要领。若要精确控制移动距离和添加旋转动作，参考“知识链接”中的“知识点二”。若要重新调整零件位置，详见“知识链接”中的“知识点三”。

（5）设置“丝杠”及大垫片的“爆炸步骤” 方法同前（图 3-131、图 3-132）。

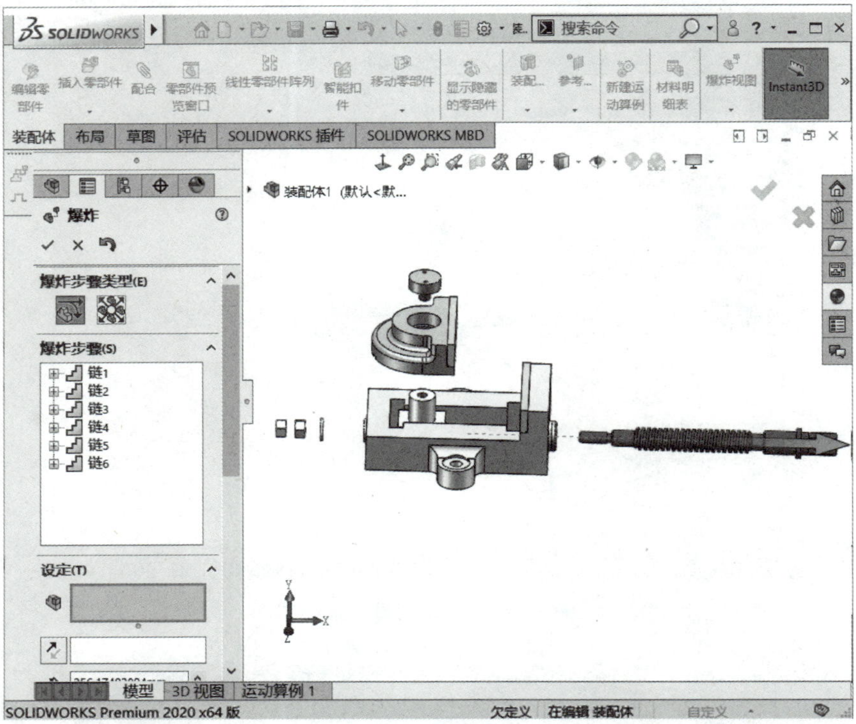

图 3-131　丝杠爆炸图

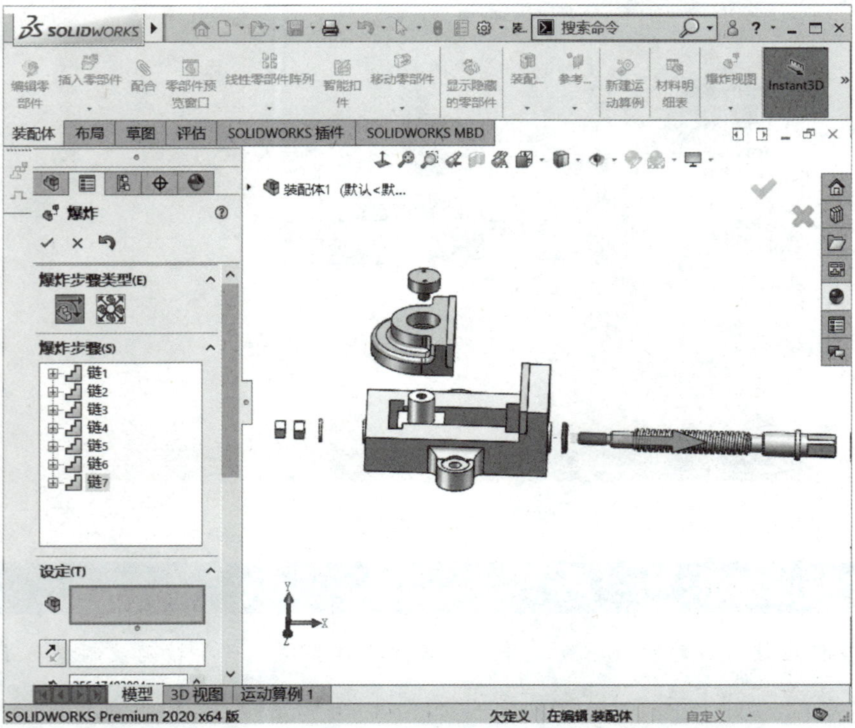

图 3-132　大垫片爆炸图

（6）设置“方块螺母”的“爆炸步骤” 方法同前（图 3-133）。

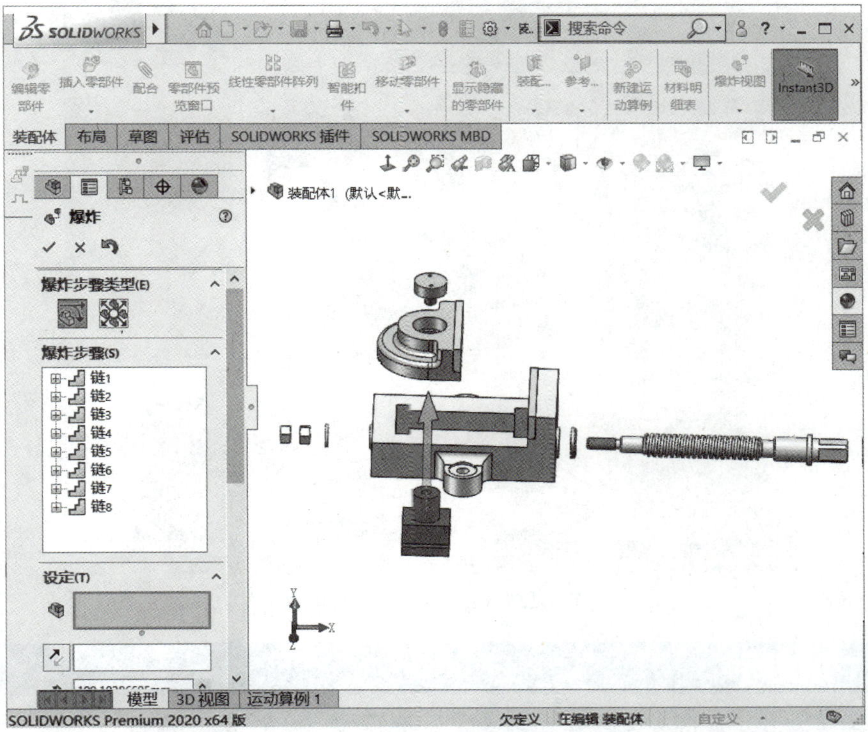

图 3-133 方块螺母爆炸图

（7）设置“活动钳口装配体”的“螺钉”“爆炸步骤” 首先勾选“爆炸”对话框下方“选项”里的“选择子装配体零件”复选按钮，同时选择“活动钳口装配体”中的两个螺钉，用鼠标沿 X 方向拖动到合适位置（图 3-134）；再同时选择这两个螺钉，用鼠标沿 Y 方向拖动到合适位置（图 3-135）。

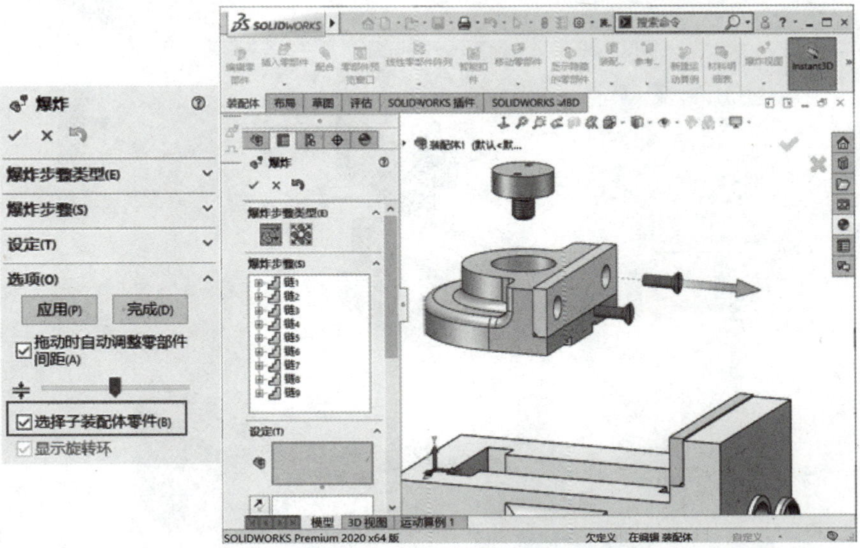

图 3-134 螺钉 X 方向爆炸图

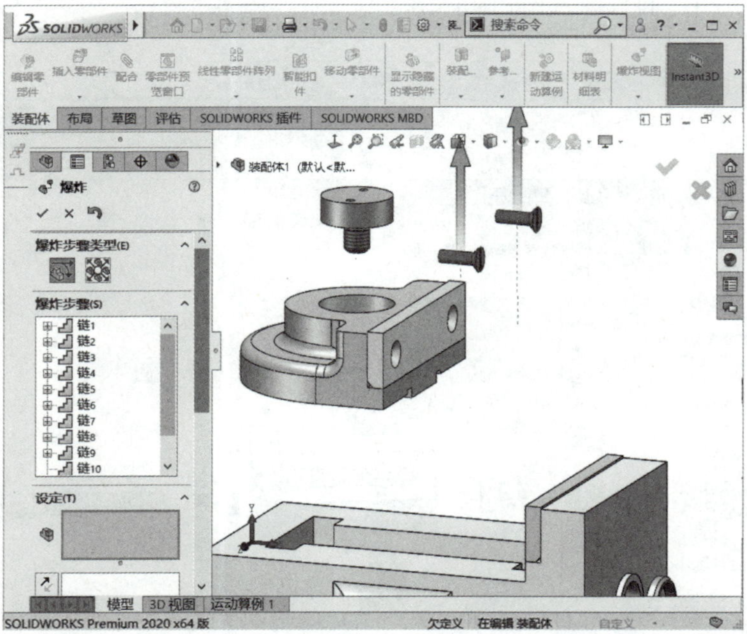

图 3-135　螺钉 Y 方向爆炸图

小技巧：

当定义多个零件做同一个动作，除了在视图窗口中选择多个零件（按<Ctrl>键），也可以在浏览器中选择多个做同一动作的零件。

（8）设置“活动钳口装配体”的“钳口垫铁”“爆炸步骤”　接上步，选择“活动钳口装配体”中的“钳口垫铁”，用鼠标沿 Y 方向拖动到合适位置（图 3-136）。

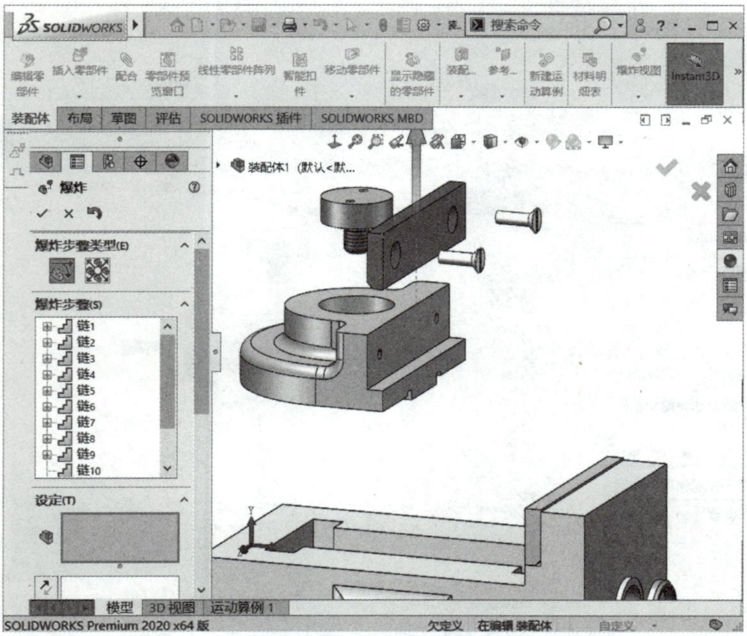

图 3-136　钳口垫铁爆炸图

（9）设置“钳座装配体”的“螺钉”“爆炸步骤”操作同（7），结果如图 3-137、图 3-138 所示。

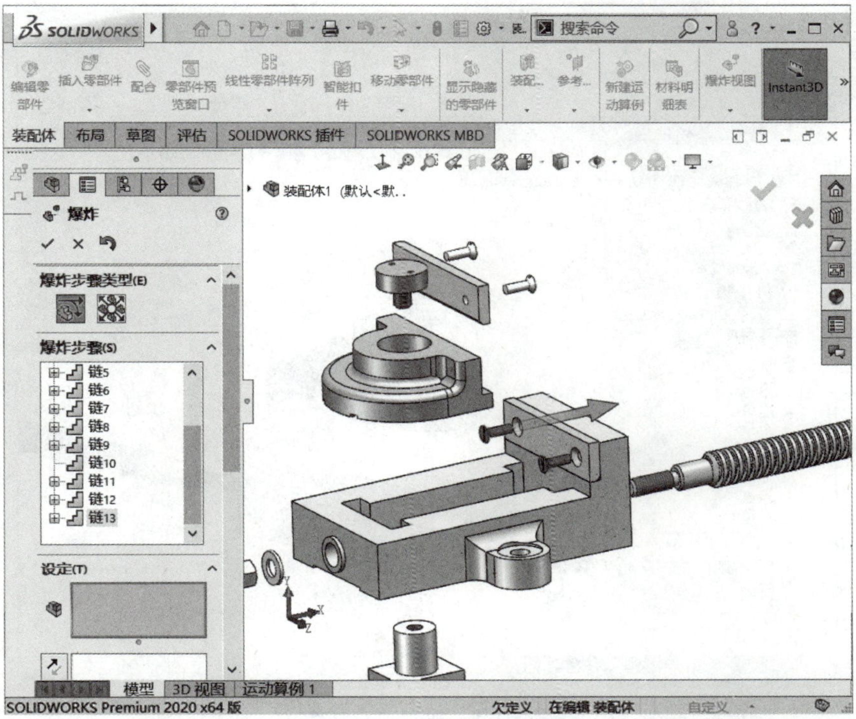

图 3-137　螺钉 X 方向爆炸图

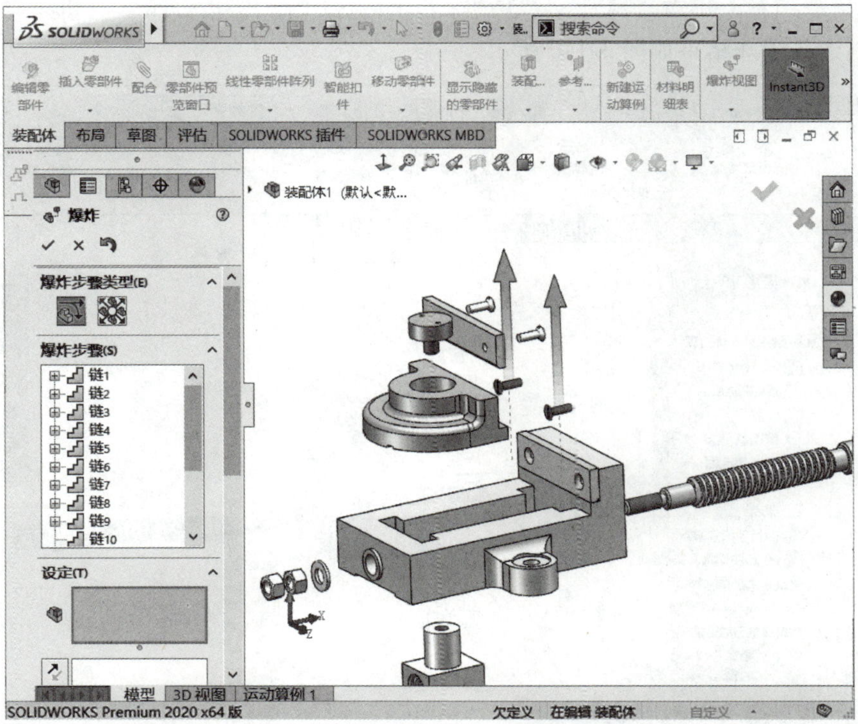

图 3-138　螺钉 Y 方向爆炸图

（10）设置“钳座装配体”的“钳口垫铁”“爆炸步骤” 操作同（8），结果如图 3-139 所示。

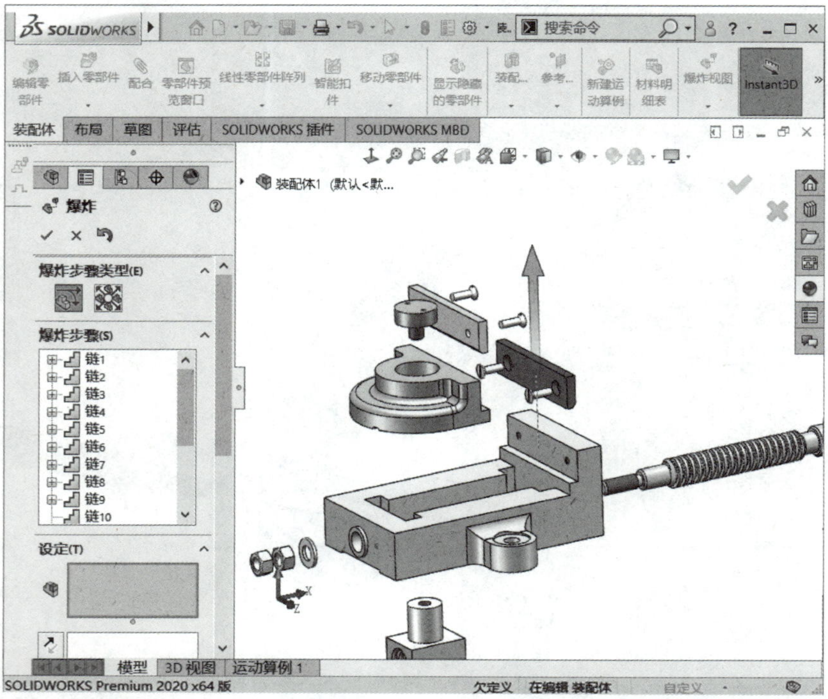

图 3-139 钳口垫铁爆炸

（11）爆炸结果 单击“爆炸”对话框左上角“确定”按钮✔完成“钳座装配体”“爆炸视图”创建，爆炸结果如图 3-140 所示。

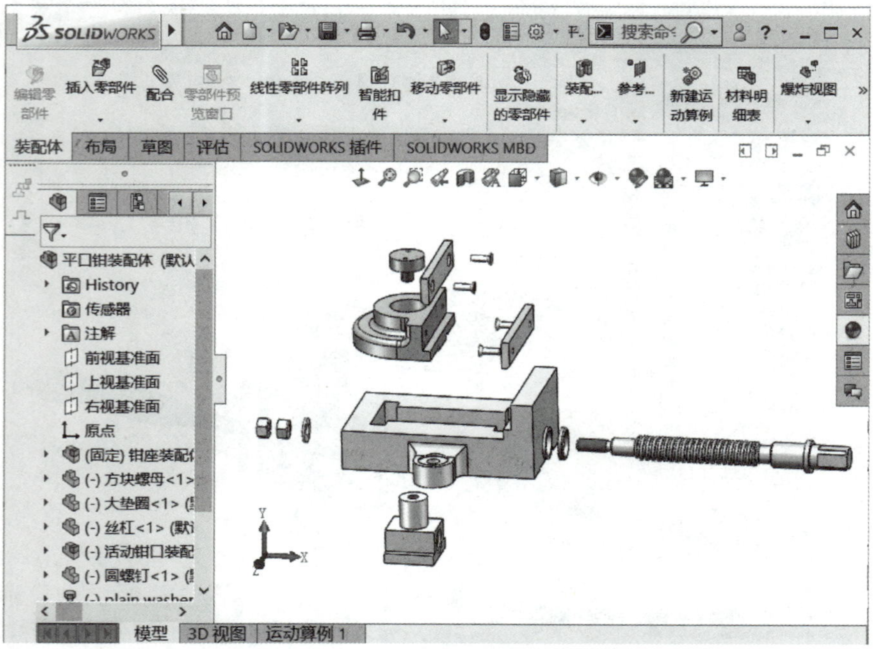

图 3-140 爆炸结果

步骤 3： 解除爆炸视图

在装配设计树中，右击“平口钳装配体”，在弹出的快捷菜单中选择“解除爆炸”即可将“爆炸视图”隐藏起来，如图 3-141 所示。

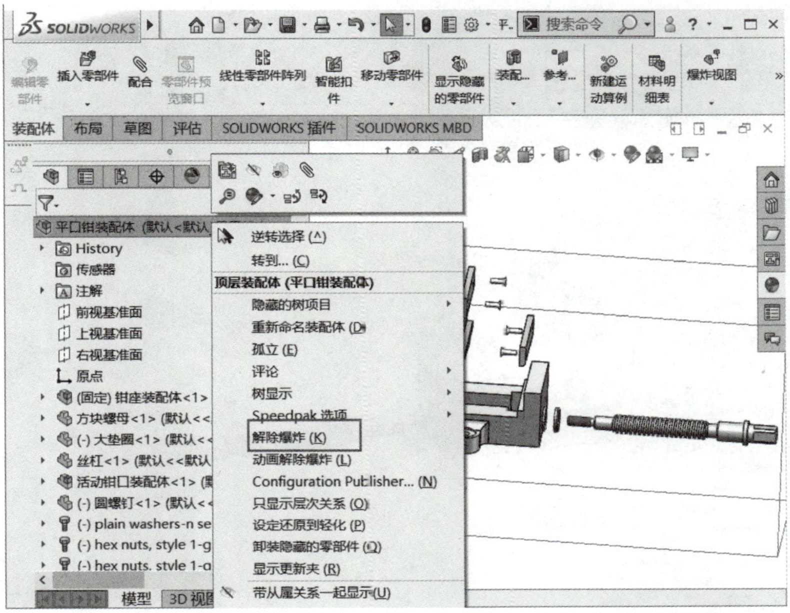

图 3-141 解除爆炸视图

步骤 4： 显示爆炸视图

在装配设计树中，右击“平口钳装配体”，在弹出的快捷菜单中选择“爆炸”即可将“爆炸视图”显示出来，如图 3-142 所示。

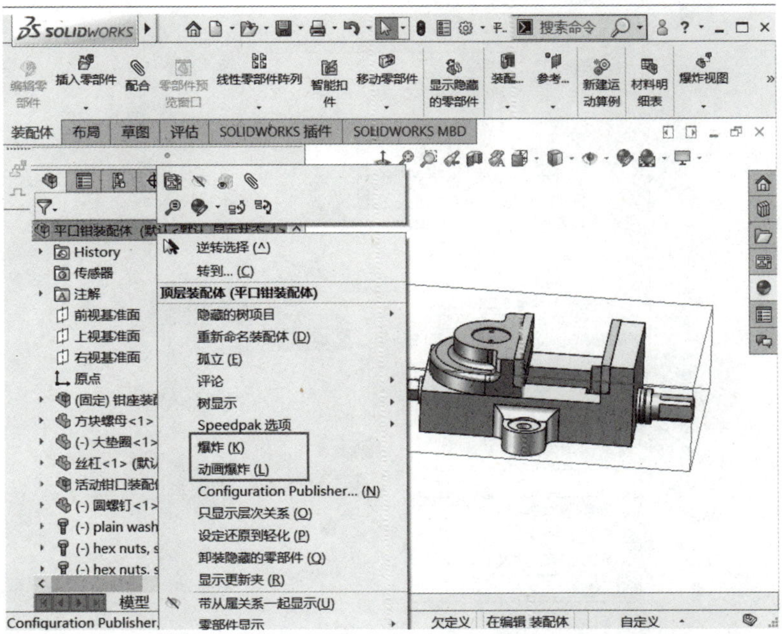

图 3-142 显示爆炸视图

步骤 5：创建动画爆炸

在图 3-142 所示情况下，选择快捷菜单中的“动画爆炸”，“爆炸视图”便可以动画的方法呈现出来，同时，出现“动画控制器”（图 3-143）。

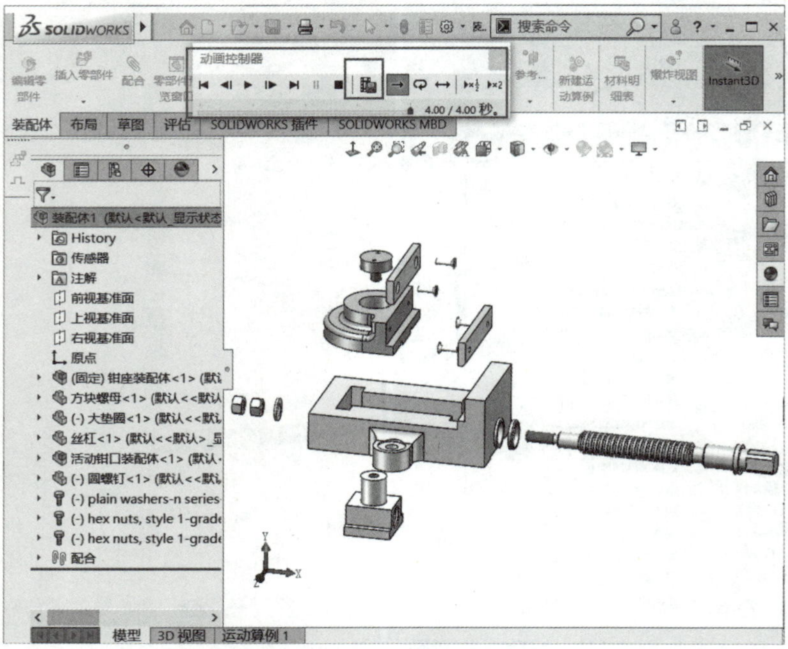

图 3-143　爆炸动画

在“动画控制器”中，选择“往复循环”按钮和“慢速播放”按钮后，再单击“保存动画”按钮，弹出“保存动画到文件”对话框。爆炸动画格式设置如图 3-144 所示。

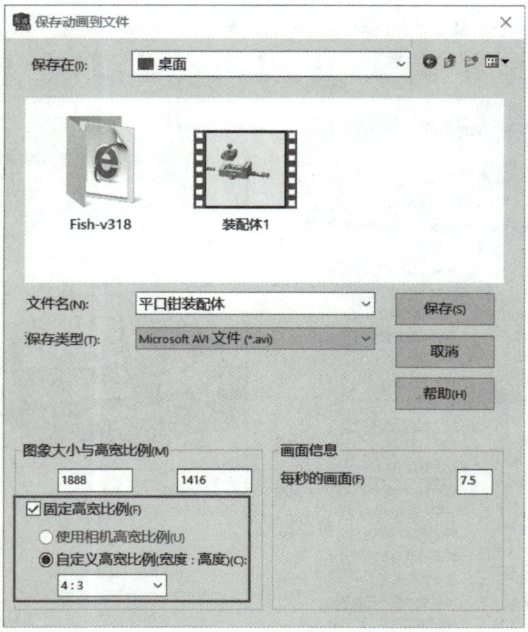

图 3-144　爆炸动画格式设置

单击“保存”按钮后，弹出“视频压缩”对话框，选择“压缩程序”为“全帧（非压缩的）”，单击“确定”按钮（图 3-145），完成动画视频文件创建。

步骤 6：播放动画文件

在桌面找到“平口钳装配体 . AVI”文件，双击打开，便可直接播放装配体的拆装过程，如图 3-146 所示。

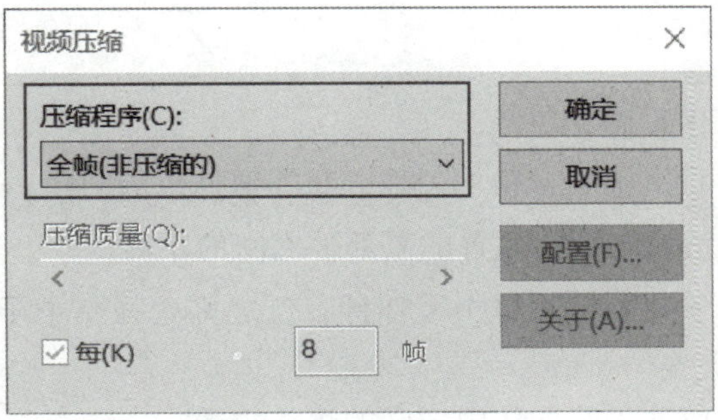

图 3-145　“视频压缩”对话框

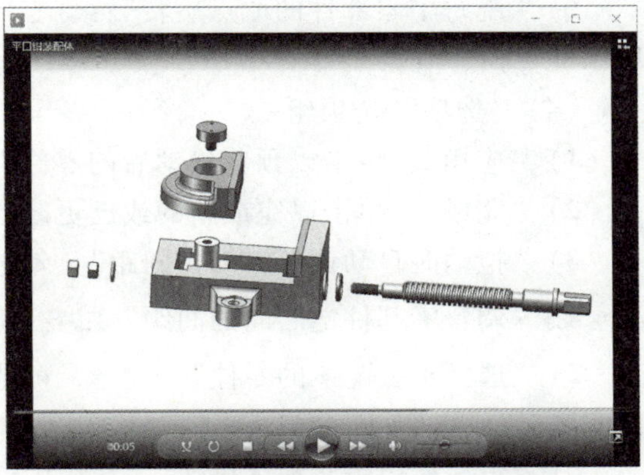

图 3-146　播放动画文件

知识链接

知识点一　爆炸视图

装配爆炸视图是在装配模型中组件按装配关系偏离原来的位置的拆分图形。爆炸视图的创建可以方便用户查看装配中的零件及它们之间的装配关系。

1. 生成或编辑爆炸视图

在“装配体”工具栏中单击“爆炸视图”按钮，打开“爆炸”对话框，如图 3-147 所示。

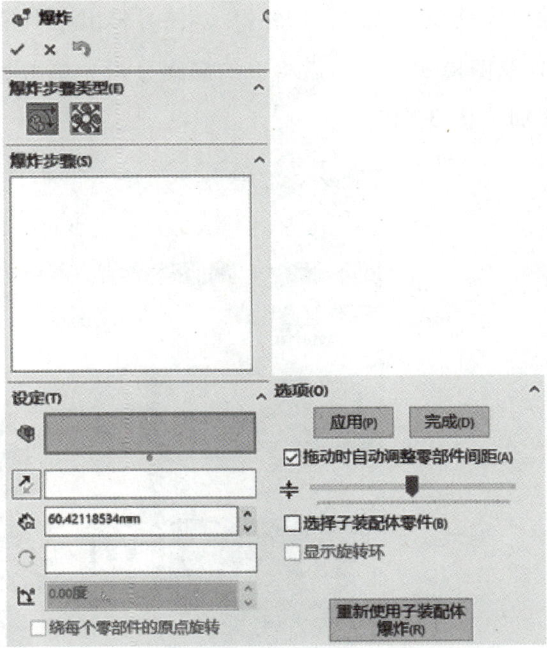

图 3-147　“爆炸”对话框

“爆炸”对话框中各选项组选项含义如下：

（1）“爆炸步骤类型”选项组

1）“常规步骤”：围绕一个轴，按径向对齐或圆周对齐爆炸零部件。

2）“径向步骤”：通过平移和旋转零部件对它进行爆炸。

（2）“爆炸步骤”　显示现有的爆炸步骤。

（3）“设定”选项组　该选项区用于设置爆炸视图的参数。

1）“爆炸步骤零部件”：显示当前爆炸步骤所选的零部件。

2）“爆炸方向”：显示当前爆炸步骤所选的方向。可以单击“反向”按钮改变方向。

3）“爆炸距离”：输入值以设定零部件的移动距离。

4）“旋转轴”：对于带零部件旋转的爆炸步骤，设置旋转轴。

5）“旋转角度”：设置零部件旋转程度。

6）“绕每个零部件的原点旋转”：将零部件设置为绕零部件原点旋转。选定时，将自动增添旋转轴选项。

（4）“选项”选项组

1）“应用”：单击以预览移动后的零部件位置。

2）“完成”：单击以完成新的或已更改的爆炸步骤。

3）“拖动时自动调整零部件间距”：勾选，将沿轴心自动均匀地分布零部件组的间距。

4）“调整零部件链之间的间距”：拖动滑块来调整放置的零部件之间的距离。

5）“选择子装配体的零件”：勾选，可选择子装配体的单个零部件；反之则选择整个子装配体。

6）“重新使用子装配体爆炸”：使用先前在所选子装配体中定义的爆炸步骤。

2. 添加爆炸直线

爆炸视图创建以后，可以添加爆炸直线来表达零部件在装配体中所移动的轨迹。在“装配体”工具栏中单击“爆炸视图”下的黑三角，在弹出的下拉菜单中选择“插入\编辑智能爆炸直线”按钮，便可弹出“智能爆炸直线”对话框（图 3-148），并自动进入3D草图模式，绘制后将以幻影线显示。单击对话框左上角“确定”按钮完成爆炸直线的添加（图 3-149）。

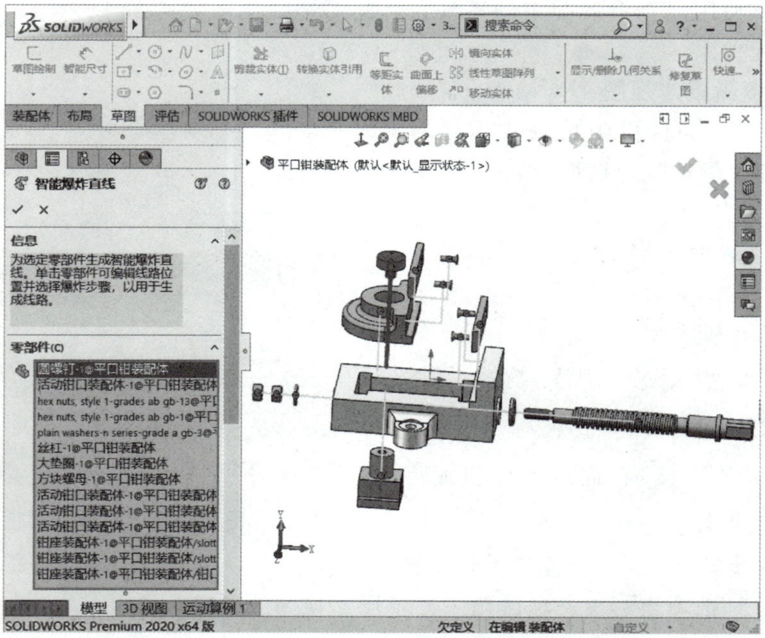

图 3-148 “智能爆炸直线”对话框

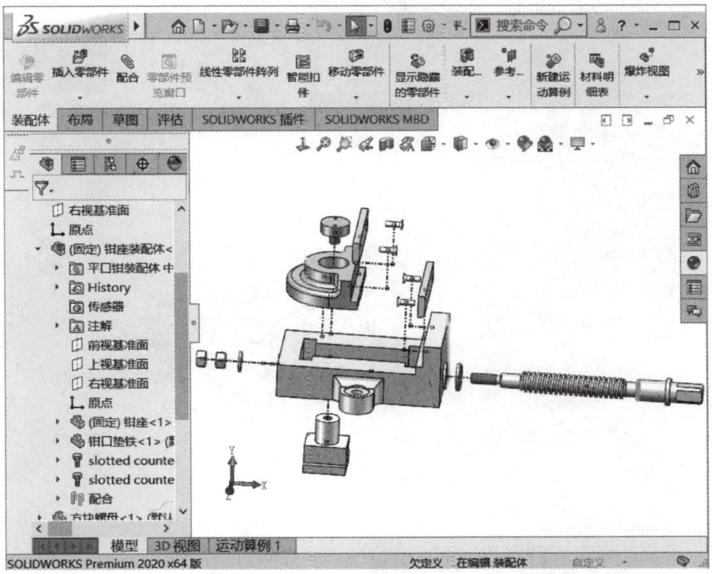

图 3-149 添加爆炸直线

知识点二 爆炸视图的精确位置和旋转控制

上例中的零件爆炸位置主要是用鼠标拖动的方法进行，且都是直线运动，若要精确控制移动距离和添加旋转动作，应如何操作呢？

首先，打开“爆炸”对话框（图 3-150），此时对话框下设定项中的“角度”和“绕每个零部件的原点旋转”都是灰色的（对应软件显示），必须再单击下常规步骤按钮，这样灰色项就全没了（图 3-151）。

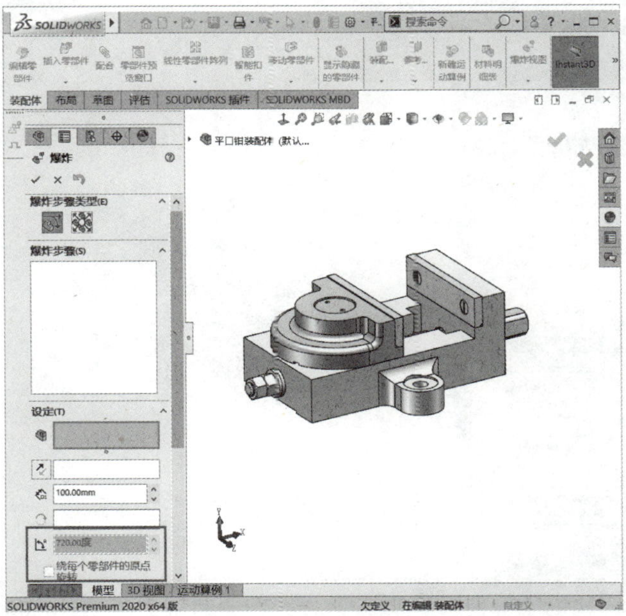

图 3-150 “爆炸”对话框

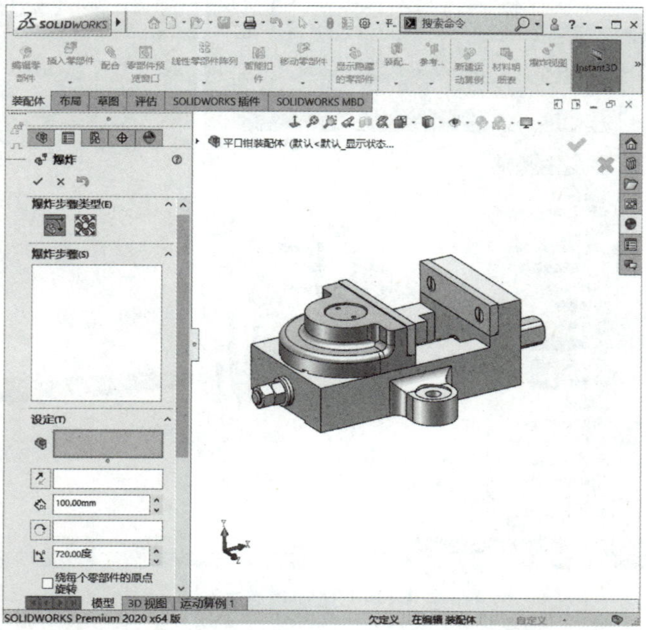

图 3-151 “爆炸”对话框设置

其次，接上步，勾选“绕每个零部件的原点旋转”复选按钮，再单击“圆螺钉”（图 3-152），此时将光标移动到三重轴的原点（白点）上，按下鼠标左键不松，稍移动下，此时，三重轴变成图 3-153 所示，接着可设定“距离”和“角度”，再单击“应用”和“完成”，即可实现精确移动和旋转。

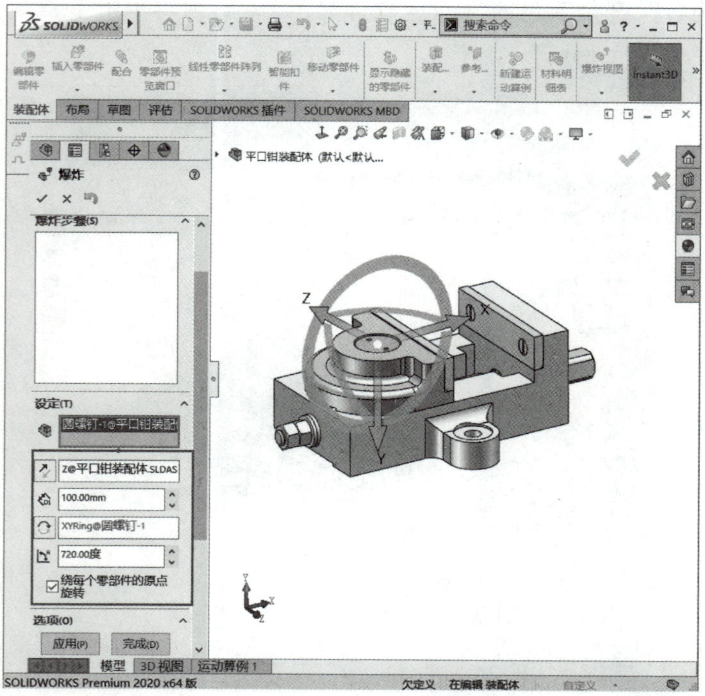

图 3-152 选择爆炸对象

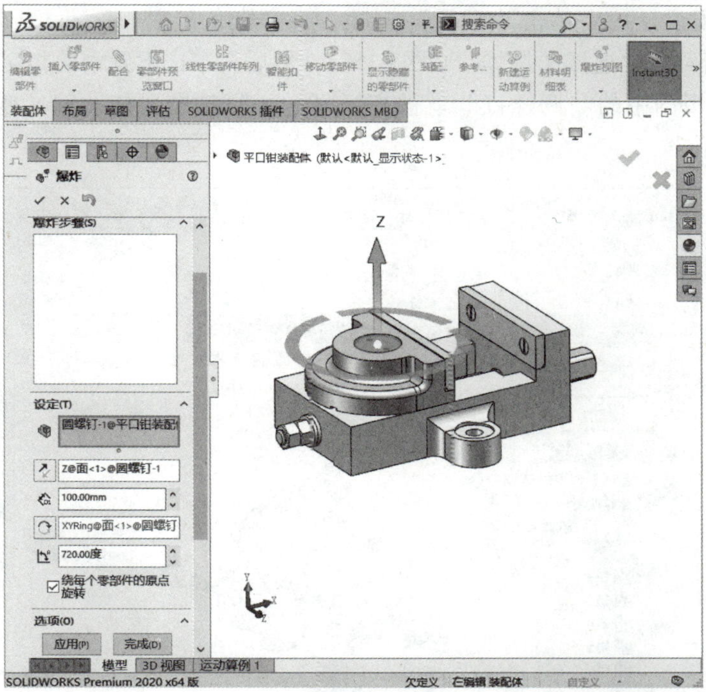

图 3-153　爆炸精确控制

知识点三　爆炸视图重新编辑

如果对现有的“爆炸视图”位置和旋转不满意，应如何操作呢？事实上“爆炸视图”就相当于一个装配体的一个配置。打开配置选项，就可以对“爆炸视图”进行重新编辑。

首先，在装配设计树中单击“配置”选项，展开默认配置，激活相应配置（右击“爆炸视图 2”在快捷菜单中选择“编辑特征”选项（图 3-154），即可重新打开“爆炸”对话框，在其中进行重新编辑即可。

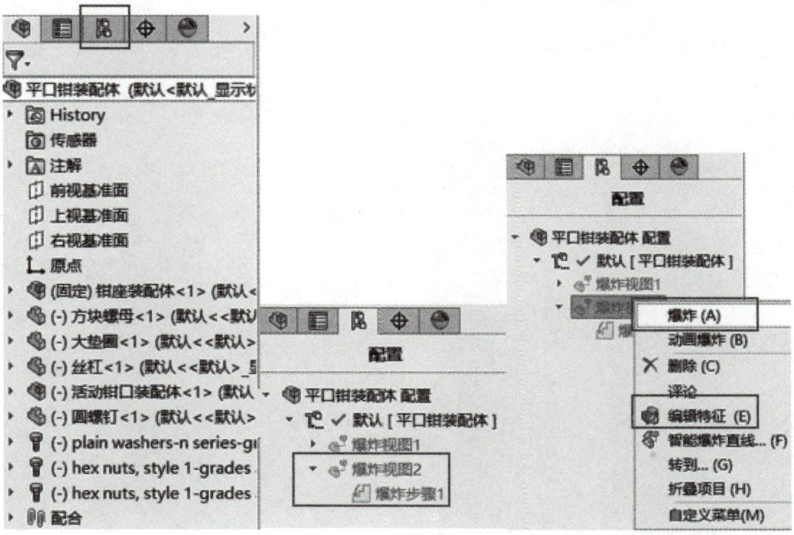

图 3-154　重新编辑爆炸视图

然后，在装配设计树中单击“配置”选项，展开默认配置，激活相应配置（右击“爆炸视图 1”在快捷菜单中选择“爆炸”（图 3-155），然后，单击配置中的相应步骤（如图 3-155 中链 1），在爆炸视图中的“圆螺钉”就被高亮显示，同时出现移动轴，拖动移动轴即可调整“圆螺钉”的位置。

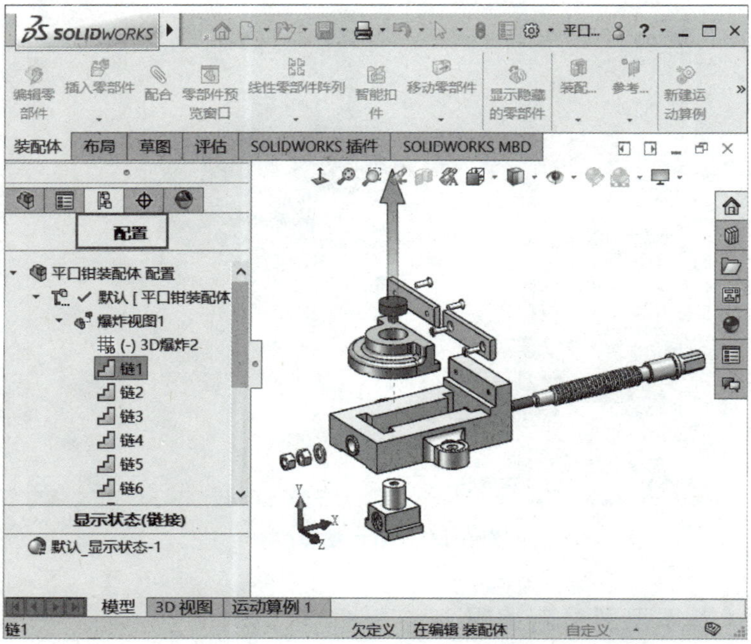

图 3-155　重新配置爆炸视图

项目4

工程图创建

项目描述

工程图是将设计者的设计意图及设计结果细化的二维图纸，是设计者与具体生产制造者交流的载体，也是产品检验及审核的依据。工程图由一张或多张图纸构成，每张图纸包含一个或多个视图和标注等。工程图与三维模型关联，模型的任何更改都会在下次打开工程图时自动反映在工程图中。操作者可以在设计过程中的任意阶段创建工程图，并且工程图始终反映模型的当前状态。SolidWorks 软件提供了创建二维工程图的功能，而且可以做到二维与三维相关联更新。

本项目是在前面三维模型设计和装配设计的基础上，完成零件工程图创建和装配工程图创建。

任务 4.1　钳座零件工程图创建

任务描述

一张完整的零件工程图除一组视图、尺寸及公差要求、形位公差要求、表面结构要求、技术要求及说明外，还包括标准的图框。本次任务是在钳座三维模型（图 4-1）的基础上，创建钳座零件图（图 4-2），并达到以下目标：

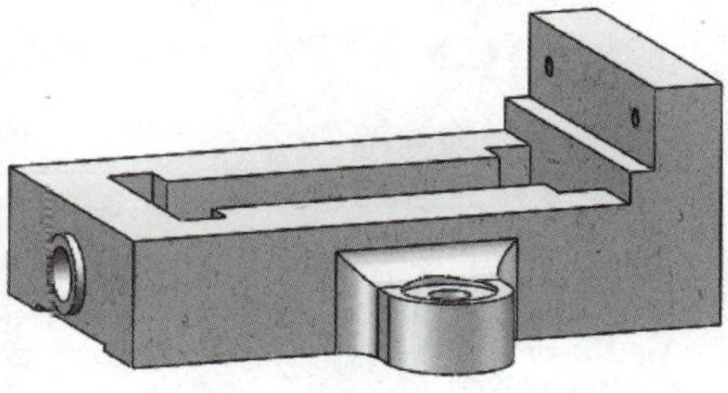

图 4-1　钳座三维模型

1）了解 SolidWorks 2020 工程图的创建环境，掌握工程图创建的基本步骤。

2）能够熟练掌握利用视图调色板建立基础视图以及编辑视图的方法。

3）能正确对工程图进行标注（尺寸标注、形位公差标注、表面结构标注、文本标注等）。

4）能够熟练建立零件属性并实现与图纸的关联。

5）能够熟练掌握图纸格式、标题栏设置和编辑。

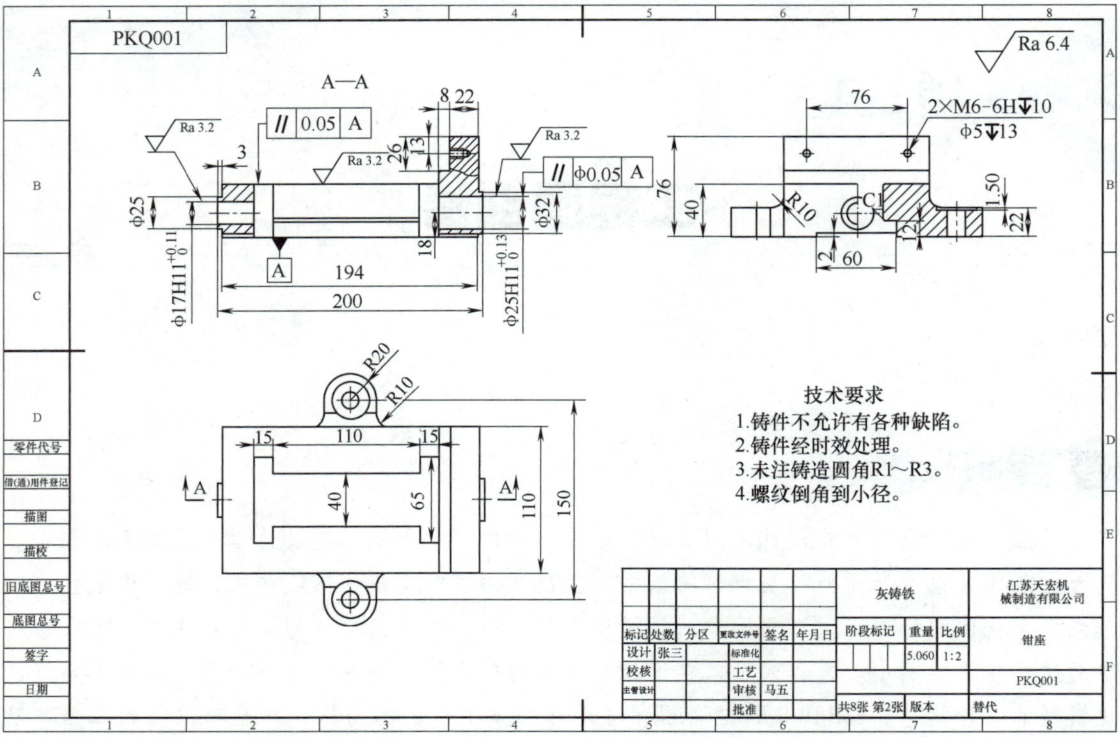

图 4-2　钳座零件图

任务分析

为了完整表达钳座零件，先设置钳座零件属性，再选择大小合适的图纸添加关联（定制模板），然后利用视图调色板创建基础视图俯视图，再创建全剖的主视图，再创建半剖左视图，再创建主视图中的局部剖视，最后对零件进行尺寸标注和技术要求注写，零件工程图创建步骤如图 4-3 所示。

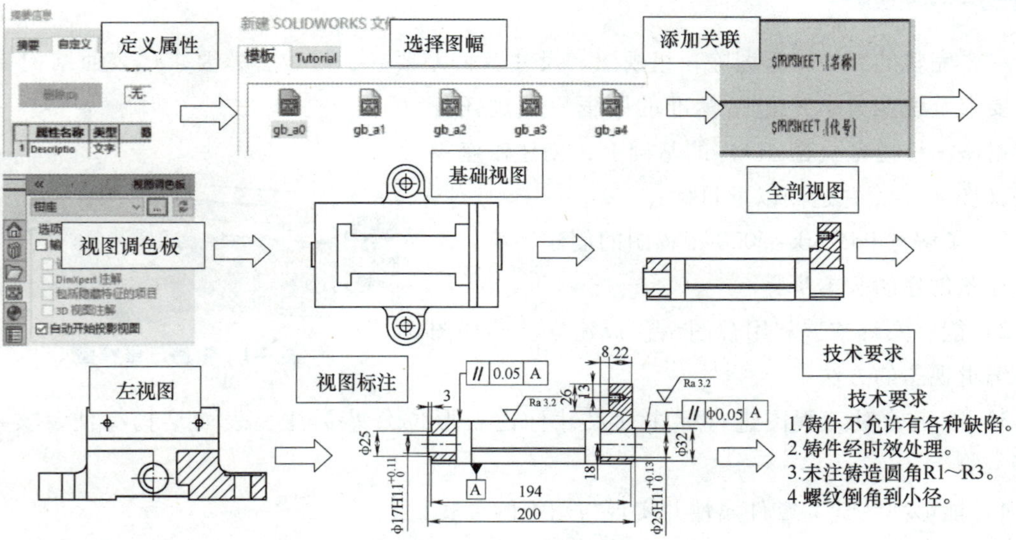

图 4-3　钳座工程图创建步骤

任务实施

一、零件属性创建

步骤 1： 创建零件属性

首先打开 SolidWorks 2020，打开钳座三维模型，单击快速访问栏“文件属性”按钮（图 4-4），打开“摘要信息”对话框，选择“自定义”选项卡。可在此选项卡表格中进行删除和添加属性项目操作。

删除不要的属性项，具体操作是单击左边行号，选中某一行，再单击表格左上角的“删除”按钮，即可删除行（图 4-5）。

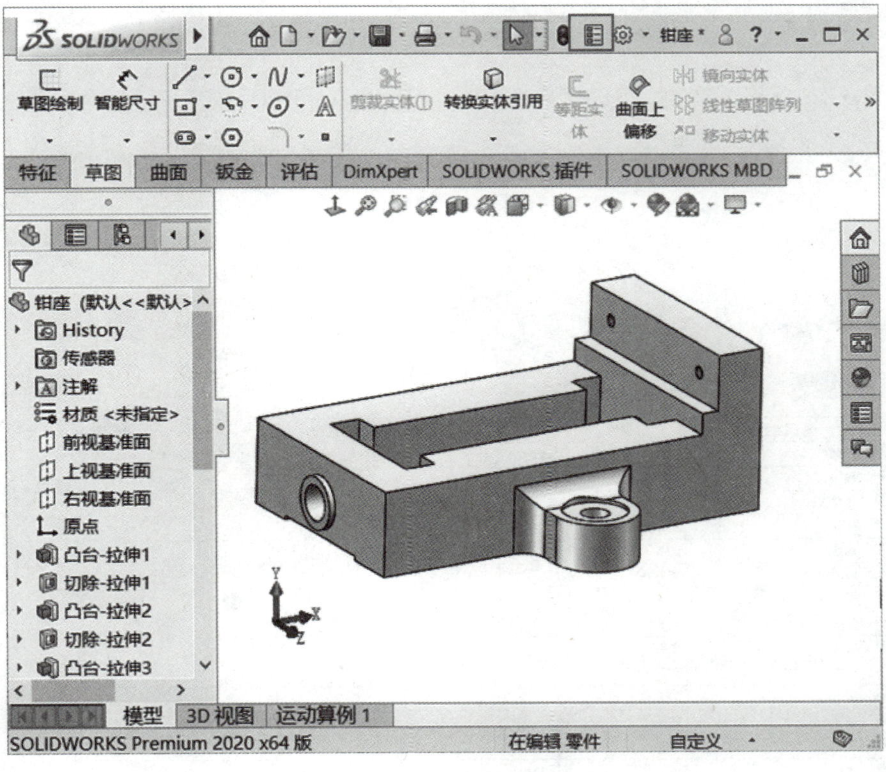

图 4-4 文件属性

添加新的属性项，具体操作是单击“属性名称”列的“<键入新属性>”，再单击该单元格右边“单击以添加属性”按钮，在下拉列表中选择“公司名称”，“类型”选择“文字”，在“数值/文字表达”列输入公司名称即可。

为属性项赋值，比如在“名称”属性项的“数值/文字表达”中输入“钳座”，在代号属性项的“数值/文字表达”中输入“PKQ001”，依次为其他项赋值（图 4-6）。全部添加结束后单击“确定”按钮关闭“摘要信息”对话框。

步骤 2： 添加材质

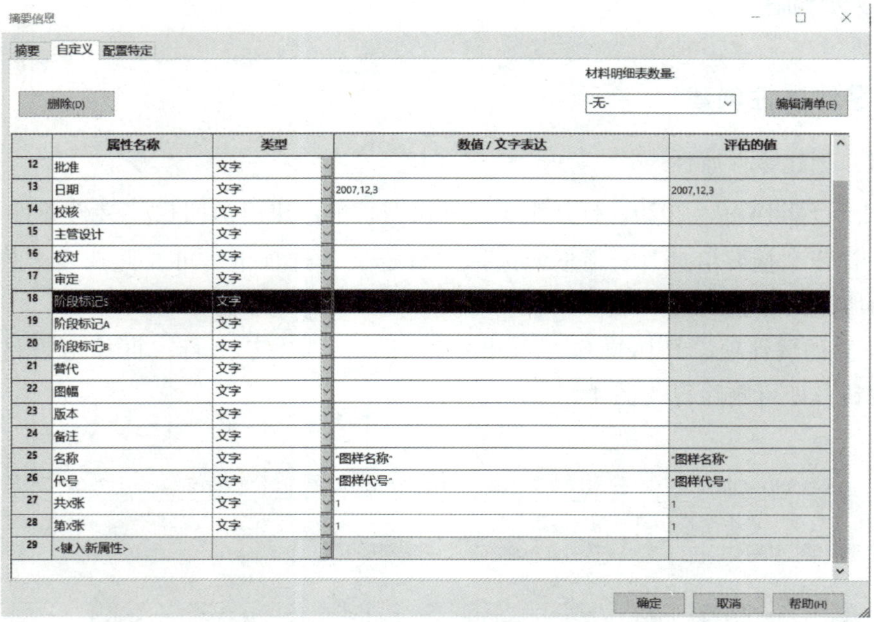

图 4-5　删除行

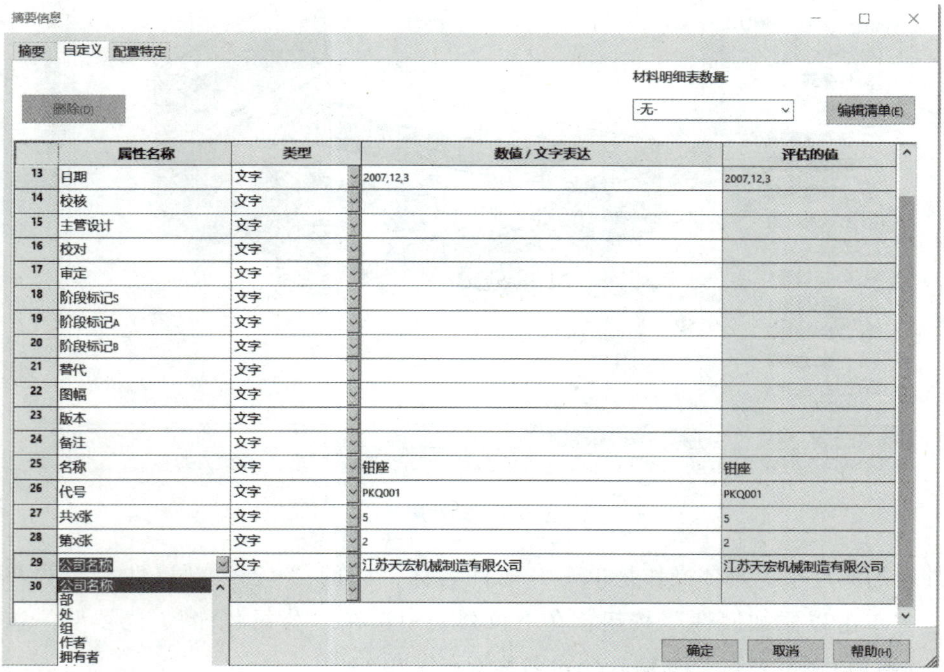

图 4-6　编辑文件属性

右击设计树中的“材质”，在弹出的快捷菜单中选择“编辑材料”，然后弹出“材料”对话框，从中找到所需要的材料（可锻铸铁），单击“应用”按钮，再单击“关闭”按钮（图 4-7），即可完成材质的添加。

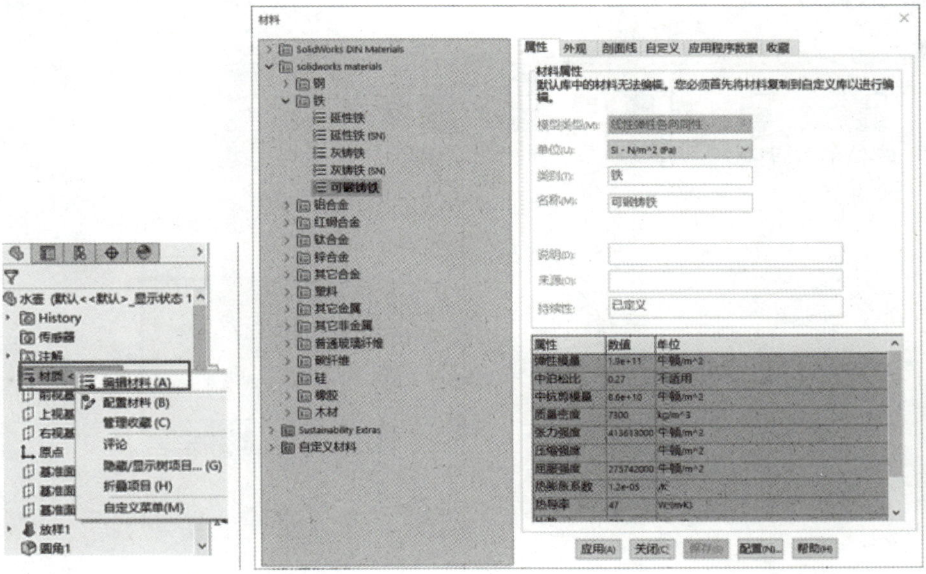

图 4-7　添加材质

特别提示：

SolidWorks 是一个全相关的三维机械设计软件，模型文件中的设计数据，如尺寸、注释、文件属性等内容与工程图相关，因此在处理工程图标题栏和材料明细表中的设计数据时，应先将这些内容保存在模型文件中，并且自动显示在工程图相应位置上。当需要对工程图中的内容进行修改时，直接修改模型文件中的相应数据即可。这样不仅保证了设计信息的一致性，而且可以大大提高效率。

二、图幅选择与相关设置

步骤 1： 新建工程图选择图幅

单击快速访问栏“新建”按钮右边的黑三角，打开下拉菜单，选择“从零件/装配体制作工程图”（图 4-8），打开“新建 SolidWorks 文件”对话框，根据模型大小选择“gb_a3”图幅，单击“确定”按钮（图 4-9），便可打开工程图窗口。

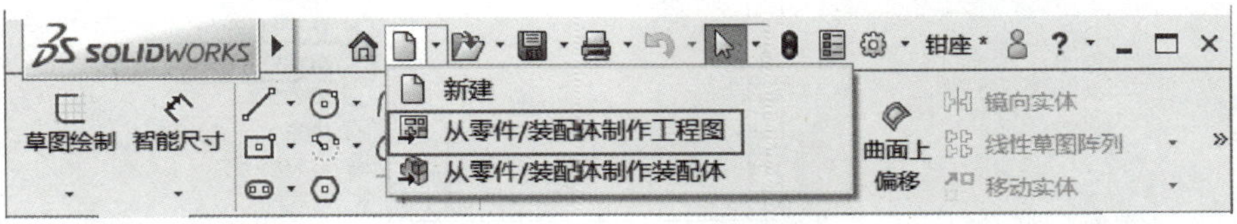

图 4-8　新建工程图

步骤 2： 设置图纸

1. 图层设置

如图 4-10 所示，在工程图窗口右击工具栏空白处，在弹出的快捷菜单中勾选“图层”

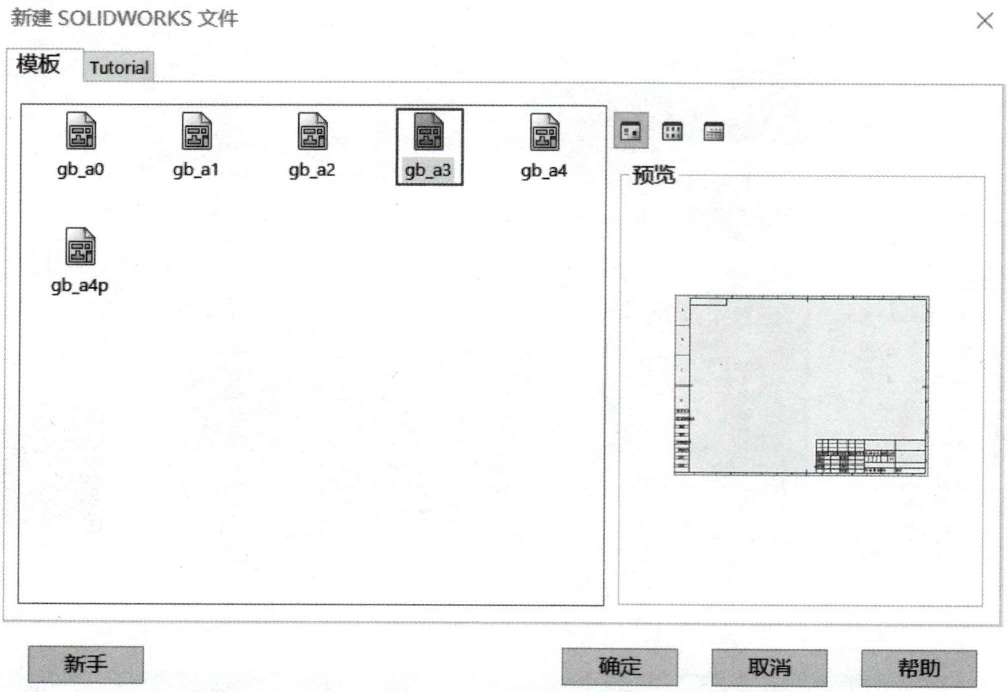

图 4-9　选择图幅

复选按钮，此时在窗口左下角出现“图层”工具条。单击“图层属性”按钮，便可弹出“图层”对话框（图 4-11）。图层中的设置与 AutoCAD 中的图层设置类似，按个人要求设置好图层后，单击“确定”按钮退出图层设置。

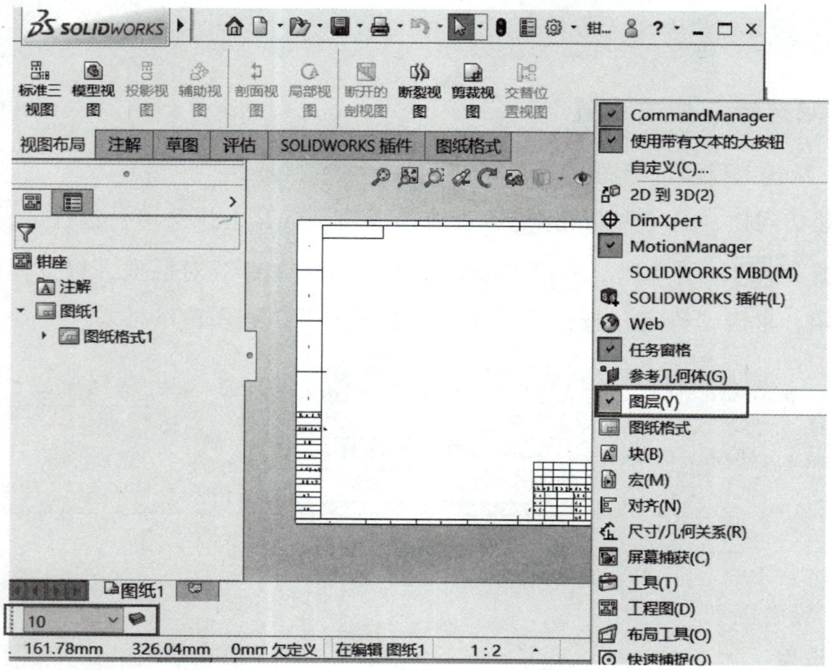

图 4-10　选择图层

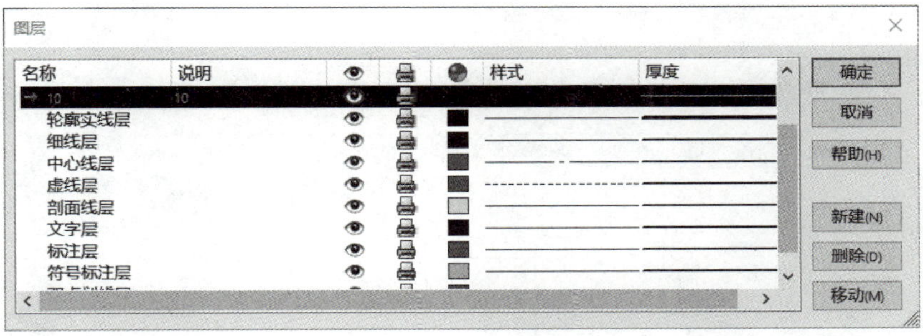

图 4-11 “图层”对话框

2. 选项设置

单击快速访问栏中的“选项”按钮，弹出“文档属性-线型”对话框（图 4-12），可根据需要进行设置（比如制图标准、颜色、单位等），设置完毕单击“确定”按钮退出。

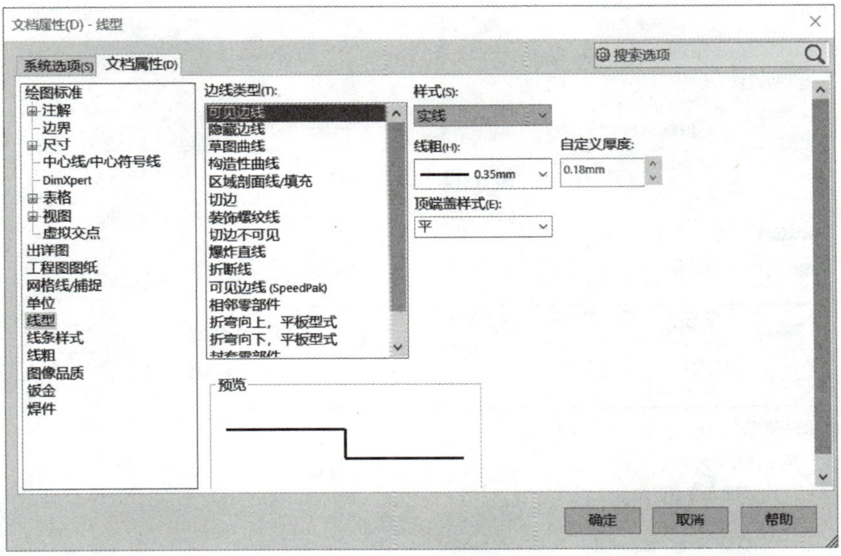

图 4-12 图线设置

3. 图纸属性设置

在图纸窗口的设计树中，右击图纸 1，在快捷菜单中选择“属性”（图 4-13），便弹出“图纸属性”对话框（图 4-14），在其中可设置名称、绘图比例、投影类型等，若现有图纸不满意，也可以在“图纸格式/大小”中重新选择，设置完毕单击“确定”按钮退出设置。

步骤 3：设置标题栏关联

1. 进入图纸编辑状态

在工具栏中选择“图纸格式”选项卡，单击“编辑图纸格式”按钮，将进入图纸编辑状态，此时图纸区右上角出现“退出图纸编辑”按钮（图 4-15）。

2. 设置关联

选择工具栏中的“注解”选项卡，弹出“注释”对话框，单击“链接到属性”按钮（图 4-16），弹出“链接到属性”对话框。

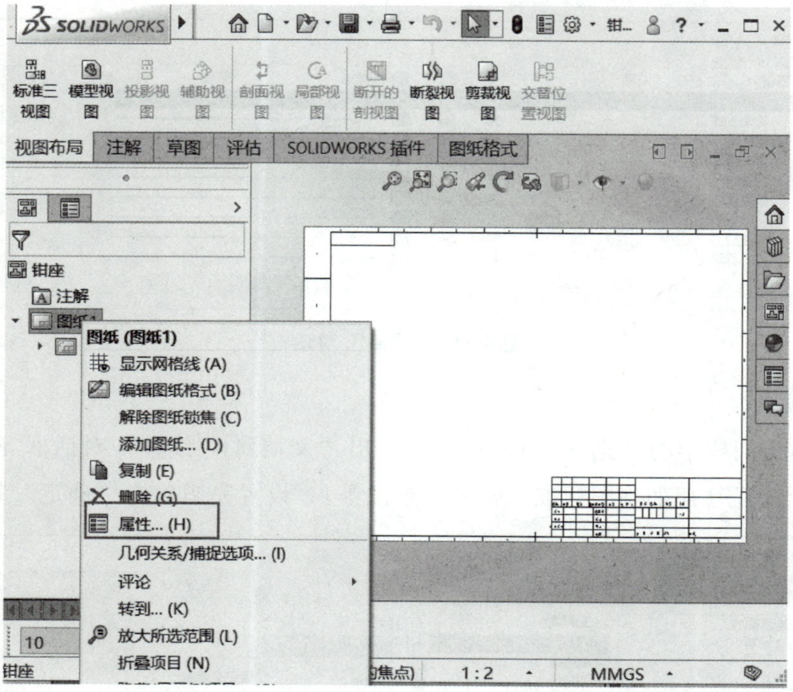

图 4-13　图纸属性

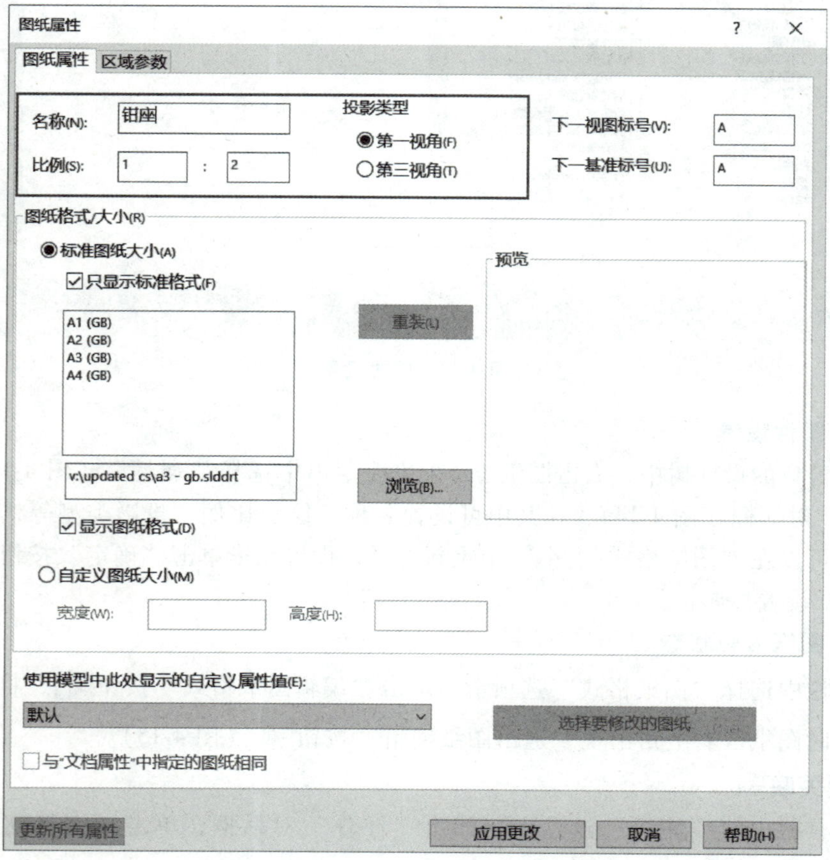

图 4-14　"图纸属性"对话框

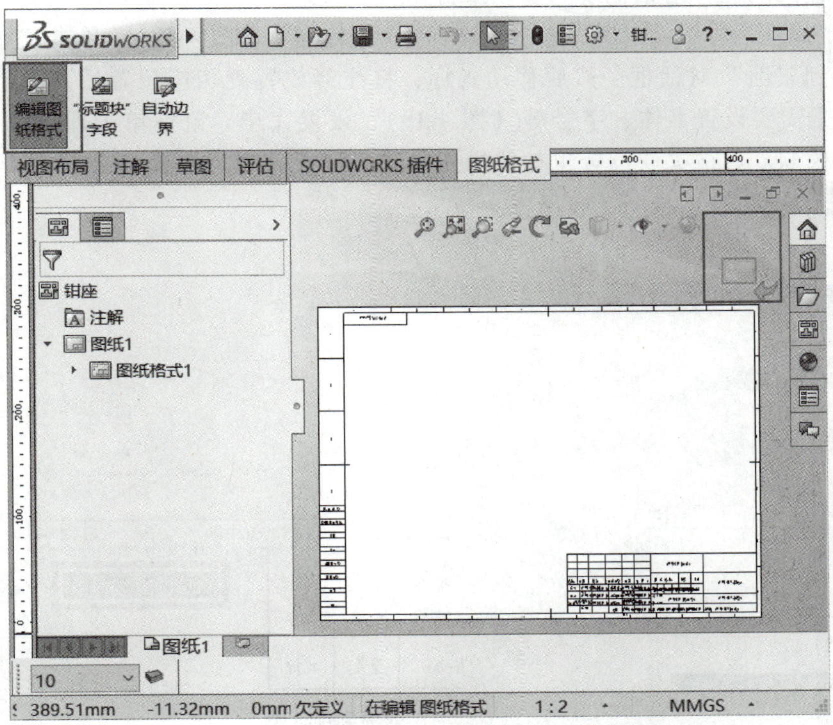

图 4-15 进入图纸编辑状态

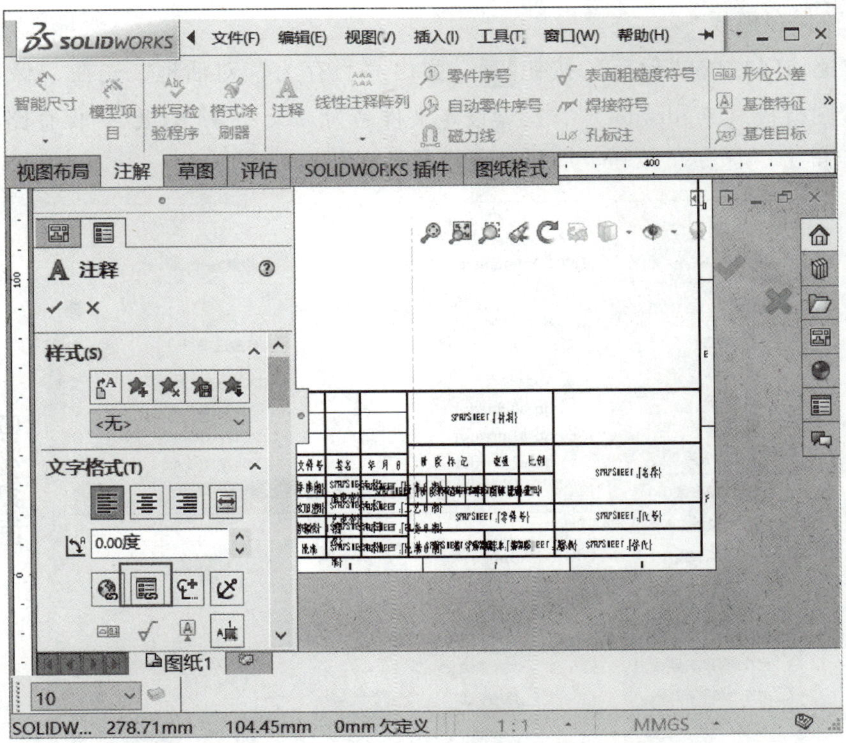

图 4-16 设置关联

在“链接到属性”对话框中“使用来自此项的自定义属性”选项中选择“此处发现的模型”，在“属性名称”下拉列表框中选择“公司名称”（图 4-17），单击“确定”按钮，退出“链接到属性”对话框。然后移动光标，将注释放置到相应位置后，弹出“格式化”对话框，根据需要设置字体、字号等（图 4-18），设置完毕，鼠标单击即可退出“公司名称”属性的关联。其他关联设置也如此操作。全部设置完成后，单击右上角“退出图纸编辑”按钮，完成标题栏的关联设置。

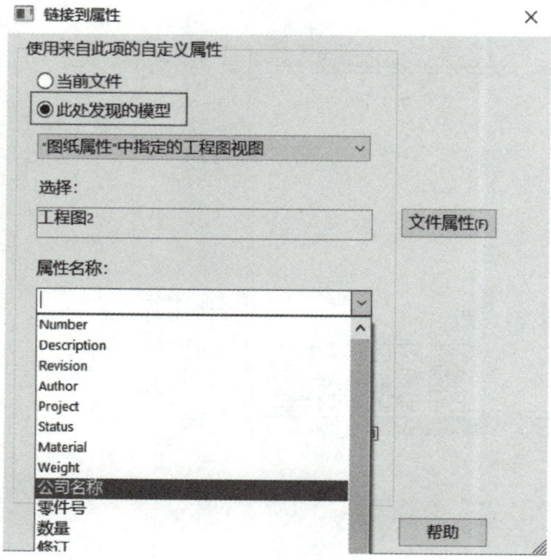

图 4-17　链接到属性

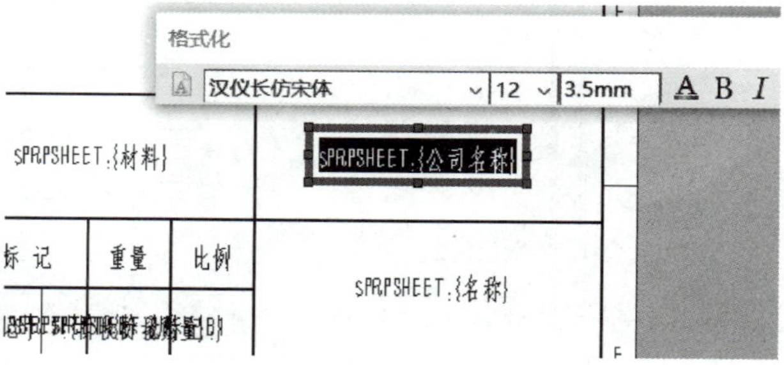

图 4-18　设置公司名称链接

步骤 4： 保存模板

单击快速访问栏的“保存”按钮，弹出“另存为”对话框，先在“保存类型”中选择“工程图模板（＊.drwdot）”，接着设定文件名为“天宏 A3 图纸”，保存路径默认即可（图 4-19），单击“保存”按钮，即可实现模板的保存。

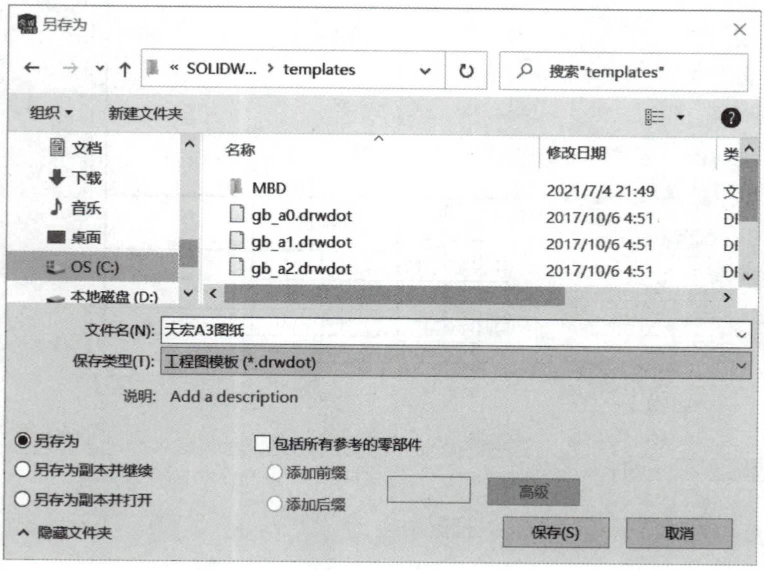

图 4-19　保存模板

如果再次新建工程图，在“新建 SolidWorks 文件”对话框便会多出“天宏 A3 图纸”选项（图 4-20）。全部设置完成后，必须保存为模板，以便下次使用。

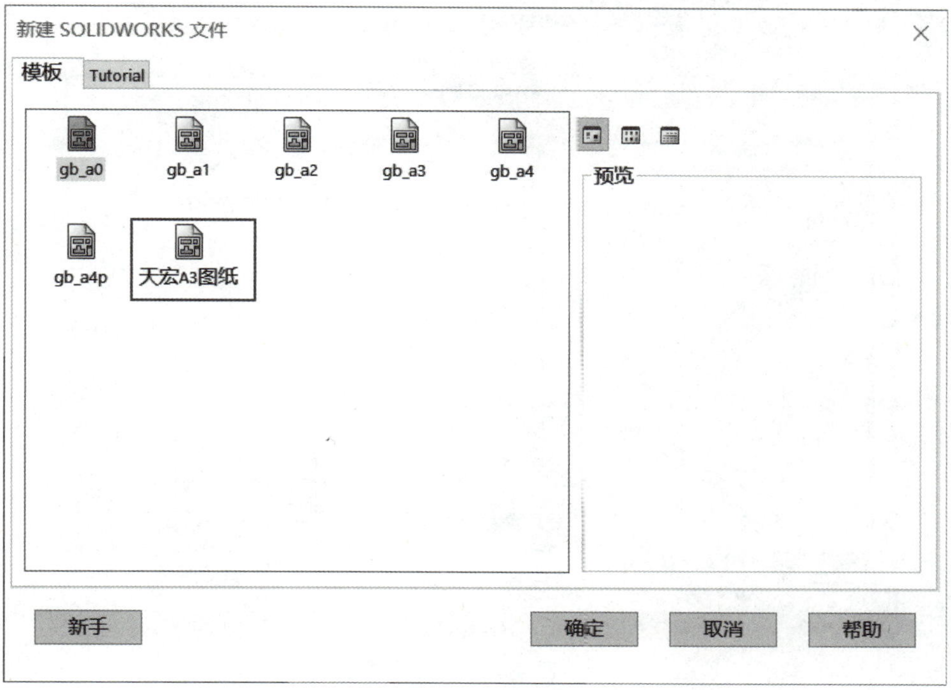

图 4-20　新图幅显示

特别提示：

图纸属性、图层、选项及标题栏关联设置结束以后，必须保存为模板文件，这样才方便以后调用，避免重复劳动，提高设计效率。当然这些设置也可以在创建工程图过程中进行，不过保存工程图后，这些设置只对当前工程图有效，不利用于其他工程图的创建。

当标准图框，包括后续的标题栏等不满足要求时也可以按要求定制模板。

三、创建钳座工程图

步骤 1：新建工程图选择图幅

单击快速访问栏“新建”按钮右边的黑三角，打开下拉菜单，选择“从零件/装配体制作工程图”，打开“新建 SolidWorks 文件”对话框，选择“天宏 A3 图纸”，单击“确定”按钮，便可打开工程图（图 4-21）。

步骤 2：选取视图

1. 选取基础视图

单击任务窗格中的“视图调色板”按钮，打开“视图调色板”窗口。在窗口中显示出“钳座”零件的六个面的投影视图和四个方位的轴测图，根据需要将选中的图形拖动到绘图区。本例中选择上视图作为基础视图——俯视图（基础视图是其他视图创建的基础）。

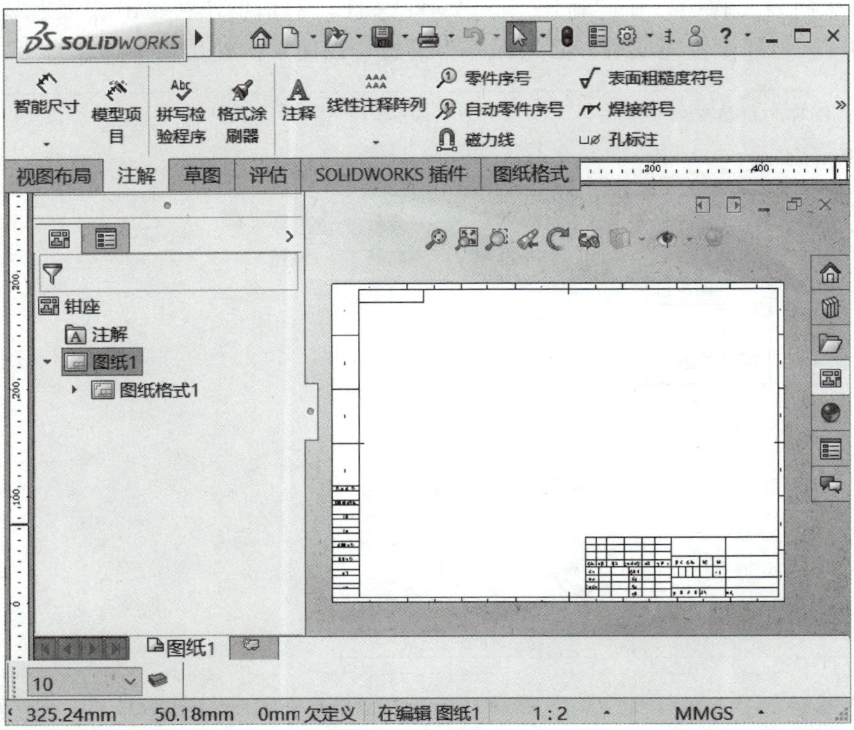

图 4-21　工程图

具体操作是：将光标移动到“视图调色板”中的“上视图”上，按下鼠标左键将“上视图”向绘图区拖动，放置到俯视图的位置上后，松开鼠标，这样钳座工程图的“基础视图”便创建好了（图 4-22）。

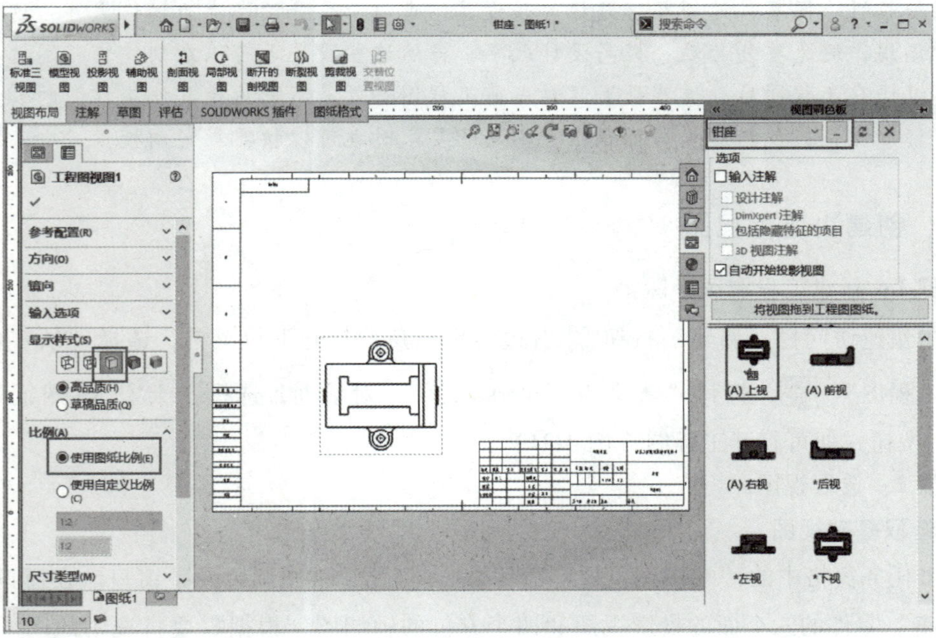

图 4-22　选择比例与基础视图

单击刚创建的基础视图，便会在设计树的位置显示“工程图视图 1”的属性管理器，在该对话框中，可以根据要求设置“参考配置”“方向”“显示样式”“比例”等选项。设置完成后单击“确定”按钮✔关闭对话框。

特别提示：

视图“显示样式”有五种：“线架图”“隐藏线可见”“消除隐藏线”“带边线上色”和“上色”，可根据视图表达需要任意选择，一般情况下选择“消除隐藏线”。

比例：一般选择使用图纸比例，这样保证视图比例和图纸比例的一致性。

为了方便看图，也可以将“视图调色板”中的立体图拖放到视图区中，读者可试试。

2. 创建全剖的主视图

单击工具栏中“视图布局”选项卡中的“剖面视图”按钮，弹出“剖面视图辅助”对话框，选择“水平”切割线，再移动到图中，捕捉垂直对称轴上任一点单击，出现一选择条（图 4-23），单击“确定”按钮✔后，便出现单一剖面的剖视图，向剖切线上方移动光标，在合适的位置单击，便出现向上剖的剖视图，同时左侧出现“剖面视图 A-A”的对话框（图 4-24），可在对话框中进行相关设置，设置完成后单击“确定”按钮✔关闭对话框，这样全剖的主视图便创建完成。

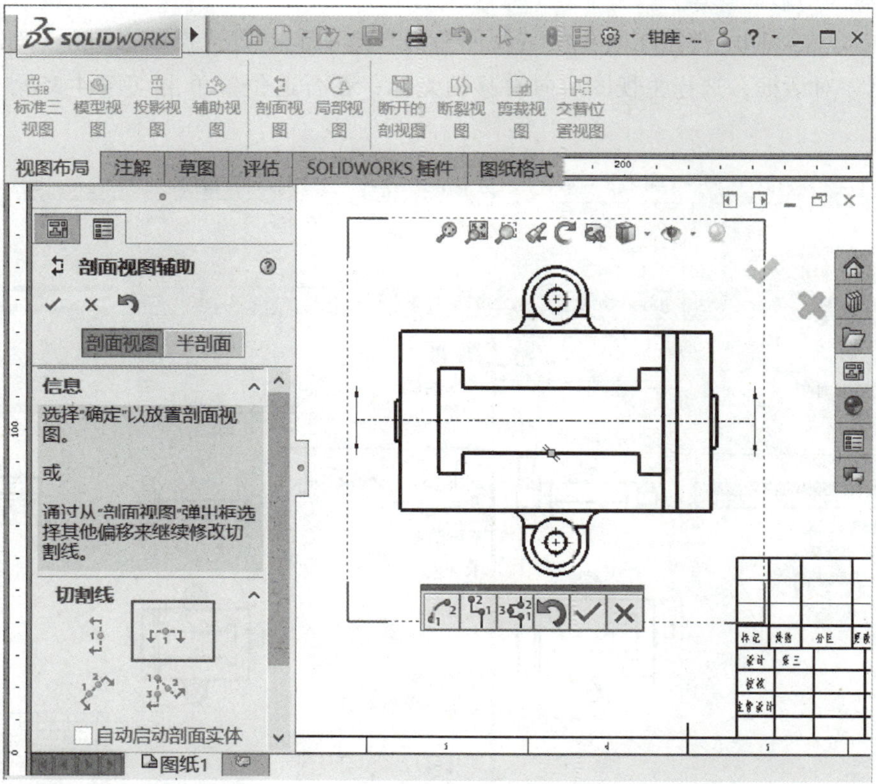

图 4-23 创建剖视图

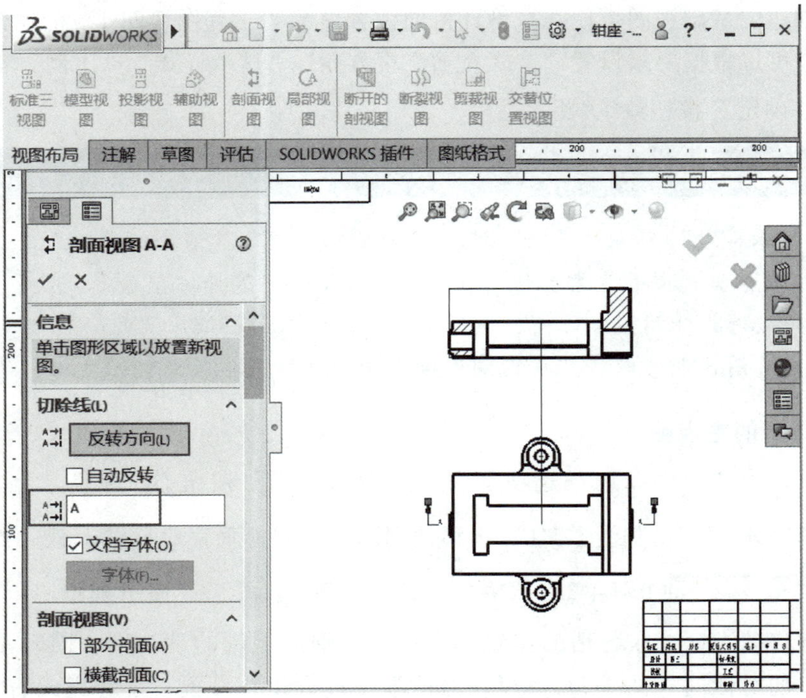

图 4-24　剖视图设置

3. 创建半剖的左视图

（1）创建左视图　单击工具栏中“视图布局”选项卡中的“投影视图”按钮，弹出“投影视图”对话框，选择主视图后向右移动光标，在合适位置单击（图 4-25），便创建了左视图。

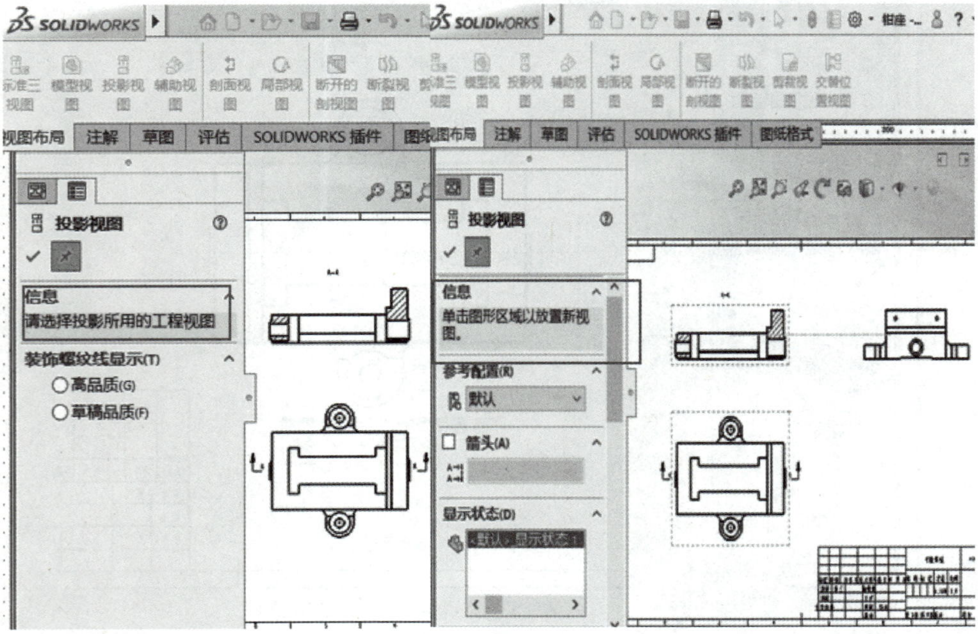

图 4-25　创建左视图

（2）创建左视图的局部视图　单击工具栏中的“草图”选项卡，选择“边角矩形”工具，画出一边线过水平对称轴的矩形（图 4-26）。选中矩形后，单击工具栏中“视图布局”选项卡中的“断开的剖视图”按钮，便弹出“断开的剖视图”对话框，在“深度”选项的“深度参考”中选择俯视图中的安装孔边线（图 4-27），系统便会自动判断出是过这个孔的中心局部剖切，单击对话框左上角的“确定”按钮，关闭对话框，左视图的局部视图创建完成，如图 4-28 所示。

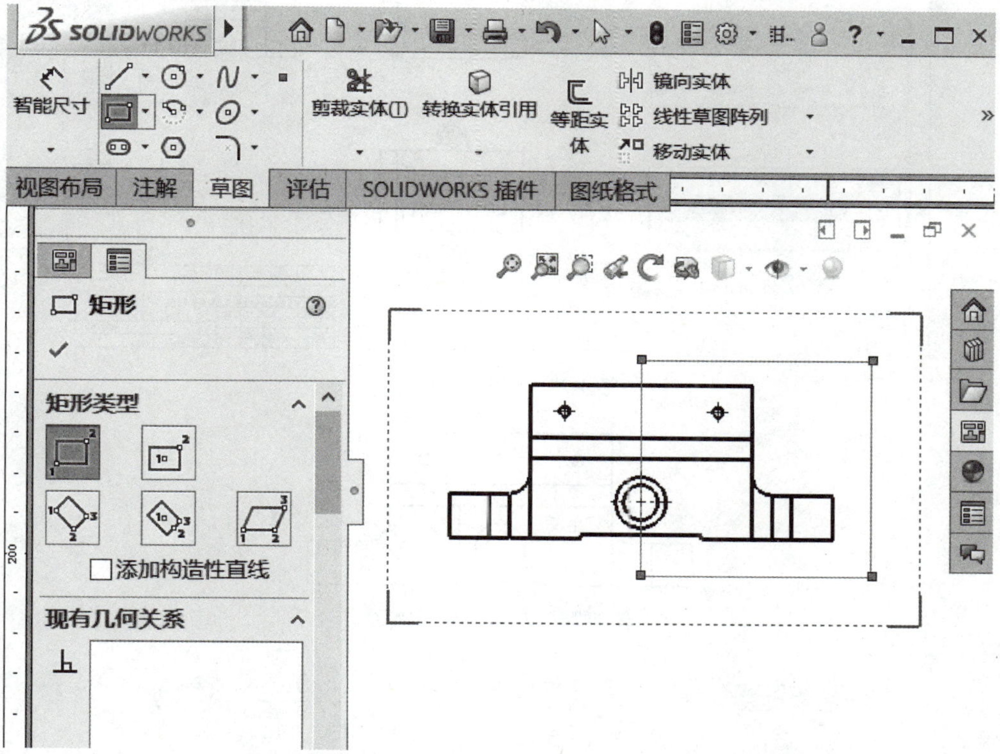

图 4-26　绘制辅助草图

4. 创建主视图的局部剖视图

（1）创建局部剖视图　单击工具栏中“视图布局”选项卡中的“断开的剖视图”按钮，弹出“断开的剖视图”对话框，此时光标变“样条曲线”草图工具，在主视图的剖切位置画一封闭的样条曲线（图 4-29），然后便弹出“断开的剖视图”对话框，在“深度”选项的“深度参考”中选择左视图中的钳口铁连接螺纹孔边线（图 4-30），单击对话框左上角的“确定”按钮关闭对话框，主视图的局部视图创建完成，结果如图 4-31 所示。

（2）更改局部剖视的剖面线和螺纹线设置

1）剖面线设置。双击局部剖视的剖面线，弹出“断开的剖视图”对话框，先取消勾选“属性”下的“材质剖面线”复选按钮，将“剖面线图样比例”改为“2”（图 4-32），单击对话框左上角的“确定”按钮，退出剖面线设置。

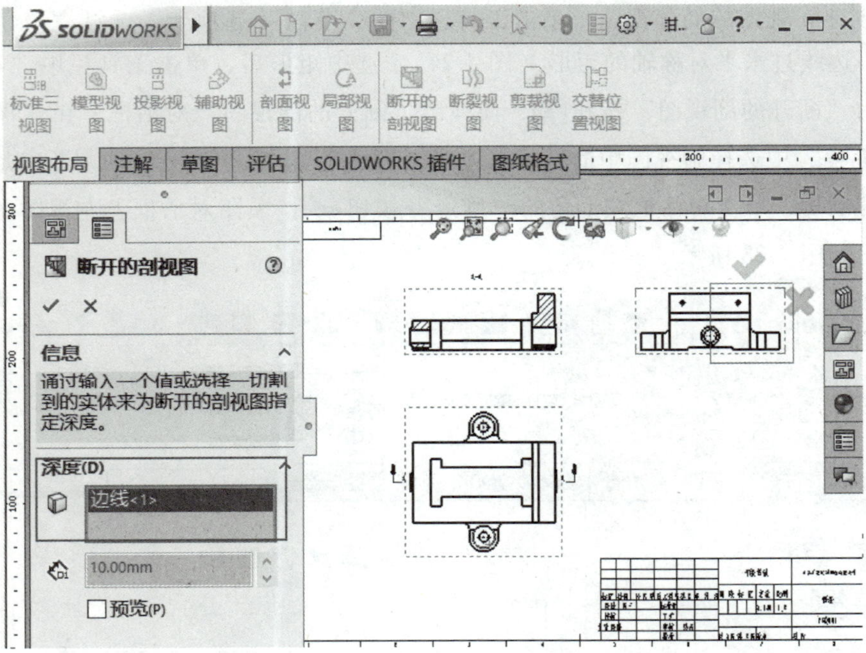

图 4-27　断开的剖视图

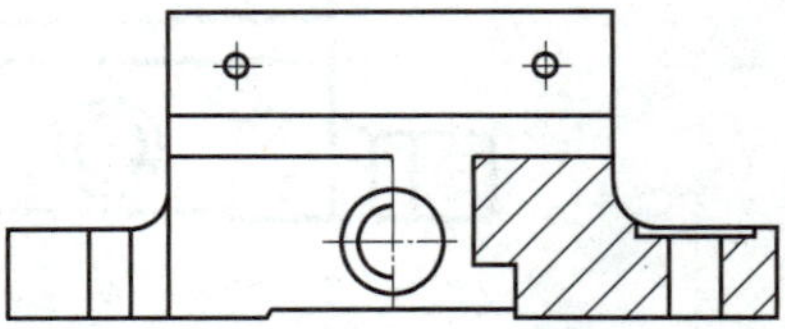

图 4-28　左视图局部视图

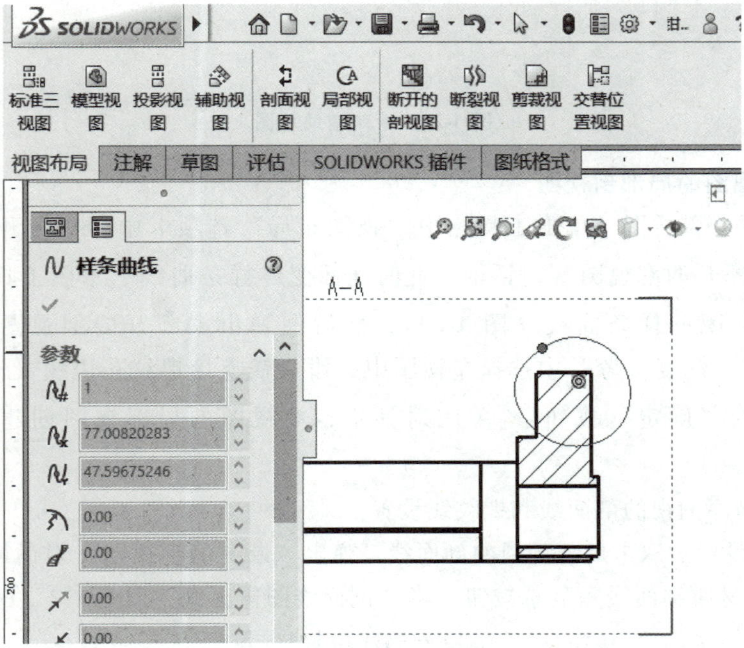

图 4-29　创建辅助草图

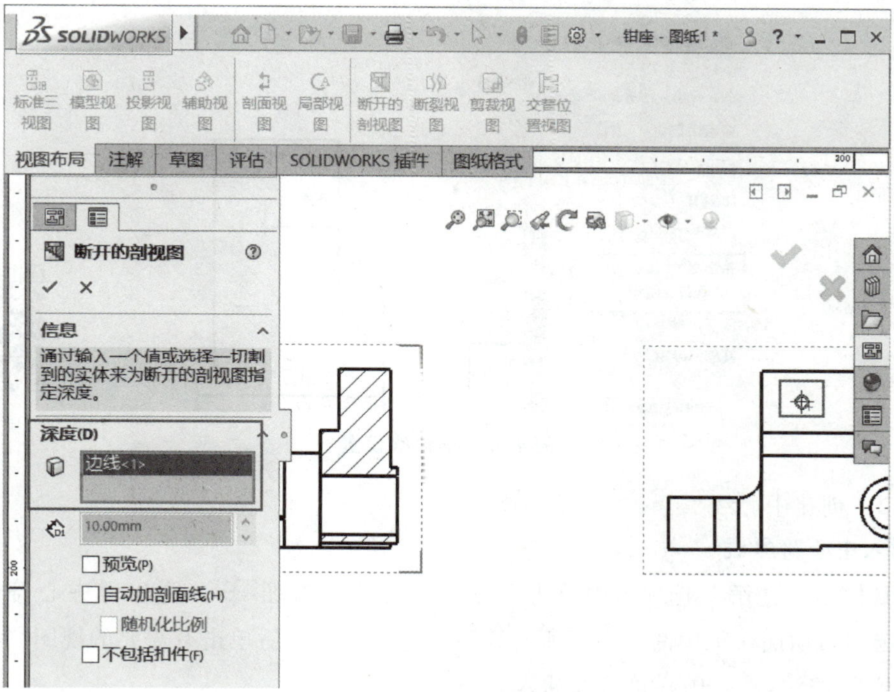

图 4-30　断开的剖视图

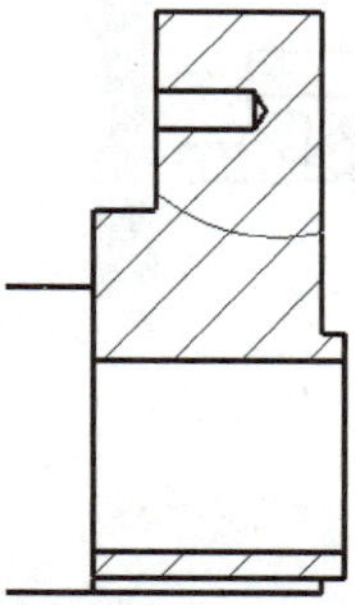

图 4-31　主视图的局部视图

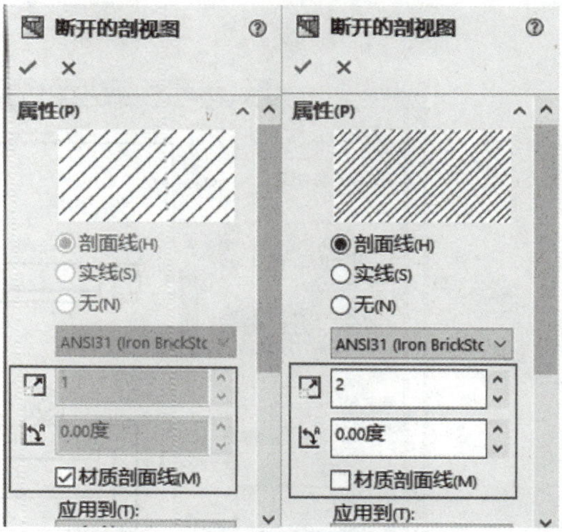

图 4-32　剖面线设置

2）螺纹线设置。单击主视图，弹出“剖面视图 A-A”对话框，将“装饰螺纹线显示”改为“高品质”，单击对话框左上角的“确定”按钮✔，螺纹线设置完成，结果如图 4-33 所示。

四、创建中心线、尺寸标注、形位公差标注、表面粗糙度标注

（一）创建中心线

步骤 1：选择图层

将当前图层改为“中心线层” 中心线层 （图纸窗口左下角）。

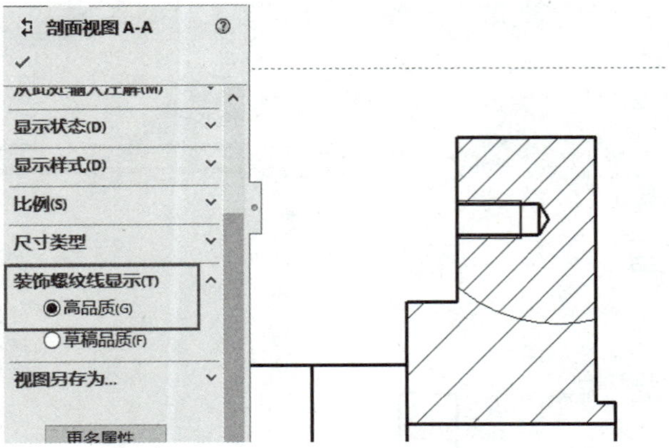

图 4-33　螺纹线设置

步骤 2：创建中心线

1. 插入中心符号线

在工具栏的“注解”选项卡中单击“中心符号线”按钮，弹出“中心符号线”对话框，勾选“自动插入”中的“对于所有孔”复选按钮，然后单击有需要的视图（图 4-34），单击“确定”按钮，中心符号线插入完毕。

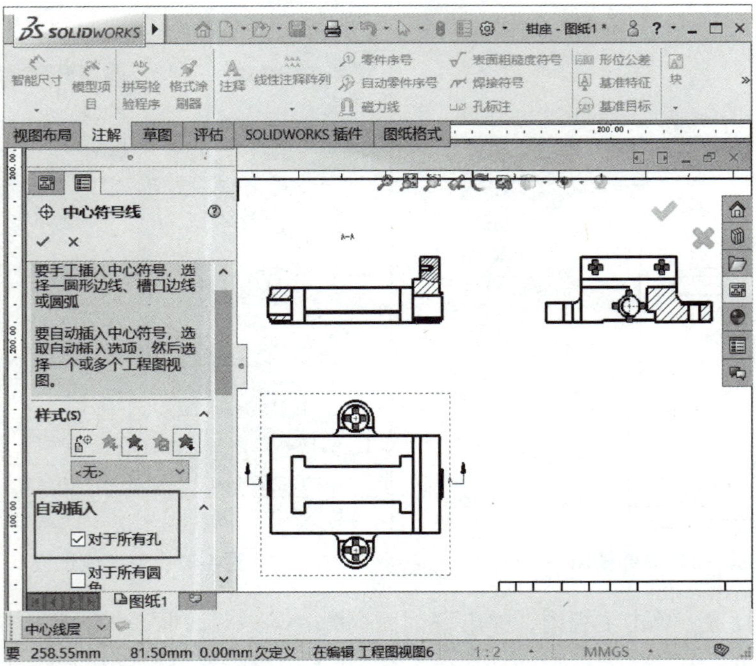

图 4-34　插入中心符号线

2. 插入中心线

在工具栏的“注解”选项卡中单击“中心线”按钮，弹出“中心线”对话框，勾选“自动插入”中的“选择视图”复选按钮，然后单击有需要的视图（图 4-35），单击“确定”按钮，中心线插入完毕。

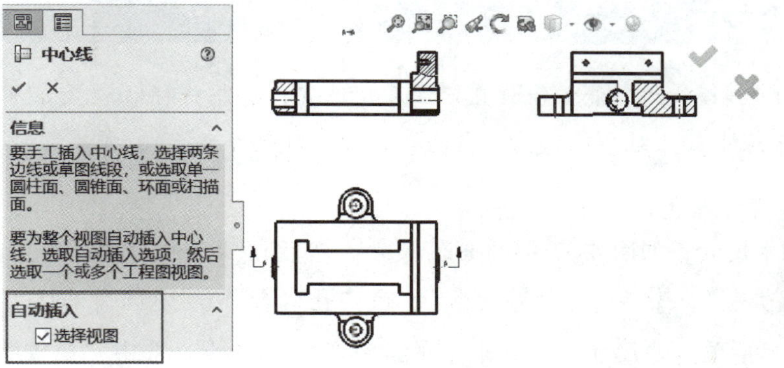

图 4-35 插入中心线

(二) 创建尺寸标注

步骤 1： 选择图层

将当前图层改为“标注层” 标注层 （图纸窗口左下角）。

步骤 2： 创建尺寸标注

1. 基本尺寸标注

在工具栏的“注解”选项卡中单击“智能尺寸”按钮，打开“尺寸”对话框，勾选“尺寸辅助工具”中的“快速标注尺寸”复选按钮，然后单击要标注的尺寸要素。如图 4-36 所示的总长 200 的标注，具体操作是单击左凸台边线再单击右凸台边线，出现“快速标注控制杆”，将光标置于下半小球上，就会在尺寸 194 的下方标注出总长 200 的标注，同样的方法依次标注出其他尺寸，直径与半径标注方法同 AutoCAD。

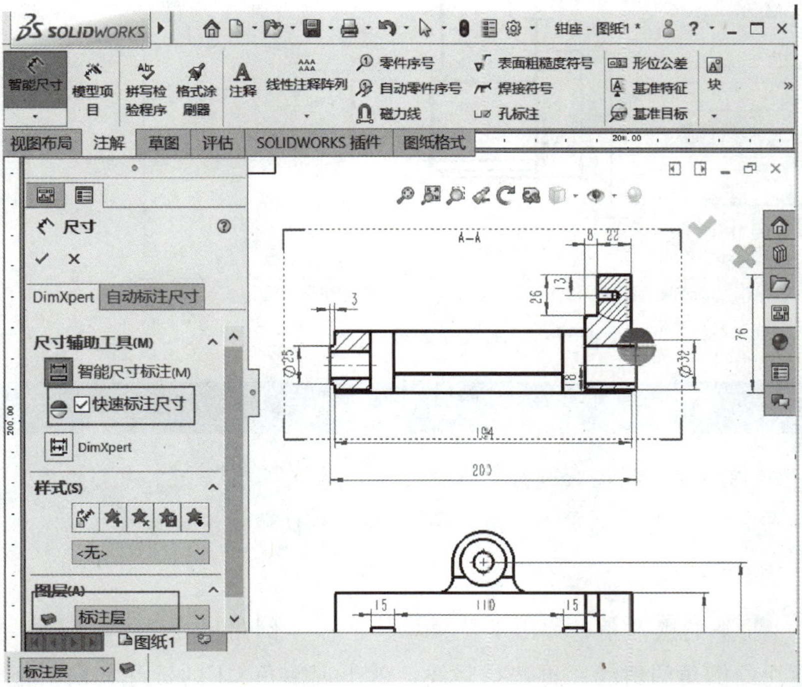

图 4-36 基本尺寸标注

小技巧：

快速标注控制杆，能智能放置标注尺寸位置，要想将标注放置在哪侧，就将光标移动到哪侧半球上，此时半球变大、颜色变黄（对应软件显示），单击即可。

2. 带公差尺寸标注

先标注基本尺寸，如图 4-37 中的 ϕ25 尺寸，然后在“尺寸”对话框中，选择“公差/精度”→“公差类型” →“与公差套合”，在“孔套合” 中选择“H11”，选择“线性显示” H7/g6。然后单击“尺寸”对话框中的“其他”选项卡，选中“公差字体大小”中的“字体比例”，并在文本框中输入“0.5”，拖动尺寸标注放置在合适位置，结果如图 4-38 所示。

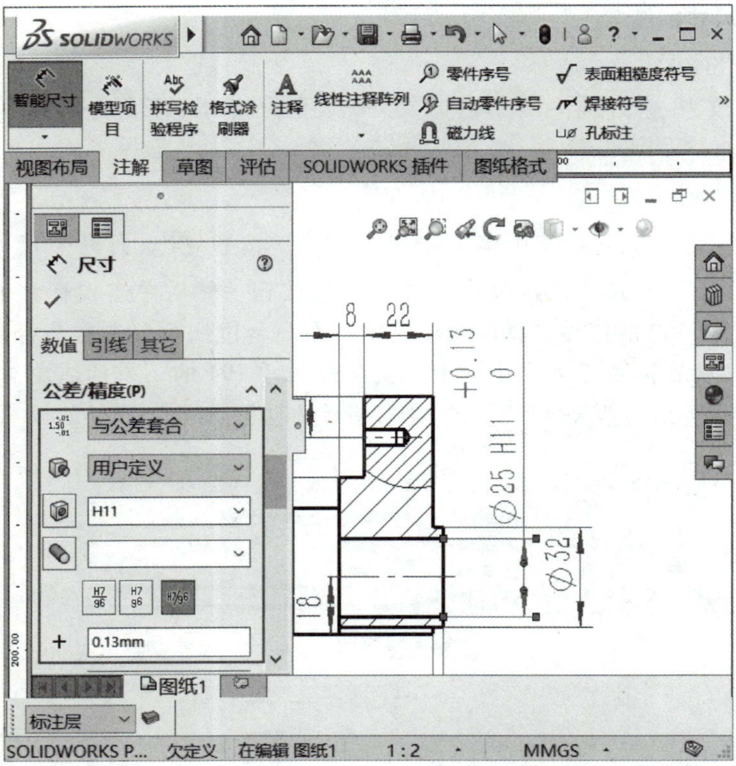

图 4-37　添加尺寸公差

特别提示：

公差的相关设置也可以在建立模板时进行，在快速访问栏“选项” →“文档属性”→“尺寸”中进行公差类型、字体大小的设置。尺寸标注要符合机械制图标准。

3. 倒角标注

单击“智能尺寸” 下的黑三角，弹出下拉菜单，选择“倒角尺寸” （图 4-39），然后先用鼠标选择要标注的倒角的斜线，再选择竖线，就出现倒角 C1 的标注，向上拖动到合适的位置并单击，倒角标注完成（图 4-40）。

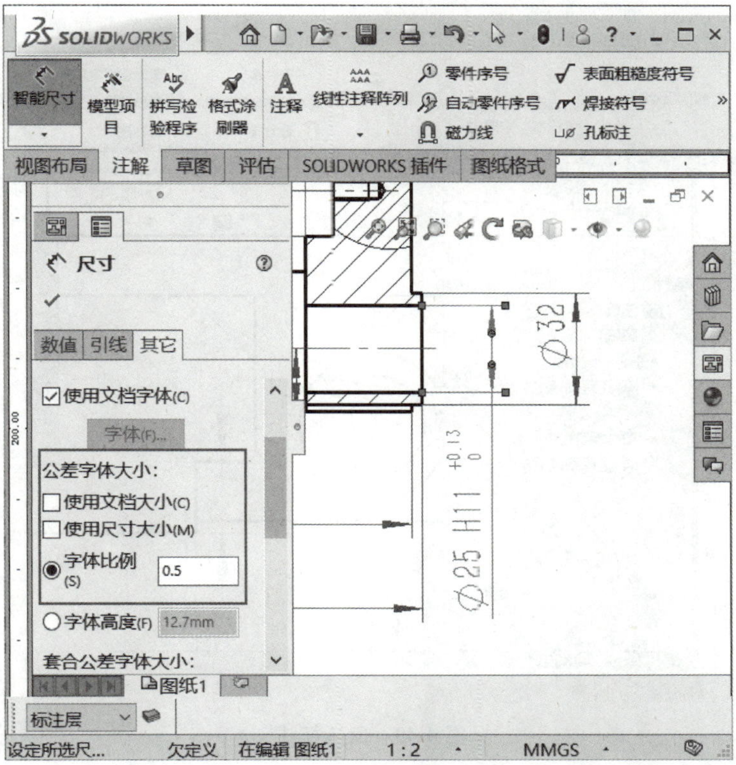

图 4-38　公差数字设置

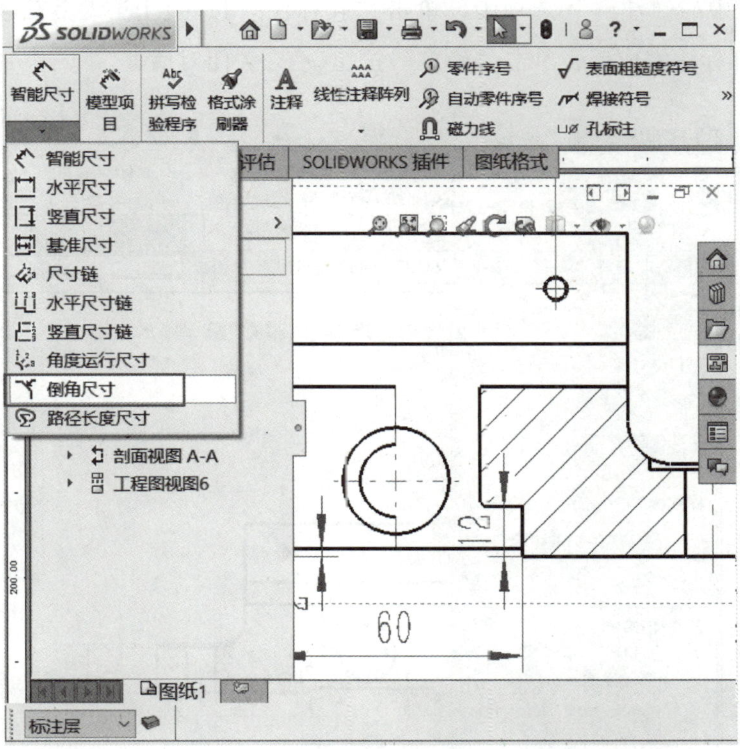

图 4-39　倒角尺寸模式

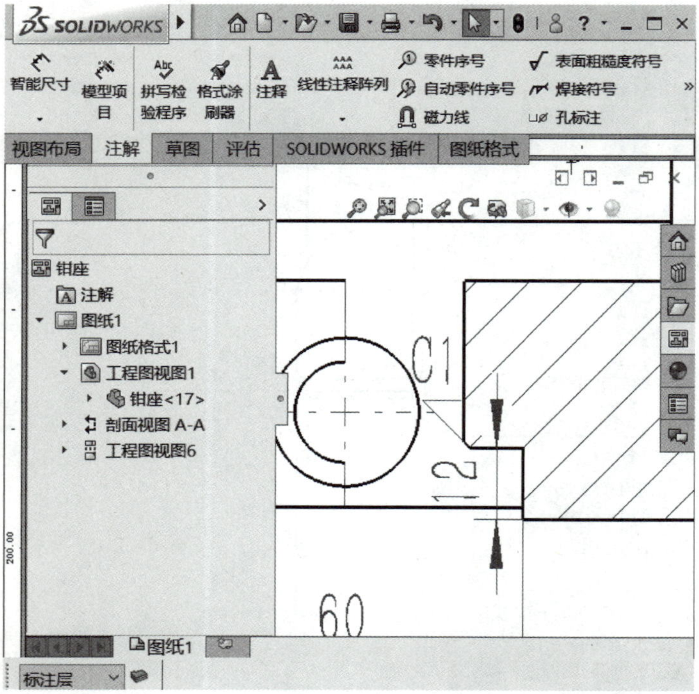

图 4-40　倒角标注

4. 孔尺寸标注

选择工具栏中的“注解”选项卡，单击“孔标注”按钮，然后单击要标注的孔（图 4-41），全部标注完成后，单击“确定”按钮，关闭对话框。

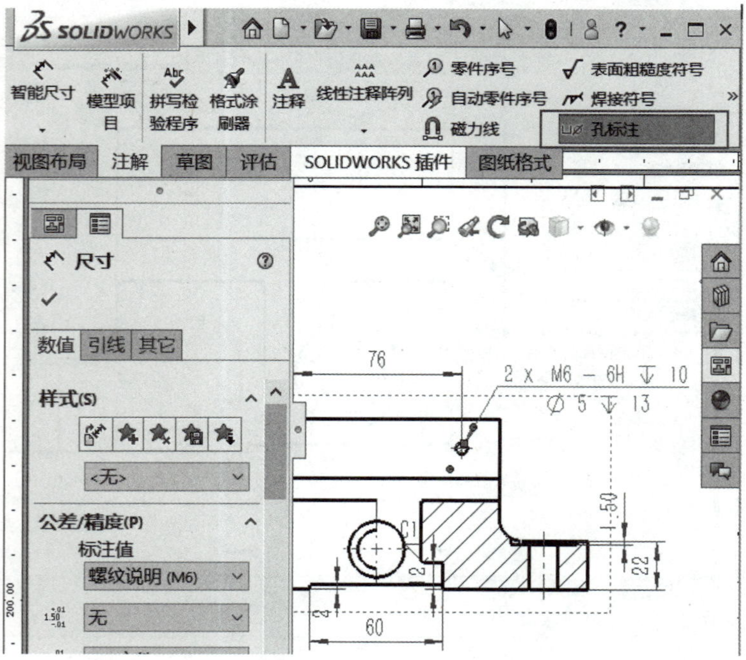

图 4-41　孔标注

（三）创建形位公差标注

（1）形位公差标注　选择工具栏中的“注解”选项卡，单击“形位公差”按钮，弹出“形位公差”对话框和“属性”对话框（图4-42）。在“形位公差”对话框中，“引线”选择“折弯引线”；在“属性”对话框中，“符号”选择“//”，“公差1”文本框内输入“0.05”，“主要”文本框内输入“A”，然后移动光标到图中相应的位置单击即可，位置可调整（图4-43）。

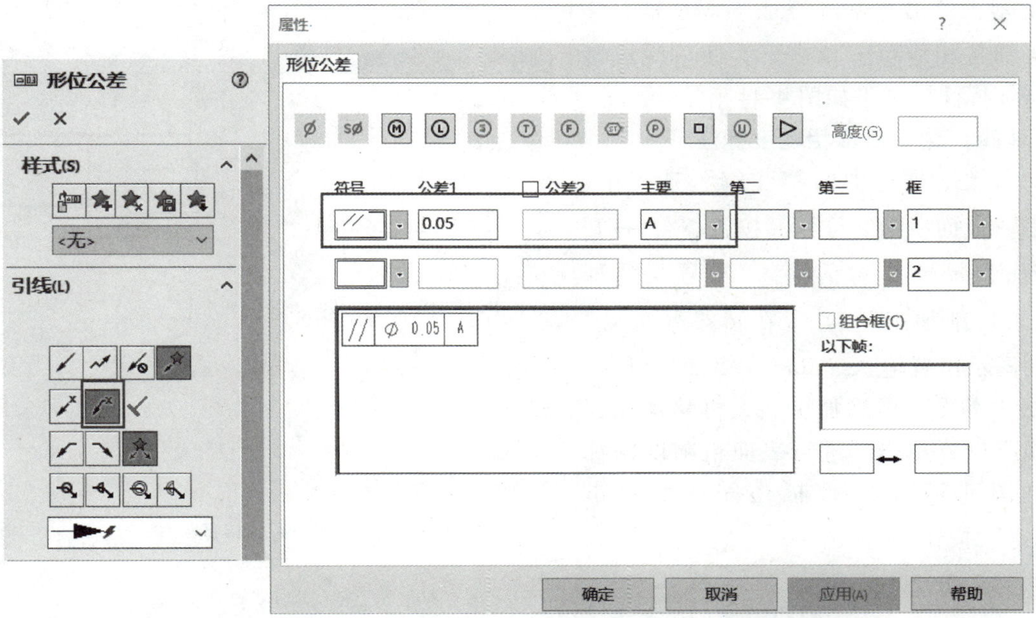

图 4-42　“形位公差”对话框和“属性”对话框

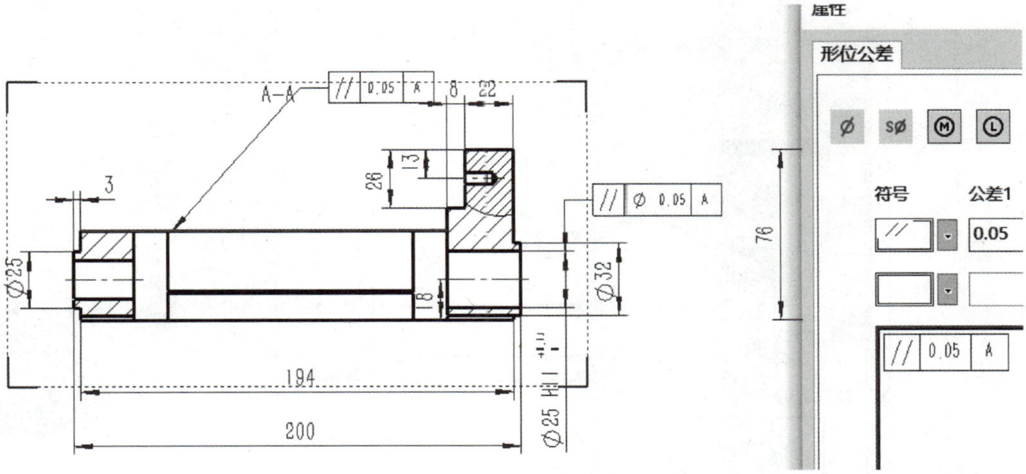

图 4-43　形位公差标注

特别提示：

尺寸公差的代号与含义、形位公差的代号含义和位置标注以及表面粗糙度的代号含义与标注可参考“机械制图”相关书籍。

（2）基准特征标注　选择工具栏中的“注解”选项卡，单击“基准特征”按钮，弹出“基准特征”对话框，移动光标在相应位置单击下，便可完成基准特征标注，结果如图 4-44 所示。

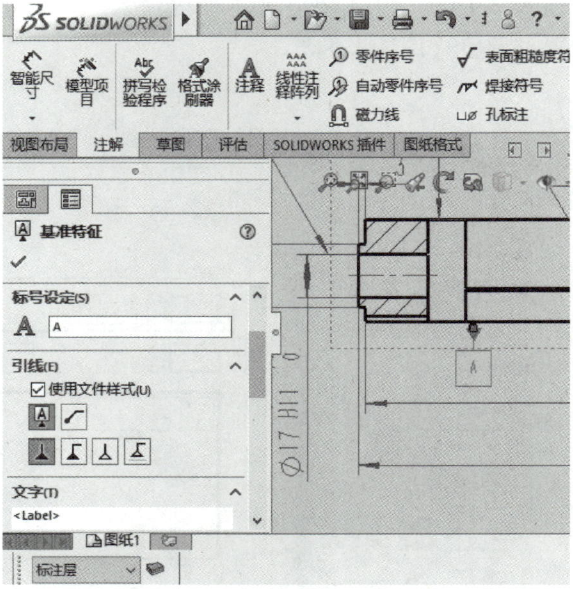

图 4-44　基准特征标注

（四）创建表面粗糙度标注

选择工具栏中的“注解”选项卡，单击“表面粗糙度符号”按钮，打开“表面粗糙度”对话框，“符号”选择“要求切削加工”，在“符号布局”内的图示位置输入“Ra”“3.2”，根据需要“引线”项添加引线，再移动光标到相应位置单击，进行表面粗糙度的标注（图 4-45），全部标注完成后单击“确定”按钮退出。

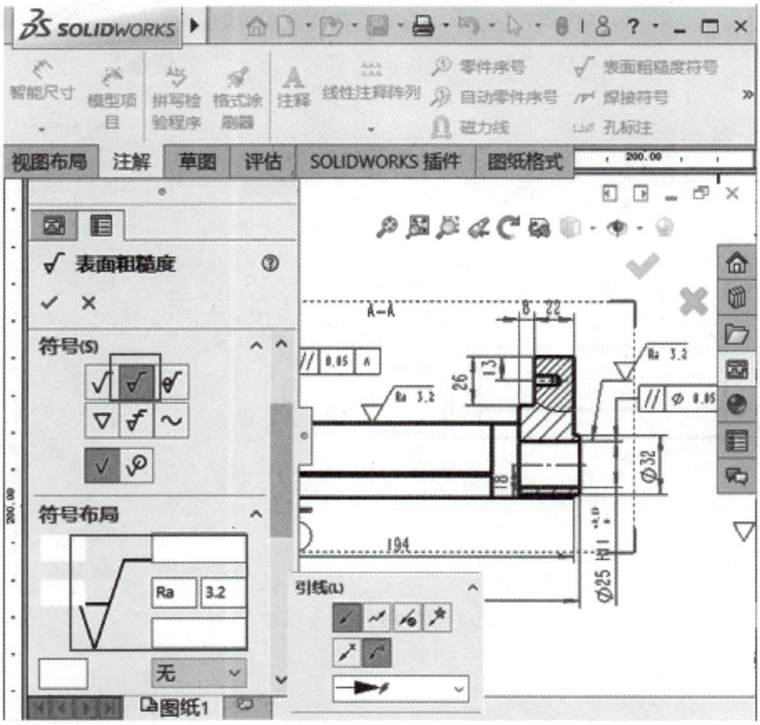

图 4-45　表面粗糙度标注

五、创建技术要求

先将当前图层改为“文字层” 文字层 。选择工具栏中的“注解”选项卡，单击“注释”按钮 A，在绘图区适当位置单击，便弹出文本框，直接将技术要求的内容输入文本框（图4-46），输入后在空白处单击即可创建技术要求。

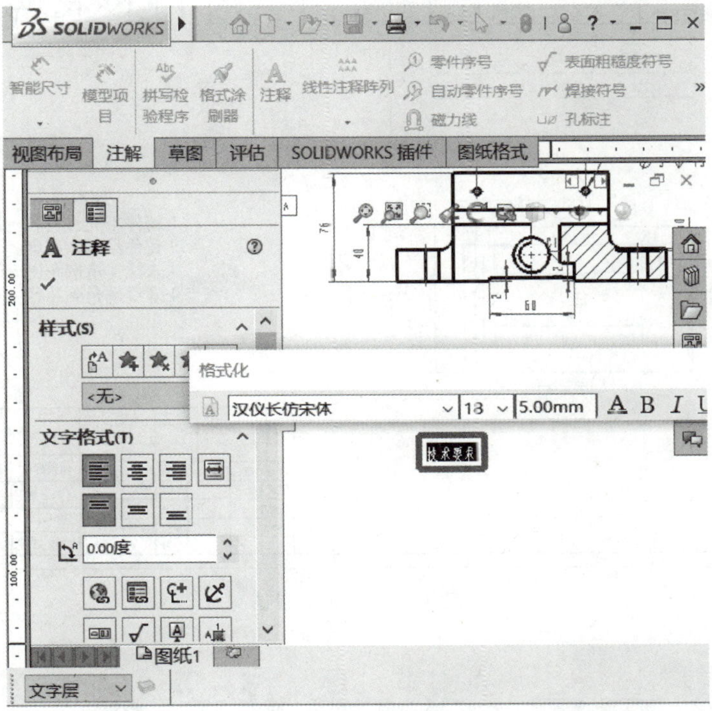

图4-46　创建技术要求

六、保存文件

检查标注是否完整，单击快速访问栏中的“保存”按钮，保存钳座工程图，如图4-47所示。

特别提示：

SolidWorks工程图可以方便地转换为CAD的DWG格式，而且转换的DWG格式用AutoCAD打开后无需更改。

知识链接

知识点　视图布局

在工程图模式下，视图的表达形式可以通过“视图布局”选项卡来实现。“视图布局”选项卡如图4-48所示。

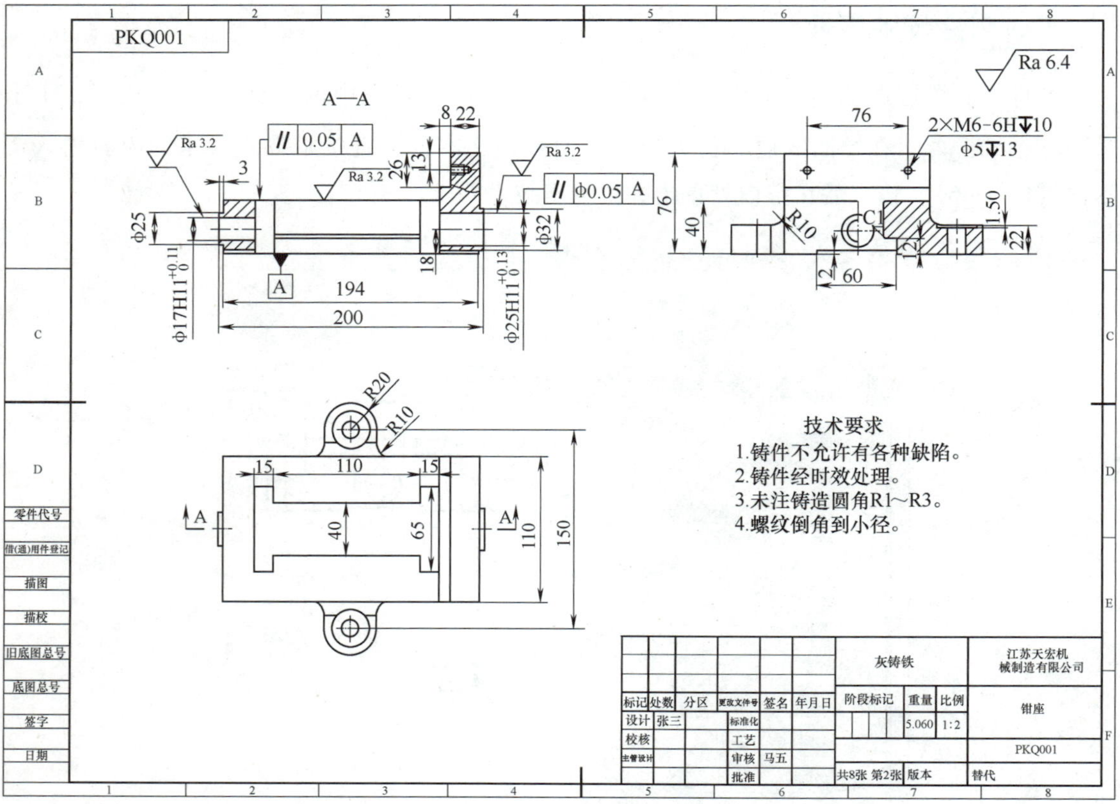

图 4-47　钳座工程图

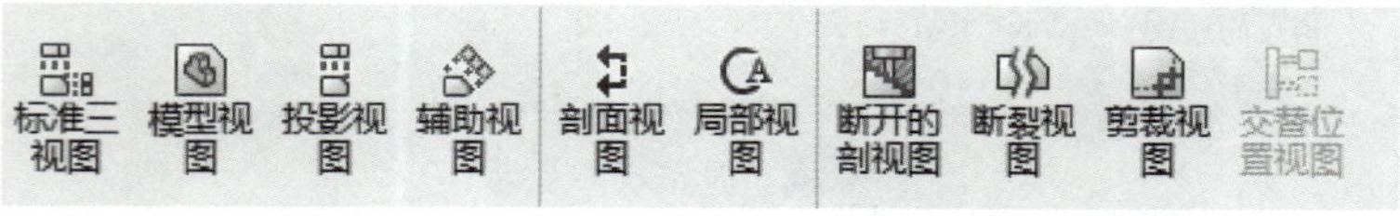

图 4-48　“视图布局”选项卡

1. 标准三视图

“标准三视图”能为所显示的零件或装配体同时生成三个相关的默认正交视图（前视、右视、左视、上视、下视及后视）。所生成的视图方向基于零件或装配体中的视向（前视、右视及上视），视向固定，无法更改，此选项可生成“机械制图”中的三视图。

前视图与上视图及侧视图有固定的对齐关系。上视可以竖直移动，侧视可以水平移动。可以使用多种方法来生成标准三视图。

2. 模型视图

“模型视图”根据预定义的视向生成单一视图。当需要将一模型视图插入到工程图文件中时，单击该选项后，“模型视图”对话框在设计树位置出现，在“视向”对话框所列举的模型文档中，可按照视图名称选取视向图。

3. 投影视图

“投影视图”通过以八种可能投影之一折叠现有视图而生成。

选择该选项后，“投影视图”对话框在设计树位置出现，在图形区域中选择一投影用的视图，将指针移动到所选视图的相应一侧，就是投影的方向，当移动指针时，视图的预览在选取拖动工程视图时会显示。当视图位于所需的位置时，单击以放置视图。根据系统默认，投影视图与用来生成它的视图对齐，只能沿投影的方向来移动投影视图。

4. 辅助视图

“辅助视图”类似于投影视图，但它是垂直于现有视图中参考边线的展开视图。可使用现有视图的边线或绘制的直线（需要与现有图中的元素添加垂直几何关系）进行投影。此选项可生成“机械制图”中的“向视图”。

5. 剖面视图

“剖面视图”通过使用剖面线切割父视图投影后生成。通过该选项可生成“机械制图”中的“全剖视图”和“半剖视图”。

6. 局部视图

“局部视图”是在工程图中使用草图（通常是圆或其他闭合的轮廓）进行闭合后，生成一个局部视图来显示一个视图的某个部分（可指定比例缩放系数）。此选项可生成“机械制图”中的“局部放大图”。

7. 断开的剖视图

“断开的剖视图”是在工程图视图中剖切零部件的某部分以显示内部结构，并会自动在剖切面上生成剖面线，可通过设定一个数目或在工程图视图中选取几何体来指定深度。此选项可生成“机械制图”中的“局部剖视图”。

8. 断裂视图

“断裂视图”是使用一组折断线在视图中生成一缝隙或折断，将工程图视图以较大比例显示在较小的工程图纸上。此选项可生成“机械制图”中的“断开画法”。

9. 剪裁视图

“剪裁视图”是使用草图（通常是样条曲线或其他闭合的轮廓）进行闭合，将草图内部的部分显示。此选项可生成“机械制图”中的“局部视图”。

10. 交替位置视图

“交替位置视图”主要显示装配体零部件的运动范围，对其所处不同位置进行表示。可以以双点画线在原有视图上层叠显示一个或多个交替位置视图。

此选项可生成“机械制图”中装配图的“假想画法”视图。

任务 4.2　平口钳装配工程图创建

任务描述

装配图（图 4-49）是表达设计思想及技术交流的工具，是指导生产的基本技术文件。无论是在设计机器还是测绘机器时必须画出装配图。本节以平口钳为例，创建其装配工程图，并达到以下目标：

1）了解 SolidWorks 2020 工程图创建的基本原理。

2）能够熟练掌握应用视图调色板建立基本视图以及编辑视图的方法。

3）能够熟练掌握利用装配工程图的草图修改视图，并对视图进行标注及修改。

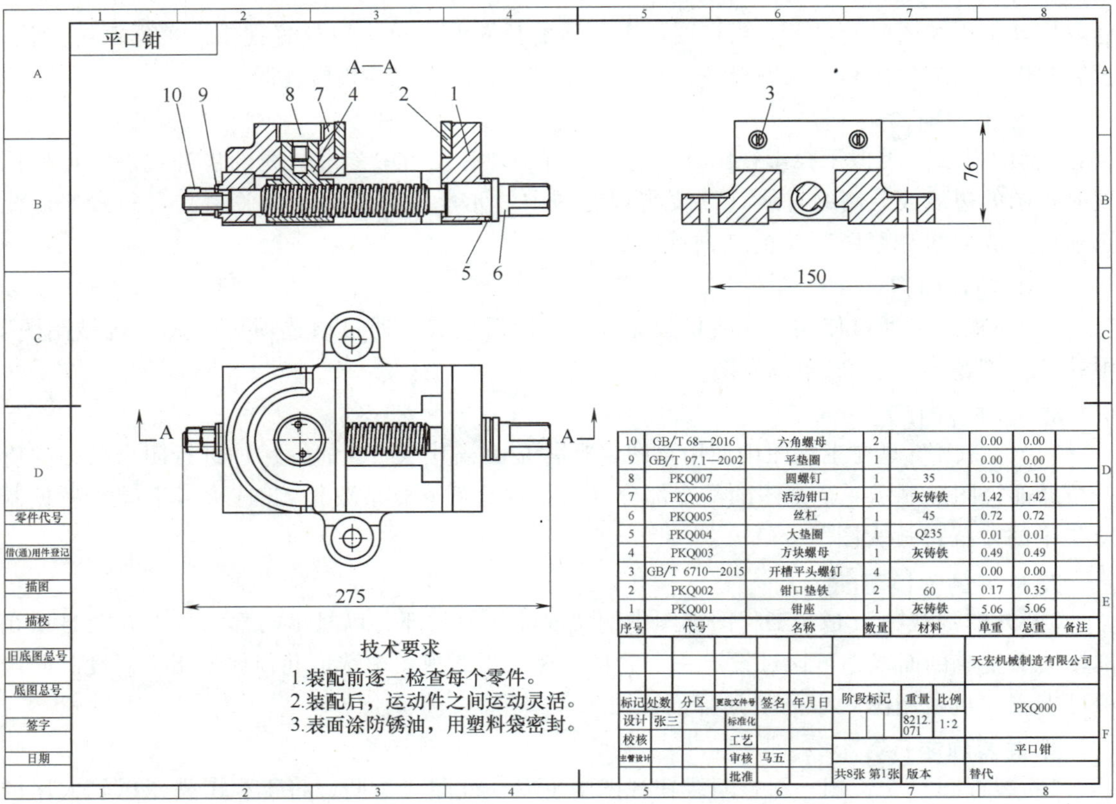

图 4-49 平口钳装配图

4）能够熟练掌握图纸格式的编辑方法及编辑文本方法。

5）能够熟练掌握零件属性创建，并能建立属性链接。

6）能够熟练创建明细栏和零件编号。

任务分析

平口钳装配图主要用于表达平口钳的图样、工作原理和各零部件之间的装配关系，为了完整表达平口钳装配体，先设置平口钳装配体属性，再选择大小合适的图纸添加关联（定制模板），然后利用视图调色板创建基础视图俯视图，再创建全剖的主视图、全剖左视图，创建明细栏、零件序号，最后进行尺寸标注和技术要求注写，装配工程图创建步骤如图 4-50 所示。

任务实施

一、装配体属性创建

首先打开 SolidWorks 2020，打开平口钳装配体，单击快速访问栏“文件属性”按钮（图 4-51），打开“摘要信息”窗口，选择“自定义”选项卡。可在此选项卡表格中进行删除和添加属性项目操作。

为属性项赋值，比如在“名称”的“数值/文字表达”中输入“平口钳”，在“代号”的

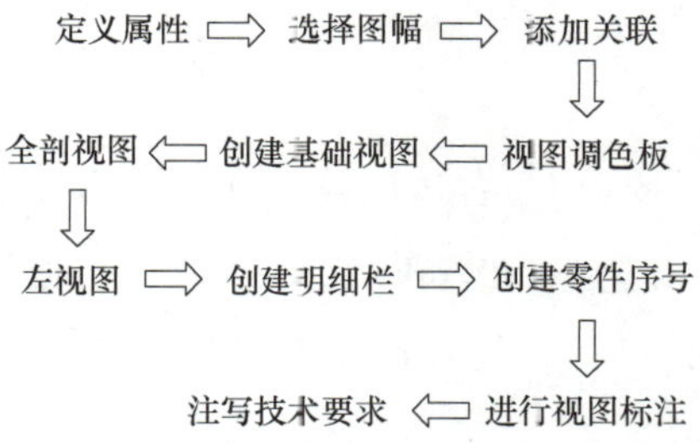

图 4-50 平口钳装配工程图创建步骤

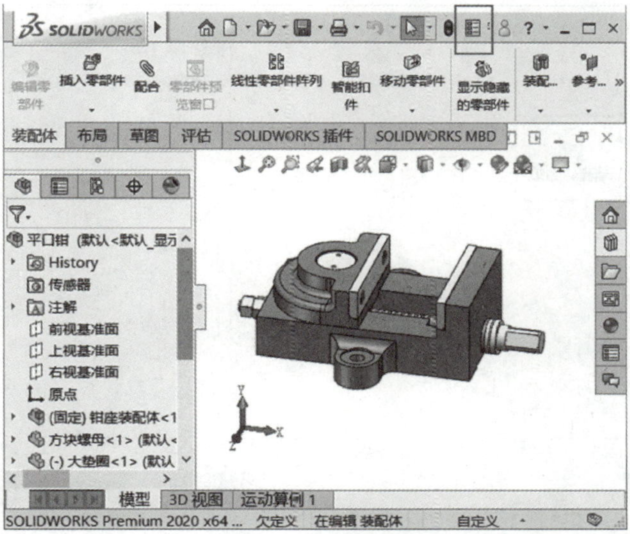

图 4-51 单击“文件属性”

“数值/文字表达”中输入“PKQ000”，在“公司名称”中输入“天宏机械制造有限公司”，依次为其他项赋值（图 4-52）。全部添加结束后单击“确定”按钮关闭“摘要信息”窗口。

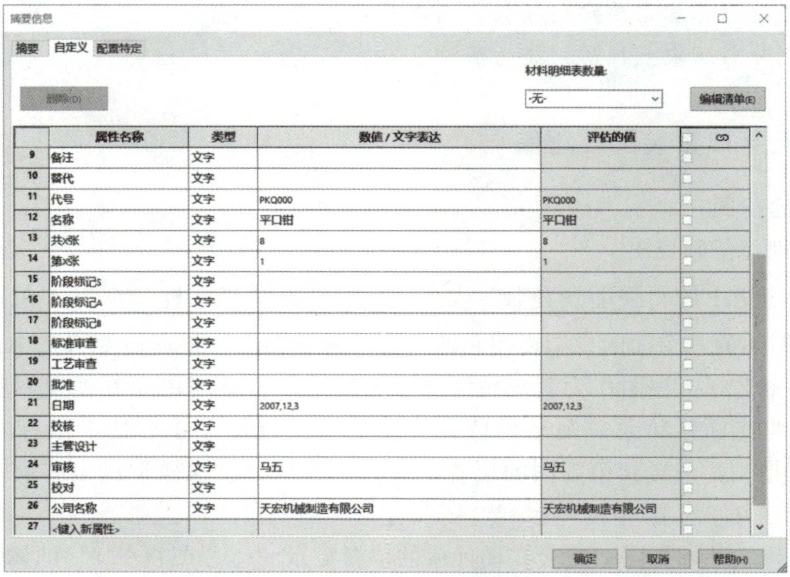

	属性名称	类型	数值 / 文字表达	评估的值
9	备注	文字		
10	替代	文字		
11	代号	文字	PKQ000	PKQ000
12	名称	文字	平口钳	平口钳
13	共x张	文字	8	8
14	第x张	文字	1	1
15	阶段标记S	文字		
16	阶段标记A	文字		
17	阶段标记B	文字		
18	标准审查	文字		
19	工艺审查	文字		
20	批准	文字		
21	日期	文字	2007,12,3	2007,12,3
22	校核	文字		
23	主管设计	文字		
24	审核	文字	马五	马五
25	校对	文字		
26	公司名称	文字	天宏机械制造有限公司	天宏机械制造有限公司
27	<键入新属性>			

图 4-52 文件属性设置

二、选择图纸

单击快速访问栏“新建”按钮右边的黑三角，打开下拉菜单，选择“从零件/装配体制作工程图”，打开“新建 SolidWorks 文件”窗口，根据模型大小选择“天宏 A3 图纸”，单击“确定”按钮（图 4-53），便可打开工程图窗口。

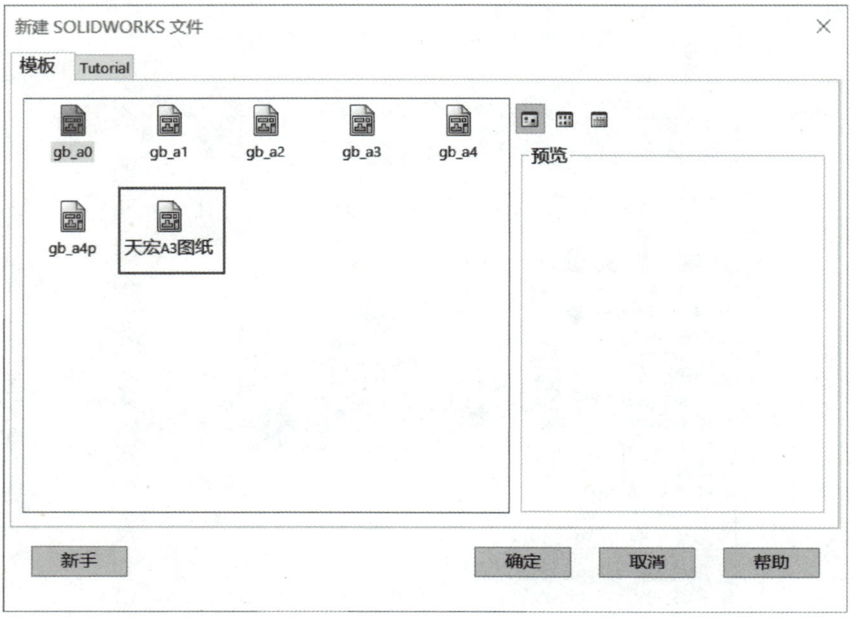

图 4-53　选择图幅

特别提示：

图纸样式可以根据需要定制模板，在上节零件图已制作好了“天宏 A3 图纸”模板，所以在装配图中就可以直接用，提高了效率。

三、创建平口钳装配工程图

（一）创建视图

步骤 1：创建基础视图

单击任务窗格中的“视图调色板”，打开“视图调色板”窗口。在窗口中显示出“平口钳”装配体的六个面的投影视图和四个方位的轴测图，根据需要将选中的图形拖动到绘图区。本例中选择上视图作为基础视图——俯视图（基础视图是其他视图创建的基础）。具体操作是：将光标移动到“视图调色板”中的“上视图”上，按下鼠标左键将“上视图”向绘图区拖动，放置到俯视图的位置上后，松开鼠标，这样平口钳装配工程图的“基础视图”便创建好了（图 4-54）。

单击刚创建的基础视图，便会在设计树的位置显示“工程图视图 1”的属性管理器，在该对话框中，可以根据要求设置“参考配置”“方向”“显示样式”“比例”等选项。设置

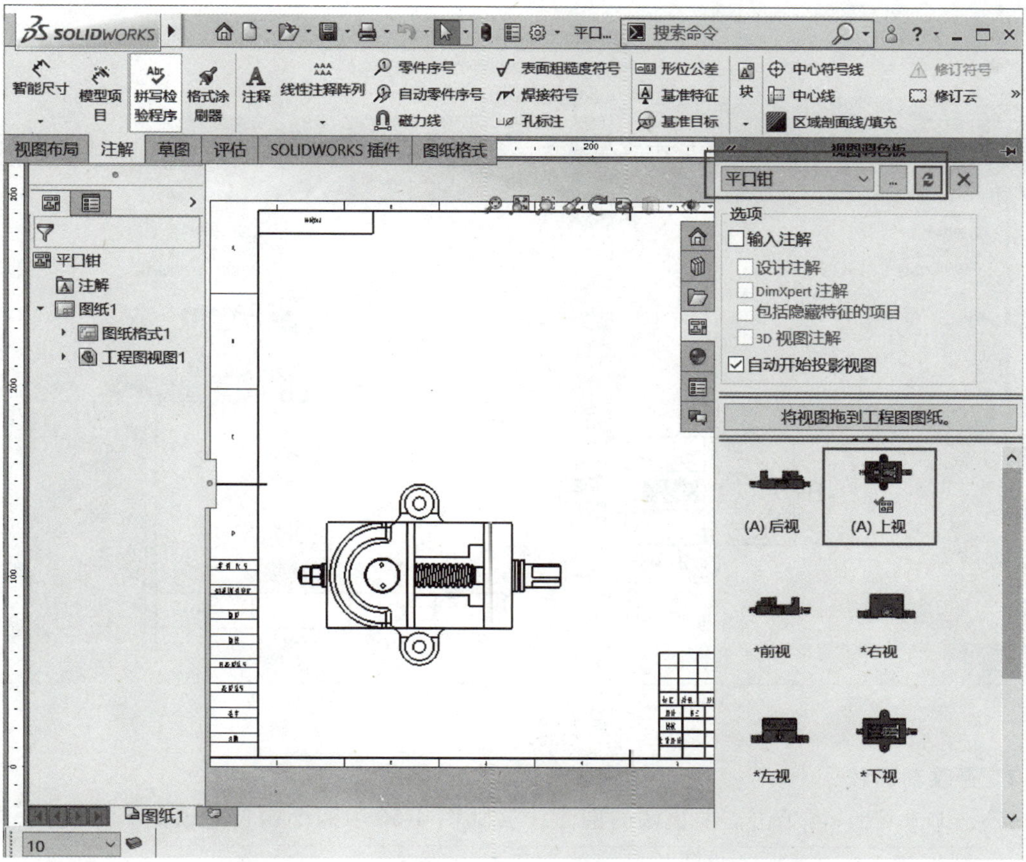

图 4-54 选择基础视图

完成后单击“确定”按钮 关闭对话框。

特别提示：

基础视图拖入绘图区后，可以根据实际情况更改比例大小，比例可以在状态栏上直接更改，也可以在工程图属性中右击“图纸 1”，在快捷菜单中选择“属性”，在弹出的“图纸属性”对话框中进行比例设置（参考图 4-13、图 4-14）。

步骤 2：创建全剖的主视图

1. 创建全剖的主视图

单击工具栏中“视图布局”选项卡中的“剖面视图”按钮，弹出“剖面视图辅助”对话框，选择“水平” 切割线，再移动到图中，捕捉垂直对称轴上任一点单击，出现一选择条，单击“确定”按钮 后，便出现剖面范围窗口，选择不需要剖的零件，如丝杠、圆螺钉（图 4-55），单击“确定”按钮，移动光标到适当位置单击，便可创建全剖主视图的剖视图，同时左侧出现“剖面视图 A-A”的对话框（图 4-56），可在对话框中进行相关设置，设置完成后单击“确定”按钮 ，关闭对话框。这样全剖的主视图便创建完成。

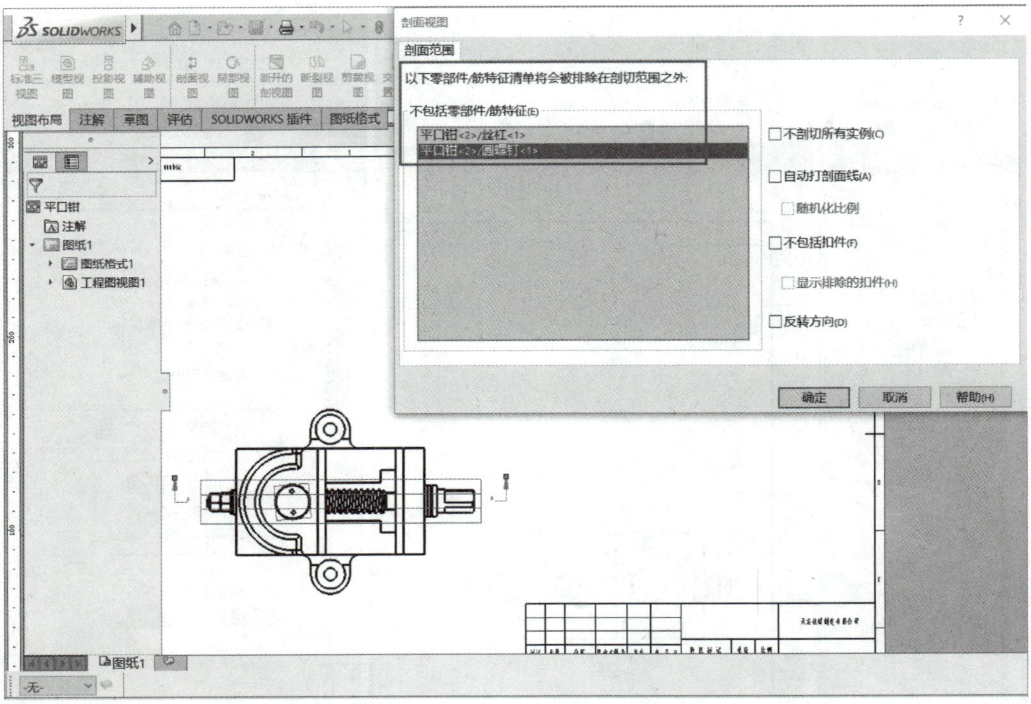

图 4-55　剖面设置

2. 更改剖面线

按住<Ctrl>键，再单击需要更改的剖面线（如图 4-56 中两个钳口垫铁的剖面线），弹出

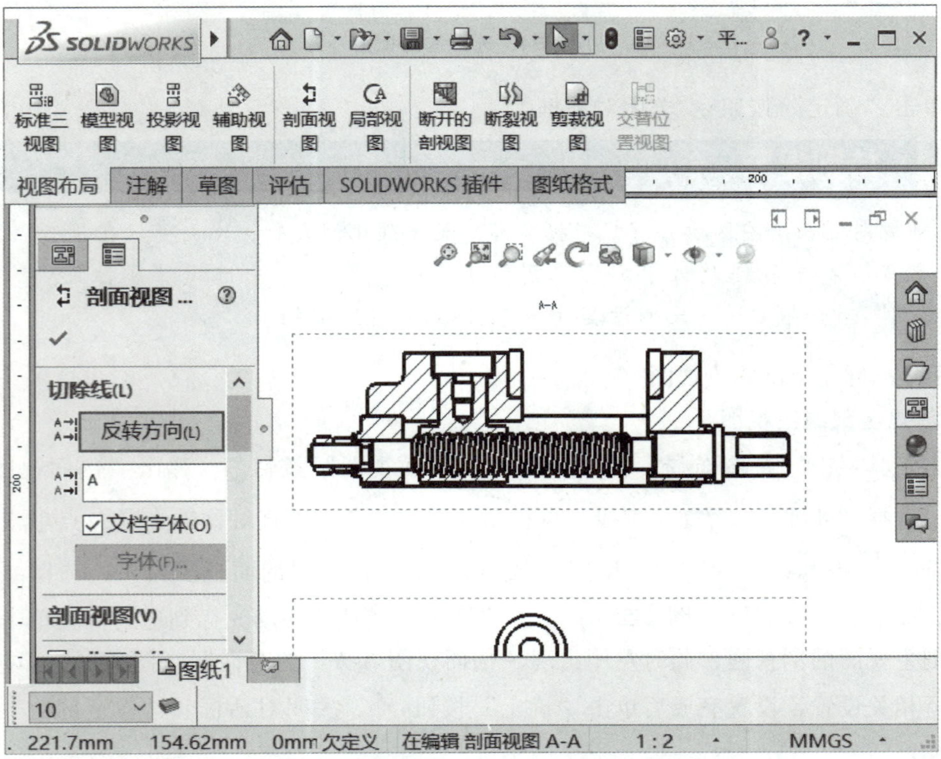

图 4-56　“剖面视图 A-A”对话框

“区域剖面线/断开的剖视图”对话框，先取消勾选“属性”下的“材质剖面线”复选按钮，再在“剖面线图样比例”文本框中输入“2”（图4-57），单击对话框左上角的“确定”按钮，退出剖面线设置。

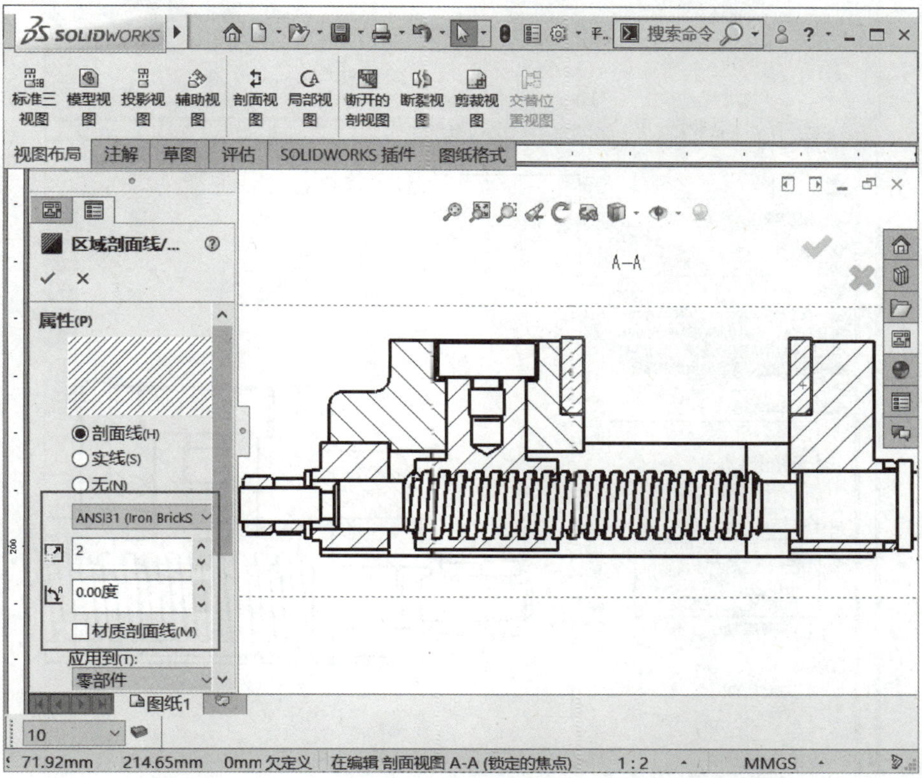

图 4-57　更改剖面线

3. 显示螺纹线

选择“插入”菜单下的“模型项目”选项（图4-58），打开“模型项目”对话框，在“模型项目”对话框中，“来源”选择“所选特征”，“尺寸”中取消任何选择，“注解”

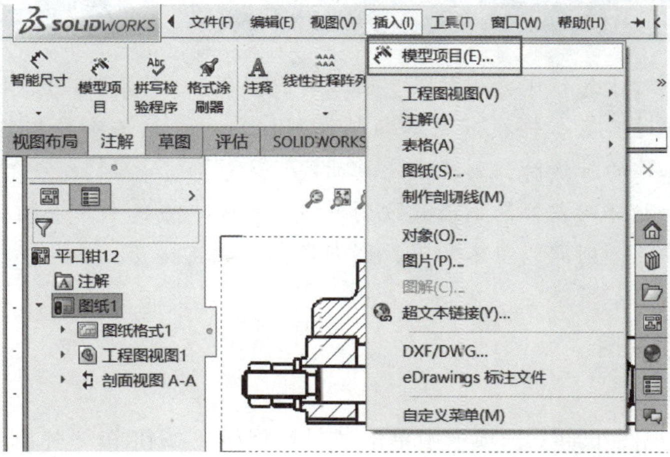

图 4-58　选择“模型项目”

中选择“装饰螺纹线”，然后单击丝杠和圆螺钉即可显示出螺纹线（图4-59），单击对话框左上角的“确定”按钮，退出剖面线设置。

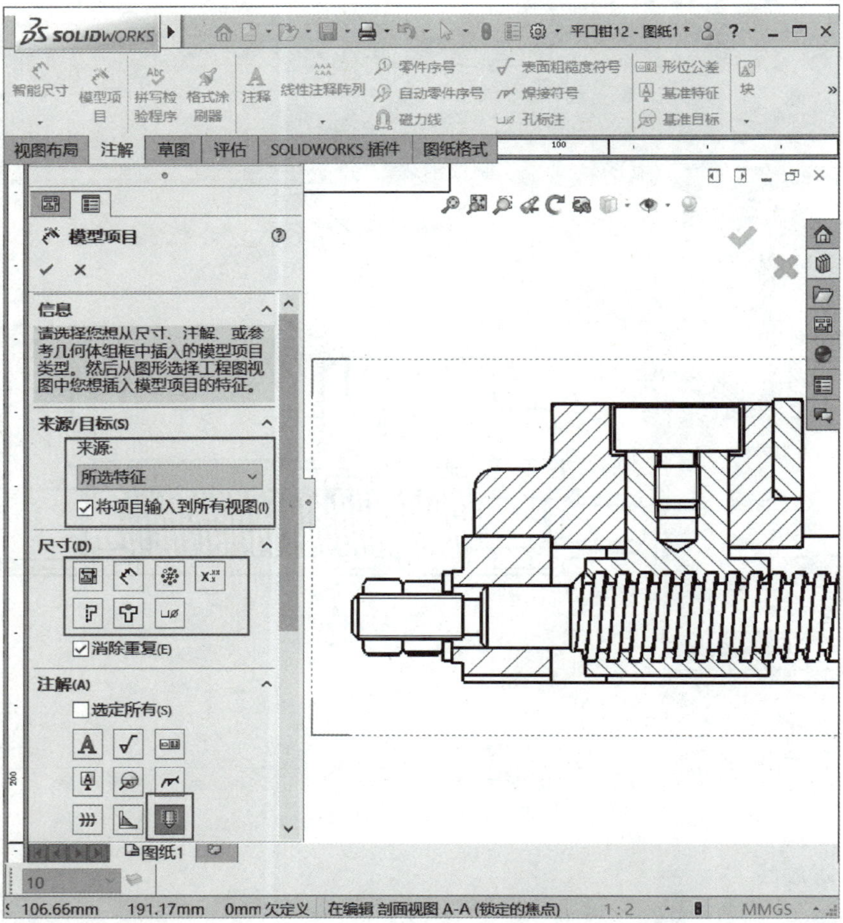

图 4-59　显示螺纹线

特别提示：

在装配图中，对于螺钉等紧固件及实心零件，如轴、手柄、连杆、拉杆、球、销、键等，当剖切平面通过其基本轴线（也称顺轴线剖切）时，这些零件均按不剖绘制。当剖切平面垂直这些零件的轴线时，则应画出剖面线。

在装配图中，相邻两零件的剖面线方向一般应相反。当三个零件相邻时，若有两个零件的剖面线方向一致，则间隔应不相等，剖面线尽量相互错开。

步骤 3：创建左视图

1. 创建左视图

在工具栏的“视图布局”选项卡中单击“投影视图”按钮，弹出“投影视图”对话框，选择主视图后向右移动光标到合适位置后单击，便创建了左视图（图4-60）。

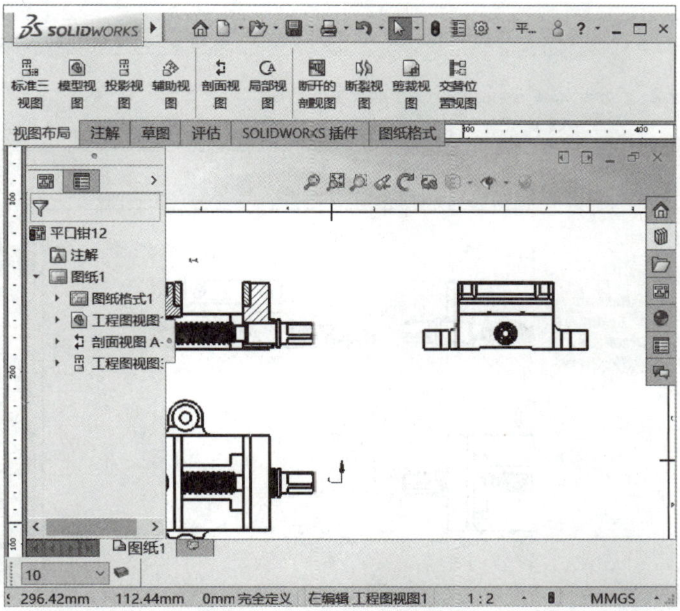

图 4-60 创建左视图

2. 创建左视图的局部视图

在工具栏的“视图布局”选项卡中单击“断开的剖视图”按钮，弹出“断开的剖视图”对话框，用样条曲线将整个左视图圈在里面，在“深度”选项的“深度参考”中选择俯视图中的安装孔边线（图 4-61），系统便会自动判断出是过这个孔的中心局部剖切，单击对话框左上角的“确定”按钮，关闭对话框，左视图的局部视图创建完成，如图 4-62 所示。

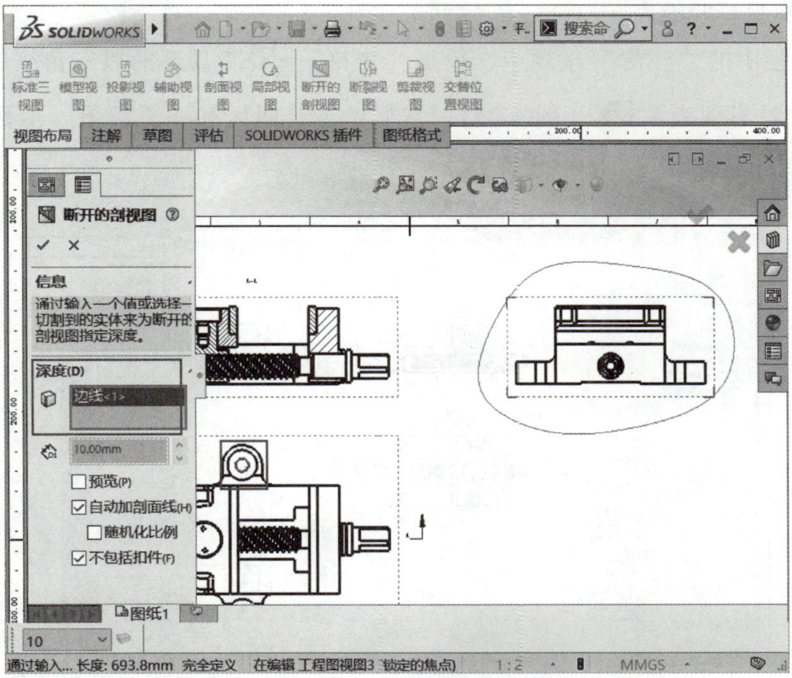

图 4-61 绘制辅助草图

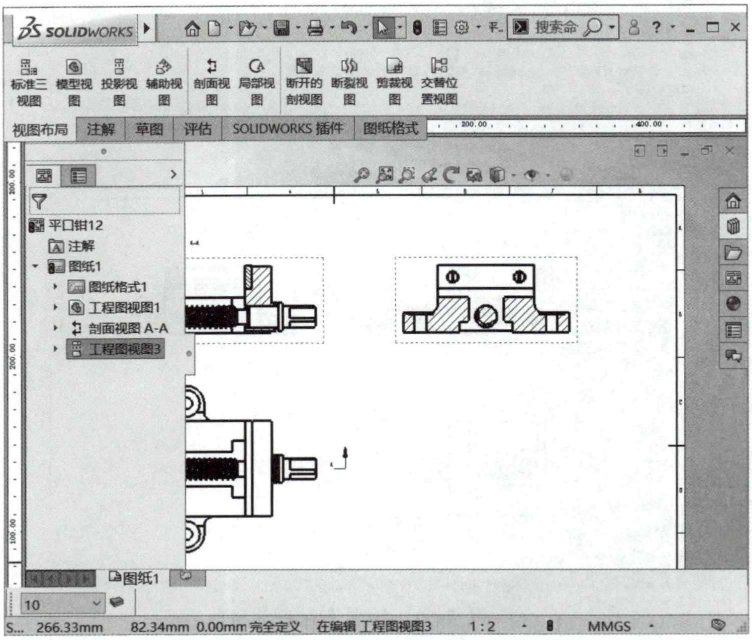

图 4-62 左视图的局部视图

小技巧：

装配工程图创建方法与零件工程图创建方法几乎一致，因此要打好零件工程图创建基础，并善于“借力”，定能“事半功倍”。

（二）创建材料明细表

选择工具栏中的“注解”选项卡，单击“表格”工具下的黑三角按钮，在下拉菜单中选择“材料明细表”（图 4-63），然后单击绘图区某一工程图（本例选主视图），

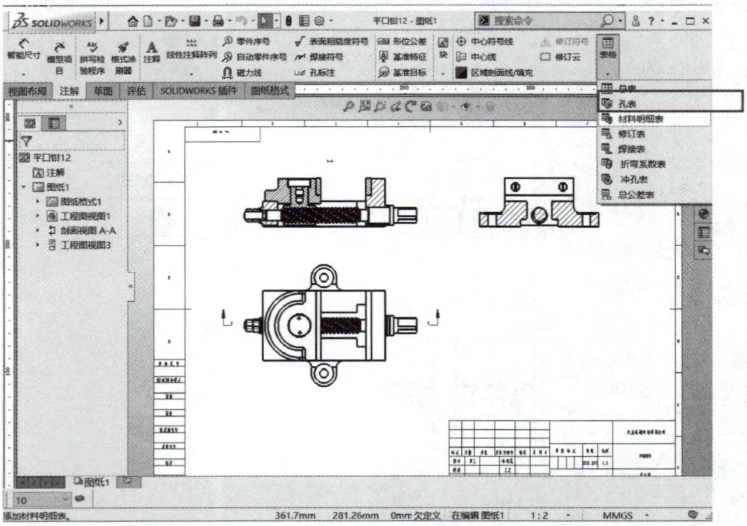

图 4-63 选择“材料明细表”

便会弹出“材料明细表”对话框，在“表格模板”中选择图标的模板“gb-bom-material”，勾选“表格位置”中的“添加到定位点”复选按钮，“材料明细表类型”选择“仅限零件”，其余默认即可（图 4-64）。

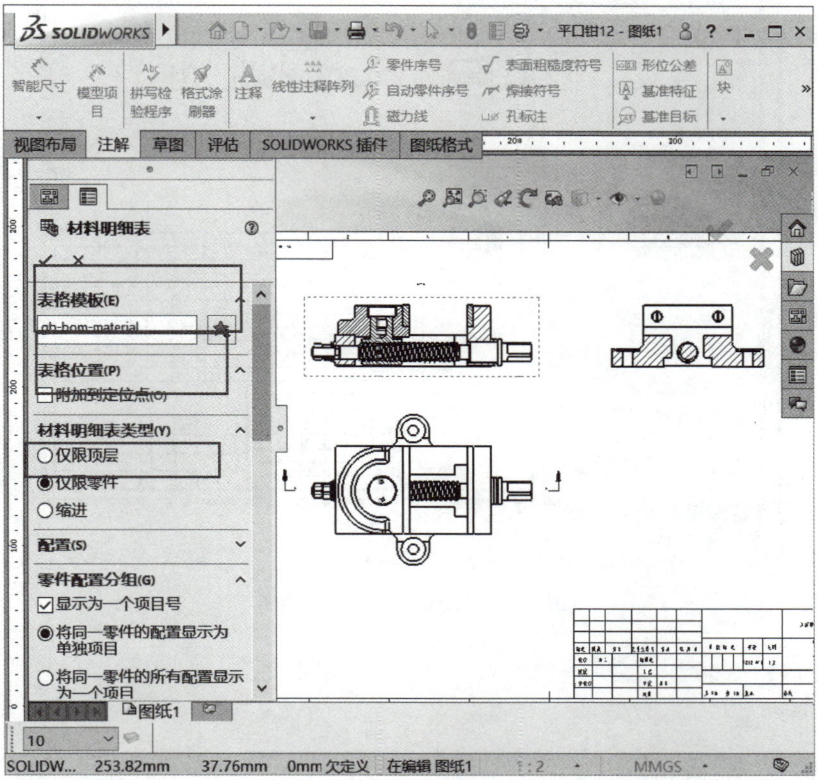

图 4-64 材料明细表设置

单击对话框左上角的“确定”按钮✔，关闭对话框，移动光标到绘图区，“材料明细表”会跟随光标移动，当移动到标题栏右上角时，会出现“定位点”，“材料明细表”会自动被吸附。放置后的材料明细表如图 4-65 所示。

特别提示：

一般情况下，装配图中先创建材料明细表（材料明细表也可以根据需要定制），材料明细表的顺序与装配顺序一致。材料明细表可以手动填写（效率低），也可自动填写（效率高，但须提前设置好零件的属性）。

（三）创建零件序号

先选择主视图，再选择工具栏中的“注解”选项卡，单击“自动零件序号”按钮，打开“自动零件序号”对话框，在“项目号”下选择“依照装配体顺序”，“阵列类型”下选择“布置零件序号到上”，“引线附加点”选择“面”，其他根据需要进行选择（图 4-66）。单击对话框左上角的“确定”按钮✔，关闭对话框。然后，调整序号，结果如图 4-67 所示。

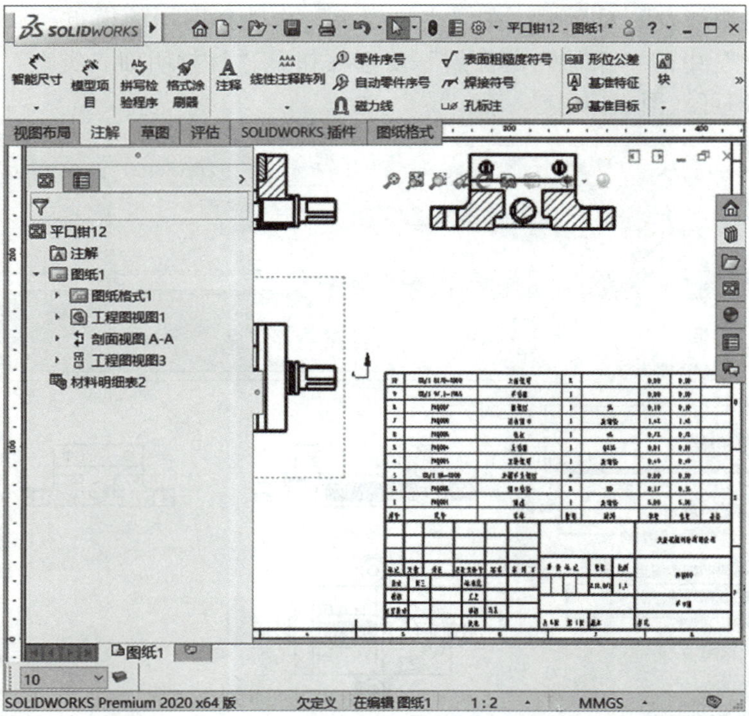

图 4-65　放置后的材料明细表

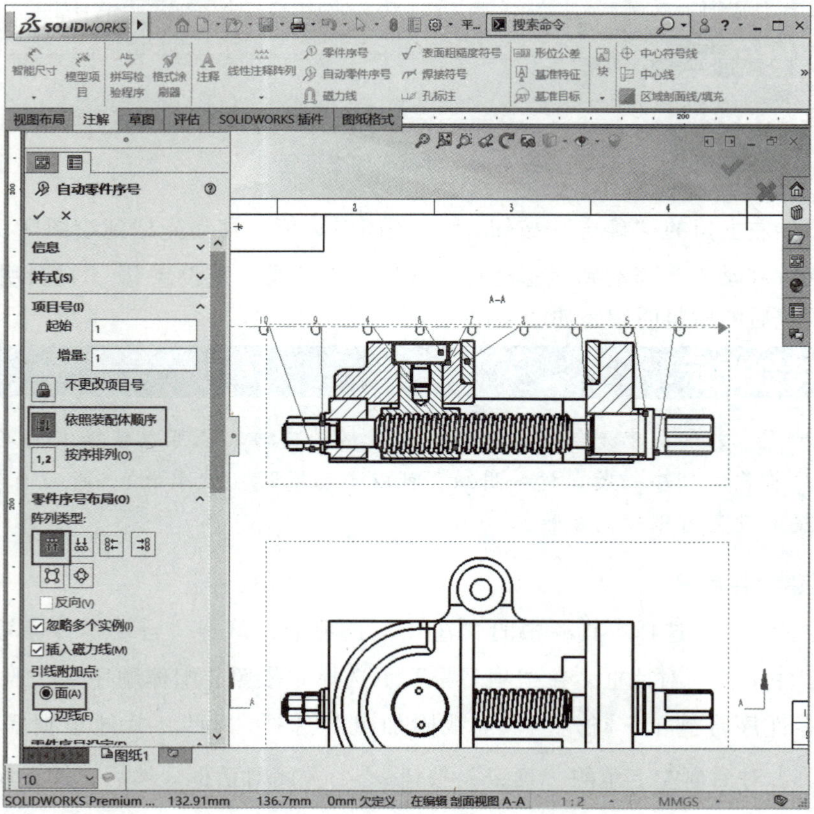

图 4-66　“自动零件序号”对话框

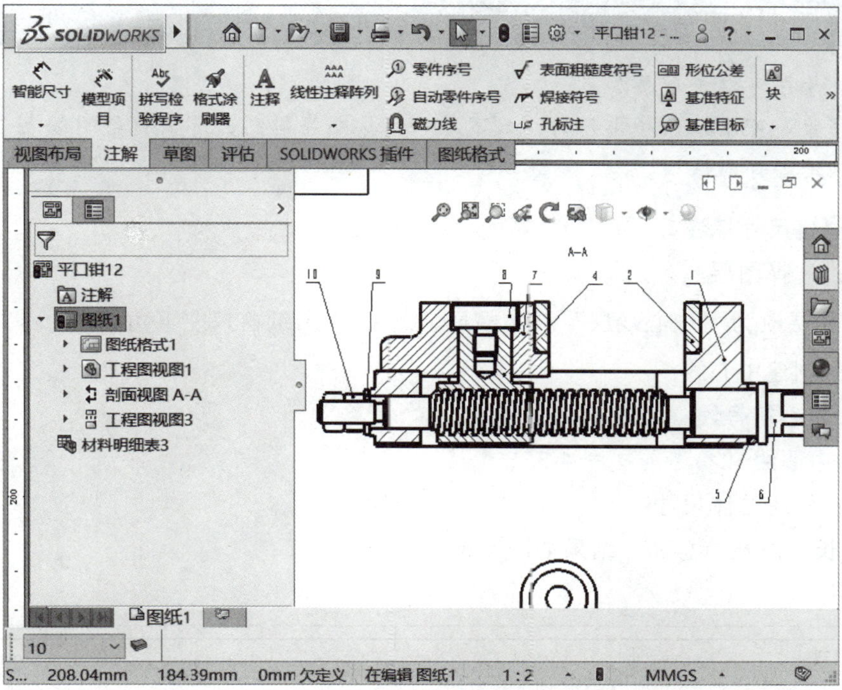

图 4-67 零件序号

仔细观察图 4-67，发现少一个序号 3，这是因为序号 3 的零件在主视图中没有显示，那就看下哪个图中有序号 3 的零件，本例中为左视图，所以就选择左视图，再单击“自动零件序号”按钮，系统会自动加上序号 3，单击对话框左上角的“确定”按钮，关闭对话框。然后，调整序号，结果如图 4-68 所示。至此，零件序号创建完成。

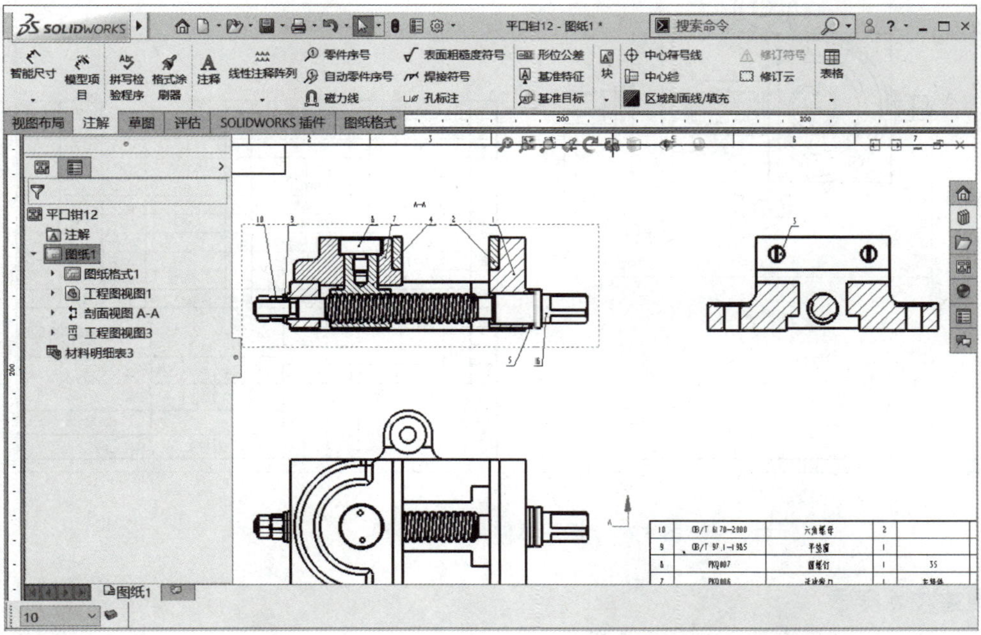

图 4-68 补充零件序号

特别提示：

零件序号也可以手动添加。

零件序号是可以按顺序排列的，只不过一旦按顺序排列，那么材料明细表中的顺序会跟着改变，读者可以试试。

(四) 创建尺寸标注

步骤 1： 选择图层

将当前图层改为“中心线层” 中心线层 （图纸窗口左下角）。

步骤 2： 创建中心线

1. 插入中心符号线（参考前文图 4-34）

2. 插入中心线（参考前文图 4-35）

步骤 3： 标注总体尺寸

标注总长、总宽与总高，结果如图 4-69 所示。

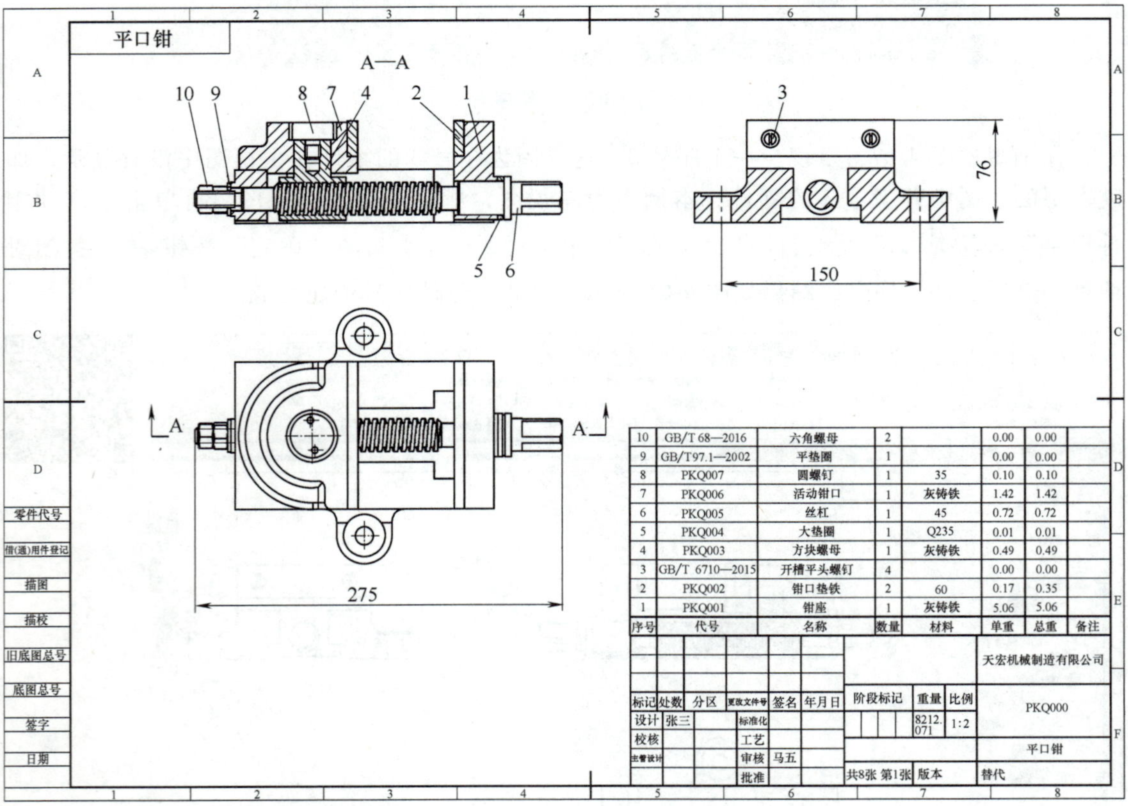

图 4-69 标注总体尺寸

(五) 创建技术要求

先将当前图层改为“文字层” 文字层 。选择工具栏中的“注解”选项卡，单击

“注释”按钮 A，在绘图区适当位置单击，便弹出文本框，直接将技术要求的内容输入文本框（图 4-70），写完后在空白处单击，即可创建技术要求。

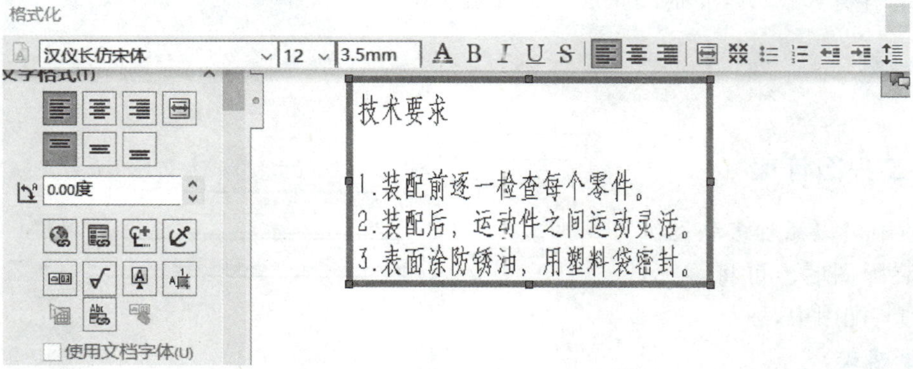

图 4-70　技术要求

（六）保存文件

单击快速访问栏上的“保存”按钮 保存平口钳装配图，如图 4-71 所示。

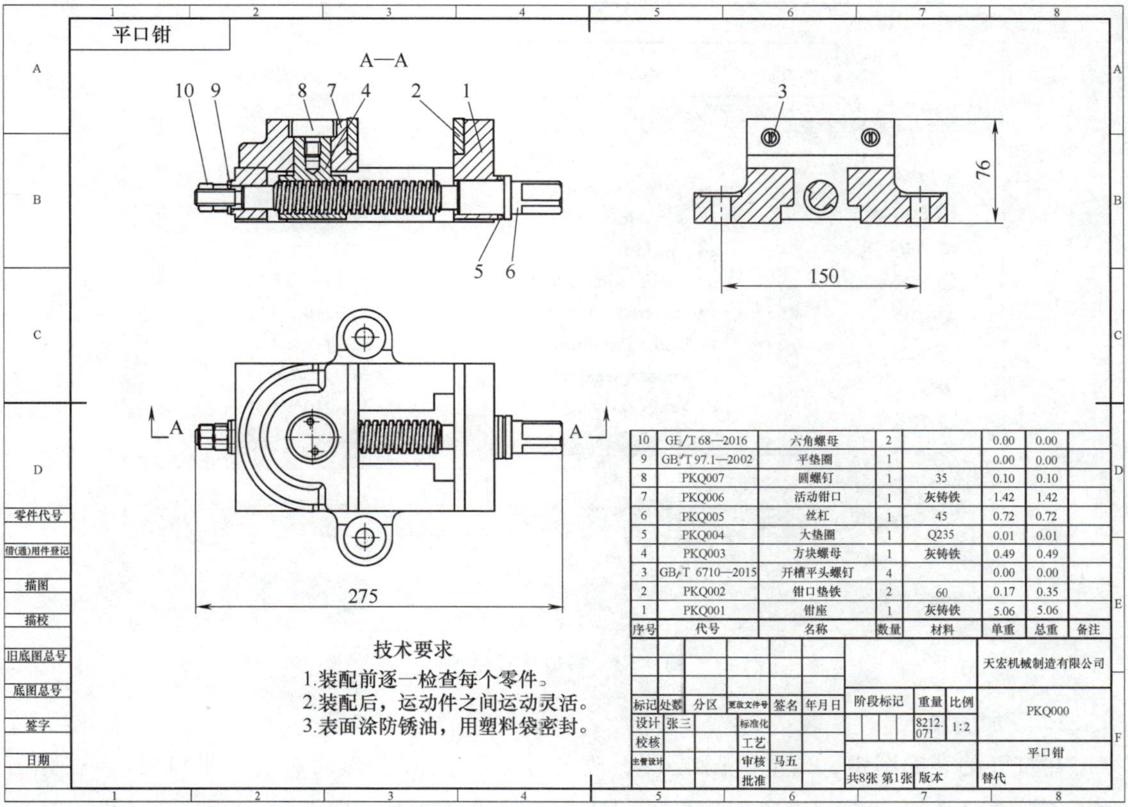

图 4-71　平口钳装配图

特别提示：

通常一张零件工程图中只有一张图纸。为了便于管理，可以在装配图中添加多张零件图纸。具体内容详见知识链接中的知识点“工程图管理”。

知识链接

知识点　工程图管理

一张工程图中可以添加多张图纸。尤其是在制作装配图时，可将零部件图纸全部添加到装配图中。

1. 添加图纸格式

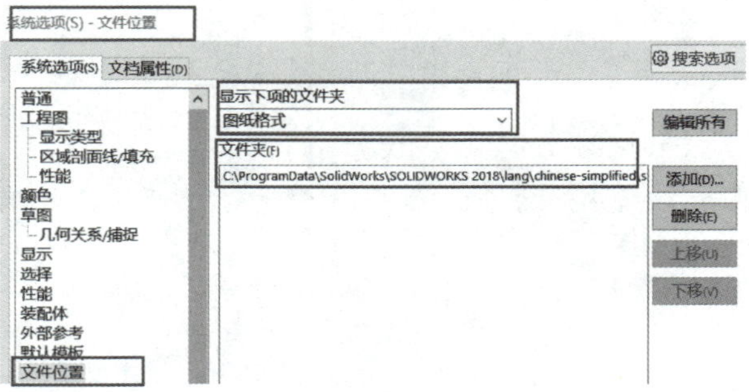

图 4-72　图纸格式位置

制作所需的图纸模板，然后单击“文件”菜单下的“保存图纸格式”，打开“保存图纸格式”窗口，输入计算机中 SolidWorks 文件的图纸格式安装路径（可在“选项”中查看位置），如图 4-72 所示，输入图纸名称（图 4-73），单击“保存”按钮即可将模板格式添加到标准格式中。

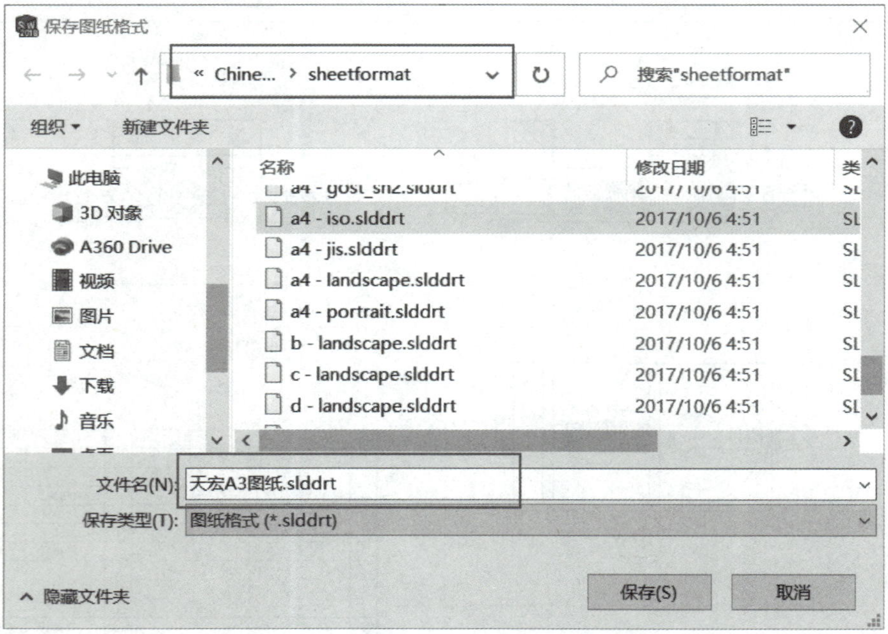

图 4-73　模板格式添加

2. 添加图纸

在打开的装配图中，单击“图纸 1”，改名为“平口钳”，然后右击“平口钳”，在弹出的快捷菜单中选择“添加图纸”，或单击图纸下方的“添加图纸”按钮 （图 4-74），即可打开“图纸格式/大小”对话框，如图 4-75 所示。

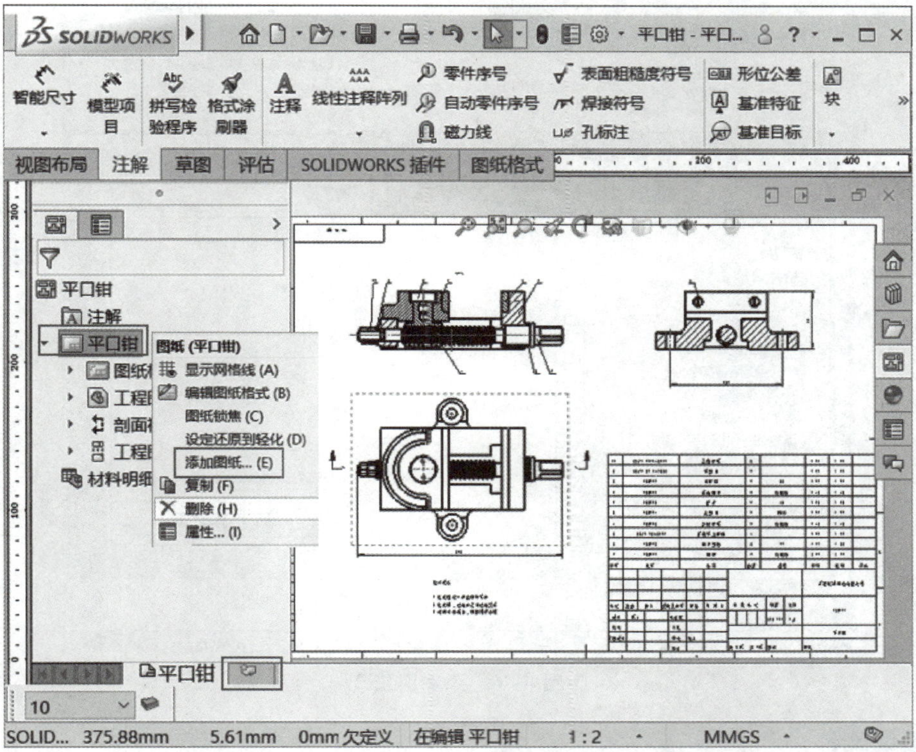

图 4-74 添加图纸

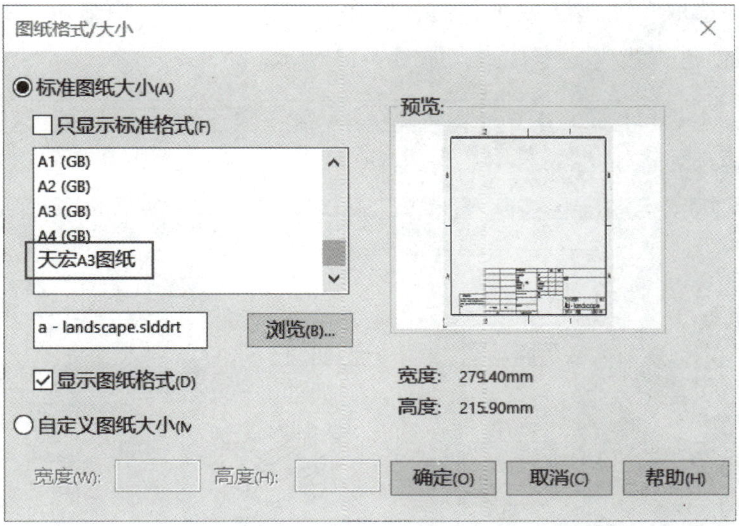

图 4-75 “图纸格式/大小”对话框

此时，可以选择已在第一步中添加到图纸格式中的自制的图纸格式（如天宏 A3 图纸）单击“确定”按钮，便可以添加图纸 2（图 4-76）。

特别提示：

为使用方便，可以根据需要制作多个模板文件添加到“图纸格式”文件夹中。

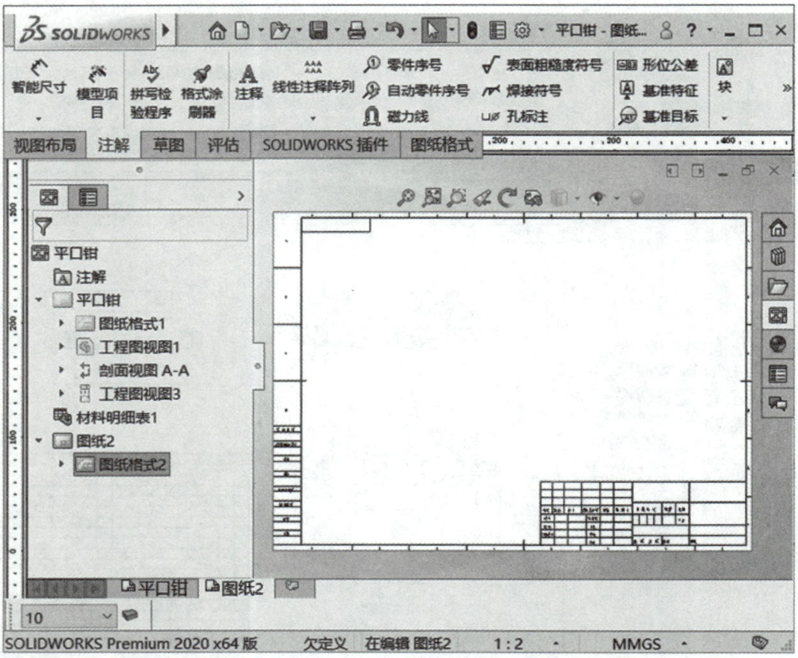

图 4-76　添加图纸 2

3. 图纸改名

单击“图纸 2”，改名为“钳座”，然后在“视图调色板”中单击“浏览以选取零件/装配体”按钮 ... ，选取“钳座”零件，便可以在“视图调色板”中显示“钳座”的全部视图，此时便可以创建“钳座”零件图，如图 4-77 所示。

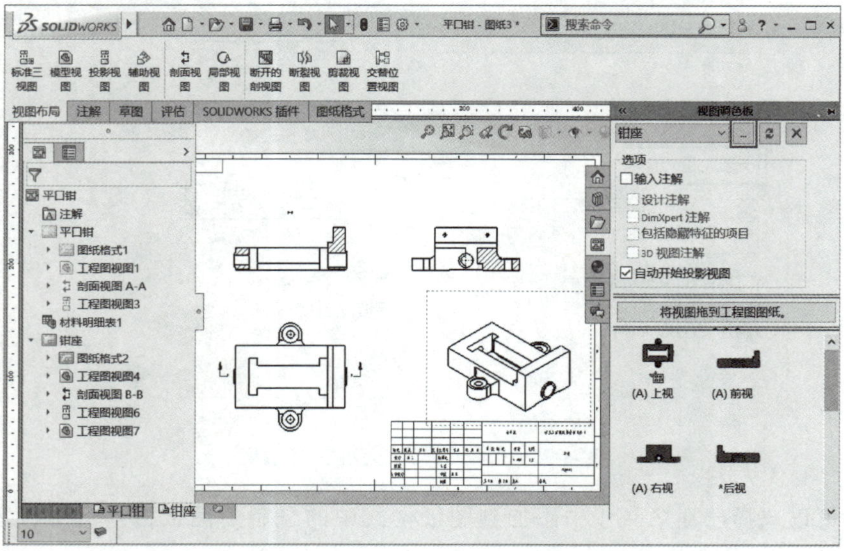

图 4-77　创建“钳座”零件图

用同样的方法添加其他图纸，即可实现一张图中包含装配图与零件图。

附录

课后练习

1. 根据所给的零件图尺寸，进行模型设计（图 1~图 12）。

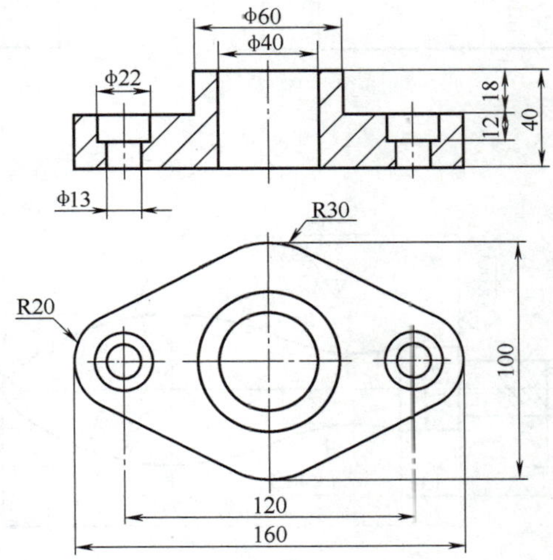

图 1

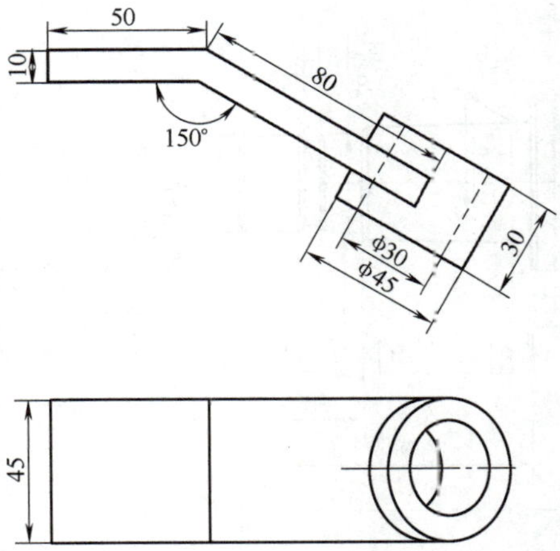

图 2

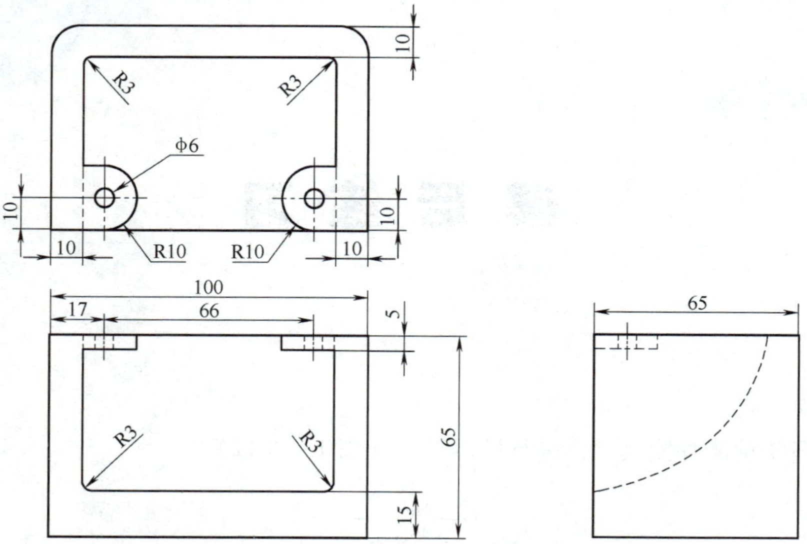
10
R3
R3
ϕ6
10
10
10
R10
R10
10
100
17
66
5
R3
R3
65
15
65

图 3

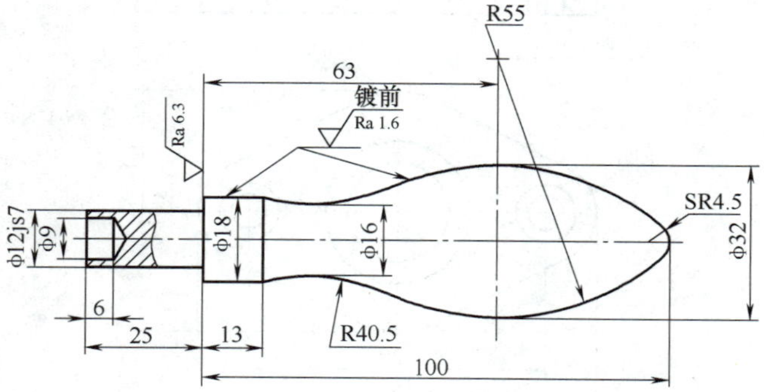
R55
63
镀前
Ra 1.6
Ra 6.3
SR4.5
ϕ12js7
ϕ9
ϕ18
ϕ16
ϕ32
6
25
13
R40.5
100

图 4

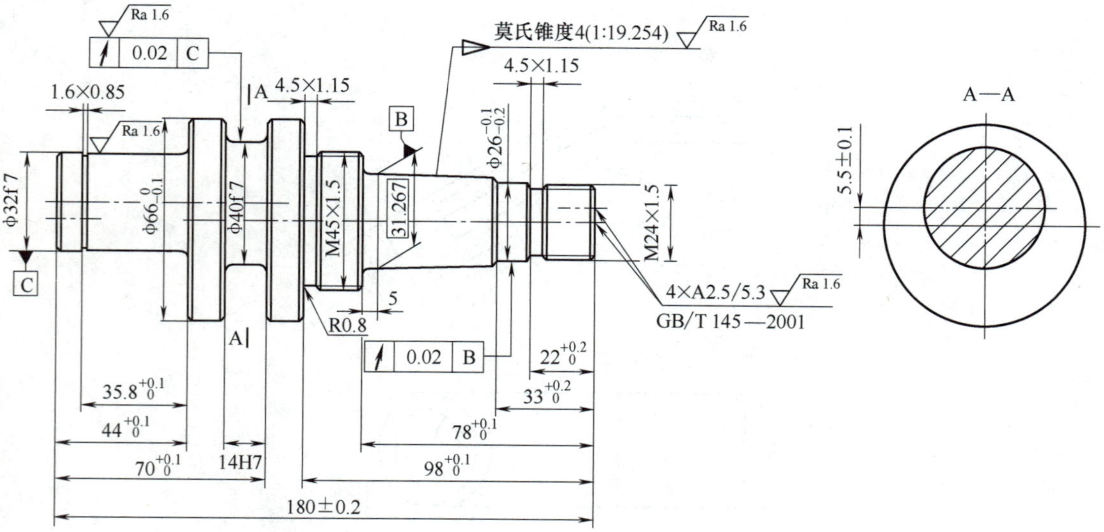
Ra 1.6
0.02
C
莫氏锥度4(1:19.254)
Ra 1.6
4.5×1.15
1.6×0.85
A
4.5×1.15
B
Ra 1.6
ϕ32f7
ϕ66
ϕ40f7
M45×1.5
31.267
ϕ26
M24×1.5
C
5
R0.8
A
4×A2.5/5.3
Ra 1.6
GB/T 145—2001
0.02
B
A—A
5.5±0.1
35.8
44
70
14H7
22
33
78
98
180±0.2

图 5

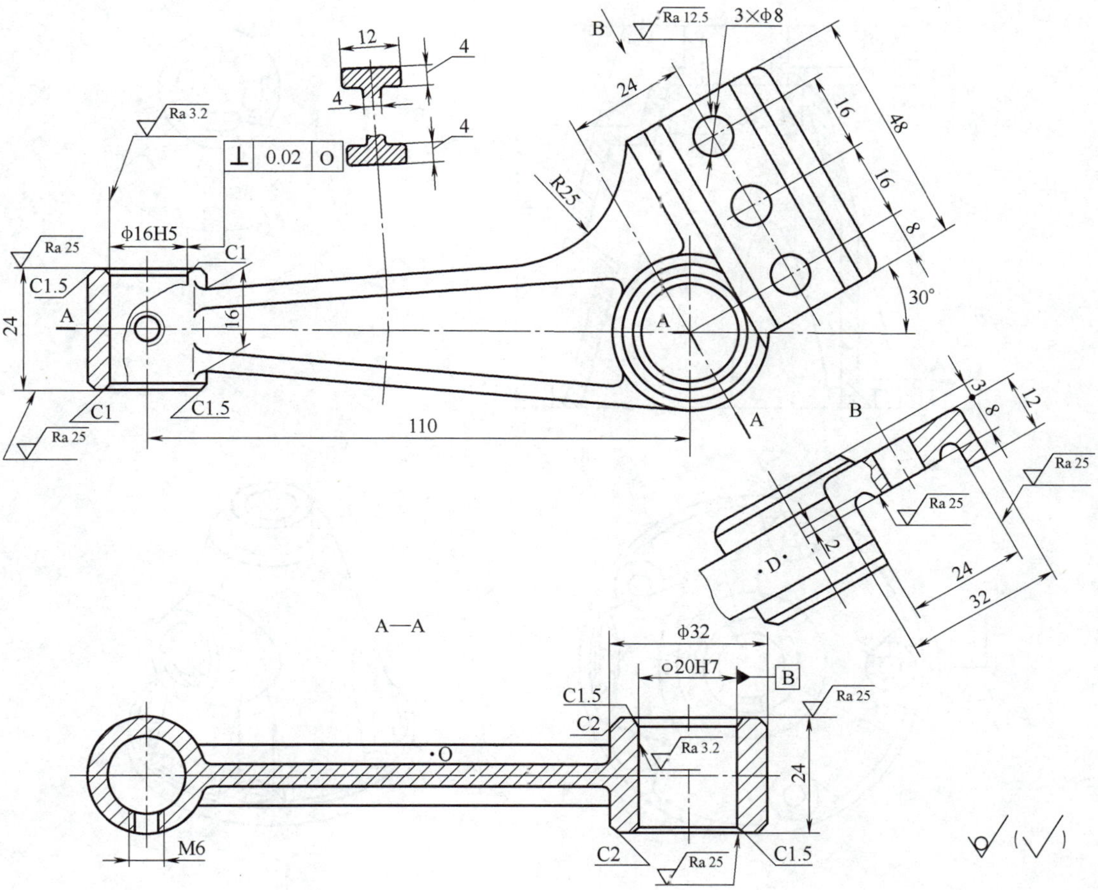
Ra 3.2
⊥ 0.02 O
12
4
4
4
B
Ra 12.5
3×ϕ8
24
16
48
16
8
R25
30°
ϕ16H5
Ra 25
C1
C1.5
24
A
16
A
A
C1
C1.5
Ra 25
110
B
3
8
12
Ra 25
Ra 25
2
D
24
32
A—A
ϕ32
ϕ20H7
B
C1.5
C2
Ra 25
O
Ra 3.2
24
M6
C2
Ra 25
C1.5

图 6

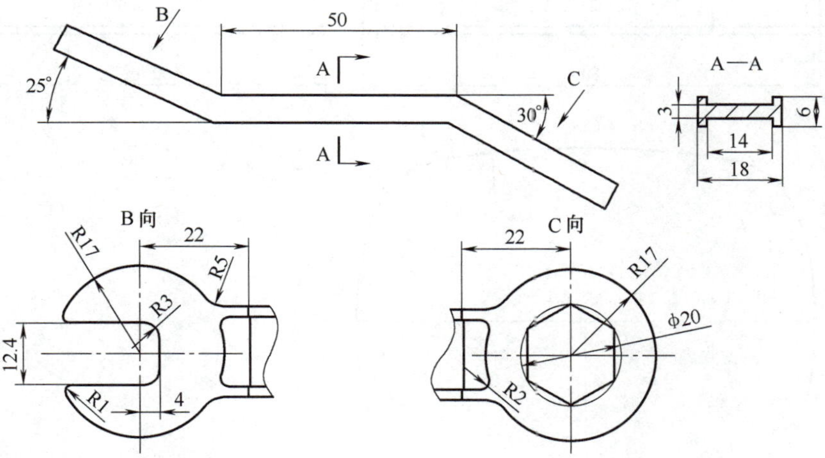
B
50
A
25°
C
30°
A
A—A
3
6
14
18
B 向
22
R17
R5
R3
12.4
R1
4
C 向
22
R17
ϕ20
R2

图 7

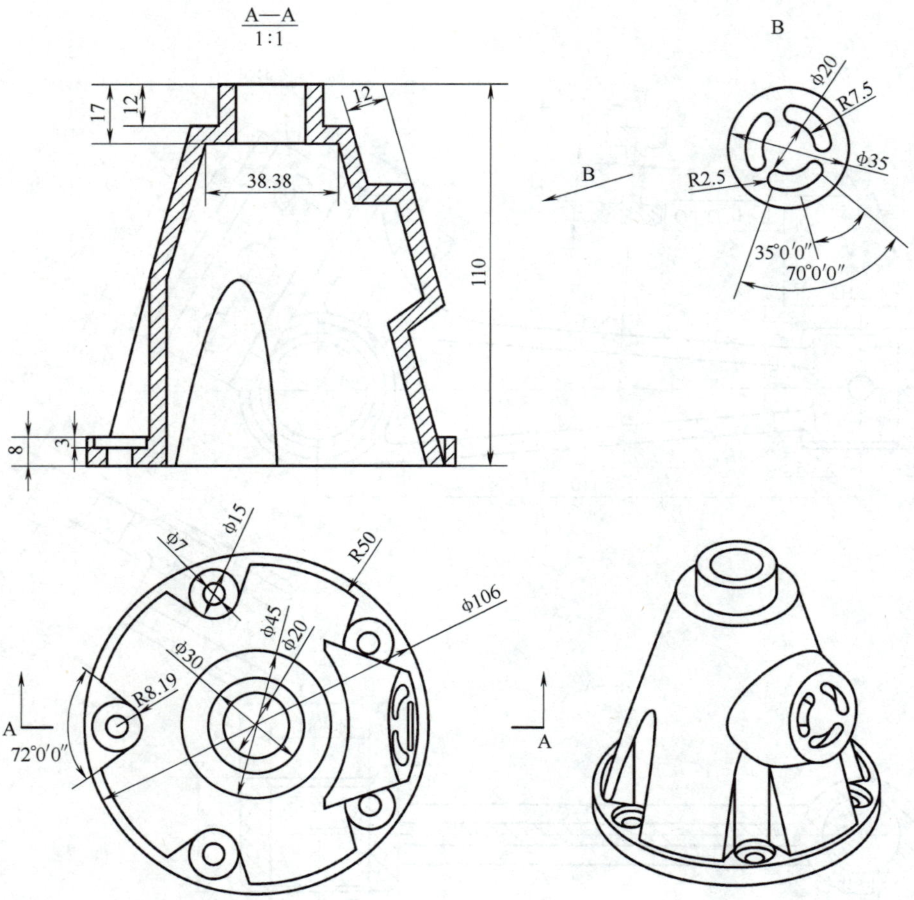
A—A
1:1
17
12
12
38.38
110
8
3
B
B
ϕ20
R7.5
ϕ35
R2.5
35°0′0″
70°0′0″
ϕ15
ϕ7
R50
ϕ106
ϕ45
ϕ20
ϕ30
R8.19
A
72°0′0″
A

图 8

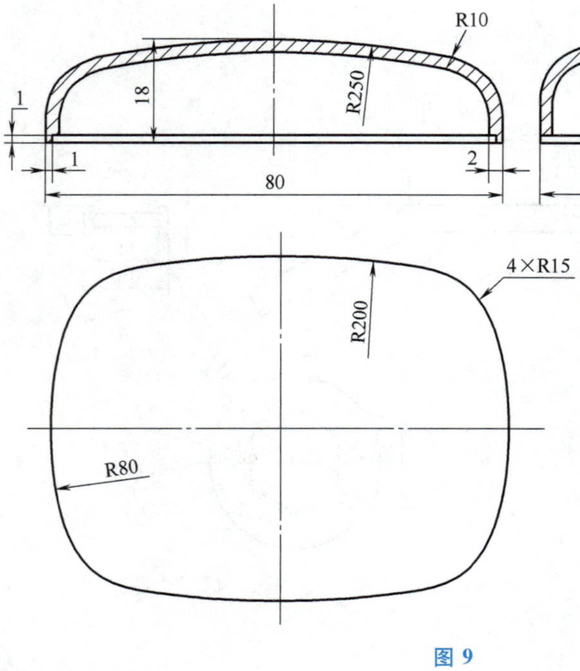
R10
1
18
R250
1
2
80
R10
R150
60
4×R15
R200
R80

图 9

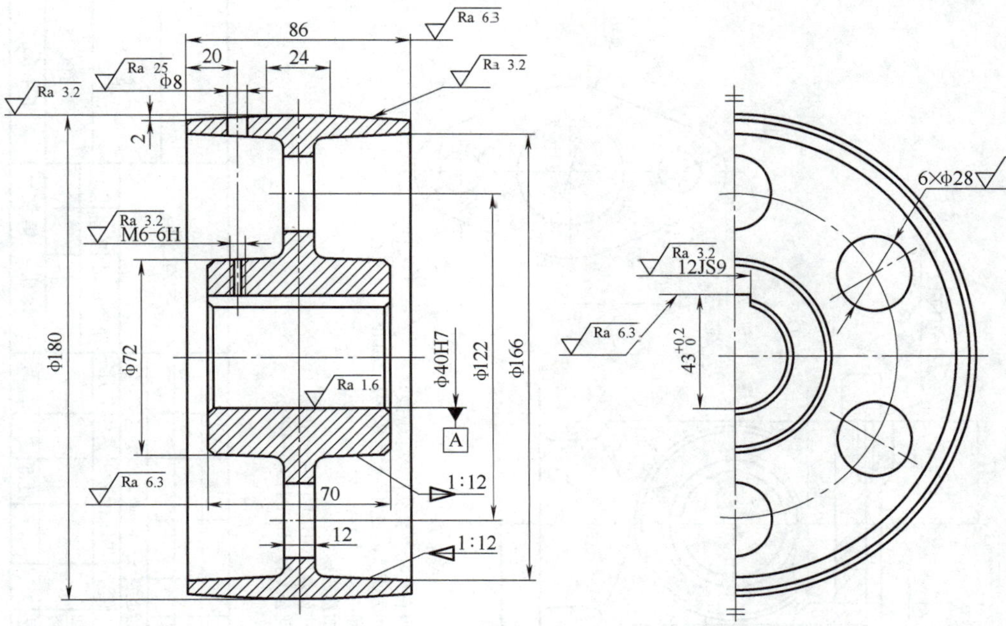
86
Ra 6.3
20
24
Ra 3.2
Ra 25
ϕ8
Ra 3.2
2
Ra 3.2
M6-6H
ϕ180
ϕ72
ϕ40H7
ϕ122
ϕ166
Ra 1.6
A
Ra 6.3
70
1:12
12
1:12
6×ϕ28
Ra 12.5
Ra 3.2
12JS9
Ra 6.3
$43^{+0.2}_{0}$

图 10

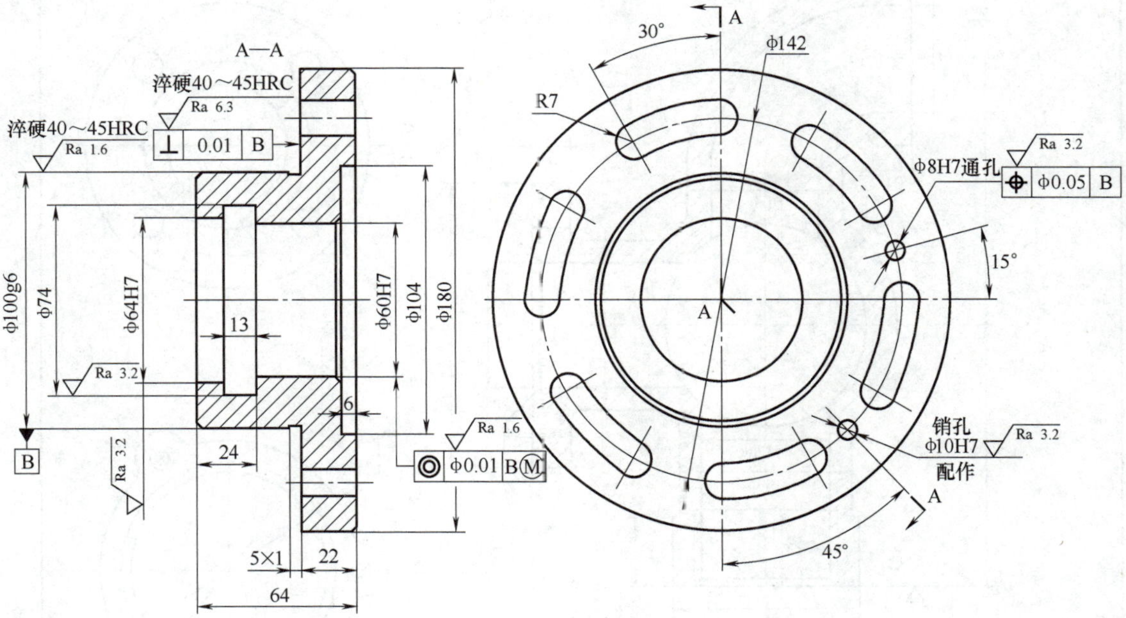
A—A
淬硬40～45HRC
Ra 6.3
淬硬40～45HRC
Ra 1.6
⊥ 0.01 B
ϕ100g6
ϕ74
ϕ64H7
13
Ra 3.2
ϕ60H7
ϕ104
ϕ180
6
B
24
Ra 3.2
Ra 1.6
◎ ϕ0.01 B Ⓜ
5×1
22
64
30°
A
ϕ142
R7
Ra 3.2
ϕ8H7通孔
⌖ ϕ0.05 B
15°
A
销孔
ϕ10H7
配作
Ra 3.2
A
45°

图 11

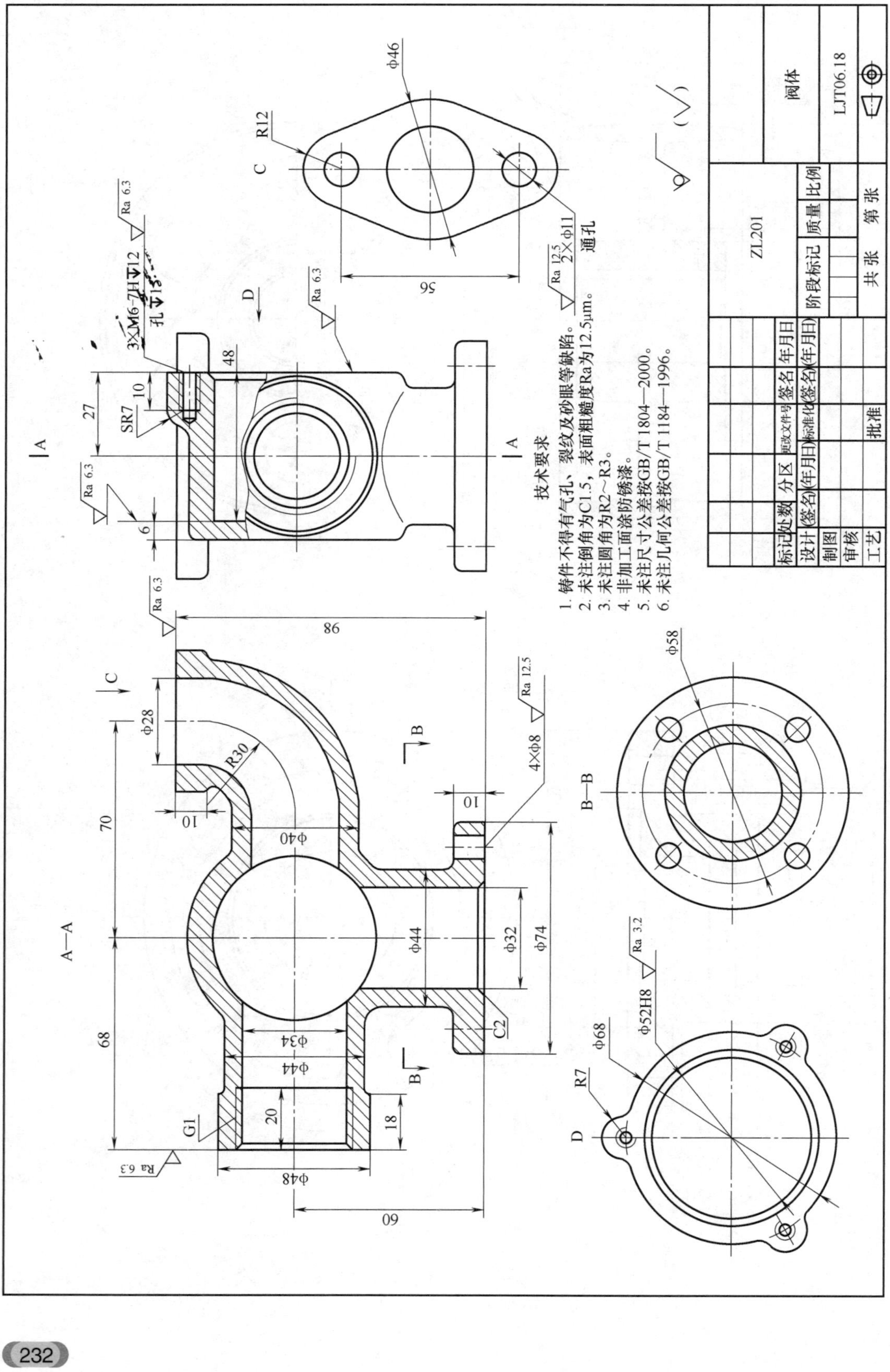
技术要求
1. 铸件不得有气孔、裂纹及砂眼等缺陷。
2. 未注倒角为C1.5，表面粗糙度Ra为12.5μm。
3. 未注圆角为R2～R3。
4. 非加工面涂防锈漆。
5. 未注尺寸公差按GB/T 1804—2000。
6. 未注几何公差按GB/T 1184—1996。
A—A
B—B
ZL201
阀体
LJT06.18
标记
处数
分区
更改文件号
签名
年月日
设计
(签名)
(年月日)
标准化
(签名)
(年月日)
阶段标记
质量
比例
制图
审核
工艺
批准
共 张
第 张

图 12

2. 根据管钳零件图创建各零件模型（图 13～图 15）。

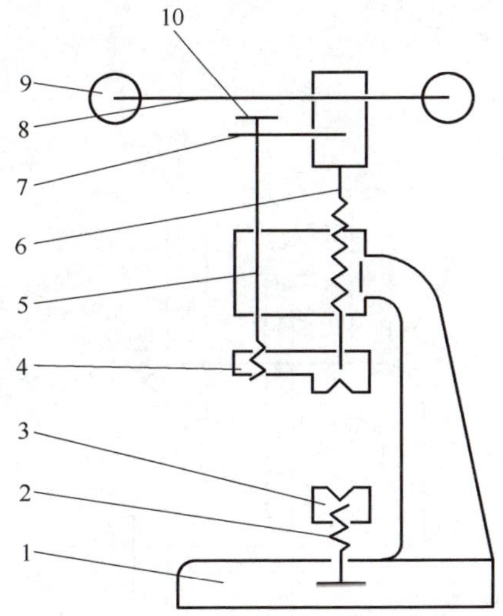

(管钳装配示意图)

技术要求

转动件8(手柄)，件4(上钳口)需升降自如。

10	螺母M8	1	Q235	GB/T 6170—2015
9	手柄球	2	Q235	
8	手柄	1	45	
7	压板	1	Q235	
6	螺杆	1	45	
5	导杆	1	45	
4	上钳口	1	Q235	
3	下钳口	1	45	
2	螺钉M6×12	2	Q235	GB/T 68—2016
1	钳座	1	HT250	
序号	名称	数量	材料	备注
设计		管钳	比例	
制图			重量	

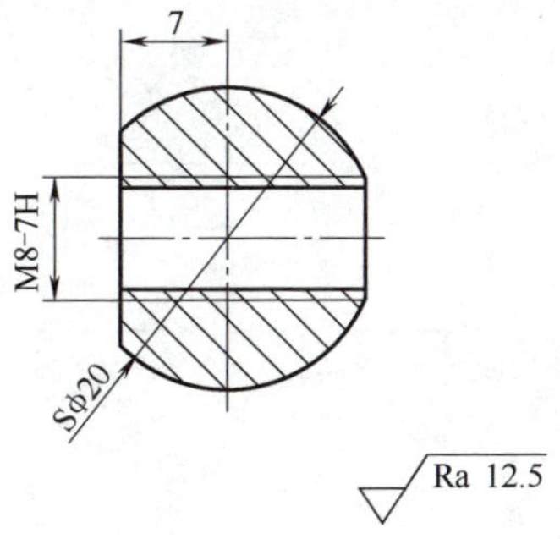

序号	9	手柄球	比例	
材料	Q235		重量	
制图				

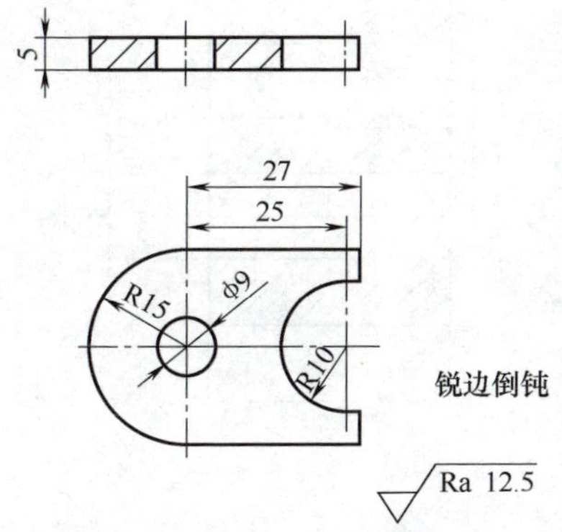

序号	7	压板	比例	
材料	Q235		重量	
制图				

图 13

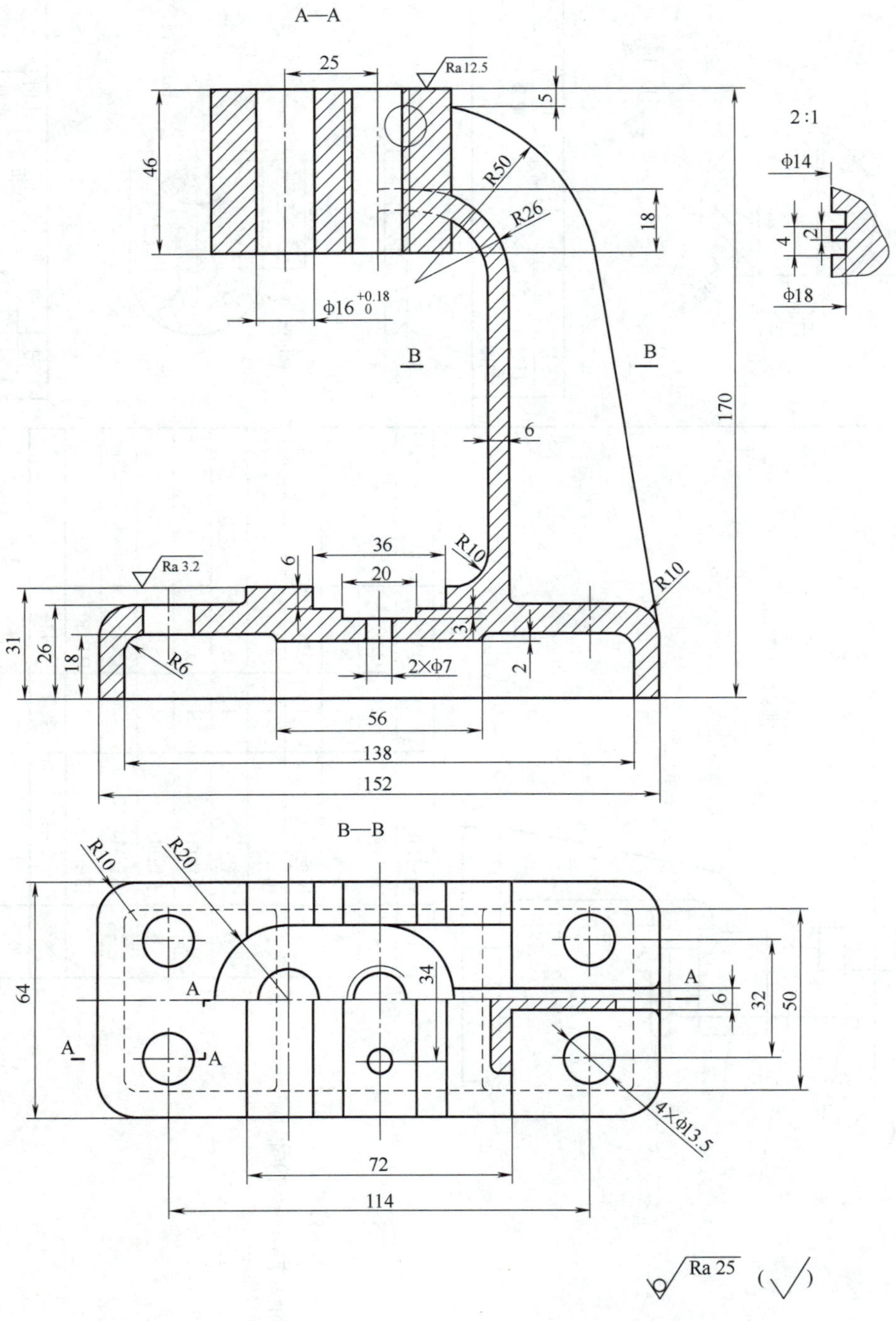

序号	1	钳座	比例	
材料	HT250		重量	
制图				

图 14

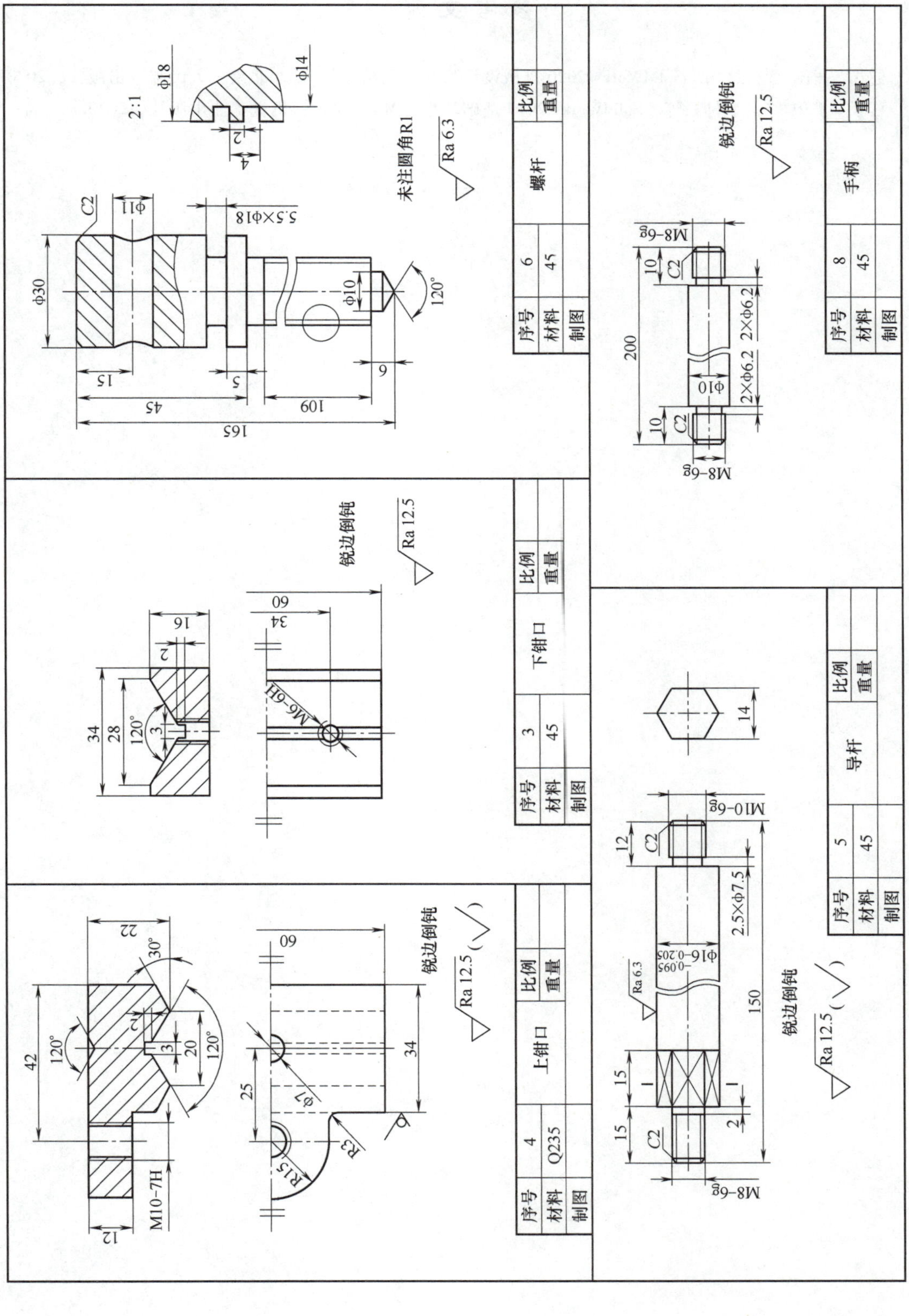
未注圆角R1
Ra 6.3
锐边倒钝
Ra 12.5
序号 6 材料 45 制图 螺杆 比例 重量
序号 3 材料 45 制图 下钳口 比例 重量
序号 4 材料 Q235 制图 上钳口 比例 重量
序号 8 材料 45 制图 手柄 比例 重量
序号 5 材料 45 制图 导杆 比例 重量

图 15

参 考 文 献

［1］ 赵罘，杨晓晋，赵楠．SolidWorks 2020 机械设计从入门到精通［M］．北京：人民邮电出版社，2020.

［2］ 江洪，严传馨，李付，等．SolidWorks 2019 基础教程［M］．北京：机械工业出版社，2020.